高 等 学 校 教 材

金属电化学腐蚀与防护

张宝宏　丛文博　杨萍　编

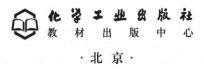

化学工业出版社

教材出版中心

·北京·

图书在版编目（**CIP**）数据

金属电化学腐蚀与防护/张宝宏，丛文博，杨萍编. —北京：
化学工业出版社，2005.6（2023.1重印）
高等学校教材
ISBN 978-7-5025-7389-8

Ⅰ. 金… Ⅱ. ①张…②丛…③杨… Ⅲ. 腐蚀-电化学保护-高
等学校-教材 Ⅳ. TG174.41

中国版本图书馆 CIP 数据核字（2005）第 070808 号

责任编辑：成荣霞 程树珍 封面设计：潘 峰
责任校对：战河红

出版发行：化学工业出版社（北京市东城区青年湖南街 13 号 邮政编码 100011）
印 装：大厂聚鑫印刷有限责任公司
787mm×1092mm 1/16 印张 16¾ 字数 414 千字 2023 年 1 月北京第 1 版第 12 次印刷

购书咨询：010-64518888 售后服务：010-64518899
网 址：http://www.cip.com.cn
凡购买本书，如有缺损质量问题，本社销售中心负责调换。

前　　言

　　金属是重要的工程材料，金属材料的腐蚀普遍存在于国民经济的各个领域。腐蚀不仅会改变金属材料的力学性能和物理性能，还会引发重大的事故，造成巨大的经济损失，污染环境，浪费人类的宝贵资源，因此对金属腐蚀的研究备受世界各国的关注。金属的电化学腐蚀是金属腐蚀的主要形式，了解电化学腐蚀的机理，认识电化学腐蚀的规律，掌握腐蚀控制与防护的新技术，可减少或避免由腐蚀造成的巨大经济损失。本书的目的在于：通过系统地介绍金属电化学腐蚀的原理及其防护技术，以加强腐蚀科学工作者的理论水平，积极推广和应用先进的腐蚀控制技术和防护技术。本书主要介绍了各种金属腐蚀的规律和特点、不同环境对金属腐蚀的影响以及各种金属腐蚀的防护、检测与监控技术。内容按照循序渐进、由浅入深的原则编写，不仅可作为高等学校化工或腐蚀与防护专业课程教材，也可供有关工程技术人员和科研、设计人员阅读参考，还可作为化工、石油、机械、冶金、材料等学科腐蚀课程的参考书。

　　本书由张宝宏（第 1、2、7、9、10 章）、丛文博（第 3、4、5、12 章）、杨萍（第 6、8、11 章）编写。限于作者的学识和水平有限，书中不妥之处在所难免，敬请读者批评指正。

编　者

2005 年 4 月

目　　录

第 1 章 绪 论

1.1 金属腐蚀研究的意义和重要性

金属材料是现代社会中使用最广泛的工程材料，在人类的文明与发展方面起着十分重要的作用。人们不仅在工农业生产、科学研究方面用到金属材料，在日常生活中也随处可见，无时无刻不在使用金属材料。然而这些金属材料都会被损坏，其损坏的形式是多种多样的，最常见的是断裂、磨损和腐蚀三种形式。

断裂是在金属材料承受的负荷超过它的承载极限而发生的破坏；磨损是金属材料由于机械摩擦而引起的逐渐损坏；腐蚀是在周围环境介质的作用下逐渐产生的变质和破坏。这三种损坏形式经常是两种或三种同时作用，互相促进而加速腐蚀，其中磨损和腐蚀都是渐变的过程。在众多的损坏形式中，腐蚀的损坏已被广泛重视。其原因在于，现代社会中无论是大的工程结构件还是很细小的零部件，都会与周围的介质接触，不仅高温、高压、工业气体等可以使金属腐蚀，就是在完全自然的条件下，受气候的变化也会引起金属的腐蚀。

腐蚀给人类社会带来的直接损失是巨大的。20 世纪 70 年代前后，许多工业发达国家相继进行了比较系统的腐蚀调查工作，并发表了调查报告。结果显示，腐蚀的损失占全国 GNP 的 1%～5%。这次调查使各国政府关注腐蚀的危害，也对腐蚀科学的发展起了重要的推动作用。在此后的 30 年间，人们在不同程度上进行了金属的保护工作。在以后的不同时间各国又进行了不同程度的调查工作，不同时期腐蚀损失情况见表 1-1。

从表 1-1 可以看出，美国 1975 年的腐蚀损失为 820 亿美元，占国民经济总产值的 4.9%；1995 年为 3000 亿美元，占国民经济总产值的 4.21%。表 1-1 中的数据只是与腐蚀有关的直接损失数据，间接损失数据有时是难以统计的，甚至是个惊人的数字。

我国的金属腐蚀情况也是很严重的，特别是我国对金属腐蚀的保护工作与发达的工业国家相比还有一段距离。据 2003 年出版的《中国腐蚀调查报告》中分析，中国石油工业的金属腐蚀损失每年约 100 亿人民币，汽车工业的金属腐蚀损失约为 300 亿元人民币，化学工业的金属腐蚀损失也约为 300 亿元人民币，这些数字都属于直接损失。如该报告中调查的山西某火电厂锅炉酸腐蚀脆爆的实例，累计损失达 15 亿千瓦·时的电量，折合人民币 3 亿元，而由于缺少供电量所带来的间接损失还没有计算在内。所以说，金属腐蚀的损失是很可观的，必须予以高度的重视。

金属腐蚀在造成经济损失的同时，也造成了资源和能源的浪费，由于腐蚀所报废的设备或构件有一部分是不能再生的，可以重新冶炼再生的部分在冶炼过程中也会耗费大量的能源。目前世界上的资源和能源日趋紧张，因此由腐蚀所带来的问题不仅仅只是一个经济损失的问题了。

表 1-1　一些国家的年腐蚀损失

国家	时间	年腐蚀损失	年腐蚀损失与国民经济总产值百分比/%	可避免损失与总损失百分比/%	调 查 方 法
美国	1949 年	55 亿美元			Uhlig 法
	1975 年	820 亿美元(向国会报告为 700 亿美元)	4.9 (4.2)	(15)	投入产出,产业关联分析方法
	1995 年	3000 亿美元	4.21	33	产业关联分析方法
	1998 年	2757 亿美元			产业关联分析方法
英国	1957 年	6 亿英镑			Vernon 推算
	1969 年	13.65 亿英镑	3.5	23	Hoar 法
日本	1975 年	25509.3 亿日元			Uhlig 法
	1997 年	39376.9 亿日元			Uhlig 法
前苏联	20 世纪 70 年代中期	130140 亿卢布			仅金属结构和零件引起的损失
	1985 年	400 亿卢布			
前联邦德国	1968~1969 年	190 亿马克	3	25	D. Bbrens 估计
	1982 年	450 亿马克			
瑞典	1986 年	350 亿瑞典法郎		20	
印度	1960~1961 年	15 亿卢比			
	1984~1985 年	400 亿卢比			
澳大利亚	1973 年	4.7 亿美元			Uhlig 法
	1982 年	20 亿美元			用产业关联法推算
前捷克斯洛伐克	1986 年	15×10^9 捷克法郎			
波兰			6~10		

　　在许多工业领域,金属腐蚀的结果会直接危害环境,造成对环境的污染。例如化工行业的管道、储罐因腐蚀发生泄漏,直接污染大气、水和土壤。石油工业的地下输油管线因腐蚀而破裂,不仅会造成大量原油的泄漏损失,也会导致大量农田的破坏,不仅造成了土壤的污染,还影响了农业生产。

　　腐蚀对金属的破坏,有时会引发灾难性的后果。例如,1971 年 5 月,某天然气管网由于腐蚀导致爆炸和燃烧事故,伤亡达 24 人。1991 年 1 月 25 日,某油田 H_2S 腐蚀导致的井喷,造成 2 人死亡,7 人受伤。

　　腐蚀不仅对现有的工业金属设施造成损坏,还会因此影响新技术的发展。例如,高温燃料电池,被认为是一种新型能源,但由于高温及电化学腐蚀使电池寿命达不到要求,若不能有新的耐蚀材料的出现,高温燃料电池就不会进入实用阶段。

　　由于世界各国对于腐蚀的危害有了深刻的认识,因此利用各种技术开展了金属腐蚀学的研究,经过几十年的努力已经取得了显著的成绩。例如表 1-1 所示,美国从 1975~1995 年 20 年间国民经济总产值增加了近 4 倍,但腐蚀损失从 1975 年的 4.9% 下降到 4.21%。我国也有很多防腐蚀的成功实例,例如郑州市天然气管线的防腐工作就取得了成功,该管线设计使用的寿命为 16 年,建设费用为 3000 万元,由于设计时就考虑了防腐蚀问题,采用了涂料防腐和阴极保护的双重措施,目前已经使用 16 年,管线仍然完好,估计最少还可再用 16 年。16 年的防腐费用不足 200 万元,但可节省 3000 万元的重新建设费用,经济效益相当可观。从上面的数据可以看出,金属腐蚀与防护的研究在国民经济中占有极其重要的地位,不容忽视。

1.2　金属腐蚀的分类

受各种不同因素的影响，金属腐蚀过程的形式千差万别，这些因素分为外部因素和内部因素。外部因素包括介质的组成、温度、压力、pH 值、材料的受力情况等；内部因素包括金属材料的化学组成、金属的晶型、结构状态、金属表面的结构状态等。不同的影响因素会引发不同的腐蚀，因此腐蚀有许多不同的分类方法，具体如下。

（1）按腐蚀的反应历程分类。

① 化学腐蚀　化学腐蚀是金属和环境的介质由于化学反应而发生的腐蚀现象，在化学反应过程中没有腐蚀电流产生，它服从多相反应的化学动力学规律。例如金属在干燥气体中的腐蚀。

② 电化学腐蚀　电化学腐蚀是金属在导电的溶液介质中由于发生电化学反应而发生的腐蚀现象，在电化学反应过程中有腐蚀电流产生，它服从电化学动力学规律。例如在土壤、海水、潮湿大气中的腐蚀。

（2）按腐蚀的形态分类。

① 全面腐蚀　全面腐蚀又可分为均匀的全面腐蚀和非均匀的全面腐蚀。

② 局部腐蚀　局部腐蚀又可分为电偶腐蚀、点腐蚀、缝隙腐蚀、晶间腐蚀、选择性腐蚀、应力腐蚀和腐蚀疲劳等。

（3）按腐蚀环境分类。

① 自然环境中的腐蚀。

a. 大气腐蚀　大气腐蚀是金属在潮湿的大气条件下和其他潮湿气体条件下的腐蚀，这是最普遍的腐蚀现象。

b. 海水腐蚀　金属在海水中的腐蚀。例如，舰船的腐蚀、海洋平台的腐蚀、海底电缆的腐蚀等。

c. 土壤腐蚀　埋在地下的金属的腐蚀。例如，石油输油管线、地下电缆等的腐蚀。

d. 生物腐蚀　某些海洋生物、自然界中的微生物等对金属的腐蚀。

② 工业环境中的腐蚀。

a. 电解质溶液中的腐蚀　金属在酸、碱、盐水溶液中的腐蚀，这也是最普遍的金属腐蚀。

b. 工业水中的腐蚀。

c. 工业气体中的腐蚀。

d. 熔盐的腐蚀。

此外，还有按腐蚀环境的温度或湿润程度分类等其他分类方法。

1.3　金属腐蚀学的研究内容

由于金属材料的腐蚀涉及国民经济的各个领域，因而也促进了各学科科技工作者对腐蚀规律和防护方法的研究，从而使金属腐蚀成为一门独立的学科。本书主要讲述金属腐蚀学中电化学腐蚀部分，从金属腐蚀学的观点出发，主要研究以下的内容。

① 研究并确定金属材料和环境介质发生的物理化学反应的普遍规律。

这方面的研究包括，从热力学方面研究各种金属与不同介质发生腐蚀的可能性，从动力学方面研究各种金属在不同介质中的腐蚀机理和腐蚀速率以及影响腐蚀的因素。

② 研究在各种条件下防止或控制金属腐蚀的方法与措施。

这方面的研究内容包括：金属的稳定性及其影响因素和过程；研究如何控制与金属腐蚀过程有关的各种参数，从而达到把腐蚀速度控制在一个合理的程度上。

③ 研究金属腐蚀速率的检测技术和方法，特别是现场快速检测和监控的方法；研究出评定金属腐蚀的标准。

为了使在不同行业中工作的技术人员和有关高校专业的学生能够掌握腐蚀的基本原理和防护方法。本书讲述了电化学的基础知识，这部分内容有别于物理化学中电化学的基础知识，是学习金属电化学腐蚀的基础理论。

本书的目的在于使接触金属腐蚀的科技工作者和高校学生掌握金属电化学腐蚀的基本理论和规律，了解各类金属腐蚀的反应机理以及各种因素对金属腐蚀的影响；教会读者如何针对不同的条件选取正确、合理的防腐措施，因地制宜地解决腐蚀问题，使腐蚀造成的危害与损失减小到最低程度，在工程设计、施工、管理等过程中消除腐蚀隐患，避免不必要的腐蚀损失。

第 2 章　金属电化学腐蚀热力学

2.1　电极体系和电极电位

2.1.1　电极体系

金属腐蚀是指金属和周围介质直接发生化学反应而引起的变质和破坏。若金属和周围介质（主要是水溶液电解质）接触时，在金属和介质的界面发生有电子转移的氧化还原反应，从而使金属受到破坏，这个过程称为金属的电化学腐蚀。电化学腐蚀是腐蚀电池的电极反应的结果，因此要了解金属的电化学腐蚀，首先要了解有关腐蚀电池的一些基本定义和概念。

电极体系也称为电极系统，它是由电极/电解质（或电极/电解质溶液）组成的。物体根据自身的导电能力分为导体、半导体和绝缘体。在导体中按照形成的电流的荷电粒子，一般又将导体分为电子导体和离子导体。电子导体是在电场的作用下，向一定方向运动的荷电粒子是电子或电子空穴的导体。电子导体包括金属导体（荷电粒子是电子）和半导体（荷电粒子是带正电荷的空穴）。离子导体是在电场的作用下，向一定方向运动的荷电粒子是离子的导体。离子导体包括电解质溶液和固体电解质。电极是由电子导体构成的，因此电极体系是由电子导体和离子导体组成的，由于这是两个不同的相，在相互接触时形成相界面。当有电子通过相界面时，有电荷在两个相之间转移，同时在界面上发生了物质的变化，即化学变化。如果其体系是由两个不同物质的电子导体相组成的，当有电荷通过时，电荷只是由一个电子导体相穿过界面转移到另一个电子导体相，在相界面上不会发生化学变化。但是，如果某体系是由一个电子导体和一个离子导体相组成，电荷从其中的一相穿越界面转移到另一相时，这个过程的实现要依靠两种不同的荷电粒子（电子和离子）之间互相转移电荷实现。这个过程就是物质得到或失去价电子的过程，而价电子的得失正是化学变化的基本特征。

发生在电极体系中的化学变化即为电极反应，因此，电极反应可以定义为：在电极体系中，伴随着在电子导体相和离子导体相之间的电荷转移，而在两相界面上发生的化学反应。

在本书中主要讨论的电极体系，是由金属和电解质溶液这两种不同类型的导体组成的体系。由不同的金属和电解质溶液组成的电极体系，其电极反应类型也不相同，一般电极反应有如下几种类型。

第一类电极反应是由金属与含有该金属离子的溶液或由吸附了某种气体的惰性金属和被吸附元素的离子溶液构成的。例如，将一片金属锌浸入无氧的 $ZnSO_4$ 溶液中，电极部分是电子导体相金属锌，电解质溶液部分是离子导体相 $ZnSO_4$ 水溶液，由以上两部分构成一个电极体系。当两相界面之间发生电荷转移时，发生的电极反应为

$$Zn(M) \Longrightarrow Zn^{2+}(sol) + 2e$$

此类电极反应中的另一种电极是气体电极。由于气态物质是非导体，要借助 Pt 等惰性物质做电子导体相。例如，氢电极是将 Pt 浸入 HCl 水溶液中，在两相界面上有电荷转移时，发生的电极反应为

$$\frac{1}{2}H_2(g) \Longleftrightarrow H^+(sol) + e(M)$$

除了氢电极之外,此类电极还包括氧电极、氯电极等。

第二类电极反应是由一种金属及该金属的难溶盐(或金属氧化物)和含有该难溶盐的负离子的溶液构成的。例如,将一根覆盖有 AgCl 的银丝浸在 KCl 溶液中,电极的电子导体相是金属银,离子导体是 KCl 水溶液,在这两相界面间发生电荷转移时,发生的电极反应为

$$Ag(M) + Cl^-(sol) \Longleftrightarrow AgCl(s) + e(M)$$

第三类电极反应是发生电极反应的物质在溶液中,电极的电子导体相只用作导体。这类电极体系也称为氧化-还原电极。例如,将 Pt 或 Au 浸入含有 Sn^{4+} 和 Sn^{2+} 的溶液中构成电极体系。发生的电极反应为

$$Sn^{2+}(sol) \Longleftrightarrow Sn^{4+}(sol) + 2e(M)$$

属于这种类型的电极还有 Pt 与 Fe^{2+} 和 Fe^{3+} 溶液组成的电极,Pt 与 $[Fe(CN)_6]^{3-}$ 和 $[Fe(CN)_6]^{4-}$ 溶液组成的电极等。

从上述各种电极体系中可以看出,体系中的电极部分的金属有两个作用,即电子导体和参与电极反应的物质。在第一类和第二类电极体系中,金属既是电子导体,也是参与电极反应的物质。在第三类电极体系中,金属(Pt)只起电子导体和提供电极反应场所的作用,而本身并不参加电极反应。第一类和第二两类电极体系也有不同之处,即第一类电极体系只有金属相和溶液相,第二类电极体系除金属相和溶液相外,还有金属难溶盐相(在有些情况下是金属的难溶氧化物),是三相共存的。

2.1.2 电极电位

2.1.2.1 化学位

上述的电化学反应中,当有电荷在相界面转移时,同时发生了物质的化学变化。例如,第一类电极中 Zn 失去 2e,生成 Zn^{2+},进入溶液,将使溶液的自由能增加,从物理化学知识中可知,如果反应是在恒温(T)、恒压(P)条件下进行的,体系中的其他物质(n_j)不发生变化,这时体系自由能的变化称为吉布斯自由能(G)的变化。当有 1mol 金属(M)进入溶液,引起的溶液吉布斯自由能的变化就是该金属在溶液中的化学位。可表示为

$$\mu_M = \left(\frac{\partial G}{\partial n_M}\right)_{T,P,n_j \neq M}$$

化学位表示了带电粒子进入某物体相内部时,克服与体系内部的粒子之间的化学作用力所做的化学功。

2.1.2.2 相间电位和电化学位

在电极反应进行的过程中,除了物质粒子之间的化学作用力所做的化学功,还要考虑带电粒子之间库仑力所做的电功。例如,将试验电荷从无穷远处移入某物体相 M 中,假设物体相的电荷集中在体相的表面,暂不考虑试验电荷进入 M 后引起的化学变化(即所做的化学功)。这时试验电荷从无穷远处进入物体相 M,所需要做的电功分为两部分。第一部分是试验电荷从无穷远移到距离物体相 M

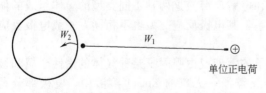

图 2-1　单位试验电荷进入体相 M 所做的功

约 $10^{-4} \sim 10^{-5}$ cm 处,克服电场力所做的功 W_1(见图 2-1),q 表示试验电荷的电量,则

$$W_1 = q\Psi$$

式中,Ψ 为带电物体相 M 外的电位。

第二部分是试验电荷从距带电物体相 M 约 $10^{-4} \sim 10^{-5}$ cm 处,穿越带电物体 M 的表面

进入内部，克服表面电场力所做的功 W_2，则

$$W_2 = q\chi$$

式中，χ 为电场物体相 M 的表面电位。如果物体相 M 不是如前所设的带电体，而在表面层的分子也会因受力不均匀等各种原因而产生一偶极子层，产生表面电位。试验电荷靠近 M 表面时，会产生一个诱导双电层电位差。因此，试验电荷穿越物体相 M 的表面进入 M 内部时，同样要克服表面电位而做电功。

从上面分析，试验电荷从无穷远处进入物体相 M 内部所做的电功为

$$W_1 + W_2 = q\Psi + q\chi = q(\Psi + \chi)$$

设

$$\varphi = \Psi + \chi \quad (\varphi \text{ 称为内电位})$$

则

$$W_1 + W_2 = q\varphi$$

如果同时考虑物质粒子之间的电功和化学功，试验电荷从无穷远处进入物体相 M 内部的全部功（W）为

$$W = W_1 + W_2 + \mu = q\varphi + \mu = \bar{\mu}$$

式中，$\bar{\mu}$ 为电化学位。

如果 1mol 带正电荷的金属离子（M^{n+}）进入某物体相（a）内部，1mol M^{n+} 的电量为 nF 库仑的正电量，相应的电功为

$$W_1 + W_2 = nF\varphi_a$$

相应的化学功为 $\mu_{M_a^{n+}}$，则全部能量变化为

$$\bar{\mu} = \mu_{M_a^{n+}} + nF\varphi_a$$

2.1.2.3 电极电位的形成

金属晶体中包括金属原子、金属正离子和在晶格中可自由移动的电子。若将金属浸入带有该金属离子的溶液中，金属晶格中的金属正离子的化学位和溶液中的金属正离子的化学位不同，金属正离子将由化学位高的体相中向化学位低的体相中转移。若金属中的正离子化学位高于溶液中的化学位，金属中的正离子将向溶液中转移，使金属相中由于多余的电子而带负电荷，溶液相中由于多余的正离子而带正电荷。随着金属正离子进入溶液，金属上多余的负电荷越来越多，将阻碍正离子的溶解，而增大了溶液中金属正离子进入金属的倾向。当这两种相反的过程速率相等时，在金属和溶液界面上将建立如下的平衡：

$$M \Longleftrightarrow M^{n+} + ne$$

此时金属上多余的负电荷将静电吸引溶液中的正离子，在金属/溶液的相界面上形成了类似平板电容器一样的双电层［图 2-2(a)］，产生一个不变的电位差，这就是该种金属的平衡电位（或称为电极电位）。溶液中由于离子的热运动，正离子不可能完全整齐的排列在金属表面，如图 2-2(b) 所示。双电层的溶液一侧分为两层，一层是紧密层，一层为分散层。

若金属浸入水中或任意水溶液中时，由于金属离子在水或水溶液中的化学位和在金属中的化学位不相等，也会在金属/溶液的相界面上产生电位差。例如，金属离子在金属中的化学位高于在水中的化学位，金属离子将向水中转移，使金属带负电荷，吸引溶液中的正离子，在电极表面形成双电层。转移达到平衡时，形成一个稳定不变的电位差。上述事实表明，只要两相接触，在两相的相界面上，就会形成相间电位差。

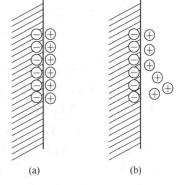

图 2-2　金属/溶液相
界面上的双电层

从电极电位形成的原理可以看到，电荷的转移是从一相转移到另一相的内部。例如，上例中金属正离子是由金属相转移到溶液相，形成的电位差应该使用内电位（φ）更合适。

2.1.2.4 氢标电极电位和标准电极电位

电极电位是金属电极和水溶液两相之间的相间电位差。若要测量单个电极的电极电位，需要接入两个输入端子和测量仪表。例如，可用铜导线和金属连接，一条铜导线和金属（M）连接，而另一条就要和溶液相接（图2-3）。但是铜线和溶液接触后，在Cu和溶液的相界面上，同样会产生相间电位差。这时测量仪表上测得的数值不是M/溶液的电极电位值，而是由M/溶液和Cu/溶液两个电极体系构成的原电池的电动势。因此，单个电极的电极电位是无法测量的，或者说，电极电位的绝对值是无法测量的。

若将上述的Cu线与溶液接触部分换成一个电极反应并处于平衡状态，则与电极反应有关的物质化学位不变的电极体系（用R表示）与待测金属电极体系（M）组成原电池。将R的电极电位人为地规定为零，这样测得的原电池电动势的大小就是电极体系M相对电极体系R的电极电位值。人为规定为零的电极体系（R）称为参比电极（或参考电极）。一般以参比电极为负极，以待测电极为正极组成原电池，该电池的电动势即为待测电极的电极电位。

$$（-）参比电极 \parallel 待测电极（+）$$

国际上通常以标准氢电极作为参比电极。标准氢电极是将镀铂黑的铂片插入含有H^+的溶液中，并且H^+的活度$a_{H^+}=1$，将压力为101325Pa的氢气通入溶液，使溶液中的氢气饱和并且用氢气冲击铂片（见图2-4）。其电极反应为

$$H^+ + e \Longrightarrow \frac{1}{2}H_2$$

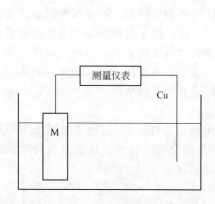

图2-3 电极电位不可测示意

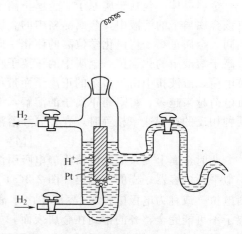

图2-4 标准氢电极示意

该电极的电极电位规定为0，以标准氢电极为参比电极得到的待测电极的电极电位为氢标电极电位。例如，测量由金属Cu和活度为1的Cu^{2+}溶液组成的电极体系的电极电位。将待测Cu电极体系和标准氢电极组成原电池，即

$$（-）Pt | H_2(101325Pa) | H^+(a_{H^+}=1) \parallel Cu^{2+}(a_{Cu^{2+}}=1) | Cu（+）$$

在298.15K时测得的电动势（E）为0.3419V。

由于$E=\varphi_+ - \varphi_- = \varphi_{Cu} - \varphi_H = \varphi_{Cu} - 0 = \varphi_{Cu}$，所以待测的电极电位为0.3419V。

由于电池电动势为正值，当待测电极体系发生的是还原反应时，和标准氢电极组成原电池时，待测电极为正极，所测量的电池电动势即为电极电位，例如上例。若待测电极与标准

氢电极组成原电池时，待测电极体系发生的是氧化反应，则组成原电池时，待测电极为原电池的负极，因此电极电位值为负值。

例如，测量由金属 Zn 和活度为 1 的 Zn^{2+} 溶液组成的电极体系的电极电位。将待测 Zn 电极体系和标准氢电极组成原电池时，Zn 发生氧化反应（为负极）。即

$$(-)Zn|Zn^{2+}(a_{Zn^{2+}}=1)\parallel H^{+}(a_{H^{+}}=1)|H_2(101.325kPa)|Pt(+)$$

电池电动势 $\quad E=\varphi_{+}-\varphi_{-}=\varphi_{H^{+}/H_2}-\varphi_{Zn^{2+}/Zn}=0.7618V$

所以，金属 Zn 电极的电极电位为 $-0.7618V$。

当电极体系处于标准态时，即金属及溶液中金属离子的活度为 1，温度为 298.15K，若电极反应中有气体参加反应时，该气体分压为 101325Pa（或 1 大气压），在此条件下测得的电极电位值为标准电极电位值。在各种参考书和手册中都附有标准电极电位表，表中数据大部分是根据热力学数据计算得到的。

标准氢电极是最理想的参比电极，但是在制备和使用时不方便。所以在实际应用中往往采用其他电极（2.1.1 节中的第二类电极）代替标准氢电极。例如甘汞电极、汞-硫酸亚汞电极、汞-氧化汞电极、银-氯化银电极等。

2.1.2.5　平衡电极电位和能斯特公式

从化学热力学可知，在没有电场的影响时，某种粒子在两相中的转移是由于该种粒子在两相中的化学位不同。该种粒子是从化学位高的相向化学位低的相转移，直到两相的化学位相等，粒子在两相中达到平衡。即

$$\sum v_i \mu_i = 0$$

在有电场的影响时，带电粒子在两相中的转移是由于该种粒子在两相中的电化学位不同。带电粒子从电化学位高的相向电化学位低的相转移，直到两相的电化学位相等，带电粒子在两相中达到平衡。即：

$$\sum v_i \overline{\mu_i} = 0$$

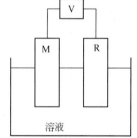

例如，由金属 M 和含 M^{n+} 离子的溶液组成的电极体系，当达到平衡时，金属 M 中的 M^{n+} 向溶液中转移的速度和溶液中的 M^{n+} 向金属中转移的速度相等，这时，在两相中电荷的转移和物质的转移都达到了平衡。这时在金属/溶液相界面上的相间电位差不变，达到一个稳定值，这个稳定的电位差值就是金属/溶液组成的电极体系的平衡电极电位。前面已讲到，测量该电极电位，需要使用氢标准电极做参比电极（R），与金属/溶液电极体系构成一个原电池（图 2-5）。

图 2-5　使用参比电极测量电极电势

电池的电动势为 M/溶液、溶液/R 和 R/M 三者相间内电位差值的代数和。即：

$$E=(\varphi_M-\varphi_{sol})+(\varphi_{sol}-\varphi_{Pt})-(\varphi_{Pt}-\varphi_M) \tag{2-1}$$

测量电动势时，电池中的电流 $I=0$，即都处于平衡状态。这样构成的原电池中金属/溶液体系发生的电极反应为

$$M \Longrightarrow M^{n+}+ne \tag{2-2}$$

参比电极（R）发生的电极反应为

$$\frac{1}{2}H_2(g)\Longrightarrow H^+(sol)+e(Pt) \tag{2-3}$$

对于金属/溶液电极体系，按式（2-2），则

$$\overline{\mu}_M=\mu_M+nF\varphi（因为 M 为原子，n=0）所以 \overline{\mu}_M=\mu_M$$

$$\overline{\mu}_{M^{n+}}=\mu_{M^{n+}}+nF\varphi_{sol}（\mu_{M^{n+}} 为阳离子在溶液中）$$

$$\overline{\mu}_e=\mu_e-F\varphi_M（每个电子带单位负电荷）$$

按式（2-2）的平衡条件，则

$$\bar{\mu}_{M^{n+}} + n\bar{\mu}_e - \bar{\mu}_M = 0$$

将上面的各物质的电化学位代入上式，则

$$\mu_{M^{n+}} + nF\varphi_{sol} + n\mu_e - nF\varphi_M - \mu_M = 0$$

整理后得到

$$\varphi_M - \varphi_{sol} = \frac{\mu_{M^{n+}} - \mu_M}{nF} + \frac{\mu_e}{F} \tag{2-4}$$

对于参比电极，按式（2-3），则

$$\bar{\mu}_{H_2} = \mu_{H_2}$$

$$\bar{\mu}_{H^+} = \mu_{H^+} + F\varphi_{sol}$$

$$\bar{\mu}_e = \mu - F\varphi_{Pt}$$

按式（2-3）的平衡条件，则

$$\bar{\mu}_{H^+} + \bar{\mu}_e - \frac{1}{2}\bar{\mu}_{H_2} = 0$$

将上面的各物质的电化学位代入上式，则

$$\mu_{H^+} + F\varphi_{sol} + \mu_e - F\varphi_{Pt} - \frac{1}{2}\mu_{H_2} = 0$$

整理后得到

$$\varphi_{Pt} - \varphi_{sol} = \frac{\mu_{H^+} - \frac{1}{2}\mu_{H_2}}{F} + \frac{\mu_e}{F} = -(\varphi_{sol} - \varphi_{Pt}) \tag{2-5}$$

在 Pt 和 M 之间的接触只是两个电子导体的接触，只有电子流过，而不发生物质的变化。因此

$$\varphi_{Pt} - \varphi_M = \frac{\mu_{e(Pt)} - \mu_{e(M)}}{F} \tag{2-6}$$

将式（2-4）、式（2-5）、式（2-6）代入式（2-1），得到

$$E = \frac{\mu_{M^{n+}} - \mu_M}{nF} - \frac{\mu_{H^+} - \frac{1}{2}\mu_{H_2}}{F} \tag{2-7}$$

化学热力学公式：

$$\mu = \mu^\ominus + RT\ln a$$

$$\mu = \mu^\ominus + RT\ln f$$

式中，$\mu^\ominus$ 为标准化学位；a 为该物质在溶液中的活度；f 为该物质在气相中的逸度。式中的 a 和 f 在稀溶液中和气体压力较小时可分别用浓度和气体分压代替。

在标准氢参比电极的条件下，即 $a_{H^+} = 1$，$P_{H_2} = 101325Pa$（或 1 大气压）时，根据化学热力学公式，得到

$$\mu_{H^+} = \mu_{H^+}^\ominus + RT\ln a_{H^+} = \mu_{H^+}^\ominus$$

$$\mu_{H_2} = \mu_{H_2}^\ominus + RT\ln P_{H_2} = \mu_{H_2}^\ominus$$

在化学热力学条件中规定：

$$\mu_{H^+}^\ominus = 0, \quad \mu_{H_2}^\ominus = 0$$

则

$$\mu_{H^+} = 0, \quad \mu_{H_2} = 0$$

式（2-7）则为

$$E = \frac{\mu_{M^{n+}} - \mu_M}{nF} \tag{2-8}$$

E 即为该金属/溶液体系的标准电极电位，当测量温度为 25℃，压力为 101325Pa 金属离子（M^{n+}）的活度 $a_{M^{n+}} = 1$ 时，测得的数值即为该金属/溶液体系的标准电极电位。

对金属/溶液体系的电极电位可表示为 $\varphi_{M^{n+}/M}$，即

$$\varphi_{M^{n+}/M} = \frac{\mu_{M^{n+}} - \mu_M}{nF} \tag{2-9}$$

对于式（2-2）所示的体系，M^{n+} 为金属 M 所处的氧化态，M 为还原态。式（2-2）也可表示为

$$\text{还原态} \Longleftrightarrow \text{氧化态} + ne \tag{2-10}$$

按照化学热力学公式，式（2-8）中

$$\mu_{M^{n+}} = \mu_{M^{n+}}^{\ominus} + RT\ln a_{M^{n+}}$$

$$\mu_M = \mu_M^{\ominus} + RT\ln a_M$$

代入式（2-9），可得到

$$\varphi_{M^{n+}/M} = \frac{\mu_{M^{n+}}^{\ominus} - \mu_M^{\ominus}}{nF} + \frac{RT}{nF}\ln\frac{a_{M^{n+}}}{a_M} \tag{2-11}$$

式中，$\dfrac{\mu_{M^{n+}}^{\ominus} - \mu_M^{\ominus}}{nF}$ 即为该电极体系的标准电极电位，用符号 $\varphi_{M^{n+}/M}^0$ 表示，再依照式（2-10）所示的状态，式（2-11）可表示为

$$\varphi_{M^{n+}/M} = \varphi_{M^{n+}/M}^0 + \frac{RT}{nF}\ln\frac{a(\text{氧化态})}{a(\text{还原态})} \tag{2-12}$$

式（2-12）称为能斯特方程式。式中，n 为电极反应中转移的电子数；F 为法拉第常数，96485C/mol；R 为摩尔气体常数；T 为温度，K。

能斯特方程式表示了电极体系的平衡电极电位及其在溶液中金属离子活度之间的关系。在实际使用中，为了方便计算经常使用下面的形式：

$$\varphi_{M^{n+}/M} = \varphi_{M^{n+}/M}^0 + \frac{2.303RT}{nF}\lg\frac{a(\text{氧化态})}{a(\text{还原态})} \tag{2-13}$$

2.2 金属在介质中的腐蚀倾向

2.2.1 腐蚀倾向的热力学判断

在自然界中金属是以其氧化物、硫化物或相关的盐类形式存在的。它们能长期存在于自然界中，表明它们的存在形式是相对稳定的。人们将这些物质通过不同方法（例如冶炼、电还原等）得到了金属，在自然环境和腐蚀介质中，这些金属除个别贵金属（Au、Pt 等）外，都会以不同速度被腐蚀。这表明这些金属在热力学上是不稳定的，因此，会有自动发生腐蚀的倾向。不同的金属这种倾向的差异很大，使用热力学方法可以说明不同金属腐蚀倾向的差异，判断金属腐蚀的倾向和程度。

自然界中的自发过程都有方向性。例如，热从高温物体传向低温物体，直到两物体的温度相等；水从高处自动流向低处，直到水位相等。化学反应也存在自发进行的问题。例如，铁片浸在稀盐酸溶液中，将自动发生反应生成 H_2 和 $FeSO_4$。可见无论物理过程还是化学变化都有一定的方向和限度，这些过程都是不可逆过程，每一过程的发生都有其发生的原因。例如温度差、水位差、电位差等，这些原因也就是自发过程的动力，每种自发过程进行的方向就是使这些差值减小的方向，限度就是到不存在差值时为止。

对于金属腐蚀反应，和大多数化学反应一样，一般都是在恒温、恒压、敞开体系的条件

下进行的。在化学热力学中用吉布斯自由能的变化（ΔG）判断化学反应进行的方向和限度。即

$$
\left.\begin{array}{ll}
(\Delta G)_{T,P}<0 & \text{自发过程} \\
(\Delta G)_{T,P}=0 & \text{平衡过程} \\
(\Delta G)_{T,P}>0 & \text{非自发过程}
\end{array}\right\}
\tag{2-14}
$$

式中，$(\Delta G)_{T,P}$ 表示在恒温恒压下，过程或化学反应过程中的自由能的变化。

对于腐蚀过程或化学反应，自由能的变化可通过反应中的各物质的化学位计算：

$$
(\Delta G)_{T,P}=\sum v_i \mu_i \tag{2-15}
$$

式中，v_i 为化学反应中物质 i 的化学计量系数，并约定，反应物的化学计量系数取负值，生成物的化学计量系数取正值；μ_i 为物质的化学位，kJ/mol。

例如，对化学反应 $\qquad a\text{A}+b\text{B}=\!=\!=d\text{D}+h\text{H}$

$$
(\Delta G)_{T,P}=d\mu_\text{D}+h\mu_\text{H}-a\mu_\text{A}-b\mu_\text{B}
$$

由式（2-14）和式（2-15）可得到

$$
\left.\begin{array}{ll}
(\Delta G)_{T,P}=\sum v_i \mu_i<0 & \text{自发过程} \\
(\Delta G)_{T,P}=\sum v_i \mu_i=0 & \text{平衡过程} \\
(\Delta G)_{T,P}=\sum v_i \mu_i>0 & \text{非自发过程}
\end{array}\right\}
\tag{2-16}
$$

使用式（2-16），根据 ΔG 值的正负，可判断金属的腐蚀反应是否为自发过程。通过比较 ΔG 的大小，可判断腐蚀倾向的大小。

例如，在 25℃、101.325kPa 条件下，试判断 Mg、Fe、Au 在无氧的 H_2SO_4 水溶液中的腐蚀倾向。

$$
\text{Mg}+2\text{H}^+ \longrightarrow \text{Mg}^{2+}+\text{H}_2
$$

$$
\mu/(\text{kJ/mol}) \quad\quad 0 \quad\quad 0 \quad\quad -456.01 \quad 0
$$

$$
\Delta G=-456.01\text{kJ/mol}
$$

$$
\text{Fe}+2\text{H}^+ \longrightarrow \text{Fe}^{2+}+\text{H}_2
$$

$$
\mu/(\text{kJ/mol}) \quad\quad 0 \quad\quad 0 \quad\quad -84.94 \quad 0
$$

$$
\Delta G=-84.94\text{kJ/mol}
$$

$$
\text{Au}+3\text{H}^+ \longrightarrow \text{Au}^{2+}+\frac{3}{2}\text{H}_2
$$

$$
\mu/(\text{kJ/mol}) \quad\quad 0 \quad\quad 0 \quad\quad 433.46 \quad 0
$$

$$
\Delta G=433.46\text{kJ/mol}
$$

由于 Mg、Fe 的 ΔG 皆为负值，所以 Mg、Fe 在 H_2SO_4 水溶液中的腐蚀是自发过程，其中 Mg 的腐蚀倾向远大于 Fe。Au 的 ΔG 值为正值，所以 Au 在 H_2SO_4 水溶液中的腐蚀不能自发进行，即 Au 在 H_2SO_4 水溶液中很稳定，不会发生腐蚀。

同一种物质在不同的介质中的腐蚀倾向受介质的影响，也会发生变化。例如，Cu 在没有溶解氧的酸中的腐蚀和在有溶解氧的酸中的腐蚀就有明显区别。

a. 在无溶解氧酸中的反应

$$
\text{Cu}+2\text{H}^+ \longrightarrow \text{Cu}^{2+}+\text{H}_2
$$

$$
\mu/(\text{kJ/mol}) \quad\quad 0 \quad\quad 0 \quad\quad 64.98 \quad 0
$$

$$
\Delta G=64.98\text{kJ/mol}
$$

b. 在有溶解氧的酸中的反应

设在 25℃溶解在酸中 O_2 的分压为 $p_{O_2}=21\text{kPa}$。按照热力学公式，则

$$
\mu_{O_2}=\mu_{O_2}^{\ominus}+2.3RT\lg P_{O_2}
$$

$$\mu_{O_2} = -3.86 \text{kJ/mol}$$

$$\text{Cu} + \frac{1}{2}O_2 + 2H^+ \longrightarrow Cu^{2+} + H_2O$$

$$\mu/(\text{kJ/mol}) \quad\quad 0 \quad\quad \frac{1}{2} \times (-3.86) \quad\quad 0 \quad\quad 64.98 \quad -237.19$$

$$\Delta G = 64.98 + (-237.19) - \frac{1}{2} \times (-3.86) = -170.28 \text{kJ/mol}$$

通过对上例热力学数据的计算可以看出，Cu 在没有溶解氧的酸中 ΔG 为正值，即不发生腐蚀，而在有溶解氧的酸中 ΔG 为负值，反应能够自发进行，即 Cu 可以被腐蚀。需要说明的是，利用相关热力学数据，通过计算得到 ΔG 的值，可以用来判断金属腐蚀的可能性和腐蚀倾向的大小，而不能用来判断金属腐蚀速度的大小。即 ΔG 为正值时，在给定的条件下，腐蚀反应不可能进行；ΔG 为负值时，腐蚀反应可以发生，但不能根据负值的大小确定腐蚀速度的大小。腐蚀速度是动力学讨论的范畴，将在后面的章节中讨论。

2.2.2 电化学腐蚀倾向的判断

在金属腐蚀的过程中，绝大部分属于电化学腐蚀，电化学腐蚀倾向的大小，可以用吉布斯自由能的变化（ΔG）判断金属腐蚀反应能否进行，还可以使用电极电位来判断腐蚀反应能否发生。

由热力学定律可知，一个封闭体系在恒温恒压条件下，其可逆过程所做的最大非膨胀功等于反应自由能的减少，即

$$W' = -\Delta G \tag{2-17}$$

式中，W' 为非膨胀功，如果非膨胀功只有电功一种，并且做电功的反应过程是可逆过程，例如把反应设计在一个可逆电池中进行。则根据电学的关系式，可表示为

$$W' = QE = nFE \tag{2-18}$$

式中，Q 为电池反应中提供的电量；E 为电池的电动势；n 为电池反应中转移的电子数；F 为法拉第常数。

由式（2-17）和式（2-18）可得到

$$\Delta G = -nFE \tag{2-19}$$

由式（2-19）表明，可逆过程所做的最大功（电功 nFE）等于体系自由能的减少，这里所设计的可逆电池必须满足以下两个条件。

① 电极上发生的电化学反应可向正、反两个方向进行，即电池中的化学反应是完全可逆的。

② 电池在接近平衡状态下工作，即可逆电池在工作时，不论是充电还是放电，所通过的电流必须十分微小。

电池的电动势在忽略液体界面电位和金属间接触电位的情况下，等于正极电极电位和负极电极电位之差，即

$$E = \varphi_+ - \varphi_- \tag{2-20}$$

例如，由 Zn 和 $ZnSO_4$ 溶液与 Cu 和 $CuSO_4$ 溶液组成的铜-锌可逆电池。Cu 和 $CuSO_4$ 溶液组成的电极体系为电池正极，发生还原反应。Zn 和 $ZnSO_4$ 溶液组成的电极体系为负极，发生氧化反应，即金属腐蚀。

正极反应 $\quad\quad\quad\quad Cu^{2+} + 2e == Cu$

负极反应 $\quad\quad\quad\quad Zn - 2e == Zn^{2+}$

电池反应 $\quad\quad\quad\quad Zn + Cu^{2+} == Zn^{2+} + Cu$

正极电极电位：
$$\varphi_+ = \varphi^0_{Cu^{2+}/Cu} + \frac{2.3RT}{2F} \lg \frac{a_{Cu^{2+}}}{a_{Cu}}$$

负极电极电位：
$$\varphi_- = \varphi^0_{Zn^{2+}/Zn} + \frac{2.3RT}{2F} \lg \frac{a_{Zn^{2+}}}{a_{Zn}}$$

电池电动势：
$$E = (\varphi^0_{Cu^{2+}/Cu} - \varphi^0_{Zn^{2+}/Zn}) + \frac{2.3RT}{2F} \lg \frac{a_{Cu^{2+}} a_{Zn}}{a_{Cu} a_{Zn^{2+}}}$$

Cu、Zn 皆为固体，$a_{Cu} = 1$，$a_{Zn} = 1$，上式化简为

$$E = (\varphi^0_{Cu^{2+}/Cu} - \varphi^0_{Zn^{2+}/Zn}) + \frac{2.3RT}{2F} \lg \frac{a_{Cu^{2+}}}{a_{Zn^{2+}}} \tag{2-21}$$

从式（2-21）可以看出，电池电动势和参加反应的物质的活度有关。当溶液浓度较小时，可用溶液浓度代替活度，即 $a = c$，式（2-20）可表示为

$$E = (\varphi^0_{Cu^{2+}/Cu} - \varphi^0_{Zn^{2+}/Zn}) + \frac{2.3RT}{2F} \lg \frac{c_{Cu^{2+}}}{c_{Zn^{2+}}} \tag{2-22}$$

将式（2-20）代入式（2-19），得到

$$\Delta G = -nF(\varphi_+ - \varphi_-) \tag{2-23}$$

当 $\varphi_+ > \varphi_-$，$\Delta G < 0$；当 $\varphi_+ < \varphi_-$，$\Delta G > 0$；当 $\varphi_+ = \varphi_-$，$\Delta G = 0$。

根据式（2-16），可得到

$$\left.\begin{array}{ll} \varphi_+ > \varphi_- & \text{反应自发进行（金属自发腐蚀）} \\ \varphi_+ = \varphi_- & \text{反应处于平衡状态} \\ \varphi_+ < \varphi_- & \text{反应非自发进行（金属不会自发腐蚀）} \end{array}\right\} \tag{2-24}$$

上述关系表明，当金属与介质或不同金属相接触时，金属的电极电位低时才会发生腐蚀。因此，根据实际测量或热力学计算出腐蚀体系中金属的电极电位与腐蚀体系中其他电极体系的电极电位，进行比较就可以判断出金属发生腐蚀的可能性。

如果在标准状态下（25℃、101325Pa）式（2-21）中的 $a_{Cu^{2+}} = 1$，$a_{Zn^{2+}} = 1$。电池电动势为两个电极体系的标准电极电位之差，即

$$E = \varphi^0_{Cu^{2+}/Cu} - \varphi^0_{Zn^{2+}/Zn}$$

这样就可根据不同电极体系的标准电极电位的大小判断金属腐蚀的可能性。标准电极电位在很多书和手册中都可以查到，这就可以很方便地判断金属腐蚀的倾向。例如上例中：

$$\varphi^0_{Cu^{2+}/Cu} = 0.345V, \quad \varphi^0_{Zn^{2+}/Zn} = -0.762V$$

Zn 的标准电极电位比 Cu 的标准电极电位负，Zn 将被腐蚀，并且腐蚀会自动发生。

前面提到的 Cu 在无溶解氧的酸和有溶解氧的酸中腐蚀的例子，也可用标准电极电位判断金属铜是否发生腐蚀。根据可能发生的反应，即

$$Cu - 2e \Longrightarrow Cu^{2+}$$
$$2H^+ + 2e \Longrightarrow H_2$$
$$\frac{1}{2}O_2 + 2H^+ + 2e \Longrightarrow H_2O$$

查表得到 $\quad \varphi^0_{Cu^{2+}/Cu} = 0.345V, \quad \varphi^0_{H^+/H_2} = 0V, \quad \varphi^0_{H_2O/O_2} = 1.229V$

由于 $\varphi^0_{H^+/H_2} < \varphi^0_{Cu^{2+}/Cu} < \varphi^0_{H_2O/O_2}$，即金属 Cu 电极的标准电极电位正于氢电极的标准电极电位，负于氧电极的标准电极电位。因此，金属铜不会在无溶解氧的酸溶液中发生腐蚀，而在有溶解氧存在的酸溶液中会发生腐蚀。

当电极体系不处于标准状态时，根据式（2-13）的能斯特公式，电极电位将发生变化。一般由于浓度的变化，影响较小，因为式（2-13）中浓度与电位之间为对数关系，依照式（2-13），在 25℃、$n = 1$ 时，浓度改变 10 倍时，电极电位才变化 0.059V，所以一般浓度变化时，只会影响标准电极电位很相近的电极体系。采用标准电极电位判断金属腐蚀倾向是很方便可行的，需要注意的是，标准电极电位表示的是可逆反应的电极电位。在实际中，经常

14

用到的材料不是由单一的纯物质组成的（例如合金），可能是由几种物质组成的，这时与某种介质接触时，所发生的反应不是可逆反应，而是不可逆反应，此时形成的稳定电位不是该物质的平衡电极电位，而是极化后的电位（将在后面讲述）。另外，在使用标准电极电位判断时，还要注意金属所处的状态。例如，Ti、Al、Zn 的标准电极电位分别为 $\varphi^0_{Ti^{2+}/Ti} = -1.75V$，$\varphi^0_{Al^{2+}/Al} = -1.6V$，$\varphi^0_{Zn^{2+}/Zn} = -0.762V$，从标准电极电位比较，Zn 比 Ti 和 Al 更稳定，但是在大气中，Ti 表面生成稳定的 TiO_2 氧化膜，Al 表面生成稳定的 Al_2O_3 氧化膜，由于氧化膜起到了保护作用，因此 Ti 和 Al 比 Zn 更稳定。

2.3 腐蚀原电池

2.3.1 腐蚀电池

2.2 节中已提到恒温恒压条件下可逆过程所做的最大非膨胀功等于体系自由能的减少，当最大非膨胀功只有电功时，可设计成一个可逆电池，如 2.2 节中的由 Cu 和 Zn 及其溶液组成的体系可设计成一个可逆电池。电池的正极发生的是还原反应，即 $Cu^{2+} + 2e \Longrightarrow Cu$，也称为电池的阴极，在电极上发生的是阴极过程。电池的负极发生的是氧化反应，即 $Zn - 2e \Longrightarrow Zn^{2+}$，也称电池的阳极，在电极上发生的是阳极过程。电池中的溶液为电解质溶液，在电池工作时起传输离子电荷的作用。电池外部如用铜导线连接一个小灯泡，使电池构成一个完整的回路，外部导线起传输电子的作用。在这个电池中，负极上发生的阳极反应，金属（锌）溶解生成金属离子（Zn^{2+}），即金属的腐蚀反应。因此，作为一个完整的原电池，应具备正极、负极、传输离子电荷的电解质溶液和传输电子的导体四个部分。这四个部分，缺少其中的任何一部分金属的腐蚀反应都不可能发生，其中正极、负极反应的存在是必要条件。例如，将 Zn 浸入酸溶液中，这时发生的阳极过程是 $Zn - 2e \Longrightarrow Zn^{2+}$，阴极过程是 $2H^+ + 2e \Longrightarrow H_2$，阴极发生的析氢反应。可以用一碳棒浸入酸溶液中，外部用铜导线将 Zn 和碳棒相连，会观察到氢气从碳棒上析出。发生反应的动力是这两个电极的电极电位之差（$E = \varphi_{H^+/H_2} - \varphi_{Zn^{2+}/Zn}$）。由上面的例子可以看出，要发生金属的腐蚀，溶液必须存在着可以使金属发生氧化反应的氧化性物质，并且这种氧化性物质还原反应的电极电位必须高于金属氧化反应的电极电位。上述方式组成的电池通过外部导线可得到电池输出的电能，这种电池称为原电池。如果将正极、负极直接短路，这时不能得到电池的电能，电能全部以热的形式释放出来。这种短路的电池与原电池不同，原电池可以看做是将化学能直接转换成电能的装置，而短路的电池只能是发生了氧化还原反应的装置。这个装置自身不能提供有用功，在这个装置中发生了金属的氧化反应，即金属的腐蚀。这种发生了腐蚀反应而不能对外界做有用功的短路原电池被称为腐蚀电池。在实际工作中，由于金属材料中都或多或少的存在杂质，当金属材料与腐蚀介质接触时，就直接形成了腐蚀电池。例如铸铁中含有碳杂质，当将铸铁浸入酸中时，Fe 与 C 直接相连，构成短路，在 Fe 上发生 $Fe - 2e \Longrightarrow Fe^{2+}$ 反应，在 C 上发生 $2H^+ + 2e \Longrightarrow H_2$ 反应，形成了腐蚀电池。从上述的实例可以看出，金属腐蚀能够发生的原因是存在着能够使金属氧化的物质，这种物质和金属构成了一个热力学不稳定体系。

金属在电解质溶液中的腐蚀是电化学腐蚀过程，具有一般电化学反应的特征。例如潮湿大气条件下桥梁钢结构的腐蚀，海水中海洋采油平台、舰船壳体的腐蚀，油田中地下输油管道的腐蚀，在含有酸、碱等工业介质中金属设施的腐蚀等，都属于电化学腐蚀。这些腐蚀的实质都是金属浸在电解质溶液中，形成了以金属为阳极的腐蚀电池。

2.3.2 金属腐蚀的电化学历程

金属腐蚀从氧化还原理论分析是金属被氧化的过程。在化学腐蚀过程中，发生的氧化还原反应的物质是直接接触的，电子转移也是直接在氧化剂和还原剂之间直接进行，即被氧化的金属和被还原的物质之间直接进行电子交换，氧化与还原是不可分的。而在电化学腐蚀过程中，金属的氧化和氧化物质的被还原是在不同的区域进行，电子的转移也是间接的。例如，Zn 片和 Cu 片浸在酸溶液中，在两极上发生的反应分别为：

金属锌　　　　　　　　　　　$Zn \Longrightarrow Zn^{2+} + 2e$

金属铜　　　　　　　　　　　$2H^+ + 2e \Longrightarrow H_2$

经过测量可知，金属锌的电极电位较低，金属铜的电极电位较高。在金属锌上发生的是氧化反应过程，被称作阳极；金属铜上发生的是还原反应过程，被称为阴极。阳极上金属锌表面的锌原子失去 2 个电子以 Zn^{2+} 形式进入酸溶液中；留下的 2 个电子通过电子导体流向阴极，H^+ 在阴极上得到电子而生成 H 原子，进而复合成氢分子释放出来。在溶液中电荷的传递是通过溶液中的阴、阳离子的迁移完成的，使得电池构成了一个完整的回路（图 2-6）。电池反应的结果是金属锌被腐蚀。

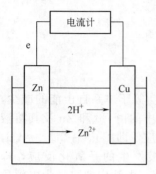

图 2-6　腐蚀原电池

从上面例子中可看出，腐蚀电池包括如下四个部分。

① 阳极过程　金属发生溶解，并且以离子形式进入溶液，同时将相应摩尔数量的电子留在金属上。

$$[M^{n+} \cdot ne] \longrightarrow M^{n+} + ne$$

② 阴极过程　从阳极流过来的电子被阴极表面电解质溶液中能够接受电子的氧化性物质 D 所接受。

$$D + ne \longrightarrow [D \cdot ne]$$

在溶液中能够接受电子发生还原反应的物质很多，最常见的是溶液中的 H^+ 和 O_2。

③ 电子的传输过程　这个过程需要电子导体（即第一类导体）将阳极积累的电子传输到阴极，除金属外，属于这类导体的还有石墨、过渡元素的碳化物、氮化物、氧化物和硫化物等。

④ 离子的传输过程　这个过程需要离子导体（即第二类导体），阳离子从阳极区向阴极区移动，同时阴离子向阳极区移动。除水溶液中的离子外，属于这类导体的还有解离成离子的熔融盐和碱等。

腐蚀电池这四个部分的同时存在，使得阴极过程和阳极过程可以在不同的区域内进行。这种阳极过程和阴极过程在不同区域分别进行是电化学腐蚀的特征，这个特征是区别腐蚀过程的电化学历程与纯化学腐蚀历程的标志。

腐蚀电池工作时所包括的上述四个基本过程既相互独立，又彼此紧密联系。这四个过程中的任何一个过程被阻断不能进行，其他三个过程也将受到阻碍不能进行。腐蚀电池不能工作，金属的电化学腐蚀也就停止了。这也是腐蚀防护的基本思路之一。

2.3.3　腐蚀电池的类型

2.3.3.1　宏观电池

根据组成电池的电极的大小，可以把电池分为宏观电池和微观电池两类，对于电极较大，即用肉眼可以观察到的电极组成的腐蚀电池称为宏观电池。常见的有以下几种类型。

① 不同金属与其电解质溶液组成的电池　这种电池的电极体系是由金属及该种金属的溶液组成的。例如丹尼尔［J. F. Daniel（英）］电池，是由金属锌和 $ZnSO_4$ 溶液，金属铜和 $CuSO_4$ 溶液组成的电池。锌为阳极，铜为阴极。

② 不同金属与同一种电解质溶液组成的电池　将不同电极电位的金属相互接触或连接在一起，浸入同一种电解质溶液中所构成的电池，也称为电偶电池，这种腐蚀也称为电偶腐

蚀。例如前面提到的将 Zn、Cu 连接放入酸中形成的腐蚀电池，这种电池是最常见的，如船的螺旋桨为青铜制造，船壳为钢材，同在海水中，船壳电位低于螺旋桨电位，船壳将受到腐蚀。

③ 浓差电池　这种电池是由于电解质溶液的浓度不同造成电极电位的不同而形成的，电解质溶液可以是同一种不同浓度，也可以是不同种不同浓度。从能斯特公式可知，溶液浓度影响电位的大小，使得不同浓度中的电极电位不同，形成电位差。在腐蚀中常见的浓差电池除了由金属离子浓度的不同形成，还有 O_2 在溶液中的溶解度不同造成的氧浓差电池。

④ 温差电池　这种电池是由于浸入电解质溶液的金属的各个部分处于不同温度因而有不同电极电位，从而形成了电池。这种由两个部位间的温度不同引起的电偶腐蚀叫做热偶腐蚀。例如，由碳钢制成的换热器，高温端电极电位低于低温端的电极电位，因而造成高温端腐蚀严重。

2.3.3.2　微观电池

金属表面从微观上检查会出现各种各样的不同，如微观结构、杂质、表面应力等，使金属表面产生电化学不均匀性。由于金属表面的电化学不均匀性，会在金属表面形成许多微小的电极，由这些微小电极形成的电池称为微观电池。形成金属表面的电化学不均匀性原因很多，主要有以下几种。

① 金属表面化学成分的不均匀性引起的微电池　各种金属材料由于冶炼、加工等方面的原因，会含有一些杂质，或因为使用的需求，要制成各种合金。例如铸铁中的石墨、黄铜（30％锌和70％铜的合金）。这些杂质或合金中的某种成分和基体金属的电极电位不同，形成了很多微小的电极。当浸入电解质溶液时，构成了许多短路的微电池。例如在铸铁中，石墨的电极电位高于铁的电极电位，石墨为阴极，Fe 为阳极，导致基体 Fe 的腐蚀。

② 金属组织结构的不均匀性而构成的微电池　金属的微观结构、晶型等在金属内部一般会存在差异，例如金属或合金的晶粒与晶界之间、不同相之间的电位都会存在差异。造成这种差异是由于相间或晶界处原子排列较为疏松或紊乱，造成晶界处杂质原子的富集或吸附以及不同相间某些原子的沉淀等现象的发生。当有电解质溶液存在时，电极电位不同。如，晶界电极电位低，作为阳极；晶粒电极电位高，作为阴极，使晶界处易于腐蚀。

③ 金属表面物理状态的不均匀性构成的微电池　金属在机械加工过程中会发生不同程度的形变，或产生不同的应力等，都可形成局部的微电池。一般是形变较大的或产生应力较大的部位电极电位较低，为阳极，易于腐蚀。

④ 金属的表面膜的不完整构成的微电池　金属的表面膜包括镀层、氧化膜、钝化膜、涂层等。当金属表面膜覆盖得不完整，或个别部位有孔隙或破损，或金属表面膜上有针孔等现象时，孔隙处或破损处的金属的电极电位较低，为阳极，易于腐蚀。又因为孔隙处或破损处的面积小，造成小阳极、大阴极的状态，加速了腐蚀。

2.4　电位-pH 图及其在腐蚀研究中的应用

2.4.1　电位-pH 图简介

2.4.1.1　电极平衡电位与溶液 pH 值的关系

金属的电化学腐蚀绝大多数是在水溶液中发生的，水溶液的 pH 值对金属的腐蚀起着重要作用。金属腐蚀的另一个因素是金属在水溶液中的电极电位，如果将电极电位和溶液的 pH 值联系起来，就可以很方便地判断金属腐蚀的可能性。这项工作首先是由比利时学者 Pourbaix 进行的，以电极反应的平衡电极电位为纵坐标，以溶液的 pH 值为横坐标，表示不同物质的热力学平衡关系的电化学相图，称为电位-pH 图，有时也称为 Pourbaix 图。自 20 世纪 30 年代至今，已有 90 多种元素与水构成的电位-pH 图汇编成册，成为研究金属腐蚀的重要工具之一。

根据参与电极反应的物质不同，电位-pH 图上的曲线可有以下三种情况。

① 只与电极电位有关而与 pH 值无关的曲线。例如反应：

$$a\mathrm{R} \Longleftrightarrow b\mathrm{O} + n\mathrm{e}$$

式中，O 为物质的氧化态；R 为物质的还原态；a、b 表示 R、O 的化学计量数；n 为反应电子数。

对于上述反应，可根据能斯特公式得到反应的电极电位：

$$\varphi = \varphi^0 + \frac{RT}{nF} \ln \frac{a_\mathrm{O}^b}{a_\mathrm{R}^a}$$

从上式可以看出，该反应的电极电位只和该物质的氧化态、还原态的活度有关，与溶液的 pH 值无关。因此，这类反应在电位-pH 图上应为一条和横坐标（pH 值）平行的直线 [图 2-7(a)]。例如反应：

$$\mathrm{Fe}^{2+} \Longleftrightarrow \mathrm{Fe}^{3+} + \mathrm{e} \qquad \mathrm{Fe} \Longleftrightarrow \mathrm{Fe}^{2+} + 2\mathrm{e}$$

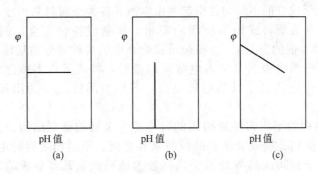

图 2-7　不同反应的电位-pH 曲线

② 只与 pH 值有关，与电极电位无关的曲线　这类反应由于和电极电位无关，表明没有电子参加反应。因此，不是电极反应，是化学反应。例如反应：

$$d\mathrm{D} + g\mathrm{H_2O} \Longleftrightarrow b\mathrm{B} + m\mathrm{H}^+$$

反应的平衡常数为：

$$K = \frac{a_\mathrm{B}^b a_{\mathrm{H}^+}^m}{a_\mathrm{D}^d}$$

由 $\mathrm{pH} = -\lg a_{\mathrm{H}^+}$ 可得到：

$$\mathrm{pH} = -\frac{1}{m}\lg K - \frac{1}{m}\lg \frac{a_\mathrm{D}^d}{a_\mathrm{B}^b}$$

从上式可以看出，pH 值和电极电位无关。由于平衡常数 K 和温度有关，当温度恒定时，$a_\mathrm{D}^d / a_\mathrm{B}^b$ 不变，则 pH 也不变。因此，在电位-pH 图上，这种反应的曲线应该是一条平行于纵坐标轴的垂直线 [图 2-7(b)]。例如

$$\mathrm{Fe}^{2+} + 2\mathrm{H_2O} \Longleftrightarrow \mathrm{Fe(OH)_2} + 2\mathrm{H}^+$$

③ 既和电极电位有关，又和 pH 值有关的曲线　这种反应中既有电子参加反应，又有 H^+（或 OH^-）参加反应。例如反应：

$$a\mathrm{R} + g\mathrm{H_2O} \Longleftrightarrow b\mathrm{O} + m\mathrm{H}^+ + n\mathrm{e}$$

18

其平衡电极电位可以用能斯特公式表示

$$\varphi = \varphi^0 + \frac{RT}{nF} \ln \frac{a_O^b a_{H^+}^m}{a_R^a}$$

可变换为

$$\varphi = \varphi^0 - 2.303 \frac{mRT}{nF} pH + 2.303 \frac{RT}{nF} \lg \frac{a_O^b}{a_R^a}$$

从上式可以看出，电极电位（φ）随 pH 值的变化而改变，即在一定温度下 a_O^b / a_R^a 不变时，φ 随 pH 值升高而下降，斜率为 $-2.303 \frac{mRT}{nF}$ [图 2-7(c)]。例如

$$Fe^{2+} + 3H_2O \Longrightarrow Fe(OH)_3 + 3H^+ + e$$

2.4.1.2 氢电极和氧电极的电位-pH 图

金属的电化学腐蚀绝大部分是在水溶液的介质中进行的，水溶液中的水分子、H^+、OH^- 以及溶解在水中的氧分子，都可以吸附在电极表面，发生氢电极反应和氧电极反应，这两个电极反应一般是阴极反应，与金属的阳极反应耦合形成腐蚀电池，这是腐蚀电化学中的析氢腐蚀和吸氧腐蚀。因此，有必要研究氢电极和氧电极的电位-pH 图，用来分析和确定 H_2O、H^+、OH^- 的热力学稳定性以及它们的热力学稳定区范围。最早进行这项工作的是克拉克（Clark）。

氢电极反应 $\qquad\qquad 2H^+ + 2e \Longrightarrow H_2$

依据能斯特公式，则

$$\varphi_{H^+/H_2} = \varphi^0 + \frac{RT}{2F} \ln \frac{a_{H^+}^2}{a_{H_2}}$$

当温度为 25℃时

$$\varphi_{H^+/H_2} = \varphi^0 + \frac{0.0591}{2} \lg a_{H^+}^2 - \frac{0.0591}{2} \lg P_{H_2}$$

$$\varphi_{H^+/H_2} = \varphi^0 - 0.0591 pH - 0.02955 \lg P_{H_2} \qquad (2\text{-}25)$$

当 $P_{H_2} = 101.325 kPa$ 时，上式变化为

$$\varphi_{H^+/H_2} = 0 - 0.0591 pH = -0.0591 pH \qquad (2\text{-}26)$$

由此表明，在电位-pH 图上氢电极反应为一条直线，其斜率为 -0.0591（图 2-8 的 a 线段）。

在酸性环境中氧电极反应 $\quad O_2 + 4H^+ + 4e \Longrightarrow 2H_2O$

依据能斯特公式，则

$$\varphi_{O_2/H_2O} = \varphi^0 + \frac{RT}{4F} \ln \frac{a_{H^+}^4 P_{O_2}}{a_{H_2O}^2}$$

一般在水溶液中 $a_{H_2O} = 1$，在 25℃时

$$\varphi_{O_2/H_2O} = \varphi^0 + \frac{0.0591}{4} \lg a_{H^+}^4 + \frac{0.0591}{4} \lg P_{O_2}$$

$$\varphi_{O_2/H_2O} = \varphi^0 + 0.0148 \lg P_{O_2} - 0.0591 pH \qquad (2\text{-}27)$$

当 $P_{O_2} = 101.325 kPa$ 时

$$\varphi_{O_2/H_2O} = 1.229 - 0.0591 pH \qquad (2\text{-}28)$$

在碱性环境中氧电极反应 $\quad O_2 + 2H_2O + 4e \Longrightarrow 4OH^-$

依据能斯特公式，则

$$\varphi_{O_2/OH^-} = \varphi^0 + \frac{RT}{4F} \ln \frac{P_{O_2} a_{H_2O}^2}{a_{OH^-}^4}$$

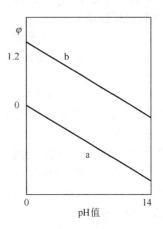

图 2-8 H_2、O_2 电极
电位-pH 曲线

19

在 25℃时

$$\varphi_{O_2/OH^-} = \varphi^0 + \frac{0.0591}{4}\lg P_{O_2} - \frac{0.0591}{4}\lg a_{OH^-}^4$$

$$\varphi_{O_2/OH^-} = \varphi^0 + 0.0148\lg P_{O_2} - 0.0591\lg a_{OH^-}$$

在 25℃水溶液中，H^+、OH^- 与 pH 的关系为

$$\lg a_{OH^-} = pH - 14$$

代入上式得到

$$\varphi_{O_2/OH^-} = \varphi^0 + 0.0148\lg P_{O_2} - 0.0591pH + 0.0591 \times 14 \tag{2-29}$$

当 $P_{O_2} = 101.325kPa$ 时，$\varphi_{O_2/OH^-} = 0.401 - 0.0591pH + 0.0591 \times 14$

$$\varphi_{O_2/OH^-} = 1.229 - 0.0591pH \tag{2-30}$$

即氧电极反应无论在酸性环境中还是在碱性环境中，电位和 pH 值的关系都是一致的。在电位-pH 图中都是一条直线，其斜率也为 -0.0591（图 2-8 的 b 线段），是一条和氢电极平行的直线，其截距相差 1.229V。图 2-8 中的 a、b 直线是 $P_{H_2} = 101.325kPa$ 和 $P_{O_2} = 101.325kPa$ 条件时计算出的电位-pH 曲线，如果 P_{H_2} 和 P_{O_2} 不等于 101.325kPa，从式 (2-25) 可看出，对于氢电极，当 $P_{H_2} > 101.325kPa$ 时，电位-pH 曲线将从 a 线向下平移；当 $P_{H_2} < 101.325kPa$ 时，电位-pH 曲线将从 a 线向上平移。对于氧电极反应，从式 (2-27) 和式 (2-29) 可以看出，当 $P_{O_2} > 101.325kPa$ 时，电位-pH 曲线将从 b 线向上平移；当 $P_{O_2} < 101.325kPa$ 时，电位-pH 曲线将从 b 线向下平移。这样就可以分别得到两组平行的斜线，表示不同气体分压时的电位-pH 图。如果仍以 P_{H_2}、P_{O_2} 为 101.325kPa 的 a、b 线为例，当电极电位低于 a 线的电位时，H_2O 将被还原而分解出 H_2，因此在 a 线下方应为 H_2 的稳定区，即还原态稳定区；a 线上方为 H^+ 的稳定区，即氧化态稳定区。同样，当电极电位高于 b 线时，H_2O 被氧化而分解出 O_2，在 b 线上方为 O_2 的稳定区，即氧化态稳定区；在 b 线下方为 H_2O 的稳定区，即还原态稳定区；a、b 线之间的区域为 101.325kPa 条件下 H_2O 的热力学稳定区。

在氧化还原反应中，电极电位高的氧化态和电极电位低的还原态可以发生反应。在图 2-8 中，b 线的电极电位高于 a 线的电极电位，因此，b 线的氧化态和 a 线的还原态相遇会发生氧化还原反应。即

$$（氧化态）b + （还原态）a === （还原态）b + （氧化态）a$$

式中，b 为氧电极反应，a 为氢电极反应。上式可写成：

$$O_2 + 2H_2 === 2H_2O$$

因此，图 2-8 也称为 H_2O 的电位-pH 图。由于 a 线、b 线之间的差距表示两个反应的电极电位之差，即 a、b 两个电极反应组成的电池的电动势，因此，差值越大，发生反应的可能性越大。

2.4.2 电位-pH 图的绘制

将某一金属-介质组成的体系所发生的反应的电位-pH 曲线连同氢电极反应（a 线）和氧电极反应（b 线）的电位-pH 曲线都画在同一幅电位-pH 图上，即为 Pourbaix 图，一般按下列步骤进行。

① 列出有关物质的各种存在状态以及在此状态下标准化学位值或 pH 值表达式。

② 列出各有关物质之间发生的反应方程式，并利用标准化学位值计算出各反应的平衡关系式。

③ 作出各反应的电位-pH 值图曲线，并汇总成综合的电位-pH 图。

例如，$Fe-H_2O$ 体系的电位-pH 图，平衡固相为 Fe、Fe_3O_4、Fe_2O_3 时，各物质之间的

20

反应方程式和平衡关系式如表 2-1 所示。

表 2-1　Fe-H₂O 体系各平衡反应式和平衡关系式

序　号	平衡反应式	平衡关系式
①	$Fe^{3+}+e \rightleftharpoons Fe^{2+}$	$\varphi=0.771+0.0591\lg(a_{Fe^{3+}}/a_{Fe^{2+}})$
②	$Fe_3O_4+8H^++8e \rightleftharpoons 3Fe+4H_2O$	$\varphi=-0.085-0.0591pH$
③	$3Fe_2O_3+2H^++2e \rightleftharpoons 2Fe_3O_4+H_2O$	$\varphi=0.221-0.0591pH$
④	$Fe_2O_3+6H^+ \rightleftharpoons 2Fe^{3+}+3H_2O$	$3pH=-0.723-\lg a_{Fe^{3+}}$
⑤	$Fe^{2+}+2e \rightleftharpoons Fe$	$\varphi=-0.440+0.0296\lg a_{Fe^{2+}}$
⑥	$Fe_2O_3+6H^++2e \rightleftharpoons 2Fe^{2+}+3H_2O$	$\varphi=0.728-0.1773pH-0.0591\lg a_{Fe^{2+}}$
⑦	$Fe_3O_4+2H_2O+2e \rightleftharpoons 3Fe^{2+}+4H_2O$	$\varphi=0.980-0.2364pH-0.0886\lg a_{Fe^{2+}}$
⑧	$HFeO_2^-+3H^++2e \rightleftharpoons Fe+2e$	$\varphi=0.493-0.0886pH+0.0296\lg a_{HFeO_2^-}$
⑨	$Fe_3O_4+2H_2O+2e \rightleftharpoons 3HFeO_2^-+H^+$	$\varphi=-1.546+0.0295pH-0.08869\lg a_{HFeO_2^-}$
ⓐ	$2H^++2e \rightleftharpoons H_2$	$\varphi=0.000-0.0591pH$
ⓑ	$O_2+4H^++4e \rightleftharpoons 2H_2O$	$\varphi=1.229-0.0591pH$

　　各平衡关系式经计算后得到各平衡曲线，如图 2-9 所示，图中的两条平行的虚线中，ⓐ表示 H^+ 和 H_2（$P_{H_2}=101.325kPa$）的平衡关系；ⓑ表示 O_2（$P_{O_2}=101.325kPa$）和 H_2O 之间的平衡。图中各线带圆圈的编号是表 2-1 中各平衡关系式的编号，图中 0、-2、-4、-6 分别表示 Fe^{2+}、Fe^{3+} 的浓度为 $1mol/L$、$10^{-2}mol/L$、$10^{-4}mol/L$、$10^{-6}mol/L$。一般化学分析的分辨率为 $10^{-6}mol/L$，所以各物质均选用 $10^{-6}mol/L$ 的平衡线作为界限。

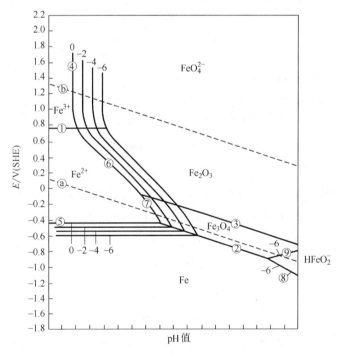

图 2-9　Fe-H₂O 体系电位-pH 曲线

2.4.3　电位-pH 图的应用

　　将图 2-9 中各物质的离子浓度都取 $10^{-6}mol/L$，图 2-9 可简化为图 2-10。图 2-10 中，曲

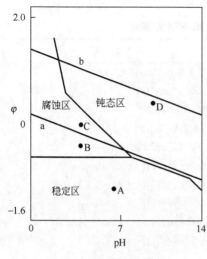

图 2-10 简化的 Fe-H₂O
体系电位-pH 曲线

线将图分为如下三个区域。

① 稳定区 在这个区域内，电位和 pH 值的变化都不会引起金属的腐蚀。所以，在这个区域内，金属（Fe）处于热力学稳定状态，金属不会发生腐蚀。

② 腐蚀区 在这个区域内金属（Fe）被腐蚀生成 Fe^{2+}、Fe^{3+} 或 FeO_4^{2-}、$HFeO_2^-$ 等离子。因此，在这个区域内，金属（Fe）处于热力学不稳定状态。

③ 钝化区 在这个区域内，随电位和 pH 值的变化，生成各种不同的稳定固态氧化物、氢氧化物或盐。这些固态物质可形成保护膜保护金属。因此，在这个区域内，金属腐蚀的程度取决于生成的固态膜是否有保护性。

依照图 2-10 可以从理论上分析金属的腐蚀倾向，如图 2-10 所示的 A 点处于 Fe 的稳定区，该区域又在 a 线以下，即 H₂ 的稳定区。因此，处于 A 点的 Fe 处于热力学稳定状态，不会被腐蚀；B 点处于 Fe^{2+} 的稳定区，并且在 a 线之下，即处于 H₂ 的稳定区，在 B 点可能进行两个平衡反应：

$$2H^+ + 2e \Longleftrightarrow H_2 \tag{I}$$

$$Fe^{2+} + 2e \Longleftrightarrow Fe \tag{II}$$

式（I）的电极电位高于式（II）的电极电位。因此，Fe 将被腐蚀生成 Fe^{2+}，同时发生析 H₂ 反应，即电极电位高的氧化态（H^+）和电极电位低的还原态（Fe）发生反应。

阴极反应　　　　　　　　$2H^+ + 2e \Longrightarrow H_2$

阳极反应　　　　　　　　$Fe - 2e \Longrightarrow Fe^{2+}$

电池反应　　　　　　　　$Fe + 2H^+ \Longrightarrow Fe^{2+} + H_2$

如果 B 向上移动，超过 a 线，达到 C 点位置，处于 Fe^{2+} 的稳定区和 H₂O 的稳定区。由于 C 点位于 a 线之上，因此在 C 点不会发生 H^+ 的还原反应，即不存在 $2H^+ + 2e \Longrightarrow H_2$ 的反应，这时应考虑与 b 线有关物质的反应。在 C 点可能进行的平衡反应为

$$\frac{1}{2}O_2 + 2H^+ + 2e \Longleftrightarrow H_2O \tag{III}$$

$$Fe - 2e \Longleftrightarrow Fe^{2+} \tag{IV}$$

式（III）的电极电位高于式（IV）的电极电位，Fe 将被腐蚀生成 Fe^{2+}，同时发生吸氧反应，即电极电位高的氧化态（O₂）发生还原反应，电极电位低的还原态（Fe）发生氧化反应。

阴极反应　　　　　　$\frac{1}{2}O_2 + 2H^+ + 2e \Longrightarrow H_2O$

阳极反应　　　　　　　　$Fe - 2e \Longrightarrow Fe^{2+}$

电池反应　　　　$\frac{1}{2}O_2 + 2H^+ + Fe \Longrightarrow Fe^{2+} + H_2O$

如果金属处于 D 点，在 Fe 的稳定区域之上，也处于 a 线之上和 pH 值大于 7 的位置。这时可能进行的反应：

$$\frac{1}{2}O_2 + H_2O + 2e \Longrightarrow 2OH^- \tag{V}$$

$$Fe + 2H_2O \Longrightarrow Fe(OH)_2 + 2H^+ + 2e \tag{VI}$$

或　$Fe+H_2O \Longrightarrow FeO+2H^++2e$［在式（Ⅰ）电极电位较低的范围内］

$$Fe(OH)_2+H_2O \Longrightarrow Fe(OH)_3+H^++e \qquad (Ⅶ)$$

或　$2Fe(OH)_2 \Longrightarrow Fe_2O_3+H_2O+2H^++2e$［在式（Ⅴ）电极电位较高的范围内］

式（Ⅵ）、式（Ⅶ）合并可得到

$$2Fe+3H_2O \Longrightarrow Fe_2O_3+6H^++6e \qquad (Ⅷ)$$

如果是在电位较高的范围内，采用式（Ⅷ）表达，即

阴极反应　　　　　　　　　　$\dfrac{3}{2}O_2+3H_2O+6e \Longrightarrow 6OH^-$

阳极反应　　　　　　　　　　$2Fe+3H_2O \Longrightarrow Fe_2O_3+6H^++6e$

电池反应　　　　　　　　　　$2Fe+\dfrac{3}{2}O_2 \Longrightarrow Fe_2O_3$

从式（2-28）可知，式（Ⅴ）电极电位的高低除和 pH 值有关外，还和 O_2 的分压 p_{O_2} 有关。当 pH 值一定，电极电位降低（即 p_{O_2} 下降），溶液中的溶解氧减少，这时阳极产物不只有 Fe_2O_3［或 $Fe(OH)_3$］，还会有 FeO［或 $Fe(OH)_2$］，从而生成 Fe_3O_4。

上面的分析表明，Fe 处在 D 点有腐蚀的可能，但被腐蚀的程度要同时考虑腐蚀产物 FeO、Fe_3O_4 或 Fe_2O_3 与 Fe 的结合情况。如果能和 Fe 生成结合牢固且致密的固体氧化膜则可起到使 Fe 不再受到腐蚀的保护作用，即 Fe 可能处于钝化状态；如果不能生成结合牢固且致密的固体氧化物膜，Fe 还会继续被腐蚀。

根据上面的理论分析，可以选择适当的方法防止腐蚀的发生。在图 2-10 中，若 Fe 在 B 点处，则处于腐蚀状态。如果将 Fe 从 B 点移出腐蚀区，可采取以下三种办法。

① 不改变溶液 pH 值，降低电极电位值，使 Fe 进入热力学稳定区。可以使用外电源，Fe 和外电源负极相连，电极电位向负方向移动，或与电极电位更负的金属（如 Zn）相连，使 Fe 电极电位下降。这种方法称为阴极保护（见第 8 章）。

② 不改变溶液 pH 值，提高电极电位值，使 Fe 进入钝化区。可以将 Fe 和外电源的正极相连，电极电位向正方向移动，这种方法称为阳极保护（见第 8 章）。采用这种方法必须保证金属处于钝化状态金属才会受到保护，否则金属将加速腐蚀。

③ 不改变电极电位值，提高溶液的 pH 值。从图 2-10 可以看到，提高 pH 值后，Fe 也会进入钝化区，从而得到保护。

2.4.4　应用电位-pH 图的局限性

电位-pH 图的绘制是根据热力学数据计算出的电极电位和 pH 值的关系得到的，所以也称为理论电位-pH 图。虽然使用电位-pH 图可以判断金属腐蚀的倾向，但是此图也有它的局限性，主要表现在如下几个方面。

① 理论电位-pH 图是依据热力学数据绘制的电化学平衡图，所以只能用来说明金属在该体系中腐蚀的可能性，即腐蚀倾向的大小，而不能预示金属腐蚀的动力学问题，例如腐蚀速度的大小。

② 在绘制电位-pH 图时，所取得的平衡条件是金属与金属离子、溶液中的离子以及这些离子的腐蚀产物之间的平衡。但是在腐蚀的实际条件下，这些离子之间，离子与产物之间不一定保持平衡状态，溶液所含的其他离子也可对平衡产生影响。

③ 绘制电位-pH 图所取的平衡状态，是体系全部处于平衡状态。例如，处于平衡状态时，溶液各处的浓度均相同，任何一点的 pH 值也都相等。但是在实际的腐蚀体系中，金属表面薄液层的浓度和远离金属表面液层的浓度不同。阳极反应区的 pH 值低于体系整体的 pH 值，而阴极反应区的 pH 值高于体系整体的 pH 值。

④ 电位-pH 图中，除金属与其相关离子之间的平衡反应外，还绘制了氢电极反应和氧

电极反应的曲线，因此，该图只考虑了 OH^- 对平衡的影响。在实际腐蚀体系中，还会有很多其他阴离子存在，例如 Cl^-、SO_4^{2-}、HCO_3^- 等。这些离子会引发其他反应发生，因而导致误差的产生。

⑤ 理论电位-pH 图中的钝化区只能表示在此区域内金属能生成固体保护膜，但是这些固体保护膜对金属的保护程度和是否起作用并未涉及，还需要根据实际情况决定。

尽管电位-pH 图存在以上的局限性，但是在许多情况下，电位-pH 图仍然能够预测金属在一定体系中腐蚀倾向的大致情况。如果将含有其他阴离子的实验数据、钝化膜的实验数据等与理论电位-pH 图的数据相结合，得到实验的电位-pH 图在腐蚀研究中会具有更大的实际意义。

习　　题

1. 电极电位是如何产生的？能否测量电极电位的绝对值？

2. 电极体系分为几种类型？它们各有什么特点？

3. 化学位和电化学位有什么不同？电化学位由几个部分组成？

4. 在什么条件可以使用能斯特公式？

5. 如何根据热力学数据判断金属腐蚀的倾向？

6. 如何使用电极电位判断金属腐蚀的倾向？

7. 什么是腐蚀电池？腐蚀电池有几种类型？

8. 化学腐蚀和电化学腐蚀有什么不同？

9. 含有杂质的锌片在稀 H_2SO_4 中的腐蚀是电化学腐蚀，是由于锌片中的杂质形成的微电池引起的，这种说法正确吗？为什么？

10. 什么是电位-pH 图？举例说明它的用途及局限性。

11. 根据标准化学位数据计算下列电极体系的标准电极电位。

(1) Zn^{2+}/Zn　　　(2) Fe^{2+}/Fe　　　(3) Cu^{2+}/Cu

12. 计算下列电极体系的电极电位：

(1) Zn/Zn^{2+} (2mol/L)；(2) Fe^{3+} (0.5mol/L)/Fe^{2+} (0.2mol/L)；

(3) ClO_4^- (0.2mol/L)，ClO_3^- (0.3mol/L)，OH^- (0.6mol/L) 组成的电极体系；

(4) MnO_4^- (0.2mol/L)，Mn^{2+} (0.1mol/L)，pH=2 的电极体系。

13. 计算 Ag/AgCl 电极在 1mol/L KCl 溶液中的电极电位。

14. 将 Zn 片浸入 pH=1 的 0.01mol/L 的 $ZnCl_2$ 溶液中，通过计算判断能否发生析氢腐蚀。

15. Zn 片浸在活度为 1 的 Zn^{2+} 溶液中，Pt 片浸在 pH=1，P_{H_2}=0.2MPa 的酸溶液中，组成电池，求该电池的电动势，并判断该电池的正负极。

16. 计算 Zn 电极在 0.1mol/L $ZnSO_4$ 和 0.5mol/L $ZnSO_4$ 中构成的浓差电池（忽略液接电位）的电动势，并指出它们的正负极。

17. 计算下列电极组成的电池电动势，当该电池短路时，哪个电极被腐蚀？

(1) Fe 和 Mg 分别浸在相同活度的 Fe^{2+} 和 Mg^{2+} 溶液中。

(2) Pb 和 Ag 分别浸在相同活度的 Pb^{2+} 和 Ag^+ 溶液中。

18. 根据图 2-9 的电位-pH 曲线，写出对应于②、⑤、⑧线的平衡反应式，并计算每条线的斜率（设 Fe^{2+} 浓度为 10^{-6} mol/L）。

24

第3章 金属电化学腐蚀过程动力学

通过对金属电化学腐蚀过程进行热力学的分析，可以判断金属材料在腐蚀介质中的腐蚀倾向，解决金属是否会发生腐蚀的问题。但实际的腐蚀过程中，人们更为关心的是腐蚀过程的细节问题，例如腐蚀反应发生、腐蚀扩展的机制和原理以及腐蚀发生和扩展的速度等问题，这其中，尤其是腐蚀过程进行的速度是实际应用金属结构需要关心的重要问题。热力学原理指明某一种金属或合金在腐蚀介质中有很大的腐蚀倾向，但实际中不一定也同样对应一个较大的腐蚀速度，同理，热力学原理指明某一种金属或合金在腐蚀介质中腐蚀倾向很小，也并不一定说明腐蚀速度也同样很小。要想解决这个问题，必须了解腐蚀过程的机理及影响腐蚀速度的各种因素，掌握在各种不同条件下腐蚀作用的动力学规律，这样才能有的放矢地采用金属腐蚀控制的方法和措施，有效地抑制金属在腐蚀介质中的腐蚀，提高金属在腐蚀介质中的使用性能并延长使用寿命。

金属与腐蚀介质构成了一个复杂的系统，在金属和腐蚀介质的界面上发生的腐蚀反应不同于在理想情况下只在电极表面发生一个电极反应的情况，在腐蚀的金属电极系统中往往同时有两个或两个以上的反应同时发生，它们之间存在着相互之间的耦合作用。研究腐蚀动力学的问题必须先从电极上只发生一个电极反应的理想情况出发，讨论电极反应的基本概念及其动力学原理，然后逐步深入到电极表面有两个或两个以上电极反应发生时的腐蚀反应的动力学。

3.1 电极的极化现象

3.1.1 电极的极化

最简单的情况下，在电极界面上只有一个电极反应发生，并且这个电极反应可以处于热力学的平衡状态，即它是以可逆的方式进行的。在电极过程动力学的研究中一般可以用如下通式表示简单电极反应：

$$O + ne \Longleftrightarrow R$$

式中，O 代表氧化型物质；R 代表还原型物质；n 为反应中转移的电子数目。从 O→R 方向的电极反应是氧化型物质获得电子变成还原型物质的反应，是还原反应，在电极过程动力学研究中称其为阴极方向的电极反应，简称阴极反应；从 R→O 方向的电极反应是还原型物质失去电子变成氧化型物质的反应，是氧化反应，在电极过程动力学研究中称其为阳极方向的电极反应，简称阳极反应。

通过对热力学的研究可知，如果在电极界面上只发生一个电极反应，当这个电化学反应体系处于热力学平衡状态时，阳极反应方向（也就是氧化反应方向）的反应速度和阴极反应方向（也就是还原反应方向）的反应速度必然相等。此时在电极界面处存在着两个平衡，第一个平衡是指参加电极反应的物质粒子的交换处于平衡状态，另一个平衡是电荷的交换处于平衡状态，此时电极界面的电荷密度分布必然也是不变的。这种平衡是一种动态意义上的平衡，阳极氧化反应方向和阴极还原反应方向都在以一定的反应速度进行，只不过这两个反应速度大小相等，方向相反，因而整个反应处于稳定的平衡状态。反应处于平衡状态，说明电极反应的净反应速度（正逆反应的反应速度之差）为零，此时电极界面上既没有新的物质生成或消耗，同时在电极界面上也没有从外电路进入或者流入外电路的电流通过，即外电流等于零。这时由于电荷交换处于平衡，电极界面的电荷密度的分布保持不变，则电极/电解质溶液界面必然存在一个稳定不变的电位，这个电极电位就是该电极反应的平衡电极电位，如果电极体系处于标准态，此电位就称为该电极反应的标准平衡电极电位。

如果电极界面上有净反应发生，根据法拉第定律必然有外电流从外电路流入电极界面或者从电极界面流入外电路，电极界面的电荷平衡和物质平衡状态将被打破，界面电荷平衡的打破将使电极电位也偏离平衡电极电位。表 3-1 列出了在 7mol/L 的 KOH 溶液中，用氢电极作为阴极，当改变电流时，电极电位的变化（相对参比电极为 HgO/Hg 电极）。表中数据说明，当有电流流过时，电极电位偏离了开路电位，并随着阴极电流的逐渐加大，电极电位不断向负方向移动。

表 3-1　氢电极的极化现象

电流强度/mA	0	20	40	60	80	100	120	140
电极电位/V	−0.936	−0.929	−0.919	−0.910	−0.898	−0.887	−0.876	−0.865

在电极过程动力学的研究中，将这种当有外电流通过电极/电解质溶液界面时，电极电位随电流密度改变所发生的偏离平衡电极电位的现象，称为电极的极化。在电化学体系中进行的电化学测量实验结果表明，当有通过阴极方向的外电流，即电极上电极反应为阴极方向净反应时，电极电位总是变得比平衡电位更负，发生阴极方向的电极极化；当有通过阳极方向的外电流时，即电极上电极反应为阳极方向净反应时，电极电位总是变得比平衡电位更正，发生阳极方向的电极极化。电极电位偏离平衡电位向负方向移动称为阴极极化，而向正方向移动称为阳极极化。

在一定的电流密度下，电极电位与平衡电位的差值称为该电流密度下的过电位值，也有研究者称其为超电势或超电位，用 η 表示。过电位是表征电极极化程度的参数，在电极过程动力学中有重要的意义。习惯上规定 η 总为正值，可表示为：

$$\eta = |\phi - \phi_e| \tag{3-1}$$

式中，ϕ 为某一电流密度下的电极电位数值；ϕ_e 为该电极的平衡电极电位数值，下标 e 表示电极处于平衡状态。由于习惯上取过电位为正值，因此阴极极化过电位和阳极极化过电位可分别表示为：

$$\eta_c = \phi_e - \phi_c \tag{3-2}$$

$$\eta_a = \phi_a - \phi_e \tag{3-3}$$

其中，下标 c 代表阴极反应过程，下标 a 代表阳极反应过程。

从以上的定义可以看出，过电位这一概念是电极电位相对于电极反应的平衡电位的改变量，在实验测量时，如果电极的开路电位不是电极反应的平衡电位时，就不能使用电极电位相对于开路电位的改变值来表示过电位，这种情况下不能使用过电位概念。在实际中的各种电极体系，在没有外电流流过时，电极体系并不一定能处于热力学的平衡状态，并不一定是可逆的电极，对于单一的一个电极反应可能没有建立相应的平衡状态。也就是说，在电流为零时，测得的电极电位可能是可逆电极的平衡电位，也可能是不可逆电极的稳定电位。往往把电极在没有电流通过时的电位统称为静止或稳定电位，当有电流通过时的电极电位与稳定或静止电位的差值用极化值这一概念表示：

$$\Delta\varphi = \varphi - \varphi_{静} \tag{3-4}$$

式中，$\Delta\varphi$ 称为极化值；φ 为极化电位；$\varphi_{\text{静}}$ 为静止电位。

在实际问题的研究中，往往用极化值 $\Delta\varphi$ 更方便一些，其数值不同于过电位的表示，既可以是正值，也可以是负值，不同于过电位的数值总是取绝对值。

3.1.2 电极极化的原因及类型

3.1.2.1 电极极化的原因

当有外电流流过电极界面时，电极/电解质溶液界面的电极电位就会发生改变，产生极化现象，而电极电位的改变是由于电极界面电荷密度的分布发生改变，进而导致电极界面相间电位差发生改变的结果。下面具体分析一下当有外电流流过电极/溶液的界面时，在界面上发生的现象。

电极体系是电子导体和离子导体串联组成的体系，电极反应就发生在这两类导体互相接触的相界面上。当处于平衡状态时，两类导体中都没有电荷的运动，只在电极/溶液相界面上有氧化反应与还原反应的动态平衡，并因而建立了电极的平衡电位；当有电流通过电极界面时，在这个相界面上就应该有净的电子的流入或流出。根据化学动力学，由于电子参与电极反应过程，因此电子在电极界面的流动必将对电极反应正逆方向的反应速度产生不同影响。电子的流入将使阴极反应方向电极反应速度加快，同时使阳极反应方向的电极反应速度降低，此时电极界面的电位差将由于电子的积累而向负方向移动，即发生了阴极方向的电极极化。达到稳定状态时，阴极方向速度与阳极方向速度之差应该正好等于净的阴极反应的速度。电子的流出将使阳极反应方向反应速度加快，同时使阴极方向反应速度降低，此时电极界面的电位差由于电子流出而向正方向移动，即发生了阳极方向的电极极化。达到稳定状态时，阳极方向速度与阴极方向速度之差也应该正好等于净的阳极反应的速度。也就是说，有阴极电流通过，即电子流入电极时，由于电子流入电极的速度大，造成负电荷的积累，因此，阴极极化电位向电位变负的方向移动；有阳极电流通过，即电子流出电极时，由于电子流出电极的速度大，造成正电荷积累，阳极极化电位则向电位变正的方向移动。这两种情况下，电极都偏离了原来的平衡状态，由此产生了电极的极化的现象。只有当界面反应速度足够快，即电子在电子导体和离子导体间能够极快的转移时，才不会造成电荷在电极表面积累而使相间电位差发生变化，电极界面状态也就不易偏离原来的平衡状态，不发生极化现象，或者即使发生极化现象，极化值也很小。

有电流通过电极界面时，电子的流动起着在电极表面积累电荷，使电极电位偏离平衡状态的作用（称为电极极化的作用），发生在电极界面的电极反应是吸收电子，传递电荷，起着使电极电位恢复平衡状态的作用（称为去极化作用）。电极界面的动力学性质就取决于这种极化和去极化的相对平衡。一般说来，电子运动速度远远大于反应物粒子和生成物粒子之间的电子传递速度，即电极反应速度是跟不上电子运动的速度，因此一般电极都会表现出一定程度的极化作用。

通过电极/溶液界面的电流可参加两种过程，一部分参加电化学反应，称为电化学反应电流或法拉第电流；另一部分只是给界面的双电层充电，称为充电电流或电容电流。图 3-1 是电极的等效电路，电容等效于界面双电层电容，电阻等效于电化学电阻，整个电极界面可以看成一个漏电的电容器，i_F 为电化学反应电流或法拉第电流，i_c 为充电电流或电容电流。

理想极化电极与理想不极化电极是两种特殊的极端情况，在电极界面上没有能够吸收或放出电子的电极反应发生的电极，称为理想极化电极。流入电极的电荷全都在电极表面不断地积累，只起到改变界面结构的作用，即改变双电层结构的作用，电

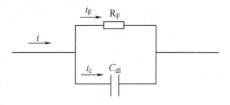

图 3-1　电极界面的等效电路

极的界面等效于一个电容器，可以用通过外加电流的方式，使电极极化到任意所需要的电位。滴汞电极在一定电位范围内就属于理想极化电极，在电极界面上没有电极反应发生，便于研究电极界面的双电层结构。反之，如果电极反应速度非常大，等效于电化学电阻趋于零，以致能够跟得上电子的转移速度，则去极化与极化作用接近于平衡，有电流通过时电极电位几乎不变化，即电极不出现极化现象，这类电极就是理想不极化电极。电化学测量中使用的参比电极就应该具有这样的性质，在通过的电流密度较小时，可以近似地看做是理想不极化电极，作为测量电极电位的参照。极化现象和电极界面上发生的电极反应的速度有直接的关系，因此凡是能够影响电极界面上电极反应速度的因素都必将对极化产生直接或间接的影响。要回答都有哪些过程会对电极的极化产生影响，则首先应该对发生在电极界面上的电极反应的基本历程有详细了解。一般说来，电极反应是由一系列分步步骤串联组成的，一般电极过程都应包括以下三个最基本的分步步骤：

① 反应物粒子从液相向电极表面的传递过程，称为液相中的传质步骤；

② 在电极表面上得到或失去电子，生成反应产物，称为电化学步骤；

③ 反应产物自电极表面向溶液中或液态电极内部的传递过程，即液相中的传质步骤，有时反应产物也可能向固体电极内部扩散，或者反应产物生成新相，例如生成气泡或固相沉积层，则称为新相生成步骤。

在某些情况下，电极过程还可能包括反应粒子在电极表面或表面附近的液层中的转化过程，例如反应粒子在表面上吸附或发生化学变化。另外还可能发生反应产物在电极表面或表面附近的液层中进行的转化过程，例如自表面上脱附、反应产物的复合、分解、歧化或其他化学变化等。在某些场合下，电极反应的实际历程还可能更加复杂一些，例如，除了彼此串联进行的分步反应以外，反应历程中还可能包括若干平行进行的分步反应，也可能出现某些反应产物参与诱发电极反应的自催化反应等。

若是电极反应的进行速度达到了稳态值，即串联组成连续反应的各分步反应均以相同的速度进行，则在所有的分步反应中就可以找到一个最慢的步骤，这时整个电极反应的进行速度主要由这个最慢步骤的进行速度决定，即整个电极反应所表现出来的动力学特征与这个最慢步骤具有的动力学特征是相同的。例如，如果反应历程中扩散步骤最慢，则整个电极反应的进行速度服从扩散动力学的基本规律；如果反应历程中电化学步骤最慢，则整个电极反应的动力学特征与电化学步骤相同，因此最慢步骤又称为速度控制步骤。

3.1.2.2 电极极化的类型

电极极化的原因及类型是与速度控制步骤相关联的，电极的极化主要是电极反应过程中速度控制步骤所受阻力的反映。如果电极反应所需活化能较高，则电极表面上的进行电子传递的电化学步骤的速度最慢，使之成为整个电极反应过程的速度控制步骤，则由此导致的极化被称为电化学极化。如果电子传递的步骤进行得很快，而反应物从溶液相中向电极表面传质或产物自电极表面向溶液相内部传质的液相传质步骤进行得缓慢，以至于成为整个电极反应过程的控制步骤，则相应产生的极化就称为浓度极化。在电结晶过程中还存在的结晶过程是速度控制步骤时所谓的结晶过电位，但由于金属腐蚀中很少发生和出现金属结晶的过程，因此在以下不讨论结晶过电位的问题。此外，还有一类所谓的电阻极化，是指电流通过电解质溶液或者电极表面的某种类型的膜时产生的欧姆电位降，这部分欧姆电位降将包括在总的极化测量中，它的大小与电极体系的欧姆电阻有关。金属在一定的条件下可以在金属表面形成一层膜，这层膜的组成可以是金属的氧化物，也可以是盐类沉积物，最常见的是金属在氧化性介质中形成的氧化膜。由于表面膜的电阻一般都要比纯金属的电阻大得多，所以当电流通过时就产生很大的电位降，一般称其为电阻极化。对于不形成表面膜的电极体系来说，电阻极化主要是由溶液的电阻决定的，对于酸、碱、盐的溶液由于电导率都很高，因而电阻极化较小，而对于电导率很低的体系，电阻极化则可能会相当大，如在高纯水中电阻极化值可达到几伏至几十伏。值得特别注意的是，电阻极化虽然也叫极化，但是它并不同于电化学极化和浓度极化中的极化概念，因为它并不与电极反应过程中的某一化学步骤或电化学步骤相对应，不是电极反应过程的某种控制步骤的直接反映。理论上不应该使用电阻极化这一术语，但是由于习惯性的叫法，这一叫法一直被沿用。电阻极化有两个特点，一是对于固定体系，根据欧姆定律，电阻极化是电流的直线函数，即电阻固定时电阻极化与电流成正比；二是电阻极化紧随着电流的变化而变化，当电流中断时，它就迅速消失，因此采用断电流的测量方法，可以使测量的极化值中不包含电阻极化。

下面具体研究一下阳极极化的情况。

① 阳极过程是金属离子从基体转移到溶液中并形成水化离子的过程。

$$M + nH_2O \longrightarrow M^{m+} \cdot nH_2O + me$$

只有阳极附近所形成的金属离子不断离开的情况下，该过程才能顺利地进行。如果金属离子进入溶液的速度小于电子由阳极进入外导线的速度，则阳极上就会有过多的正电荷积累，于是阳极电位就向正的方向移动，产生阳极极化现象。

② 金属溶解时，在阳极过程中产生的金属离子首先进入阳极表面附近的溶液中，如果进入溶液中的金属离子向外扩散得很慢，结果就会使得阳极附近的金属离子浓度逐渐增加，阻碍金属继续溶解，必然使阳极电位向正的方向移动（可由能斯特方程式 $\varphi = \varphi^0 + \dfrac{RT}{nF}\ln C$ 推出），导致产生阳极极化，这种阳极极化也称为浓差极化。

③ 由于在金属表面上形成的保护膜（如氧化膜或金属表面的化学转化膜）有较高的膜电阻，使得阳极过程受到了阻碍，金属的溶解速度显著降低。此时阳极电位剧烈地向正的方向移动，因为金属表面膜的产生使电极体系的电阻也随之增加，由此引起的极化又称为电阻极化。

产生阳极极化对于防止金属腐蚀是有利的。如果去除阳极极化，就会促使阳极过程加速进行，消除阳极极化的过程称为阳极去极化。例如，搅拌溶液使阳极产物形成沉淀或形成络离子等，都可以加速阳极去极化过程。阳极极化会减缓金属腐蚀，而阳极去极化能加速金属腐蚀，阳极极化程度的大小，直接影响到阳极过程进行的速度。

再研究一下阴极极化的情况。

① 阴极过程是得电子的过程，若由阳极来的电子过多，由于某种原因，阴极放电的反应速度进行得很慢，使电子在电极上积累，结果使阴极电位向负方向移动，即产生了阴极极化。例如 $2H^+ + 2e \longrightarrow H_2$ 的阴极过程，如果在一定条件下 H^+ 放电过程缓慢，于是由阳极放出的电子将会在阴极上积累，结果使它的电位向负方向移动。

② 阴极附近反应物或反应生成物的扩散也会引起极化。例如，氧气阴极还原过程中氧到达阴极的速度不足电极反应速度的需要，造成反应物来不及补充，因而引起极化。又例如，作为阴极反应产物的氢氧根离开阴极的速度慢，也会直接影响或妨碍阴极过程的进行，使阴极电位向负方向移动。

消除阴极极化的作用叫做阴极去极化。与阳极去极化一样，阴极去极化同样可以加速腐蚀过程。最常见且最重要的阴极去极化过程有氢离子放电生成 H_2 和氧原子或氧分子的还原。此时，氢离子或氧接受电子消除了阴极极化，阴极去极化可以促使阳极过程顺利地进行，从而可使金属不断地溶解。

3.1.3 极化曲线及其测量

3.1.3.1 极化曲线

实验表明，当电极界面有电流流过时，电极界面的电荷密度必将发生改变，从而电极的

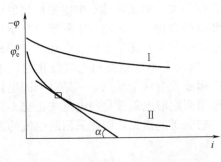

图 3-2 阳极极化曲线的示意

电极电位值也相应发生改变。由此说明，电极电位是流过电极界面的电流密度的函数，因而过电位值（或极化值）也随通过电极的电流密度的改变而改变。在电极过程动力学研究中，为了直观地表达出一个电极过程的极化性质，通常需要通过实验测定过电位或电极电位随电流密度变化的关系曲线，这种极化曲线能够反映出整个电流密度范围内电极极化的规律。通常纵坐标为电极电位、过电位或极化值，横坐标为电流密度或电流强度，也有很多时候，横坐标采用电流密度的对数值。如图 3-2 所示的 I 和 II 两条曲线就是阳极极化曲线。

电极反应是有电子参与的氧化还原反应，它的反应速度为单位面积界面在单位时间内的反应物消耗的物质的量，根据法拉第定律可知，它与通过界面的电量成正比，因此可用电流密度来表示电极反应的速度。当电极反应达到稳定状态时，外电流将全部消耗于电极反应，因此实验测得的外电流密度值就代表了电极反应进行的速度。由此可知，稳态时的极化曲线实际上反映了电极反应的速度与电极电位或过电位之间的特征关系。因此，在电极过程动力学研究中，测定电极过程的稳态极化曲线是一种基本的实验研究方法，通过对实验测量的极化曲线进行分析，可以从电位与电流密度之间的关系来判断极化程度的大小，由曲线的倾斜程度可以看出极化的程度。极化曲线上某一点的斜率 $\mathrm{d}\varphi/\mathrm{d}i$ 称为该电流密度下的极化率，即电极电位随电流密度的变化率，一般用 P 表示。

$$P = \frac{\mathrm{d}\varphi}{\mathrm{d}i} = \tan\alpha \tag{3-5}$$

极化率表示了某一电流密度下电极极化程度变化的趋势，因而反映了电极过程进行的难易程度。极化率越大，电极极化的倾向也越大，电极反应速度的微小变化就会引起电极电位的明显改变。或者说，电极电位显著变化时，反应速度却变化甚微。这表明，电极过程不容易进行，受到的阻力比较大；反之，极化度越小，则电极过程越容易进行。例如，图 3-2 中的两条极化曲线的斜率差别很大，极化曲线 II 比极化曲线 I 要陡得多，即电极电位的变化要剧烈得多；在所测定的电流密度范围内，电极过程 II 的极化率要大得多。为了流过同样的电流，需要电极过程 II 比电极过程 I 电极电位改变更大才行，表明该电极过程比电极过程 I 相对难于进行。所以，尽管电极在两种溶液中的平衡电位相差不大，但是通电以后，在不同溶液中，电极反应性质有所区别，因而极化性能不同。极化率具有电阻的量纲，有时也被称做反应电阻。实际工作中，有时只需衡量某一电流密度范围内的平均极化性能，故有时不必计算某一电流密度下的极化率，而多采用一定电流密度范围内的平均极化率的概念。

以上所介绍的极化曲线称为稳态极化曲线，是电极体系达到稳态后电极电位和电流密度的关系。所谓稳态，即是指电极界面的各个参数不随时间而变化，此时可以不考虑时间因素，认为电极过程达到稳定状态后电流密度与电极电位不随时间改变，外电流就代表电极反应速度。稳态的概念是相对的，如通过电流后电极界面反应不断发生，不断有反应物消耗和产物的生成，必然造成溶液中物质浓度的变化；但在体系很大或物质能够及时补充和排除的条件下，可以近似地认为电极体系是处于稳态的。

3.1.3.2 稳态极化曲线的测量

测量稳态极化曲线的具体实验方法很多，根据自变量的不同，可将各种方法分为两大类，即控制电流法（恒电流法）和控制电位法（恒电位法）。恒电流法就是给定电流密度，测量相应的电极电位，从而得到极化曲线。这种测量方法设备简单，容易控制，但不适合于出现电流密度极大值的电极过程和电极表面状态发生较大变化的电极过程。恒电位法则是控制电极电位，测量相应的电流密度值而作出极化曲线。该测量方法的适用范围较广泛。

下面介绍测量极化曲线的基本原理及程序。以经典恒电流法为例，基本测量线路如图3-3所示。图中恒电流源能够给出不同数值的恒定电流。借助于辅助电极，电流可通过整个电解池而使研究电极极化，为了测量电极在给定电流密度下的电极电位，还需要一个参比电极与研究电极组成测量回路，参比电极通过盐桥和鲁金毛细管与研究电极连接，由电位差计测量电极电位的数值，鲁金毛细管是为了减少通电后溶液欧姆降对测量结果的影响。整个测量极化曲线的线路是由两个回路组成的，其中极化回路中有电流通过，用以控制和测量通过研究电极的电流密度；测量回路用以测量研究电极的电位，该回路中几乎没有电流通过。用记录仪记录所测出的一系列电流密度与电极电位值后，即可作出研究电极上进行的电极过程的极化曲线。

用恒电位法测定极化曲线时，为了控制电位，需要用恒电位仪取代恒电流源，其基本线路如图3-4所示。电极电位通过恒电位仪予以控制，所需要给定的电位值可用恒电位仪手动调节，也可以用恒电位仪外接讯号发生器自动调节，现代的恒电位仪大多已经集成了信号发生器，极化曲线可由记录仪进行记录。

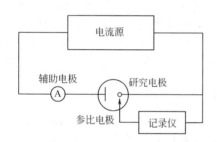

图 3-3　恒电流法测量极化曲线的基本线路示意　　·图 3-4　恒电位法测量极化曲线的基本线路示意

值得注意的是，两种测量方法的选择，如果函数 $\varphi = f(i)$ 和函数 $i = f^{-1}(\varphi)$ 都是单值函数，则恒电流法和恒电位法测量的结果大致相同；若两个函数关系中有一个是多值函数，另一个是单值函数，则两种测量方法得出的结果有时可能相差很多，例如在测量易钝化金属的阳极极化曲线时使用恒电流法和恒电位法测量曲线完全不同。因此，在选择测量方法时需要加以注意。

3.2　电化学极化与浓度极化

3.2.1　电化学极化

当电极反应的速度控制步骤是电极界面上的电子传递步骤，即由电化学步骤的动力学来控制电极反应过程速度的电极极化，称为电化学极化。在电极界面上发生的电极反应与普通的氧化还原反应不同，它是发生在两类导体界面上的特殊的异相氧化还原反应，在电极界面上存在双电层以及界面电场，对电极反应的速度有重要影响，在一定范围内可连续任意地改变电场的方向和强度，将会对电极界面的电极反应的活化能产生巨大的影响，从而改变电极反应的方向和速度。在电化学反应中为使电极反应向阴极或阳极方向进行，则可通过改变电极电位使其向正向或负向移动，使阳极反应或阴极反应的活化能改变，进而使得电极反应得以以一定的净反应速度向某一方向进行。因此，电化学极化又被称为活化极化。

为了使研究的问题简化，通常总是在浓度极化可以忽略不计的条件下讨论电化学极化，在一定的条件下是可以满足这个要求的。例如，电极反应电流很小，离子扩散过程比电极/溶液界面的电荷迁移过程快得多，使得电解质在电极表面的浓度与溶液本体中的浓度基本相等，或者对溶液进行充分搅拌，使溶液与电极表面之间的相对运动速度比较大，从而使液相传质过程的速度足够快时，浓差极化可以忽略不计，此时极化将只含有电化学极化这一项。

对于一般的电化学反应可以用下式来表示：

$$O + ne \Longrightarrow R$$

考虑上式的电化学反应，当反应处于平衡状态时，根据热力学的结论，其电极电位 φ_e 和溶液中氧化剂和还原剂的浓度 c_O 和 c_R 之间符合能斯特关系式：

$$\varphi_e = \varphi_0' + \frac{RT}{nF} \ln \frac{c_O}{c_R} \tag{3-6}$$

式中，φ_0' 称为形式电位，$\varphi_0' = \varphi_0 + \frac{RT}{nF} \ln \frac{\gamma_O}{\gamma_R}$，其中 φ_0 是此电极反应的标准平衡电极电位，γ_O 和 γ_R 分别为 O 和 R 的活度系数。

现在转向讨论该电化学反应的动力学，当该电极向阳极方向或阴极方向按某一个净的电流密度进行反应，则需要推导出电极电位应该改变多少才能通过改变电极反应的活化能使电极反应得以一个净的反应速度进行，即推导过电位与电流密度的函数关系。当电极电位偏离电极反应的平衡电位时，电极反应的平衡状态被打破，电极反应向一个方向进行的速度增加，而向相反方向进行的速度减小，两个方向的电流密度的差值，就是外电路中可以测量的电流密度。

对电极反应来说，其反应物或产物中总有带电粒子，而这些带电粒子的能量显然与电极表面带电状况有关。当电位变化时必对这些粒子的能级产生影响，并导致相应活化能的变化。假设沿着反应途径的自由能分布如图 3-5 所示，进而假设实线相应于电极电势为 0（可以是任意方便的实验标度），设在该电势处阴极和阳极的活化能分别为 $\Delta G_{0,c}$ 和 $\Delta G_{0,a}$。当电极电势值变化到 φ 时，在这个电极上电子的能量发生的相对的变化为 $-nF\varphi$，因此，还原反应方向势能曲线向上移动 $nF\varphi$ 或向下移动 $nF\varphi$，图 3-5 上的虚线表示正 φ 的影响。显而易见，这时，氧化反应的能垒 ΔG_a 比 $\Delta G_{0,a}$ 减小了总能量变化的一个份数，令这部分为总能量变化的 $1-\alpha$ 倍，在这里，α 的数值在 $0 \sim 1$ 的范围内变化，称为电子传递系数，它是电极反应动力学参数之一，

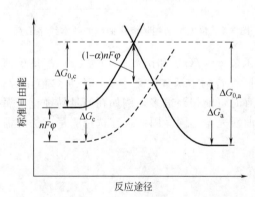

图 3-5　电位改变对电极反应活化能影响

与电极电位和活化能有关；电极电位对阴极反应活化能的影响的分数 α 称为阴极反应的传递系数。阴极反应产物总势能增加的 $nF\Delta\varphi$ 中，α 部分用于阻碍阴极方向反应的继续进行，而剩下的 $1-\alpha$ 部分用于促进阳极方向反应的进行。

于是当电极电位变化为 $\Delta\varphi$ 时，阳极反应的活化能为：

$$\Delta G_a = \Delta G_{0,a} - (1-\alpha)nF\varphi \tag{3-7}$$

只要简单研究一下图 3-5 就可以知道，在电势 φ 处，阴极能垒 ΔG_c 比 $\Delta G_{0,c}$ 高 $\alpha nF\varphi$，所以阴极反应的活化能为：

$$\Delta G_c = \Delta G_{0,c} + \alpha nF\varphi \tag{3-8}$$

令正向反应，即阴极反应的速率常数为 A_c，反应速率和反应电流分别为 v_c 和 i_c，逆向

反应，即阳极反应的速率常数为 A_a，反应速率和反应电流分别为 v_a 和 i_a，根据化学动力学理论，速度常数 k_c 和 k_a 可以用阿伦尼乌斯公式来表示：

$$k_c = A_c \exp[-\Delta G_c/(RT)] \tag{3-9}$$

$$k_a = A_a \exp[-\Delta G_a/(RT)] \tag{3-10}$$

将活化能公式代入式（3-9）和式（3-10）可得：

$$k_c = A_c \exp[-\Delta G_{0,c}/(RT)]\exp[-\alpha nF\varphi/(RT)] \tag{3-11}$$

$$k_a = A_a \exp[-\Delta G_{0,a}/(RT)]\exp[(1-\alpha)nF\varphi/(RT)] \tag{3-12}$$

这两个式子中前两个部分的积与电势无关，且等于规定的当 $\varphi=0$ 时的速度常数，用 k_c^0 和 k_a^0 来表示这两个常数，则有：

$$k_c = k_c^0 \exp[-\alpha nF\varphi/(RT)] \tag{3-13}$$

$$k_a = k_a^0 \exp[(1-\alpha)nF\varphi/(RT)] \tag{3-14}$$

因为电极反应的速度与电流密度的关系为：

$$i = nFv \tag{3-15}$$

则正向和逆向的反应速度可用电流密度表示为：

$$\overleftarrow{i_a^0} = nFk_a^0 c_R = nFA_a c_R \exp\left(-\frac{\Delta G_{0,a}}{RT}\right) \tag{3-16}$$

$$\overrightarrow{i_c^0} = nFk_c^0 c_O = nFA_c c_O \exp\left(-\frac{\Delta G_{0,c}}{RT}\right) \tag{3-17}$$

$\overleftarrow{i_a^0}$ 与 $\overrightarrow{i_c^0}$ 分别为电位零点 $\varphi=0$ 时代表阳极与阴极绝对反应速度的电流密度，分别称为电极反应的阳极方向内电流和阴极方向内电流。与外电流的不同之处在于它们是不能通过外电路的仪表测量出来的。

当 $\varphi=0$ 变至 φ，即电位改变 $\Delta\varphi$ 时，相应的阳极方向内电流和阴极方向内电流分别为：

$$\overleftarrow{i_a} = nFA_a c_R \exp\left[-\frac{\Delta G_{0,a}-(1-\alpha)nF\varphi}{RT}\right] = \overleftarrow{i_a^0} \exp\left[\frac{(1-\alpha)nF\varphi}{RT}\right] \tag{3-18}$$

$$\overrightarrow{i_c} = nFA_c c_O \exp\left(-\frac{\Delta G_{0,c}+nF\varphi}{RT}\right) = \overrightarrow{i_c^0} \exp\left(\frac{-\alpha nF\varphi}{RT}\right) \tag{3-19}$$

式（3-18）和式（3-19）表明内电流和电极电位呈指数关系，电极电位与内电流的关系见图 3-6。

电极界面上通过的外电流密度应该是这两个内电流密度之差，阴极极化的阴极方向外电流密度为：

$$i_c = \overrightarrow{i_c} - \overleftarrow{i_a} = nF\left\{k_c^0 c_O \exp\left(\frac{-\alpha nF\varphi}{RT}\right) - k_a^0 c_R \exp\left[\frac{(1-\alpha)nF\varphi}{RT}\right]\right\} \tag{3-20}$$

阳极极化的阳极方向的外电流密度为：

$$i_a = \overleftarrow{i_a} - \overrightarrow{i_c} = nF\left\{k_a^0 c_R \exp\left[\frac{(1-\alpha)nF\varphi}{RT}\right] - k_c^0 c_O \exp\left(\frac{-\alpha nF\varphi}{RT}\right)\right\} \tag{3-21}$$

当溶液中 $c_O = c_R = 1\mathrm{mol/L}$ 时，界面与溶液处于平衡态的特殊情况时，根据能斯特方程可知电极电位应该是 $\varphi^{0'}$，且由于处于平衡状态，正向速度等于逆向速度，故有 $k_c c_O = k_a c_R$，那么必有 $k_c = k_a$，即

$$k_c^0 \exp\left(-\alpha\frac{nF}{RT}\varphi^{0'}\right) = k_a^0 \exp\left[(1-\alpha)\frac{nF}{RT}\varphi^{0'}\right] \tag{3-22}$$

令式（3-22）左边＝右边＝k^0，k^0 称为标准速度常数，它是电极电位为 $\varphi^{0'}$ 时 k_c 和 k_a 的值，是电化学反应的

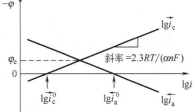

图 3-6　电极电位与内电流的关系

一个重要动力学参数。将式（3-22）代入式（3-13）和式（3-14），容易得到：

$$k_c = k^0 \exp\left[-\alpha \frac{nF}{RT}(\varphi - \varphi^{0'})\right] \tag{3-23}$$

$$k_a = k^0 \exp\left[(1-\alpha) \frac{nF}{RT}(\varphi - \varphi^{0'})\right] \tag{3-24}$$

将式（3-23）和式（3-24）合并整理得：

$$k^0 = (k_c^0)^{(1-\alpha)}(k_a^0)^\alpha \tag{3-25}$$

式中，k^0 是电化学反应速率的一个指标。k^0 大时，反应就会在较短的时间内达到平衡状态；k^0 小时，反应达到平衡的时间则比较长。因此，k^0 是表明电化学反应是否容易达到热力学平衡状态的性质参数。已测量过的最大的标准速率常数在 $1\sim10\,\mathrm{cm/s}$ 数量级范围内，这是在单电子迁移反应中测量到的。但对于一些比较复杂的电极反应，k^0 的数值就比较小，有的反应 k^0 甚至低于 $10^{-9}\,\mathrm{cm/s}$，可见，在电化学研究的对象中，反应速率快慢的差别相当大。

除了上面讨论的标准速率常数 k^0 外，还经常使用另外一个动力学参数 i^0 来表示电极反应速率的快慢，称为交换电流密度，将其定义为在电极反应处于平衡状态时阴极内电流密度或阳极内电流密度。即

$$i^0 = nFk^0 c_O \exp\left[-\frac{\alpha nF}{RT}(\varphi_e - \varphi_e^{0'})\right] \tag{3-26}$$

或

$$i^0 = nFk^0 c_R \exp\left[\frac{(1-\alpha)nF}{RT}(\varphi_e - \varphi_e^{0'})\right] \tag{3-27}$$

当一个电极反应处于平衡时，阳极方向与阴极方向的电流密度相等，这个电流密度的绝对值叫做该电极反应的交换电流密度。一个反应的 i^0 越大，则越容易处于平衡状态，即 i^0 大，能够很快建立平衡电位；i^0 小，则不一定能建立平衡电位。

将式（3-26）和式（3-27）合并整理得：

$$i^0 = nFk^0 c_O^{1-\alpha} c_R^\alpha \tag{3-28}$$

当 $c_O = c_R = c$ 时，式（3-28）可简化为

$$i^0 = nFk^0 c \tag{3-29}$$

由此可见，i^0 和 k^0 是密切相关的两个动力学参数，分别从反应电流和速率常数两个不同角度来表示电化学反应速度的快慢，交换电流密度是电极反应处于平衡时电化学反应速度的参数，与浓度有关，而标准速率常数是在标准态下平衡时的数据，与具体的浓度是无关的。因此，k^0 是更加深刻反映电极过程动力学基本性质的参数，但与 k^0 相比，i^0 的物理意义更加直观，因而在实际问题的处理中得到更多的应用。

因为在实际的工作中常常使用过电位的概念，但它是相对平衡电位而言的，故需要把式（3-20）和式（3-21）表示成过电位与电流的关系。

选 φ_e 作为电位标的零点，则在 $\varphi = \varphi_e$ 时，电极处于平衡状态，有 $\overleftarrow{i_a^0} = \overrightarrow{i_c^0}$，且方向相反，电极上外电流为零。此时应有 $\overleftarrow{i_a^0} = \overrightarrow{i_c^0} = i^0$，则当电位变化到 φ 时，应有：

$$i_c = \overrightarrow{i_c} - \overleftarrow{i_a} = nF\left\{k_c^0 c_O \exp\left[\frac{-\alpha nF(\varphi - \varphi_e)}{RT}\right] - k_a^0 c_R \exp\left[\frac{(1-\alpha)nF(\varphi - \varphi_e)}{RT}\right]\right\} \tag{3-30}$$

因为 $\eta_c = \varphi_e - \varphi$，故式（3-30）变为：

$$
\begin{aligned}
i_c &= nF\left\{k_c^0 c_O \exp\frac{\alpha nF\eta_c}{RT} - k_a^0 c_R \exp\left[-\frac{(1-\alpha)nF\eta_c}{RT}\right]\right\} \\
&= i^0\left\{\exp\frac{\alpha nF\eta_c}{RT} - \exp\left[-\frac{(1-\alpha)nF\eta_c}{RT}\right]\right\}
\end{aligned} \tag{3-31}
$$

对于阳极极化，则有：

$$i_a = \overleftarrow{i_a} - \overrightarrow{i_c} = nF \left\{ k_a^0 c_R \exp\left[\frac{(1-\alpha)nF\eta_a}{RT}\right] - k_c^0 c_O \exp\left(-\frac{\alpha nF\eta_a}{RT}\right) \right\}$$

$$= i^0 \left\{ \exp\left[\frac{(1-\alpha)nF\eta_a}{RT}\right] - \exp\left(-\frac{\alpha nF\eta_a}{RT}\right) \right\} \tag{3-32}$$

式（3-32）称为巴特勒-伏尔默（Butler-Volmer）方程，简称 B-V 方程。α 与 i^0 是表达电极反应特征的基本动力学参数，前者反映双电层中电场强度对反应速度的影响，后者反映电极反应进行的难易程度。单电极反应的过电位-电流理论曲线见图 3-7。

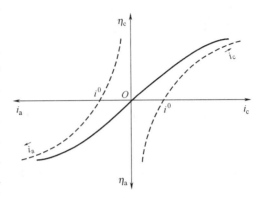

图 3-7 单电极反应的过电位-电流理论曲线（$n=1$，$\alpha=0.5$）

在这种情况下，因为不包括物质传递的效应，所以全部过电位反映的是电极反应的活化能。此时的过电位可以称为电荷传递活化过电位，它与电极反应的动力学参数——交换电流密度密切相关。对于同一个净电流，交换电流越小，活化过电位越大；如果交换电流很大，活化过电位就很小。对于同一个反应电流，随着 α 的增大，阴极过电位减小，而阳极过电位增大。

3.2.1.1 微极化时的近似公式

当 $|\alpha nF\eta/(RT)| \ll 1$ 和 $|(1-\alpha)nF\eta/(RT)| \ll 1$ 时，B-V 公式右方按级数展开，只保留一次项，略去二次以上的高次项，公式可以被进一步简化成：

$$i = i^0 \left\{ 1 + \frac{\alpha nF}{RT}\eta - \left[1 - \frac{(1-\alpha)nF}{RT}\eta\right] \right\} = i^0 \frac{nF}{RT}\eta \tag{3-33}$$

该式表明，在平衡电位附近很小的区域内，电流和过电位之间是线性关系，图 3-7 中，当 η 很小时，ηi 曲线呈现线性。比率 η/i 具有电阻的量纲，称为电荷传递电阻或法拉第电阻，用 R_{ct} 或 R_F 表示，即：

$$R_{ct} = \frac{RT}{nFi^0} \tag{3-34}$$

从上式可以看出，电荷传递电阻 R_{ct} 与交换电流 i^0 是反比关系。因此，对于 i^0 较大的反应，或者说对于标准速率常数 k^0 较大的反应，R_{ct} 较小，电极体系越接近理想不极化电极；反之，当 i^0 较小时，R_{ct} 较大，电极系统就越易极化，电极反应平衡的稳定性越差。所以 R_{ct} 也可以用来表示电极反应动力学的快慢，它也是一个重要的动力学参数。

3.2.1.2 强极化时的近似公式

当过电位很高时，η 绝对值很大，$|\alpha nF\eta/(RT)| \gg 1$，$|(1-\alpha)nF\eta/(RT)| \gg 1$，B-V 公式右端括号内两个指数项中必然有一项数值很大，而另一项数值很小，以至于可以忽略不计。例如，当有很高的阴极过电位时，就有 $\exp[\alpha nF\eta/(RT)] \gg \exp[-(1-\alpha)nF\eta/(RT)]$，只要在 25℃，$\eta > \frac{0.118}{n}$V 时，就满足上述条件。这时式（3-31）简化为：

$$i = i^0 \exp\frac{\alpha nF\eta}{RT} \tag{3-35}$$

两边取对数，整理得：

$$\eta_c = -\frac{RT}{\alpha nF}\ln i^0 + \frac{RT}{\alpha nF}\ln i_c \tag{3-36}$$

或将自然对数变换为以 10 为底的常用对数：

35

$$\eta_c = -\frac{2.303RT}{\alpha nF}\lg i^0 + \frac{2.303RT}{\alpha nF}\lg i_c \tag{3-37}$$

在 1905 年，Tafel 在研究氢电极的电极过程中提出了一个关联 η 和 i 的经验公式：

$$\eta = a + b\lg i \tag{3-38}$$

式（3-38）称为塔费尔（Tafel）公式。可以看到，当过电位很高时，根据式（3-31），可以从理论上导出 Tafel 公式，其中：

$$a = -\frac{2.303RT}{\alpha nF}\lg i^0$$

$$b = \frac{2.303RT}{\alpha nF}$$

对于阳极极化同样有半对数关系，图 3-8 为强极化区塔费尔曲线。

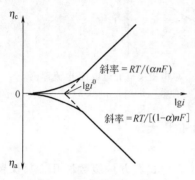

图 3-8　强极化区塔费尔曲线

另外，式（3-36）是在不考虑物质传递影响的前提下导出的，通常只有电化学反应速度很低，反应电流很小时才能忽略物质传递的影响。在小电流下有较高的过电位，是不可逆电极过程的特征，因此可以说，塔费尔特性是电极过程不可逆特性的一种表现。

处于微极化区和强极化区之间的区域称为弱极化区，在这个区域，电极的阳极反应方向和阴极反应方向的速度差异不是很大，不能忽略任何一个的影响，此时 B-V 公式不能简化，保持原来形式。

前面讨论了塔费尔特性，那是不可逆电极反应，或者说标准速率常数或交换电流很小的电极反应的特征。当交换电流与电极反应电流相比很大时，即 i^0 远远大于 i_c 时，式（3-31）左边就可以近似地认为等于零，这样可得：

$$\varphi_e = \frac{RT}{nF}\ln\frac{k_a^0}{k_c^0} + \frac{RT}{nF}\ln\frac{c_O}{c_R} \tag{3-39}$$

式（3-39）和式（3-6）的能斯特方程具有同样的形式，并且有 $\varphi_e^{0'} = [RT/(nF)]\ln(k_a^0/k_c^0)$，说明电极反应的交换电流很大时，电极电位和物质浓度之间符合能斯特关系。在式（3-39）中不包含动力学参数，电极表面的电化学系统在电极反应进行时仍然保持平衡状态，因此称这样的电极反应为可逆电极反应。

3.2.2　浓度极化

外电流通过电极时，如果反应物或产物的液相传质步骤缓慢，并因而成为电极过程的速度控制步骤，或者是电极反应物来不及从溶液本体补充，或者是反应产物来不及离开电极表面进入溶液本体，电极表面和溶液本体中的反应物和产物浓度将会出现差别，而这种浓度差别将对电极反应的速度造成影响，直接的结果就是使得电极产生浓度极化现象。如果电化学电子传递过程的速度很快，即可逆电极在界面上反应速度很快，则电极电位和电活性物质的表面浓度始终能够维持能斯特方程所要求的关系，这时电极反应的速度就不取决于电极界面上电子传递的速度，而是由反应物移向电极表面或者生成物离开电极表面的物质传递的液相传质步骤速度所决定。传递过程的动力学将决定整个电极过程的动力学行为。

3.2.2.1　理想情况下的稳态扩散过程

物质粒子在溶液中的传质方式有三种，即电迁移、扩散和对流。

① 电迁移　带电粒子在电位梯度作用下的定向迁移运动，带正电荷的粒子顺着电场的方向运动，带负电荷粒子则逆着电场方向运动。

② 扩散　粒子在浓度梯度作用下从高浓度处向低浓度处的运动。

③ 对流　粒子随溶液的流动而运动。溶液流动即可以是自然对流，也可能是机械的强制对流。

在只有一维物质传递的情况下，考虑三种物质传递，粒子 i 的传输的流量可以表示为：

$$J_i(x) = -D_i \frac{\partial c_i(x)}{\partial x} - \frac{z_i F}{RT} D_i c_i \frac{\partial \varphi(x)}{\partial x} + c_i v(x) \tag{3-40}$$

式中，$J_i(x)$ 为粒子 i 在距离表面 x 处的流量，$mol/(m^2 \cdot s)$；D_i 为物质 i 的扩散系数，cm^2/s；$c_i(x)$ 为 i 粒子在距离表面 x 处的浓度，mol/L；$\partial \varphi(x)/\partial x$ 是电位梯度，V/m；z_i 是 i 粒子所带的电荷数；$v(x)$ 为距离电极表面 x 处溶液对流运动的速度，cm/s。式中右端的三项分别表示来自扩散、电迁移和对流对流量的贡献。

如果研究传递过程时考虑三种传质方式，那么动力学的推导将相当的复杂，一般情况下，应该考虑适当的简化条件使上式得以简化，最常用的简化是认为溶液中传递过程满足理想的稳态扩散条件，这种情况下只考虑扩散过程的物质传递。

首先可以采用加入大量局外电解质的方法以忽略参加电极反应的粒子的电迁移。与电极反应无关的离子的浓度越大，则与电极反应有关的离子的电迁移的份数就越小，在最简单的情况下，假定溶液中有大量的局外电解质，与电极反应有关的离子的电迁移可忽略不计。其次由于在远离电极表面的液体中，传质过程主要依靠对流作用来实现，而在电极表面附近液层中，起主要作用的是扩散传质过程。不妨假定在电极表面存在一个理想的扩散层，在扩散层以外的溶液本体中，反应物或产物的浓度由于对流的作用总是保持均匀一致的，在扩散层中的传质方式只有扩散过程一种。

所谓稳态扩散，是指当电极反应开始以后，在某种控制条件下经过一定时间，电极表面附近溶液中离子浓度梯度不再随时间变化的状态。稳态扩散状态并不是溶液的平衡状态，浓度的梯度仍然存在，只是已经不是时间的函数了。在实际情况下，对流和扩散两种传质过程的作用范围是不能够进行严格地划分的，因为总是存在一段两种传质过程交叠作用的空间。但是可以假设一种理想的情况，其中扩散传质区和对流传质区可以截然分开，假设在电极表面附近存在一个理想的溶液的界面，在此界面厚度 δ 内只有扩散的传质作用，而在此厚度之外，则传质过程都是由对流来完成。电极表面附近指的是扩散层厚度一般在 $1 \times 10^{-2} cm$ 数量级左右，即使被强烈压缩的扩散层厚度也不小于 $10^{-4} cm$，远远大于 $10^{-7} \sim 10^{-6} cm$ 的电极表面双电层的厚度。图 3-9 是理想的稳态扩散的示意，其中 x 轴代表离开电极表面的距离，c^0 是溶液的本体浓度，c^s 是在电极表面的浓度，δ 是扩散层厚度。

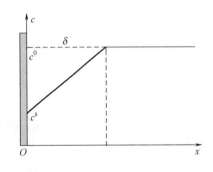

图 3-9　理想的稳态扩散示意

扩散的一个基本性质是扩散流量与浓度梯度成正比：

$$(J_{D,O})_{x=0} = -D_O \left[\frac{\partial c_O(x)}{\partial x} \right]_{x=0} \tag{3-41}$$

式（3-41）称为菲克（Fick）第一扩散定律。式中，比例系数 D_O 称为扩散系数，它表示在单位浓度梯度下、单位时间内扩散的质点数，cm^2/s。扩散系数取决于扩散粒子大小、溶液黏度、温度等，一般在 $1 \times 10^{-5} cm^2/s$ 数量级，如 H^+ 的扩散系数是 $9.3 \times 10^{-5} cm^2/s$，$OH^-$ 的扩散系数为 $5.2 \times 10^{-5} cm^2/s$，$O_2$ 的扩散系数为 $1.9 \times 10^{-5} cm^2/s$。式中右端取负号是考虑到扩散的方向与浓度梯度的方向相反。

在不考虑对流和电迁移的稳态扩散的情况下，对于平板电极的一维扩散，在稳态扩散条件下有 $dc/dt=0$ 及 $dc/dx=$ 常数，并设扩散层厚度为 δ，因此上式可以写成：

$$(J_{D,O})_{x=0}=-D_O\left[\frac{\partial c_O(x)}{\partial x}\right]_{x=0}=-D_O\frac{c_O^b-c_O^s}{\delta} \tag{3-42}$$

式中，c_O^s 表示在 $x=0$，即电极表面处的浓度。

对于可逆电极反应 $O+ne\rightleftharpoons R$ 的阴极方向反应，其电极反应的速度将由电极表面处的扩散速度决定。由扩散过程决定的电极反应速度表达式应为：

$$i_c=-nF(J_{D,O})_{x=0}=nFD_O\frac{c_O^b-c_O^s}{\delta} \tag{3-43}$$

显然，当 $c_O^s=0$ 或者 $c_O^s\ll c_O^b$，即 $c_O^b-c_O^s\approx c_O^b$ 时，有最高的物质传递速度和反应电流密度，这时的电流密度值称为阴极极限电流密度，用 $i_{l,c}$ 表示。

$$i_{l,c}=\frac{nFD_O}{\delta}c_O^b \tag{3-44}$$

将上式代入式（3-43），可得：

$$\frac{c_O^s}{c_O^b}=1-\frac{i_c}{i_{l,c}} \tag{3-45}$$

3.2.2.2 浓度极化公式及极化曲线

对电极反应 $O+ne\longrightarrow R$ 来说，因为整个电极反应过程中扩散步骤是各步骤中最慢的步骤，有电流通过时电子转移步骤仍处于平衡，所以电极电位仍可用能斯特平衡电极电位公式计算。下面分两种情况进行讨论。

① 产物生成独立相（例如气泡或沉积层） 假设反应前产物的活度 $a_R^s=1$，或者反应后产物的活度很快达到 $a_R^s=1$，并假设反应前后反应物的活度系数 γ_O 不变，则将式（3-45）代入式（3-6）后可得：

$$\varphi=\varphi_e^0+\frac{RT}{nF}\ln\gamma_O c_O^b+\frac{RT}{nF}\ln\left(1-\frac{i_c}{i_{l,c}}\right)=\varphi_e+\frac{RT}{nF}\ln\left(1-\frac{i_c}{i_{l,c}}\right) \tag{3-46}$$

式中，φ_e 为未发生浓度极化时的平衡电极电位。由于浓度极化所引起的电极极化为：

$$\eta=\varphi_e-\varphi=\frac{RT}{nF}\ln\frac{i_{l,c}}{i_{l,c}-i_c} \tag{3-47}$$

式（3-47）即为产物不溶时的阴极浓度极化公式。图 3-10 为依据式（3-47）表示的产物不溶时的阴极浓度极化曲线。从图中可以看出，随着 i_c 的增大，浓度极化越来越显著，且 i_c 趋近于 $i_{l,c}$ 时，浓度极化急剧增大。

② 产物可溶 因为电极反应产物生成速度应与反应物消耗速度相等，若以电流密度表示，均为 $i/(nF)$，而稳态下，产物自电极表面向溶液内部扩散的速度就等于它在电极表面生成的速度。所以应有

$$\frac{i_c}{nF}=D_R\frac{c_R^s-c_R^b}{\delta_R} \tag{3-48}$$

整理后得，$c_R^s=c_R^b+i_c\delta_R/(nFD_R)$，假定反应开始前溶液中没有还原产物，即 $c_R^b=0$，则上式简化为 $c_R^s=i_c\delta_R/(nFD_R)$，另外有 $c_O^b=i_{l,c}\delta_O/(nFD_O)$。

将它们代入能斯特公式可得：

$$\varphi=\varphi_e^0+\frac{RT}{nF}\ln\frac{\gamma_O\delta_O D_R}{\gamma_R\delta_R D_O}+\frac{RT}{nF}\ln\frac{i_{l,c}-i_c}{i_c} \tag{3-49}$$

当 $i_c=i_{l,c}/2$ 时，式（3-49）右方最后一项为零，此时的电极电位 φ 称为半波电位，以 $\varphi_{1/2}$ 表示，则

$$\varphi_{1/2} = \varphi_e^0 + \frac{RT}{nF}\ln\frac{\gamma_O\delta_O D_R}{\gamma_R\delta_R D_O} \tag{3-50}$$

于是式（3-49）可写成：

$$\varphi = \varphi_{1/2} + \frac{RT}{nF}\ln\frac{i_{1,c}-i_c}{i_c} \tag{3-51}$$

图 3-11 是依据式（3-51）表示的产物可溶时扩散控制的阴极浓度极化曲线。

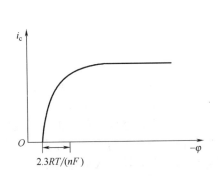

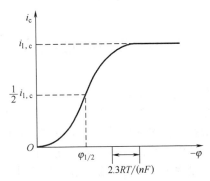

图 3-10 产物不溶时扩散控制的
阴极浓度极化曲线

图 3-11 产物可溶时扩散控制的
阴极浓度极化曲线

3.2.3 浓度极化与电化学极化的混合控制

如果电极反应的交换电流密度很小，而极限电流密度也不大，则电化学电子传递过程和扩散过程都能影响整个电极反应速度，此时电极反应将由电化学极化和浓度极化共同控制。将式（3-45）和式（3-48）代入式（3-30），可得到包括物质传递影响的 $i\text{-}\eta$ 方程：

$$
\begin{aligned}
i_c &= nF\left\{k_c^0 c_O^s \exp\frac{\alpha nF\eta_c}{RT} - k_a^0 c_R^s \exp\left[-\frac{(1-\alpha)nF\eta_c}{RT}\right]\right\} \\
&= nF\left\{k_c^0 c_O^b \frac{c_O^s}{c_O^b}\exp\frac{\alpha nF\eta_c}{RT} - k_a^0 c_R^b \frac{c_R^s}{c_R^b}\exp\left[-\frac{(1-\alpha)nF\eta}{RT}\right]\right\} \\
&= i^0\left\{\frac{c_O^s}{c_O^b}\exp\frac{\alpha nF\eta_c}{RT} - \frac{c_R^s}{c_R^b}\exp\left[-\frac{(1-\alpha)nF\eta_c}{RT}\right]\right\}
\end{aligned} \tag{3-52}
$$

将 $\dfrac{c_O^s}{c_O^b} = 1 - \dfrac{i_c}{i_{1,c}}$，$\dfrac{c_R^s}{c_R^b} = 1 - \dfrac{i_a}{i_{1,a}}$ 代入上式，得到：

$$\frac{i}{i_0} = \left(1 - \frac{i}{i_{1,c}}\right)\exp\frac{\alpha nF\eta}{RT} - \left(1 + \frac{i}{i_{1,a}}\right)\exp\left[-\frac{(1-\alpha)nF\eta}{RT}\right] \tag{3-53}$$

图 3-12 为扩散步骤和电化学步骤共同控制时的阴极极化曲线。其中，实线表示的是实际的外电流密度，虚线是不考虑浓度极化时理想的电化学极化的极化曲线。

可以看出，当外电流密度远远小于极限扩散电流密度时，电极的极化行为表现为电化学极化控制，但当外电流进一步增大，一般达到极限扩散电流的一半时，就要考虑浓度极化的影响，这时是浓度极化和电化学极化的混合控制，电极的极化曲线也就偏离了理想的纯粹由电化学极化控制的极化行为曲线。随着电流密度进一步增大，浓度极化的影响就会越来越突出，当阴极极化的过电位很高时，电流密度都趋于极限扩散电流密

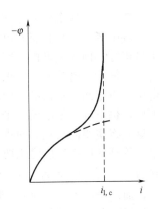

图 3-12 扩散步骤和电化学步骤共同控制时的阴极极化曲线

度，这时的电流密度为溶液中物质传递过程所限制。在接近极限扩散电流密度时，电位剧烈负移，电化学反应已经被大大活化了，此时完全由浓度极化控制电极的极化行为。浓度极化对整个电极极化的影响取决于电极反应的交换电流密度和极限电流密度的相对大小，如果 $i_0 \gg i_1$，电子传递的过程速度快，不易成为电极的控制步骤，则电极容易出现混合控制或扩散过程控制；如果 $i_0 \ll i_1$，则电极容易表现为电化学极化控制，只有电流相当大以后才容易出现扩散过程的显著影响。

3.3 共轭体系与腐蚀电位

在理想条件下，电极表面上只有一个电极反应发生。从理论上来讲，一个单一金属电极是不会发生腐蚀的。例如，金属在相应的盐的溶液中就不会产生腐蚀，而是建立起热力学的平衡状态，但实际情况要复杂得多。实际上，更为常见的是一个孤立的金属电极也会发生腐蚀，这是由于腐蚀介质中去极化剂的存在，使得金属和腐蚀介质总是构成腐蚀原电池而发生腐蚀。以铁为例，考虑金属在腐蚀介质中腐蚀时的问题：当把金属铁浸入稀硫酸溶液中，发现铁不断地腐蚀溶解，同时伴随有氢气析出。根据热力学的分析，这是由于在稀硫酸中的氢离子的电极电位大于铁的电极电位，它们构成了热力学不稳定的腐蚀原电池体系，因而铁要不断地溶解，生成更稳定的铁的离子，氢离子还原生成更稳定的氢气，这样使整个体系的自由能得以降低。这个例子表明，单一的金属在腐蚀时，表面也同时进行着两个电极的电极反应，这时可以把铁表面看成构成了腐蚀微电池，纯铁作为电池的阳极，发生阳极溶解的反应，而铁中的杂质或其他缺陷或者结构上的不均一部位等，成为铁表面上腐蚀微电池的微阴极，在其上发生氢离子还原的阴极反应，这样构成的腐蚀微电池是一个短路的原电池，不能对外做有用功，电能全部转化为热而散失于环境中。

现在仔细考虑铁的腐蚀过程。铁浸在稀硫酸溶液中，如果只有一个电极反应时，可以建立这个反应的平衡状态：

$$Fe^{2+} + 2e \Longrightarrow Fe$$

此时，铁的溶解速度与铁的沉积速度大小相等，如果溶解速度大于沉积速度，即 $\overrightarrow{i_a} > \overleftarrow{i_c}$，则电位将向正方向移动；反之，溶解速度小于沉积速度，即 $\overrightarrow{i_a} < \overleftarrow{i_c}$，则电位将向负方向移动。

若铁片上除了上述反应外，还存在着第二个电极反应：

$$2H^+ + 2e \Longrightarrow H_2$$

如果只有这个反应存在，则它也能够建立热力学平衡。但当有两个反应共同存在时，由于溶液中氢离子吸收铁的电子被还原时，铁电极的平衡状态被打破，铁的溶解与沉积速度将不再相等，同理氢电极反应也不能保持原有的平衡状态。

当铁产生腐蚀时，阳极电位将偏离其平衡电位向较正的方向移动，而氢电极反应的电极电位也将偏离其平衡电位向较负的方向移动，也就是说此时实测到铁的电位既不是铁的电位，也不等于氢电极的平衡电位，而是这两个平衡电位之间的某个值。平衡电位较低的电极反应将主要向氧化方向进行，进行阳极方向的电极反应，电位因而向正方向移动，而平衡电位较高的电极反应将主要向还原方向进行，进行阴极方向的电极反应，电位因而向负方向移动。上例中由于 $\varphi_{H^+/H_2} > \varphi_{Fe^{2+}/Fe}$，所以反应 $Fe^{2+} + 2e \Longrightarrow Fe$ 向阳极方向进行，电位正移；而反应 $2H^+ + 2e \Longrightarrow H_2$ 向阴极方向进行，电位负移。假设内外电路电阻为零，则阳、阴极极化曲线必然相交于一点，具有共同的电位。此时意味着阳极反应放出的电子恰好全部被阴极反应所吸收，即 $i_a = i_c$。相交点的电位是整个金属电极的非平衡的稳定电位，称之为

40

混合电位；当金属腐蚀时，则称之为腐蚀电位（φ_{corr}）或自然腐蚀电位。对应于腐蚀电位的电流密度称为腐蚀电流密度（i_{corr}）或自然腐蚀电流密度。图 3-13 为铁在稀硫酸中的腐蚀行为的示意。

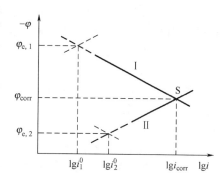

图 3-13　铁在稀硫酸中腐蚀行为的示意

Ⅰ：$Fe+2e \longrightarrow Fe^{2+}$；Ⅱ：$2H^{+}+2e \longrightarrow H_2$

著名腐蚀学家瓦格纳提出了混合电位理论，对于孤立金属电极的腐蚀现象进行了较完善的解释，该理论包括如下两项简单的观点：

① 任何电化学反应都能分成两个或更多的局部氧化反应和局部还原反应；

② 在电化学反应过程中不可能有净电荷积累。

第一个观点表明了电化学反应是由两个或更多的氧化或还原分反应组成的；第二个观点讲述了电荷守恒定律。这就是说，一块金属浸入一种电解质溶液中时，其总的氧化反应速度必定等于总的还原速度，阳极反应的电流密度一定等于阴极反应的电流密度。混合电位理论的上述理论指明了腐蚀反应是由两个或多个氧化和还原分反应组成，并且其氧化总速度和还原总速度相等，亦即阳极反应的电流密度与阴极反应的电流密度相等。因此，当一种金属发生腐蚀时，金属表面至少同时发生两个不同的、共轭的电极反应，一个是金属腐蚀的阳极反应，另一个是腐蚀介质中的去极化剂在金属表面进行的还原反应。由于两个电极反应的平衡电位不同，它们将彼此相互极化，低电位的阳极向正方向极化，高电位的阴极向负方向极化，最终达到一个共同的混合电位（稳定电位或自腐蚀电位）。由于没有接入外电路，则认为净电流为零，因此可以推论 $i_{a1}+i_{a2}=i_{c1}+i_{c2}$。这一体系相当于一个短路的原电池：平衡电位较高的电极反应按阴极方向进行，平衡电位较低的电极反应按阳极方向进行。两个电极反应互相作用的总结果就是构成了一个氧化还原的反应，这个反应的推动力来源于两个电极反应平衡电位之差；两个电极反应以相同速度进行，反应能转化为热量，不能够向外做有用功。

在一个孤立的电极上同时以相同的速度进行着一个阳极反应和一个阴极反应的现象叫做电极反应的耦合。这两个耦合的反应又称共轭反应，相应的体系称共轭体系。如果阳极反应的平衡电位是 φ_1，阴极反应的平衡电位是 φ_2，则耦合的结果将得到新的电极电位 φ，且有 $\varphi_2 > \varphi > \varphi_1$。如果进行的共轭反应是金属的溶解及氧化剂的还原，其混合电位称为腐蚀电位。例如，铁在 $0.1mol/L$ 的盐酸中，铁片同时作为铁电极和氢电极发生了两个电极反应，铁的平衡电位为 $-0.5V$（设 Fe^{2+} 浓度为 $10^{-2}mol/L$），氢电极平衡电位为 $0.06V$，而自腐蚀电位为 $-0.25V$。

在所接触的腐蚀介质中发生腐蚀的金属或合金称为腐蚀金属电极。腐蚀金属电极作为孤立电极时本身就是一个短路的原电池，尽管没有外电流，但是电极上同时进行着阳极反应和阴极反应，且总的阴极反应电流绝对值等于阳极反应电流绝对值。在腐蚀电位下，腐蚀反应的阳极电流值等于在该电位下进行的去极化剂的还原电流的绝对值之和。这些电极反应除了极少数之外，都处于不可逆的同一方向进行的状态，所以腐蚀电位不是平衡电位，不是一个热力学参数。另外腐蚀金属电极表面状态不是绝对均匀的，只可能近似把腐蚀金属电极表面看做是均匀的，认为阴阳极电流密度相等。

由两种以上金属组成的腐蚀原电池系统称为多电极腐蚀原电池系统。从腐蚀观点上看，工程上许多不均匀合金以及多金属组合体系与腐蚀介质接触都是典型的多电极腐蚀原电池系统。判断该系统中各个电极的极性以及腐蚀电流的大小，不仅有理论意义，而且还有很大的实际价值。一般使用图解法对多电极腐蚀电池系统进行分析，具体过程是以多电极腐蚀极化曲线图的形式将所有的阳极和阴极的极化曲线分别加合和比较，通过计算确定每一个电极的极性（阳极或阴极）及其腐蚀电流的大小。多电极腐蚀电池的图解的方法同样利用了混合电位理论，具体如下。

① 短路的多电极系统中各个电极的极化电位都等于该系统的总腐蚀电位。多电极体系的混合电位是处于各个电极反应中最高的电极电位与最低的电极电位之间，对每一个反应来说，如果其初始电极电位高于混合电位，将作为阴极，而低于混合电位将作为阳极。

② 当多电极系统处于稳定状态时，系统中总的阳极电流等于总的阴极电流。应满足 $\sum\limits_j i_{aj} = \sum\limits_j i_{cj}$ 的关系，j 代表体系中电极反应数目。

3.4 腐蚀金属电极的极化行为

处于自腐蚀状态下，腐蚀金属电极虽然没有外电流通过，但它已经是极化的电极了。腐蚀金属电极上由于金属阳极溶解过程和去极化剂的阴极还原过程的发生而互相极化，金属作为阳极被去极化剂的还原反应阳极极化，而去极化剂在阴极上由于金属氧化为离子而产生阴极方向的极化。对处于自腐蚀状态的腐蚀金属电极还可以通过对其施加外部电流的方式使它发生相应的阴极极化和阳极极化，如施加外部的阳极极化电流则腐蚀金属电极发生阳极极化，这时外加阳极极化电流应等于金属的阳极氧化方向的溶解电流与去极化剂的阴极还原方向的电流之差；如施加外部的阴极极化电流，则腐蚀金属电极发生阴极极化且外加的阴极极化电流等于去极化剂的阴极还原方向的电流和金属的阳极氧化方向的溶解电流之差。由于金属的阳极溶解反应一般都是由活化极化控制，浓度极化的影响并不显著，因而可以认为金属的阳极溶解过程总是由活化极化控制，而去极化剂的阴极还原过程既可以由活化极化控制，如氢离子的还原过程，也可以由浓度极化所控制，如氧气的还原过程。下面分别讨论阳极反应和阴极反应都是由活化极化控制腐蚀的情况下以及阳极反应由活化极化控制而阴极反应在由浓度极化控制的情况下腐蚀金属电极的极化行为。

3.4.1 活化极化控制的腐蚀体系的极化行为

腐蚀速度由电化学步骤控制的体系称为活化极化控制的腐蚀体系。例如，金属在不含溶解氧及其他去极化剂的非氧化性酸溶液中，其阴阳极反应都由活化极化所控制。现在来考虑简单情况下的腐蚀金属电极的表观极化曲线的数学表达式。在最简单的情况下，一块腐蚀着的金属电极上只进行两个电极反应，即金属的阳极溶解反应和去极化剂的阴极还原反应，并且这两个电极反应的速度都是由活化极化控制，溶液中传质过程很快，浓度极化可以忽略。再一个简化条件是自腐蚀电位离这两个电极反应的平衡电位都比较远，因而这两个电极反应都处于强极化的条件下，相应的逆过程可以忽略，在这样的简单化的条件下，每个电极反应的动力学都可用塔费尔方程式来表示，即

$$i_{1,a} = i_1^0 \exp \dfrac{\varphi - \varphi_{e,1}}{\overleftarrow{\beta_1}} \tag{3-54}$$

$$i_{2,c} = i_2^0 \exp \dfrac{\varphi_{e,2} - \varphi}{\overrightarrow{\beta_2}} \tag{3-55}$$

式中，下标 1 代表金属阳极溶解的阳极方向的电极反应，下标 2 代表去极化剂阴极还原的阴极方向的电极反应，$\overleftarrow{\beta_1} = \dfrac{(1-\alpha_1)n_1 F}{RT}$，$\overrightarrow{\beta_2} = \dfrac{\alpha_2 n_2 F}{RT}$。当腐蚀金属电极处于自腐蚀电位时，

即在外测电流为零时，腐蚀金属电极的电位就是它的腐蚀电位 φ_{corr}，此时金属电极上阳极反应的电流密度的绝对值等于阴极反应的电流密度的绝对值，并等于金属的平均腐蚀电流密度 i_{corr}。

$$i_1^0 \exp \frac{\varphi_{corr} - \varphi_{e,1}}{\overleftarrow{\beta_1}} = i_2^0 \exp \frac{\varphi_{e,2} - \varphi_{corr}}{\overrightarrow{\beta_2}} = i_{corr} \tag{3-56}$$

以自腐蚀电位为起点，可用外部电源对其施加阳极极化电流和阴极极化电流。外加的阳极极化电流应等于金属的阳极溶解电流与去极化剂的阴极还原电流之差。外加的阴极极化电流等于去极化剂的阴极还原电流和金属的阳极溶解电流之差。腐蚀金属电极的外测电流密度与电位的关系应为：

$$i_A = i_{1,a} - i_{2,c} = i_1^0 \exp \frac{\varphi - \varphi_{e,1}}{\overleftarrow{\beta_1}} - i_2^0 \exp \frac{\varphi_{e,2} - \varphi}{\overrightarrow{\beta_2}} \tag{3-57}$$

$$i_C = i_{2,c} - i_{1,a} = i_2^0 \exp \frac{\varphi_{e,2} - \varphi}{\overrightarrow{\beta_2}} - i_1^0 \exp \frac{\varphi - \varphi_{e,1}}{\overleftarrow{\beta_1}} \tag{3-58}$$

将式（3-56）代入上两个式子中，得到：

$$i_A = i_{corr} \left[\exp \frac{\varphi - \varphi_{corr}}{\overleftarrow{\beta_1}} - \exp \frac{\varphi_{corr} - \varphi}{\overrightarrow{\beta_2}} \right] \tag{3-59}$$

$$i_C = i_{corr} \left[\exp \frac{\varphi_{corr} - \varphi}{\overrightarrow{\beta_2}} - \exp \frac{\varphi - \varphi_{corr}}{\overleftarrow{\beta_1}} \right] \tag{3-60}$$

式（3-59）和式（3-60）即为腐蚀金属电极的 φ-i 曲线的方程。如以 φ_{corr} 作为 φ 轴的原点，则 φ 轴的坐标就可改为 $\Delta\varphi = \varphi - \varphi_{corr}$，$\Delta\varphi$ 就叫做腐蚀金属电极的极化值。在 $\Delta\varphi = 0$ 时，$i = 0$，在 $\Delta\varphi > 0$ 时，腐蚀金属电极进行阳极极化，在 $\Delta\varphi < 0$ 时腐蚀金属电极是进行阴极极化。φ-i 曲线的方程式可表示为：

$$i_A = i_{corr} \left[\exp \frac{\Delta\varphi}{\overleftarrow{\beta_1}} - \exp \left(\frac{-\Delta\varphi}{\overrightarrow{\beta_2}} \right) \right] \tag{3-61}$$

$$i_C = i_{corr} \left[\exp \left(\frac{-\Delta\varphi}{\overrightarrow{\beta_2}} \right) - \exp \frac{\Delta\varphi}{\overleftarrow{\beta_1}} \right] \tag{3-62}$$

图 3-14 是将 $\Delta\varphi$ 对 $\lg i$ 所作出的活化极化控制的腐蚀金属电极的极化曲线，图中两条虚线分别表示腐蚀金属电极的阳极和阴极的 φ-$\lg i$ 曲线。在横轴上方的实线表示实测的阴极极化曲线，在横轴下方的实线表示的是实测阳极极化曲线。

腐蚀金属电极的极化方程式与单电极的 B-V 方程的形式是类似的，同样也可以根据极化电位和极化电流密度的关系特点分成如下三个区域：微极化时极化电位与极化电流密度成线性关系的线性极化区；强极化时极化电位与极化电流密度的对数呈线性关系的塔费尔强极化区；处于线性极化区和塔费尔区之间的过渡区，称为弱极化区。

在确定极化曲线时，如果不考虑浓差极化和电阻的影响，通常在极化电位偏离腐蚀电位约 50mV 以上，即外加电流较大时，在极化曲线上会有服从

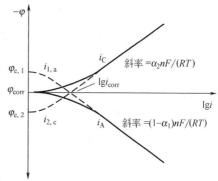

图 3-14　活化极化控制的腐蚀
金属电极的极化曲线

塔费尔方程式的直线段。将实测的阴、阳极极化曲线的直线部分延长到交点，或者当阳极极化曲线不易测量时，可以把阴极极化曲线的直线部分外延与稳定电位的水平线相交，此交点所对应的电流即是金属的腐蚀电流。因此，可将实测得到的阴极或阳极极化曲线中的塔费尔直线段外延，以预测腐蚀电流和腐蚀电位。但是这种作图的方法当数据分散性较大时，所连直线的斜率稍有偏差，将会影响到测量准确性，因此用此法所计算出的腐蚀速度不够准确，只能对该金属腐蚀速度提供一个参考值。

3.4.2 阴极过程由浓度极化控制时腐蚀金属电极的极化

当腐蚀过程的阴极反应的速度不仅决定于去极化剂在金属电极表面的还原步骤，而且还受溶液中去极化剂的扩散过程影响时，阴极电流密度与电极电位的关系为：

$$i_{2,c} = \left(1 - \frac{i_{2,c}}{i_{1,c}}\right) i_2^0 \exp \frac{\varphi_{e,2} - \varphi}{\overrightarrow{\beta_2}} \tag{3-63}$$

式中，$i_{1,c}$ 是阴极反应的极限扩散电流密度值。将 $\varphi = \varphi_{corr}$ 时 $i_{2,c} = i_{corr}$ 的关系代入上式，经过整理，并以 $\Delta\varphi$ 代替 $\varphi - \varphi_{corr}$，就得到：

$$i_{2,c} = \frac{i_{corr} \exp\left(\dfrac{-\Delta\varphi}{\overrightarrow{\beta_2}}\right)}{1 - \dfrac{i_{corr}}{i_{1,c}}\left[1 - \exp\left(-\dfrac{\Delta\varphi}{\overrightarrow{\beta_2}}\right)\right]} \tag{3-64}$$

从而得到腐蚀金属电极的极化曲线方程式：

$$i_A = i_{corr}\left\{\exp\frac{\Delta\varphi}{\overleftarrow{\beta_1}} - \frac{\exp\left(-\dfrac{\Delta\varphi}{\overrightarrow{\beta_2}}\right)}{1 - \dfrac{i_{corr}}{i_{1,c}}\left[1 - \exp\left(-\dfrac{\Delta\varphi}{\overrightarrow{\beta_2}}\right)\right]}\right\} \tag{3-65}$$

$$i_C = i_{corr}\left\{\frac{\exp\left(-\dfrac{\Delta\varphi}{\overrightarrow{\beta_2}}\right)}{1 - \dfrac{i_{corr}}{i_{1,c}}\left[1 - \exp\left(-\dfrac{\Delta\varphi}{\overrightarrow{\beta_2}}\right)\right]} - \exp\frac{\Delta\varphi}{\overleftarrow{\beta_1}}\right\} \tag{3-66}$$

当在 $i_{corr} \ll i_{1,c}$，以至于 $1 - \dfrac{i_{corr}}{i_{1,c}}\left[1 - \exp\left(-\dfrac{\Delta\varphi}{\overrightarrow{\beta_2}}\right)\right] \approx 1$ 时，可以忽略阴极反应的浓度极化，可通过式（3-66）得到式（3-62）。

另一个极端情况是 $i_{corr} \approx i_{1,c}$，腐蚀过程的速度受阴极反应的扩散过程控制，腐蚀电流密度等于阴极反应的极限扩散电流密度的值，此时通过式（3-65）就得到：

$$i_A = i_{corr}\left[\exp\frac{\Delta\varphi}{\overleftarrow{\beta_1}} - 1\right] \tag{3-67}$$

图 3-15 是腐蚀过程的速度受阴极反应的扩散过程控制时腐蚀金属电极的极化曲线。

3.4.3 理想极化曲线与实测极化曲线

电极上单一反应的平衡电位大多数是通过热力学数据计算得到的，由单一反应的平衡电位做起始电位，

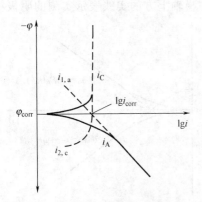

图 3-15 腐蚀过程的速度受阴极反应的扩散过程控制时腐蚀金属电极的极化曲线

并忽略极化过程中其他次要因素的影响，这样所得到的电位-电流曲线称为理想极化曲线。在电极体系中只有单一电极反应发生的情况是一种理想情况，对于大多数实际金属的电极体系，由于金属的腐蚀反应，即使在最简单的情况下电极上也有两个电极反应耦合，因而在这种情况下所测得的电极电位本身已是一个混合电位，即金属的自腐蚀电位。通过外加电流实验测定的这种实际电极体系中的阳极极化曲线和阴极极化曲线，称为实测极化曲线。显然其起始电位并不是每一个单一电极反应的平衡电位，而是它们形成的混合电位。对于两电极体系的金属电极，必须考虑两个反应耦合的影响，它的极化曲线应由一条阳极极化曲线和一条阴极极化曲线组合。当阴极极化曲线和阳极极化曲线的起始电位分别是阴极还原反应和阳极氧化反应的平衡电位，而且忽略极化过程中次要因素影响时，则该极化曲线就是只发生一个单电极反应的理想极化曲线。理想极化曲线只能在理想电极上才能得到，即在阳极上只发生阳极过程，在阴极上只发生阴极过程，只能有一个单一的电极反应发生。在小电流下，两种曲线有本质区别；大电流下，两种曲线则越来越趋于重合，当外加电流足够大，极化电位超过起始平衡电位时，两条曲线重合。例如，图 3-14 分别绘出了理想极化曲线（用虚线表示）和表观极化曲线。

实际上，每个电极反应的电流密度同电极电位之间的关系，往往并不是一个很简单的函数关系，整个电极的外测电流密度 i 同 φ 的关系更是比较复杂的函数。一般总是用作图法通过各个电极反应的 φi 关系求得整个电极的极化曲线。作图的过程为：先将各个电极反应的 φi 曲线画在同一幅以 φ 和 i 作为坐标轴的图上，然后将图上各个电极反应的曲线上相应于每一电位值的 i 的数值相加，从而作出总的极化曲线。相应于曲线同 φ 轴的交点的电极电位，分别就是电极反应的平衡电位。在 φ 轴上方的电流密度值是正值，表示阳极电流密度；在 φ 轴下方的电流密度值是负值，表示阴极电流密度。在这样多个电极反应是在同一电极表面上进行的情况下，将这些曲线相应于每一电位值的 i 的数值加起来，就可以得到一条总的 φi 曲线，这就是这一电极的表现的极化曲线。曲线同 φ 轴的交点就是这一电极的稳定电位 φ_{corr}，也就是电极的外测电流为零时的电位，当电极电位 φ 高于 φ_{corr} 时，外测电流密度是正值，即阳极电流密度；当电极电位 φ 低于 φ_{corr} 时，外测电流密度是负值，即阴极电流密度。

这种通过同一电极上进行的各个电极反应的 φi 曲线求出电极的总的极化曲线的过程叫做极化曲线的合成。如果金属电极上同时进行两个电极反应，其中一个是金属阳极溶解反应，另一个是去极化剂还原反应，这个金属电极就是一个腐蚀金属电极。在这种情况下，如果已知组成腐蚀过程的两个电极反应的 φi 曲线，就可以得到腐蚀金属电极的极化曲线。此时，在两条 φi 曲线上与腐蚀金属电极的腐蚀电位相对应的电流密度的绝对值相等，并等于腐蚀电流密度 i_{corr}。根据相同的道理，如果电极上进行着两个电极反应，则在测定了其中一个电极反应的 φi 曲线和电极总的 φi 曲线后，就可以求出另一个电极反应的 φi 曲线，这是做极化曲线的分解方法。如果一个电极上同时有 n 个电极反应进行，只要分别测定了其中 $n-1$ 个电极反应的 φi 曲线，就可以从总的极化曲线求出另一个电极反应的 φi 曲线。其中，把金属阳极溶解反应的 φi 曲线称为真实的阳极极化曲线，相应地称腐蚀过程阴极反应的 φi 曲线为真实的阴极极化曲线。表观极化曲线乃腐蚀金属电极的外测电流密度与电极电位的关系曲线，这是容易直接测得的，但真实极化曲线往往不易直接测得。因此，如果可以通过适当的实验手段测得两条真实极化曲线之一，那么只要再测定一下表观极化曲线，就可以利用极化曲线分解的办法来求得另一条真实的极化曲线。通常在两种情况下可以做到这一点。一种情况是，有办法使金属电极的腐蚀过程中的一个电极反应停止进行，而只进行一个电极反应，这样就可以方便地将一个电极反应的 φi 曲线，即所谓真实的极化曲线测出来，然后再让两个电极反应同时进行，测出表观极化曲线。例如，如果腐蚀过程的阴极反应是溶于溶液

中的 O_2 的还原反应，而且如果清除了溶液中 O_2 以后不会影响金属的表面状态和金属阳极溶解过程的动力学行为，那就可以在除了 O_2 的溶液中直接测出金属阳极溶解反应的真实的 $\varphi\text{-}i$ 曲线。另一种情况是，如果能够通过分析手段或其他手段不断测定两个电极反应之一的反应产物的量或反应物的量，求得反应产物的增加速度或反应物的消耗速度，那就可以按照法拉第定律计算出这个反应的电流密度，从而得出这个电极反应的 $\varphi\text{-}i$ 曲线。例如，阴极过程是析氢过程，就可以通过收集析出氢气量求出阴极反应的真实电流密度，也可以通过不断分析溶液中金属离子的量来测定金属阳极溶解反应的真实 $\varphi\text{-}i$ 曲线。

3.5 伊文思极化图及其应用

3.5.1 伊文思腐蚀极化图

在最简单的微观腐蚀电池中。例如，铁处于非氧化性稀酸中构成的微观腐蚀原电池，铁表面既作为阴极也作为阳极，阳极反应为铁的阳极溶解，阴极反应为氢离子的还原，测得的电位是自腐蚀电流，铁以自腐蚀电流密度进行阳极溶解，氢离子以自腐蚀电流密度进行阴极还原。实际上铁放入介质中就已经是极化的电极了，但可以设想在铁的表面只发生铁的电极反应，另有一个钝性的金属电极，在这个电极表面上只发生氢离子的还原反应，用一个可变化的电阻连接，初始时电阻为无穷大，逐渐调小，则流经电路的电流将发生变化，分别用电位表监测这两个电极的极化曲线，则能够得到铁的理想阳极极化曲线和 H^+ 还原的理想阴极极化曲线，如图 3-16 所示。

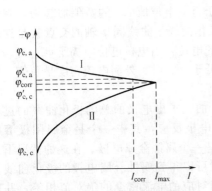

图 3-16 铁在稀酸中的理想极化曲线
I—铁的理想阳极极化曲线；II—H^+ 还原的理想阴极极化曲线

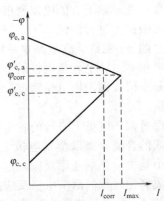

图 3-17 伊文思腐蚀极化曲线示意

在研究金属腐蚀时，经常要使用腐蚀极化图来分析腐蚀过程的影响因素和腐蚀速度的相对大小。腐蚀极化图又称伊文思腐蚀极化图，是一种电位-电流图，它把表征腐蚀电池特征的阴、阳极极化曲线画在同一张图上，忽略电位随电流变化的细节，将极化曲线画成直线的形式。图 3-17 就是将图 3-16 的极化曲线用腐蚀极化曲线表示的图形。图中，阴极、阳极的起始电位为阴极反应和阳极反应的平衡电位，若忽略溶液的欧姆电阻，简化的极化曲线将可交于一点，交点对应的电位即为这一对共轭反应的腐蚀电位，与此电位对应的电流即为腐蚀电流。如果不能忽略金属表面膜电阻或溶液电阻，则极化曲线不能相交，对应的电流就是金属实际的腐蚀电流，它要小于没有欧姆电阻时的电流 I_{max}。一般情况下，腐蚀电池中阴极和阳极的面积是不相等的，故而横轴使用电流强度，而不使用电流密度。伊文思腐蚀极化图主要由直线代替理想极化曲线，用电流强度代替电流密度，具有更大的广泛性、实用性和易用性，在研究腐蚀问题及解释电化学腐蚀现象时，使用和分析十分方便。

腐蚀过程中阴极和阳极极化性能是不一样的，可采用极化图中极化曲线的斜率分别表示它们的极化程度，这个斜率也就是电极的极化率 P。从图 3-17 中可得到，当体系的欧姆电阻等于 0 时有：

$$I_{\max} = \frac{\varphi_{e,c} - \varphi_{e,a}}{P_c + P_a} \tag{3-68}$$

当体系的欧姆电位为 R 时有：

$$I_{\text{corr}} = \frac{\varphi_{e,c} - \varphi_{e,a}}{P_c + P_a + R} \tag{3-69}$$

将上式变形，得：

$$\varphi_{e,c} - \varphi_{e,a} = P_c I + P_a I + RI = |\Delta\varphi_c| + |\Delta\varphi_a| + |\Delta\varphi_r| \tag{3-70}$$

由式（3-70）可以看出，起始电位的差值等于阴极和阳极的极化值加上体系的欧姆极化值，这个电位差就用来克服体系中的这三个阻力。

3.5.2 伊文思腐蚀极化图的应用

在腐蚀过程中，如果某一步骤比较起来阻力最大，则这一步骤对于腐蚀的速度就起主要的影响。从式（3-69）可以看出，腐蚀电池的腐蚀电流大小在很大程度上为 P_c、P_a 和 R 所控制，所有这些参数都可能成为腐蚀的控制因素。利用腐蚀极化图，可以定性地说明腐蚀电流受哪一个因素所控制。各个控制因素的控制程度，可用各控制因素的阻力与整个控制因素的总阻力之比的百分率来表示，如果以 C_c、C_a 和 C_r 分别表示阴极、阳极和欧姆电阻控制程度，将各项阻力对于整个过程总阻力比值的百分数称为各项对总的控制程度，其中控制程度最大的因素成为腐蚀过程的主要控制因素，它对腐蚀速度有决定性的影响。

$$C_c = P_c/(P_c + P_a + R) \times 100\%$$
$$= |\Delta\varphi_c|/(|\Delta\varphi_c| + |\Delta\varphi_a| + |\Delta\varphi_r|) \times 100\%$$
$$= |\Delta\varphi_c|/(\varphi_c^0 - \varphi_a^0) \times 100\% \tag{3-71}$$

$$C_a = P_a/(P_c + P_a + R) \times 100\% = |\Delta\varphi_a|/(\varphi_c^0 - \varphi_a^0) \times 100\% \tag{3-72}$$

$$C_r = R/(P_a + P_c + R) \times 100\% = |\Delta\varphi_r|/(\varphi_c^0 - \varphi_a^0) \times 100\% \tag{3-73}$$

式中，C_a、C_c、C_r 分别表示阳极、阴极和欧姆极化控制程度。

根据不同极化值的大小，腐蚀控制的基本形式有四种。当 R 非常小时，如 $P_c \gg P_a$，则 i_{corr} 基本上由 P_c 的大小决定，即取决于阴极极化性能，称为阴极控制；反之，如 $P_a \gg P_c$，i_{corr} 主要由阳极极化性能所决定，称为阳极控制；如果 P_a 和 P_c 同时对腐蚀电流产生影响，则称为混合控制；如果系统中的电阻极化较大，则 i_{corr} 就主要由电阻所控制，又称欧姆控制。从式（3-69）和腐蚀极化图中，不仅可以判断各个控制因素，而且还可以判断各因素对腐蚀过程的控制程度，并作出相应的计算。

在研究腐蚀的过程中，确定某一因素的控制程度有很重要的意义。为减少腐蚀程度，最有效的办法就是采取措施影响其控制因素，简单的讨论如下所述。

3.5.2.1 阴极过程控制的腐蚀过程

如果体系的欧姆电阻可以忽略，这时有 $R = 0$，$P_c \gg P_a$，见图 3-18。这种情况下 $|\Delta\varphi_c| \gg |\Delta\varphi_a|$，$\varphi_{\text{corr}} \approx \varphi_{e,a}$，腐蚀电流的大小也主要由 P_c 决定。在阴极控制条件下，任何增大阴极极化率的因素都将使腐蚀速度明显减小，而任何影响阳极反应的因素都不会使腐蚀速度发生显著的变化，所以，这种条件下可通过改变阴极极化率来控制腐蚀速度。例如铁、铜等在水溶液中的腐蚀都与氧的阴极还原反应相联系，采取脱氧的方法，降低溶液中溶解氧的浓

度以增大阴极阻力，可达到明显的缓蚀效果。

3.5.2.2 阳极过程控制的腐蚀过程

如果体系的欧姆电阻可以忽略，这时有 $R=0$，$P_a \gg P_c$，见图 3-19。这种情况下 $|\Delta\varphi_a| \gg |\Delta\varphi_c|$，$\varphi_{corr} \approx \varphi_{e,c}$，腐蚀电流的大小也主要由 P_a 决定。在阳极控制条件下，任何增大阳极极化率的因素都将使腐蚀速度明显减小，而任何影响阴极反应的因素都不会使腐蚀速度发生显著的变化，所以，这种条件下可通过改变阳极极化率来控制腐蚀速度。例如在溶液中能形成钝态的金属或合金的腐蚀是阳极控制的腐蚀过程的典型例子，在溶液中添加少量能促使金属或合金钝化的缓蚀剂可以降低腐蚀速度。

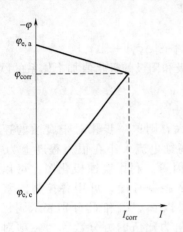

图 3-18　阴极控制的腐蚀过程的腐蚀极化曲线

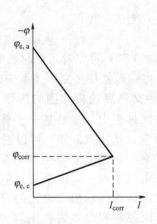

图 3-19　阳极控制的腐蚀过程的腐蚀极化曲线

3.5.2.3 欧姆电阻控制的腐蚀过程

当溶液的电阻很大，或者金属表面有一层电阻很大的隔离膜时，由于不可能有很大的腐蚀电流通过，这时的阴极和阳极极化都很小，腐蚀电流的大小主要由欧姆电阻决定。图 3-20 是欧姆电阻控制的腐蚀过程的腐蚀极化曲线。地下管线或土壤中的金属结构的腐蚀以及处于高电阻率溶液中金属的腐蚀，都是欧姆电阻控制的腐蚀过程的例子。

3.5.2.4 混合控制的腐蚀过程

如果腐蚀体系的欧姆电阻可以忽略，而阴极和阳极的极化率又相差不大，则腐蚀电流由 P_a 和 P_c 共同决定，见图 3-21。在混合控制条件下，任何促进阴极、阳极反应的因素都将使腐蚀电流较显著增加，而任何增大 P_a 和 P_c 的因素都将使腐蚀电流显著减小，若 P_a 和 P_c 以相近的比例增加，则腐蚀电流会明显减小。

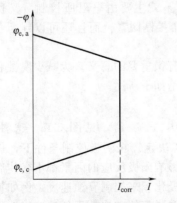

图 3-20　欧姆电阻控制的腐蚀过程的腐蚀极化曲线

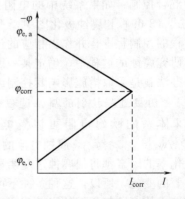

图 3-21　混合控制的腐蚀过程的腐蚀极化曲线

3.6 电化学腐蚀的阴极过程

3.6.1 概述

金属及合金材料在腐蚀介质中发生电化学腐蚀的根本原因在于腐蚀介质中去极化剂的存在，它和金属构成了不稳定的腐蚀原电池体系，去极化剂的阴极还原过程吸收金属腐蚀产生的电子，使金属不断地遭受腐蚀，故而在金属的腐蚀过程中，总是存在与金属阳极溶解共轭的阴极过程，若没有相应的阴极过程发生，则金属腐蚀的阳极过程也就不可能发生。因此金属材料的阳极腐蚀过程必然也要受到阴极过程的动力学的影响，研究金属腐蚀中构成腐蚀原电池中可能出现的各类阴极反应以及它们在腐蚀过程中起的作用，对于了解金属腐蚀过程显然是十分重要的。

由阴极极化本质可知，凡能在阴极上进行得电子阴极还原反应的物质都能起到去极化剂的作用，一般在理论和实际的电化学腐蚀中有如下两个最重要的阴极过程。

① 氢离子还原过程　这个反应一般是金属在酸性介质中发生腐蚀的常见的共轭阴极过程，金属锌、铁、铝等的电极电位低于氢的电极电位，因此这些金属在酸性介质中发生腐蚀的阴极过程一般是氢离子的还原过程，以氢离子还原为氢气作为腐蚀电池阴极过程的金属腐蚀过程一般被称为析氢腐蚀。

$$2H^+ + 2e \longrightarrow H_2$$

② 溶液中溶解氧的还原过程　这个阴极过程在金属腐蚀中是最普遍的，主要是因为这个电极反应具有很高的稳定电极电位，能够在大多数情况下和金属构成腐蚀电池体系。大多数的金属在大气、土壤、海水和碱性溶液以及中性盐溶液中的腐蚀都是吸氧的还原反应，其腐蚀速度受到氧去极化过程控制。

$$O_2 + 2H_2O + 4e \longrightarrow 4OH^-$$

除了氢的析出反应和氧的还原反应外，还可能有的去极化剂归纳如下。

① 溶液中阴离子还原反应　主要是氧化性酸根的还原反应。例如，浓硝酸和铬酸盐中硝酸根和重铬酸根可以充当去极化剂发生还原反应。

$$NO_3^- + 4H^+ + 3e \longrightarrow NO + 2H_2O$$
$$Cr_2O_7^{2-} + 14H^+ + 6e \longrightarrow 2Cr^{3+} + 7H_2O$$

② 溶液中某些阳离子的还原反应　金属离子的沉积反应或者某些高价金属离子还原为低价金属离子的反应都具有较高的稳定电极电位，因而金属离子也能成为金属腐蚀的阴极去极化剂。

$$Cu^{2+} + 2e \longrightarrow Cu$$
$$Fe^{3+} + e \longrightarrow Fe^{2+}$$

③ 不溶性产物的还原反应　如铁锈蚀产物 $Fe(OH)_3$ 的还原反应：

$$Fe(OH)_3 + e \longrightarrow Fe(OH)_2 + OH^-$$

④ 溶液中的某些有机化合物可能的阴极还原反应：

$$RO + 4H^+ + 4e \longrightarrow RH_2 + H_2O$$
$$R + 2H^+ + 2e \longrightarrow RH_2$$

上述反应中，氢离子和氧分子还原反应是最为常见和重要的两个阴极去极化过程。下面着重介绍由两个阴极还原反应过程作为去极化过程的腐蚀。

3.6.2 析氢腐蚀

以氢离子还原反应为阴极过程的腐蚀，称为氢去极化腐蚀或析氢腐蚀。如果金属的电位比氢电极平衡电位更负时，两电极间存在着一定电位差，金属就与氢电极组成腐蚀原电池，阳极反应放出的电子不断地由阳极送到阴极，造成金属的腐蚀，同时不断地析出氢气。

氢离子阴极还原的反应式为：

$$2H^+ + 2e \longrightarrow H_2$$

有关这个反应的机理很早就被研究得很透彻，一般认为氢离子阴极还原过程中要经过生成吸附氢的中间步骤，因而氢去极化电极反应是由下述几个连续单元步骤（或基元反应）组成的。

① H^+ 离子在电极表面放电形成吸附在电极界面的吸附氢原子。

$$H^+ + e \longrightarrow H_{ad}$$

② 吸附的氢原子复合，氢分子可按下面两种方式进行复合。

a. 两个吸附的氢原子复合成一个氢分子，这个反应称为化学脱附反应。

$$2H_{ad} \longrightarrow H_2$$

b. 由一个氢离子与一个吸附的氢原子进行电化学反应而形成一个氢分子，该反应叫电化学脱附反应。

$$H^+ + H_{ad} + e \longrightarrow H_2$$

③ 氢分子形成气泡离开电极表面。

在上述连续步骤中，步骤①和步骤②决定着析氢反应动力学反应途径，由于反应途径的不同和控制步骤的不同，其反应动力学机理就会不同。对于大多数金属来说，第二个步骤，即氢离子与电子结合放电的电化学步骤最缓慢，成为速度控制步骤，称为迟缓放电机理。但对于某些氢过电位很低的金属（如 Pt）来说，复合脱附步骤进行得最缓慢，成为速度控制步骤，称为迟缓复合机理。析氢反应机制对于研究均匀腐蚀，如铁在酸溶液中的腐蚀，是很重要的，因为析氢反应作为惟一的去极化反应，其反应电流密度的大小和阴极极化程度的高低就决定了均匀腐蚀速度的大小。

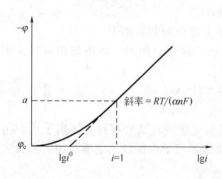

图 3-22　氢去极化的阴极极化曲线

图 3-22 是典型的氢去极化的阴极极化曲线。当处于平衡电位时，没有氢析出，电流为零；当通过一定的阴极电流密度后，则有氢析出。在一定电流密度下，氢平衡电位和析氢电位之间的差值，就是该电流密度下的析氢过电位。电流密度越大，氢过电位越大，当电流密度达到一定程度，氢过电位与电流密度的对数之间成直线关系，服从塔费尔关系，即：

$$\eta = a + b \lg i \qquad (3-74)$$

式中，a 表示单位电流密度下的过电位，它与电极材料性质、表面状态、溶液的成分及其温度有关。在一定电流密度下，a 愈大，过电位愈大，a 一般在 0.1～1.6V 之间。b 是塔费尔斜率，被认为是与电极反应机理有关的参数，对于大多数金属 $b \approx 118mV$。

电极材料对氢电极反应有重大的影响，不同的金属析氢过电位差别很大，这一点对氢去极化腐蚀的腐蚀速度尤其重要。由于金属材料不同，析氢反应的电位也不同，有的金属具有很低的过电位。例如，铂电极极化很小，过电位也很小，而在锌、汞等金属表面过电位很大。

当金属中杂质的电位较基体金属的电位更正时，构成的腐蚀电池中杂质成为阴极，此时杂质金属的氢过电位的大小将对基体金属的腐蚀速度产生很大影响。图3-23是含有杂质的锌在稀硫酸中的腐蚀速度影响曲线，从该图可以看到，汞作为阴极性的杂质，不但没有加速锌的腐蚀，反而使含有汞的锌比纯锌的腐蚀速度还要慢，而铜作为阴极性杂质却大大加速了基体锌的腐蚀，这一现象可参考图 3-24 的锌和含有杂质的锌在酸中的腐蚀极化曲线进行解释。

氢在汞上的析出过电位高，汞在锌基体中作为阴极相存在，使得氢在其上不易析出，因而加大了阴极反应的极化率。从图 3-24 中可以看出，腐蚀电流从纯锌的 I_0 降为 I_1，基体锌的腐蚀速度大大降低，而铜的析氢过电位比锌的析氢过电位低得多，它在锌基体中作为阴极有利于氢的析出，降低了阴极极化率，因此腐蚀电流从纯锌的 I_0 升高到 I_2，使基体锌的腐蚀速度加快。

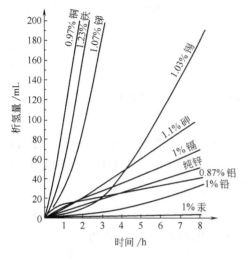

图 3-23　杂质对锌的腐蚀速度影响曲线　　　图 3-24　锌和含有杂质的锌在酸中的腐蚀极化曲线

3.6.3　吸氧腐蚀

在含氧溶液中，在电极表面将发生氧去极化反应。由于氧分子阴极还原总反应包含 4 个电子，通常都伴有中间态粒子或氧化物的形成，反应机理十分复杂。

在酸性溶液中，氧分子还原的总反应为：

$$O_2 + 4H^+ + 4e \longrightarrow 2H_2O$$

其可能的反应机制由如下步骤组成：

$$O_2 + e \longrightarrow O_2^-$$
$$O_2^- + H^+ \longrightarrow HO_2$$
$$HO_2 + e \longrightarrow HO_2^-$$
$$HO_2^- + H^+ \longrightarrow H_2O_2$$
$$H_2O_2 + H^+ + e \longrightarrow H_2O + HO$$
$$HO + H^+ + e \longrightarrow H_2O$$

其中，第一步可能是控制步骤。

在中性和碱性溶液中，氧分子还原的总反应为：

$$O_2 + 2H_2O + 4e \longrightarrow 4OH^-$$

其可能的反应机制为：

$$O_2 + e \longrightarrow O_2^-$$
$$O_2^- + H_2O + e \longrightarrow HO_2^- + OH^-$$
$$HO_2^- + H_2O + 2e \longrightarrow 3OH^-$$

以氧的还原反应为阴极过程的腐蚀，叫做吸氧腐蚀。与氢离子还原反应相比，氧还原反

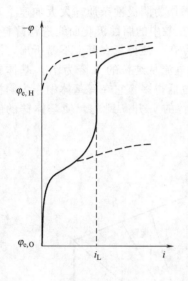

图 3-25　氧还原过程的阴极极化曲线

应可以在正得多的电位下进行，因此氧去极化腐蚀比氢去极化腐蚀更为普遍。大多数金属在中性和碱性溶液中，少数电位较正的金属在含氧的弱酸中，金属在土壤、海水、大气中的腐蚀都属于吸氧腐蚀或氧去极化腐蚀。

图 3-25 是氧去极化反应曲线，极化曲线大致可分为如下四段。

① 当阴极极化电流 i_c 不太大且供氧充分时，则得到氧离子化过电位（η_{O_2}）与阴极极化电流密度 i_c 间的关系为：

$$\eta_{O_2} = a' + b' \lg i_c \tag{3-75}$$

式中，a' 是与阴极材料及其表面状态和温度有关的常数；$b' = \dfrac{2.303RT}{\alpha nF}$，与电极材料无关。25℃ 时，当 $\alpha = 0.5$、$n = 1$ 时，$b' \approx 0.118\text{V}$。

这种情况下，电极过程进行的速度主要取决于氧的离子化反应速度，氧离子化的过电位越小，表示氧离子化反应越易于进行，腐蚀速率越快。

② 当阴极电流 i_c 增大，一般在 $\dfrac{i_L}{2} < i_c < i_L$ 时，浓差极化已经很明显，电极的极化将由电化学过程和扩散过程共同控制，此时过电位 η_{O_2} 与电流密度 i_c 间的关系为：

$$\eta_{O_2} = a' + b' \lg i_c - b' \lg\left(1 - \frac{i_c}{i_L}\right) \tag{3-76}$$

③ 当随着极化电流密度 i_c 的增加，由氧扩散控制而引起的氧浓差极化不断加强，使极化曲线更陡地上升，此时，电极过程将由扩散过程控制，此时的氧浓差过电位与阴极电流密度的关系为：

$$\eta_{O_2} = -\frac{RT}{n'F} \ln\left(1 - \frac{i_c}{i_L}\right) \tag{3-77}$$

式中，$n' = 1$，表示参与一个氧分子放电过程中的电子数。

④ 当 $i_c \to i_L$ 时，阴极电位 $\to \infty$。实际上不会发生这种情况，当阴极电位朝负向移动适当电位后，除了氧离子化之外，已可以开始进行某种新的电极过程了。一般都是水溶液中的析氢过程，即当达到氢的平衡电位之后，氢的去极化过程就开始与氧的去极化过程同时进行，两条相应的极化曲线互相加合构成总的阴极去极化过程。

氧气成分是中性的氧分子，只能以对流和扩散方式在溶液中传质，扩散系数较小，在水中的溶解度也较小，例如在室温和标准大气压下，在中性水中的饱和浓度约为 10^{-4}mol/L，随温度升高和盐浓度增加，溶解度会进一步下降，因此氧电极过程很容易进入扩散控制的区域，此时氧向电极表面的扩散决定了整个吸氧腐蚀过程的速度。由于氧电极的这一特点，使它作为腐蚀的去极化剂发生的阴极过程常常处于浓度扩散控制，阴极极化率较大，腐蚀过程由阴极过程控制或阴阳极混合控制。

图 3-26 是氧去极化腐蚀过程示意。由图可以看出，

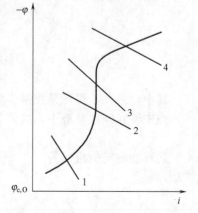

图 3-26　氧去极化腐蚀过程示意
1,2,3,4—四条不同的阳极极化曲线

如果腐蚀金属在溶液中电位较正，如图中的阳极极化曲线 1 所示，则它与氧的极化曲线将交于氧离子化的极化区域，金属腐蚀的速度主要由氧的离子化的过电位值决定。如果金属在溶液中电位较负并处于活性溶解状态，如图中的阳极极化曲线 2 和曲线 3，它们将和氧的极化曲线交于氧的扩散控制区，虽然曲线 2 和曲线 3 的极化率不同，但都和氧的阴极极化曲线交于氧的扩散控制区，因此腐蚀速度是相同的，都等于氧的还原速度。如果金属在溶液中电极电位很负，如图中的极化曲线 4 所示，则它们的腐蚀速度和腐蚀电位是由吸氧反应和析氢反应共同确定的。例如镁及镁合金，即使在中性溶液中，也可以发生析氢的反应。

大多数情况下，氧扩散速度有限，吸氧腐蚀过程大多都受氧扩散过程控制，金属腐蚀速度就等于氧极限扩散电流密度值。氧极限扩散电流密度由氧扩散系数、溶液中的溶解氧浓度以及扩散层厚度等因素决定，因此，凡影响溶解氧扩散系数、溶液中的溶解氧浓度以及扩散层厚度的因素都将影响腐蚀速度。能够影响氧去极化腐蚀的因素如下。

① 溶液温度　溶液的温度升高，使溶液黏度降低，从而使溶解氧的扩散系数增加，故温度升高会加速腐蚀过程。但是，温度升高的另一相反的作用是能使溶解氧的溶解度降低，特别是在接近沸点时，氧的溶解度已急剧降低，从而使腐蚀速度进一步减缓。

② 溶液盐浓度　溶解氧的增加，极限电流密度增大。但是，氧的溶解度又随溶液浓度的增加而减少。由于盐浓度增加，使溶液导电性增加，使腐蚀迅速加快，当盐浓度超过某一值时，由于氧溶解度降低及扩散速度减小，使腐蚀速度反而下降，当海水中 NaCl 浓度为 3% 时，腐蚀速度有一最大值。

③ 溶液流速　吸氧腐蚀与浓差极化的关系极为密切，而溶液的流动条件又强烈地影响着扩散及浓差极化。随着流速的增加，金属界面上的扩散层厚度随之压缩，从而使氧的传递更容易，使极限电流密度升高。因此，当层流向湍流转变时，腐蚀速度增加。在层流区内，腐蚀速度随流速的增加而缓慢上升。当进入湍流区后，腐蚀速度则迅速上升。当流速上升到某一定值后，随着极限电流密度的增大，阳极极化曲线不再与吸氧反应极化曲线的浓差极化部分相交，而与活化极化部分相交，出现不同类型的腐蚀。在不同流速下，腐蚀呈现不同的特点，即层流区为全面腐蚀，湍流区为湍流腐蚀，而高速区为空泡腐蚀。

④ 搅拌作用　搅拌能使扩散层变薄，从而加速腐蚀。这就是说，在层流条件下，加强搅拌，腐蚀速度加快。但对于易钝化的金属而言，如不锈钢，适当增加流速或给予搅拌，反而会降低其腐蚀速度，这是因为增大流速或加以搅拌，可使金属表面的供氧充分，有利于金属的钝化。

习　　题

1. 什么是极化？什么是阳极极化？什么是阴极极化？电极的去极化是什么含义？

2. 什么是电化学极化与浓度极化？极化的原因是什么？电阻极化是真正的极化吗？为什么？

3. 电池极化与电极极化有何不同？互有什么关系？哪些物质属于极化剂？哪些物质属于去极化剂？分别对腐蚀速度有何影响？

4. 测量稳态极化曲线有什么意义？如何测量稳态极化曲线？

5. 试推导电化学极化的 η-i 方程，并讨论 i^0、k^0 的意义。α 与 i^0 的变化对电子转移控制步骤的电极过程的极化曲线有何影响？

6. 稳态扩散的含义是什么？为什么扩散控制的电极过程会出现极限电流密度？

7. 混合电位理论有什么观点？以铁在稀酸中腐蚀为例，说明混合电位的建立过程。

8. 什么是腐蚀金属电极的极化方程式？为什么在讨论腐蚀金属电极极化方程式时，首先必须掌握单一金属电极的极化方程式，两者之间的根本区别是什么？对照单电极电化学极化方程式，推导出腐蚀金属电极极化方程式。

9. 画出活化控制的腐蚀金属电极的极化曲线，并进行解释，当阴极过程由扩散控制时，则腐蚀金属电极的极化曲线有何不同？

10. 表观极化曲线和真实极化曲线有何区别和联系？这两种极化曲线各自在何种场合下使用？

11. 如何运用腐蚀极化图解释电化学腐蚀？腐蚀极化图和伊文思极化图各解决什么问题？腐蚀极化图在研究电化学腐蚀中有何应用？举例说明腐蚀控制因素的计算方法。

12. 什么是金属腐蚀的阳极过程与阴极过程？它们各有几种形式？

13. 什么是氢去极化腐蚀？画出氢电极阴极极化曲线？影响氢过电位有哪些因素？划分高、中、低氢过电位金属的根据是什么？用何种理论进行解释？有何规律？

14. 什么是氧去极化腐蚀？在什么条件下产生？具有哪些特征？画出氧去极化阴极极化曲线，并指出图中各特征线段表示的内容是什么？进行哪种反应？各线段的动力学表达式是什么？

15. 简要比较氢去极化腐蚀和氧去极化腐蚀的规律。

16. 测定 25℃ 时铁在 pH＝5 的除气的 NaCl 溶液中的腐蚀速度时，已知铁的可逆电位 $\varphi_1^0 = -0.44V$，氢电极的标准平衡电位 $\varphi_2^0 = 0V$，阴极、阳极反应的塔费尔斜率都为 0.120V。计算该腐蚀过程的腐蚀电位，并求出阴极、阳极对铁的腐蚀控制程度。设体系欧姆电阻可以忽略不计。

17. 碳钢在某一流速的海水中，其 $i_{1,c} = 8.0 \times 10^{-6} A/cm^2$，若加快流速，使氧扩散层厚度减至普通流速的一半，作出这两种情况下的伊文思腐蚀极化图。

第 4 章　均匀腐蚀和金属钝化

4.1　均匀腐蚀的概念

按照腐蚀的形态可将金属腐蚀分为全面腐蚀和局部腐蚀两大类。全面腐蚀是最常见的一种腐蚀形态，在金属与介质接触的整个表面上都发生腐蚀，例如钢铁在大气和海水中的锈蚀以及在高温条件下的发生的氧化等都是全面腐蚀常见的例子。全面腐蚀可以是均匀腐蚀，也可以是不均匀腐蚀。均匀腐蚀的特征是腐蚀破坏均匀地发生在整个表面上，金属由于腐蚀而普遍地减薄。发生均匀腐蚀的金属电极表面各部分阳极溶解反应的电流密度与阴极还原反应的电流密度大小相等，金属的阳极溶解反应和去极化剂的阴极还原反应在整个金属表面上是宏观地、均匀地发生。均匀腐蚀中，均匀的含义是相对于不均匀腐蚀或局部腐蚀而言的，在金属全面腐蚀的研究中，使用均匀腐蚀的概念更容易和方便，也不会失去全面腐蚀一般性的特征，因此这里对全面腐蚀的讨论限于均匀腐蚀的范围。由于金属表面状态的不同，可以有两种不同类型的均匀腐蚀，一种是金属表面没有钝化膜，处于活化状态下的均匀腐蚀；另一种是金属处于钝化状态下的均匀腐蚀。

与全面腐蚀相对应的另一种腐蚀形态则是局部腐蚀，即在金属表面局部的区域上发生严重的腐蚀，而表面的其他部分未遭受腐蚀破坏或者腐蚀破坏程度相对较小。虽然金属表面发生局部腐蚀时腐蚀破坏的区域小，腐蚀的金属总量也小，但是由于具有腐蚀破坏的突然性和破坏时间的不易预见性，因而局部腐蚀往往会成为工程技术应用中危害性最大的腐蚀类型。全面腐蚀则是按金属腐蚀损失的数量来计算的最重要的腐蚀类型，但由于全面腐蚀相对于局部腐蚀来说比较容易测量和预测，使用防护涂层、进行表面处理、合理选择耐腐蚀材料以及使用缓蚀剂等一般性防护方法很容易对全面腐蚀进行有效防护，故造成灾难性的失效事故相对较少，但是全面腐蚀的发展可以为局部腐蚀形成创造条件，导致更严重的局部腐蚀类型的发生。

构成均匀腐蚀过程的腐蚀原电池是微观腐蚀电池，而构成局部腐蚀过程的原电池是宏观腐蚀电池。均匀腐蚀时，阳极溶解和阴极还原的共轭反应在金属表面相同的位置发生，阳极和阴极没有空间和时间上的区别。因此，金属在全面腐蚀时整个表面呈现一个均一的电极电位，即自然腐蚀电位。在此电位下金属的溶解在整个电极表面上均匀地进行，阳极电位且等于阴极电位，且等于金属的自然腐蚀电位；阳极区和阴极区在同一位置，阳极区面积等于阴极区面积，且等于金属表面积。全面腐蚀的腐蚀产物对基体金属可能产生一定保护作用，导致表面的钝化或降低腐蚀速度。局部腐蚀由于金属表面存在电化学不均匀性，腐蚀介质也因浓度等差别产生局部不均一性。因此，局部腐蚀条件下腐蚀金属在介质中构成宏观腐蚀原电池，并且阳极电位小于阴极电位，引起金属腐蚀的阳极反应和共轭阴极反应主要分别在阳极区和阴极区发生，阳极区和阴极区发生空间分离，其阴极和阳极可宏观地辨认出来，或者至少能够在微观上加以区分。一般情况下，阳极区面积很小，阴极区面积相对很大，阳极区面积远小于阴极区面积。由于阳极反应在极小的局部阳极区域范围内发生，而总的阳极电流必须等于总的阴极电流，因此阳极电流密度大大增加，金属表面上局部范围腐蚀的程度大大加剧，产生严重的局部腐蚀形态。局部腐蚀的腐蚀产物一般起不到保护作用，往往起到加剧金属局部腐蚀的作用。可以用腐蚀极化图来区分局部腐蚀和全面腐蚀。图 4-1(a) 是金属全面腐蚀的极化曲线。图上阴极、阳极极化曲线相交于一点，从而得到相应的自腐蚀电位 φ_{corr}。图 4-1(b) 是金属发生局部腐蚀的极化曲线，图上阴、阳极可辨，具有各自的电位（φ_c 和 φ_a）。

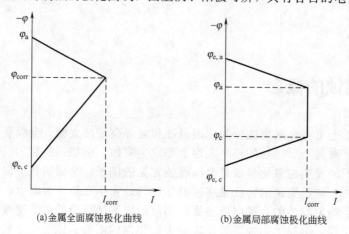

(a)金属全面腐蚀极化曲线　　(b)金属局部腐蚀极化曲线

图 4-1　金属发生全面腐蚀和局部腐蚀的极化曲线

4.2　均匀腐蚀速度的表示

4.2.1　平均腐蚀速度

根据腐蚀破坏形式的不同，金属腐蚀程度的评定也有相应不同的方法。对于全面腐蚀程度的评定，一般可以采用平均腐蚀速度表示。衡量金属腐蚀速度，可采用金属材料的平均重量变化、厚度变化、腐蚀析气的容量变化等指标。

① 重量法　可用失重或增重方法表示。

$$v_{失重} = \frac{W_0 - W_1}{St} \tag{4-1}$$

$$v_{增重} = \frac{W_2 - W_0}{St} \tag{4-2}$$

式 (4-1) 和式 (4-2) 中，$v_{失重}$ 表示使用失重方式表示的金属平均腐蚀速度，g/(m²·h)；W_0 表示试样原始质量，g；W_1 表示试样清除腐蚀产物后的质量，g；S 表示试样的表面积，m²；t 表示腐蚀时间，h；$v_{增重}$ 表示使用增重方式表示的金属平均腐蚀速度，g/(m²·h)；W_2 表示未清除腐蚀产物时试样质量，g。

② 厚度法　用金属发生全面腐蚀后金属厚度的平均减薄来表示金属的平均腐蚀速度。用此方法表示的金属平均腐蚀速度与失重法测得的金属平均腐蚀速度的换算关系式为：

$$v_d = \frac{v_{失重} \times 8.76}{\rho} \tag{4-3}$$

式中，v_d 表示采用平均厚度变化指标表示的金属的平均腐蚀速度，mm/年；ρ 表示金属材料的密度，g/cm³；8.76 表示与失重法测得的腐蚀速度进行单位换算后的系数。

③ 容量法　对于金属在不含溶解氧的非氧化性酸中的均匀腐蚀，也可用析出腐蚀产物

氢气的体积变化来表示金属平均腐蚀速度。

$$v_{容量} = \frac{V_0}{St} \tag{4-4}$$

式中，$v_{容量}$ 表示析出腐蚀产物氢气的体积变化来表示平均腐蚀速度指标，$cm^3/(cm^2 \cdot h)$；V_0 表示换算成 0℃和 1 个标准大气压（$1atm = 101325Pa$）时的腐蚀气体产物的体积，cm^3；S 表示试样的表面积，m^2；t 表示腐蚀时间，h。

对于不同的腐蚀情况，可采用不同的腐蚀速度表示方法。如对于密度相近的金属，常用失重的腐蚀速度指标表示，而对于密度不同的金属，则常用用厚度变化指标表示。

对于电化学腐蚀，当无其他副反应存在时，金属的腐蚀速度可用阳极电流密度来表示。在电化学腐蚀过程中，金属不断地进行阳极溶解，同时释放出电子，放出的电子越多，即输出的电量越多，溶解的金属也越多。若电量已知，则可以通过法拉第定律将电量换算成质量变化值或厚度变化值或容量变化值，然后就能够算出溶解金属的质量。法拉第定律指出，通过电极的电量与电极反应物质的质量变化值之间存在如下两种关系。

① 电极上溶解或析出的物质质量与通过的电量成正比。

$$\Delta W = kIt \tag{4-5}$$

式中，ΔW 表示电极上溶解或析出的物质的质量，g；I 表示电流强度，A；t 表示通电时间，s；k 表示比例常数，g/C。

② 通过相同电量所溶解或析出的不同物质的质量与其电化学摩尔质量成正比。因此，可以确定该比例系数等于通过 1 库仑的电量所溶解或析出的物质的质量。溶解或析出 $1mol$ 的任何物质所需要的电量为 $96484C$ 或 $26.8A \cdot h$，这是电化学的一个基本常数，称为法拉第常数，以 F 表示。因此有：

$$k = \frac{1}{F} \times \frac{A}{n} \tag{4-6}$$

式中，A 表示金属的相对原子质量，g/mol；n 表示反应中转移电子的物质的量；F 是法拉第常数。

将式（4-6）代入式（4-1），可得到失重法的平均腐蚀速度与使用阳极电流密度表示的腐蚀速度之间的关系：

$$v_{失重} = \frac{iA}{nF} \tag{4-7}$$

显然，如果能够测得腐蚀电流密度值，那么根据法拉第定律就可以准确计算金属腐蚀速度，因此可以用腐蚀电流密度表示电化学腐蚀速度。

4.2.2 均匀腐蚀速度计算

4.2.2.1 活化极化控制下腐蚀速度计算

对于活化状态下的均匀腐蚀，在电化学极化控制条件下，金属溶解的电极反应处于阳极极化，去极化剂的阴极还原的电极反应处于阴极极化，则腐蚀过程的阳极反应电流密度和阴极反应电流密度根据 B-V 方程可分别得到如下两式：

$$i_{1,a} = i_1^0 \left[\exp \frac{\varphi - \varphi_{e,1}}{\overleftarrow{\beta_1}} - \exp \left(-\frac{\varphi - \varphi_{e,1}}{\overrightarrow{\beta_1}} \right) \right] \tag{4-8}$$

$$i_{2,c} = i_2^0 \left[\exp \frac{\varphi_{e,2} - \varphi}{\overrightarrow{\beta_2}} - \exp \left(-\frac{\varphi_{e,2} - \varphi}{\overleftarrow{\beta_2}} \right) \right] \tag{4-9}$$

式（4-8）和式（4-9）中，下标 1 代表金属阳极溶解的电极反应，下标 2 代表去极化剂阴极还原的电极反应，$\overleftarrow{\beta_1} = \frac{(1-\alpha_1)n_1 F}{RT}$，$\overrightarrow{\beta_1} = \frac{\alpha_1 n_1 F}{RT}$，$\overleftarrow{\beta_2} = \frac{(1-\alpha_2)n_2 F}{RT}$，$\overrightarrow{\beta_2} = \frac{\alpha_2 n_2 F}{RT}$。

在大多实际腐蚀过程中，φ_{corr}离$\varphi_{e,1}$和$\varphi_{e,2}$都较远，这时，阳极和阴极反应电流密度分别为：

$$i_{1,a}=i_1^0 \exp \frac{\varphi-\varphi_{e,1}}{\beta_1} \tag{4-10}$$

$$i_{2,c}=i_2^0 \exp \frac{\varphi_{e,2}-\varphi}{\beta_2} \tag{4-11}$$

由于活化状态下的均匀腐蚀是在整个表面上均匀分布的，因此，在腐蚀金属电极处于稳定的自腐蚀状态时，金属阳极溶解反应电流密度$i_{1,a}$应等于去极化剂阴极还原反应电流密度$i_{2,c}$，并且等于i_{corr}。

$$i_{1,a}=i_{2,c}=i_{corr} \tag{4-12}$$

由式（4-10）、式（4-11）和式（4-12），消去φ_{corr}，求出i_{corr}：

$$i_{corr}=(i_1^0)^{\frac{\beta_1}{\beta_1+\beta_2}} \cdot (i_2^0)^{\frac{\beta_2}{\beta_1+\beta_2}} \cdot \exp \frac{\varphi_{e,2}-\varphi_{e,1}}{\beta_1+\beta_2} \tag{4-13}$$

因此，i_{corr}的大小受阴阳极反应的交换电流密度、阴阳极反应的平衡电位和塔费尔斜率的影响。具体讨论如下。

① 两个电极反应的平衡电位的差值$\varphi_{e,2}-\varphi_{e,1}$的差值越大，$i_{corr}$越大。阴阳极反应平衡电位差对腐蚀速度的影响曲线见如图4-2。由图可知，初始电极电位与最大腐蚀电流有关，且当其他条件完全相同时，初始电位差愈大，最大腐蚀电流也愈大。

② 因塔费尔斜率主要通过指数项$\exp \frac{\varphi_{a}-\varphi_{e,c}}{\beta_a+\beta_c}$对$i_{corr}$来施加影响的，因此塔费尔斜率的数值越大，$i_{corr}$越小。塔费尔斜率对腐蚀速度的影响曲线见图4-3。由图可知，在其他条件相同时，塔费尔斜率越小，其腐蚀速度越大。例如，在氢去极化腐蚀过程中，阴极反应的极化曲线在不同金属表面上是不同的。也就是说，在不同金属上氢过电位有着很大的差别，虽然锌较铁的电位更负，但由于氢在锌上的过电位比铁大，所以锌的腐蚀速度反而比铁小。

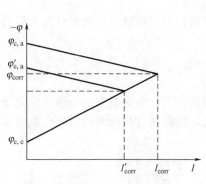

图4-2 阴阳极反应平衡电位
差对腐蚀速度的影响曲线

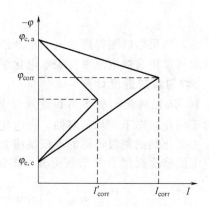

图4-3 塔费尔斜率对
腐蚀速度的影响曲线

③ 阴阳极反应的交换电流密度增大都将使i_{corr}增大。图4-4为阳极反应的交换电流对腐蚀速度的影响曲线。交换电流密度大表示反应的活化能较小，因而无论是阳极溶解反应还是阴极还原反应，都会具有较大的反应速度。在腐蚀电位下，由于有$i_{1,a}=i_{2,c}=i_{corr}$，故$i_{1,a}$或$i_{2,c}$的增加都使i_{corr}增加。例如，金属在非氧化性酸中的腐蚀一般是在活化状态下的均匀

腐蚀，阴极反应主要是 H^+ 的去极化反应，不同金属上析氢反应的交换电流密度差异极大，如 Cu 和 Fe 上的 i^0 比 Zn 上的 i^0 大很多，因此含有杂质 Cu 和 Fe 的 Zn 的腐蚀速度比纯 Zn 又大得多。

4.2.2.2 阴极由扩散控制条件下腐蚀速度计算

如果活化状态下的均匀腐蚀，其阳极反应速度服从塔费尔方程，而去极化剂的阴极还原反应速度由扩散过程控制，那么，腐蚀电流密度决定于去极化剂的极限扩散电流密度。

$$i_{corr} = i_{1,c} = i_1^0 \exp \frac{\varphi_{corr} - \varphi_{e,1}}{\overleftarrow{\beta_1}} \tag{4-14}$$

在这种条件下，自腐蚀电位为：

$$\varphi_{corr} = \varphi_{e,1} + \overleftarrow{\beta_1} \ln \frac{i_{1,c}}{i_1^0} \tag{4-15}$$

阴极由扩散控制时的腐蚀速度曲线见图 4-5。

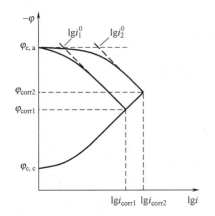

图 4-4 阳极反应的交换电流对腐蚀速度的影响曲线

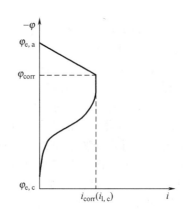

图 4-5 阴极由扩散控制时的腐蚀速度曲线

4.3 金属的钝化

另外一种类型的均匀腐蚀是金属表面处于钝化状态下的腐蚀过程。在钝化条件下，腐蚀电位位于钝态电位区，金属的腐蚀速度取决于钝化膜的化学溶解速度。

4.3.1 金属钝化现象

某些金属在特定介质中，表面会发生耐腐蚀性能的突然转变，如某些性质活泼的金属会变得较不活泼。例如，纯铝的标准电极电位为 $-1.66V$，从热力学的角度看，应该很不耐蚀，然而实际使用中，铝在大气和中性溶液中非常耐蚀。下面以铁在硝酸溶液中的腐蚀为例来说明钝化现象。当把一块铁片放在硝酸中，得到的铁片溶解速度与浓度关系（图 4-6）。图中曲线说明铁在浓度较低的硝酸中剧烈地溶解，并且铁的溶解速度随着硝酸的浓度增加而迅速增大，但是铁在硝酸中的溶解速度并不是一直都随硝酸浓度上升而单调上升的，当硝酸的浓度增加到 $30\% \sim 40\%$ 时，铁的腐蚀速度达到最大值，若继续增加硝酸浓度，铁的溶解速度反而突然降得很低，甚至接近于停止。实验发现，经过浓硝酸处理过的铁放入浓度较小的稀硝酸中或硫酸中同样也不会再发生剧烈的腐蚀。这说明铁在浓硝酸中

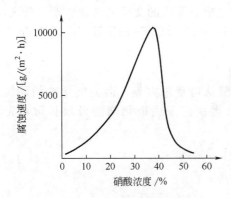

图 4-6　纯铁在硝酸中的腐蚀曲线

获得了某种表面性质，金属即使离开了原来的钝化环境，这种性质也得以保持，使得金属可以抵抗腐蚀介质的侵蚀。这种金属在特定环境中获得的耐蚀性的现象被称为金属的钝化。不仅是铁，其他一些金属，如铬、镍、钼、钛等，在适当条件下都有钝化的现象。

能够使金属发生钝化的物质称为钝化剂。除浓硝酸外，其他氧化剂，如 KNO_3、$K_2Cr_2O_7$、$KMnO_4$、$KClO_3$、$AgNO_3$ 以及溶液或大气中的氧等都可能使金属发生钝化，甚至非氧化性试剂也能使某些金属钝化，例如氢氟酸可以使镁发生钝化。值得注意的是，钝化的发生与钝化剂氧化能力的强弱没有必然联系。例如，$KMnO_4$ 溶液比起 $K_2Cr_2O_7$ 溶液来说是更强的氧化剂，但实际上它对铁的钝化作用比 $K_2Cr_2O_7$ 差；$Na_2S_2O_8$ 的氧化还原电位比 $K_2Cr_2O_7$ 更正，但是并不能使铁发生钝化。

经过对钝化现象的研究，归纳出钝化的金属腐蚀过程有如下几个特点。

① 金属处在钝化状态时，腐蚀速度非常低。在由活化态转入钝态时，腐蚀率一般将减少 $10^4 \sim 10^6$ 数量级，体现了金属钝化后具有高耐蚀性的特点。这主要是由于腐蚀体系中的金属表面形成了一层极薄的钝化膜，钝化膜的厚度一般在 $(1 \sim 10) \times 10^{-9}$ m，金属的腐蚀速度等于钝化膜极小的化学溶解速度。

② 金属发生钝化都伴随着电位的较大范围的正移。金属钝化后的电极电位向正方向移动很大，几乎接近贵金属（如 Au、Pt）的电位，这是金属转变为钝态时出现的一个普遍现象。金属由原来的活性状态转变为钝化状态后，改变了金属表面的双电层结构，从而使电极电位发生了相应的变化。例如，Fe 的电位为 $-0.5 \sim 0.2$V，钝化后则升高到 $0.5 \sim 1.0$V。又如，Cr 的电位为 $-0.6 \sim 0.4$V，钝化后则为 $0.8 \sim 1.0$V。但应该注意的是，钝性的增强和电位的正移没有必然的联系，不能认为具有较正电位的金属就处于更加稳定的钝化状态。

③ 金属发生钝化的钝化现象只是金属表面性质的改变，是金属的界面现象。钝化不是金属本体的热力学性质发生了某种突变，而是金属腐蚀表面的阳极电极过程受到了很大的阻力，严重阻碍了金属变成金属离子的过程，从而使溶解速度降低。

在发生钝化的金属中，有的容易钝化，有的较难钝化。根据钝化发生的难易程度可以将金属分为自钝化金属和非自钝化金属。自钝化金属是指那些在空气以及很多种含氧的溶液中能够自发钝化的金属。例如，金属铝放置在空气中很快表面生成一层氧化膜，而且这层钝化膜即使受到摩擦或冲击等机械破坏后还能迅速自动修复。在空气中，除铝之外，能自发钝化的金属还有铬、钛、钼及不锈钢。非自钝化金属是指那些在空气和含氧溶液中不能自发钝化的金属，金属铁、镍、钴等在空气中就不能自发钝化，必须在强氧化性钝化剂的作用下才能发生钝化。

4.3.2　阳极钝化

金属除了可用一些钝化剂处理使之钝化外，还可采用对其进行阳极极化的方式使它进入钝态。实验证明，在不含 Cl^- 等活性阴离子的电解质溶液中，可以由阳极极化而引起金属的钝化。例如，不锈钢在稀 H_2SO_4 中会剧烈溶解，但如使用外加阳极电流使之阳极极化，并使阳极极化至一定电位后，不锈钢的溶解速度会迅速下降，并且在一定的电位范围内能够一直保持高度的耐蚀性。这种采用外加阳极电流的方法，使金属由活性状态变为钝态的方法称为阳极钝化或电化学钝化。如铁、镍、铬、钼等金属在稀硫酸中均可发生因阳极极化而引起的阳极钝化现象。

阳极钝化和化学钝化之间并没有本质上的区别，在一定条件下，当金属的电位由于外加阳极电流或由于使用钝化剂使局部阳极电流向正方向移动而超过某一电位时，原先活泼地溶解着的金属表面状态会发生某种突变，这种突变使阳极溶解过程不再服从塔费尔方程的动力学规律，阳极溶解速度急剧下降，使金属表面进入钝化状态。金属表面状态的突变使金属溶解速度急剧下降的过程称为金属的钝化，金属钝化后所获得的高耐蚀性质，被称为钝性，金属表面钝化后所处的非活化状态，被称为钝态。

金属在钝化现象出现之前，主要存在阳极的电化学极化和浓差极化，金属在活化状态下，阳极极化变化不大，但到达钝态时，主要是钝化膜电阻极化占优势，阳极极化很大。因此，阳极钝化的高电阻极化是金属钝态的特征之一。下面以金属在酸性溶液中阳极溶解时的特性阳极极化曲线来详细研究铁的钝化现象。图 4-7 是采用恒电位法测得的典型的具有钝化特性的金属电极的阳极极化曲线，Fe、Cr、Ni 等金属及其合金在一定的介质条件下，测得的阳极极化曲线都有类似的形状。图中的整条阳极极化曲线被四个特征电位值即金属自腐蚀电位 φ_{corr}、致钝电位 φ_{pp}、维钝电位 φ_p 及过钝化电位 φ_{pt} 分成四个区域。

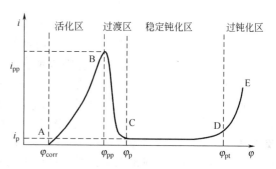

图 4-7 典型的金属阳极钝化曲线

① A～B 区 A 点为金属的自腐蚀电位 φ_{corr}，以此作为起始电位开始外加电流阳极极化，电流随着电位的升高而逐渐增大，此时金属处于活化溶解状态，故 A～B 区称为金属的活化溶解区，金属按正常的阳极溶解规律进行，服从塔费尔定律，金属阳极阻碍很小，金属以低价的形式溶解为水化离子。对铁来说，即为

$$Fe \longrightarrow Fe^{2+} + 2e$$

② B～C 区 当电位继续变正时，到达某一临界值 φ_{pp} 时，金属的表面状态发生突变，阳极过程偏离塔费尔定律的形式，这时阳极过程按另一种规律沿着 BC 向 CD 过渡，电流密度急剧下降，金属表面开始发生钝化，从 φ_{pp} 至 φ_p，是金属从活化向钝态的过渡区，此时在金属表面可能生成二价或三价的过渡氧化物。此区的金属表面处于不稳定状态，从 φ_{pp} 至 φ_p 电位区间，由于生成的氧化物不稳定，可能在腐蚀介质中发生溶解和钝化的交替过程，所以可能会出现电流密度剧烈振荡的现象。金属铁发生的反应为：

$$3Fe + 4H_2O \longrightarrow Fe_3O_4 + 8H^+ + 8e$$

相应于 B 点的电位和电流密度，分别称为致钝电位 φ_{pp} 和致钝电流密度 i_{pp}，此点标志着金属钝化的开始，对金属建立钝态具有特殊意义。

③ C～D 区 从 φ_p 至 φ_{pt}，金属处于稳定钝态，故称为稳定钝化区，金属表面生成了一层耐蚀性好的钝化膜。铁的反应为：

$$2Fe + 2H_2O \longrightarrow \gamma\text{-}Fe_2O_3 + 6H^+ + 6e$$

对应 C 点的电位是金属进入稳定钝态的电位，称为维钝电位 φ_p，从 φ_p～φ_{pt} 的区域称为维钝电位区。这个电位区间对应着一个很小的基本不变的电流密度，称为维钝电流密度 i_p，金属就以 i_p 的速度溶解着，它基本上与维钝电位区的电位变化无关，完全偏离金属腐蚀的动力学。金属处于钝态区域并不表明金属停止了腐蚀，只是腐蚀电流密度值很小，一般约为 $10\mu A/cm^2$ 左右时，才可以认为基本上不发生腐蚀。虽然金属表面已经生成了较高价的稳定的氧化膜，但钝化膜在介质作用下还是会在某些地点发生轻微溶解而引起局部破坏，维钝电流密度正是通过金属的少量溶解来生成相应氧化物以修补被破坏的钝化膜。在这里金属氧化物的化学溶解速度决定金属的溶解速度，金属靠此电流来补充膜的溶解，故维钝电流密度是金属为了维持稳定钝态所必需的。

④ D～E 区　对应于 D 点，金属氧化膜破坏的电位，称为过钝化电位 φ_{pt}。电位高于 φ_{pt} 的区域，称为过钝化区。在 D～E 区，随着电极电位的进一步升高，电流再次随电位的升高而增大，金属又重新发生腐蚀的区域。在这个区间发生了某种新的阳极反应，或者是原来的钝化膜进一步氧化后成为不耐蚀的化合物，即金属氧化膜可能氧化生成高价的可溶性氧化膜。钝化膜被破坏后，腐蚀又重新加剧，这种现象称为过钝化。对于铁在酸性溶液中的钝化，当到达氧的析出电位时，则会有氧气析出：

$$2H_2O \longrightarrow O_2 + 4H^+ + 4e$$

如果铁处于碱性的溶液中，Fe_2O_3 将继续氧化生成无保护作用的可溶性铁的高价离子（$HFeO_2^-$）。如果 D 点以后的电流密度增大，纯粹是 OH^- 放电引起的，则不称为过钝化，只有金属的高价溶解（或和氧的析出同时进行）才叫做过钝化。

通过以上的分析说明，阳极钝化的特性曲线存在着四个特性电位（φ_{corr}、φ_{pp}、φ_p、φ_{pt}）、四个特性区（活化溶解区、活化钝化过渡区、稳定钝化区、过钝化区）和两个特性电流密度（i_{pp}、i_p），它们都是研究金属或合金钝化的重要参数，在金属钝化研究中具有重要意义。金属能够发生钝化现象也说明可以采用使金属钝化来对金属进行防护，金属在整个阳极过程中，由于它们的电极电位所处的范围不同，其电极反应不同，腐蚀速度也各不一样。如果金属的电极电位保持在钝化区内，即可极大地降低金属腐蚀速度，否则如果处于其他区域，腐蚀速度就会很大。

4.3.3　弗拉德（Flade）电位与金属钝态的稳定性

对于采用阳极极化法而使金属处于钝态的非自钝化金属，如果中断外加的阳极电流，则金属的钝态会遭到破坏，并从钝态又变回到原来的活化溶解状态。图 4-8 为测量金属活化过程中阳极电位随时间变化的曲线，即弗拉德电位示意。图中曲线表明，阳极钝化电位开始迅速从正值向负值方向变化，然后在一段时间内缓慢地变化，最后电位又快速衰减到金属原来的活化电位值。在电位衰减曲线中出现了一个接近于致钝电位 φ_{pp} 的活化电位，也就是说，在金属刚好回到活化状态之前存在一个特征电位，称为弗拉德电位，用 Φ_F 表示。Φ_F 电位数值接近维钝电位 φ_p，但并不相等，一般比 φ_p 略正。如果钝化膜形成过程的过电位很小或膜的化学溶解速度不大时，Φ_F 可能与 φ_p 重合。显然，Φ_F 越正，则表明金属丧失钝态的倾向越大；反之，Φ_F 值越负，则该金属越容易保持钝态。因此，Φ_F 是用来衡量金属钝态稳定性的特征电位。弗拉德电位相当于氧化膜在介质中的平衡电位，因此与溶液的 pH 值之间存在着某种线性关系，可由能斯特方程作出简单计算。例如对二价的金属氧化物有：

$$M + H_2O \longrightarrow MO + 2H^+ + 2e$$

则弗拉德电位可以写成：

$$\Phi_F = \Phi_F^0 - (RT/nF)pH$$

例如，25℃时，在 0.5mol/L 的硫酸溶液中，铁、镍、钴三种金属的 $\Phi_{F(vs.\,SHE)}$（V）分别为：

Fe：$\Phi_F = 0.58 - 0.059pH$

Ni：$\Phi_F = 0.48 - 0.059pH$

Cr：$\Phi_F = -0.22 - 0.116pH$

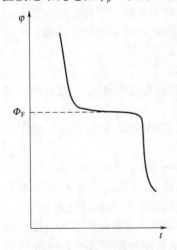

图 4-8　弗拉德电位示意

由 Φ_F 和 pH 值的表达式可以看出，溶液的 pH 值越大或 Φ_F^0 值越低，则 φ_F 越负，金属越容易进入钝态。在标准状态下（25℃，pH＝0），Fe 的 Φ_F^0＝0.58V，电位较正，表示该金属的钝化膜有明显的活化倾向，而同样条件下，Cr 的 Φ_F^0＝－0.22V，电位较负，表示其钝化膜有良好的稳定性，Ni 的 Φ_F^0＝0.48V，其钝化膜的稳定性介于 Fe 与 Cr 之间。

对于 Fe-Cr 合金，Φ_F 的变化范围是－0.22～0.63V。随着合金中 Cr 的含量的升高，Φ_F 的数值向负方向移动，使合金钝态稳定性增大。一般不锈钢中 Cr 的含量要大于 12%，这是因为加入足量的 Cr 可使 Fe-Cr 合金的 Φ_F^0 发生明显负移，而只需要很小的致钝电流密度，就可使合金进入钝态，并且钝化后易保持钝态的稳定性。

4.3.4 腐蚀金属的自钝化

腐蚀过程中，在没有任何外加极化的情况下，由于腐蚀介质中氧化性的去极化剂的还原而促使金属发生钝化，称为金属的自钝化。为了产生并实现金属表面的自钝化现象，介质中的氧化剂必须满足以下两个条件：（1）氧化剂的氧化还原平衡电位要高于该金属的阳极致钝电位，即 $\varphi^0 > \varphi_{pp}$；（2）氧化剂的还原反应的相应的阴极电流密度或阴极极限扩散电流密度必须大于金属的致钝电流密度，即 $i(i_L) > i_{pp}$。因为金属腐蚀是腐蚀体系中阴极、阳极共轭反应的结果，只有满足了这两个条件，才能使金属进入钝化状态。对于一个可能钝化的金属腐蚀体系，金属的腐蚀电位能否落在钝化区，不仅取决于阳极极化曲线上钝化区范围的大小，还取决于阴极极化曲线的形状。金属在腐蚀介质中自钝化的难易程度，不仅与金属本性有关，同时受金属电极上还原过程的条件所控制，较常见的有电化学反应控制的还原过程引起的自钝化和扩散控制的还原过程引起的自钝化。上面已阐述的四种阴极极化的第三种情况就属于前者。下面讨论易钝化金属在不同介质中的钝化行为。图 4-9 所示为金属在腐蚀介质中的钝化行为曲线，随着介质的氧化性和浓度的不同可有如下情况。

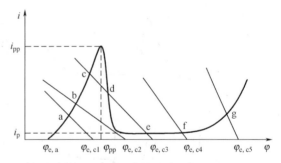

图 4-9　金属在腐蚀介质中的钝化行为曲线

① 氧化剂的氧化性很弱，阴极、阳极极化曲线只能相交于点 a 或点 b，该点处于活化溶解区，因此金属不能进入钝态。a 点对应着该金属的腐蚀电位为 φ_{corr}，腐蚀电流为 i_{corr}。如铁在稀硫酸中发生的腐蚀情况。

② 氧化剂的氧化性较弱或浓度不高，阴极、阳极极化曲线有三个交点。c 点位于活化溶解区，d 点位于活化钝化的过渡区，e 点位于稳态钝化区。在这三个点上的都满足氧化速度和还原速度相等的条件，但它们对金属的腐蚀影响却大不相同。若金属原先处于 c 点的活化状态，则它在该介质中不会钝化，并以较大的速度进行腐蚀，如果金属原先处于 e 点的钝化状态，那么它也不会活化，将以相当于维钝电流密度 i_p 的速度进行腐蚀，如果金属处于 d 点的活化钝化的过渡区，该点的电位是不稳定的，比 d 点电位更负的金属将自发活化，而比 d 点电位更正的金属将自发钝化，实际上该点不能稳定存在。即使金属原来处于钝态的 e 点，但是一旦由于某种原因而阴极活化，则取消阴极极化后金属也不能恢复原来钝态。例如，不锈钢在不含氧的酸中，钝化膜在破坏后得不到及时的修复，将会导致严重的腐蚀。

③ 中等浓度的氧化剂，例如中等浓度的硝酸，含有 Fe^{3+}、Cu^{2+} 的 H_2SO_4 等，将会使阴极、阳极极化曲线交于 f 点，该点处于稳定的钝化区。只要将金属（或合金）浸入介质，它将与介质自然作用而成为钝态，金属在介质中能够发生自钝化。如果用阴极极化使金属活化，当取消外加阴极极化后，金属可以自动回复钝态。对于金属腐蚀，并不是所有的氧化剂

都能作为钝化剂。只有初始还原电位高于金属阳极维钝电位（φ_p），其极化能力（阴极极化曲线斜率）较小，且同时满足金属自钝化两个条件的氧化剂，才有可能使金属产生自钝化。例如，铁在中等浓度的硝酸中以及不锈钢在含有 Fe^{3+} 的 H_2SO_4 中的耐蚀行为属于这种情况。

④ 强氧化剂，如浓 HNO_3，由于 HNO_3 浓度增加，NO_3^- 还原的平衡电位移向更正，阴极极化曲线的位置也更正，斜率更小，所以阴极、阳极极化曲线相交于 g 点的过钝化区。此时，钝化膜被溶解，故碳钢、不锈钢在极浓的硝酸中将发生严重腐蚀。

图 4-10 将上述几种情况的理想极化曲线和表观极化曲线进行了相对比较。实测极化曲

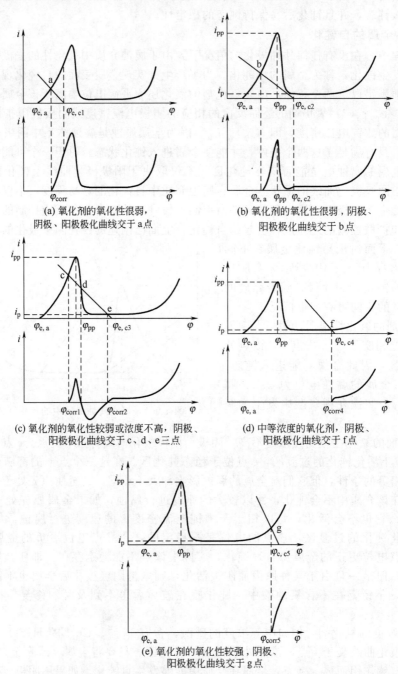

(a) 氧化剂的氧化性很弱，
阴极、阳极极化曲线交于 a 点

(b) 氧化剂的氧化性很弱，阴极、
阳极极化曲线交于 b 点

(c) 氧化剂的氧化性较弱或浓度不高，阴极、
阳极极化曲线交于 c、d、e 三点

(d) 中等浓度的氧化剂，阴极、
阳极极化曲线交于 f 点

(e) 氧化剂的氧化性较强，阴极、
阳极极化曲线交于 g 点

图 4-10　金属在介质中的理想极化曲线和表观极化曲线

线的起始电位对应于腐蚀金属的自腐蚀电位及理论极化曲线中的阴阳极极化曲线的交点位置。图 4-10(c) 中出现负电流，这显然是由于腐蚀金属电极上还原反应速度大于氧化反应速度的缘故。

若金属的阴极过程由扩散控制，则金属自钝化不仅与进行阴极还原的氧化剂浓度有关，而且还与影响扩散的多种因素，如介质流动和搅拌有关。由图 4-11 溶解氧对钝化金属的双重影响曲线可见，当氧浓度不够大时，氧化还原反应平衡电位较低，氧的极限扩散电流密度也小于致钝电流密度时，即 $i_1 < i_{pp}$，因而阴极、阳极极化曲线交点落在活化区，金属 Fe 不断溶解；若提高氧浓度，氧的平衡电位正移，氧极限扩散电流密度增大，且大于钝化所需要的致钝电流密度。此时，极化曲线交点落在钝化区，使金属 Fe 进入钝化状态，并以极小的速度进行溶解。氧对金属的腐蚀具有双重作用，氧一方面可做去极化剂，使金属溶解；另一方面，氧在一定浓度下又可与溶解产物结合生成相应的钝化膜，阻止金属进一步溶解而发生表面钝化，起到钝化剂的作用。同理，若提高介质同金属表面的相对运动速度（如增加搅拌），可使扩散层减薄而提高氧的传递速度，同样能达到使 $i_1 > i_{pp}$ 的目的，使金属进入钝化状态。对于非钝化金属来说，消除氧气可减轻金属腐蚀，但对易钝化金属，反而在适当的氧浓度下有利于金属建立钝态，能够使金属在钝化膜受到破坏后得到及时修补。

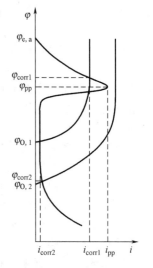

图 4-11 溶解氧对钝化金属的双重影响曲线

电流密度、温度以及金属表面状态对金属钝化也有显著的影响。例如，提高阳极电流密度可以加速金属的钝化，缩短钝化的时间。当外加电流大于致钝电流时，经过一段时间，阳极电流发生突跃，金属就进入钝态。外加电流越大，钝化时间越短。温度对金属钝化的影响也很大。当温度升高时，往往由于金属阳极钝化电流密度变大及氧在水中溶解度下降，而使金属难于钝化。反之，温度降低，金属容易出现钝化。金属表面状态，如金属表面氧化物也能促使金属钝化。例如，用氢气处理后的铁暴露于空气中，使铁表面形成氧化膜，再置于碱溶液中阳极极化，则会立即钝化。若铁未在空气中暴露使表面形成氧化膜，而是立即置于碱溶液中进行阳极极化，则需经较长时间才能钝化。

4.3.5　金属钝化理论

金属的钝化现象是金属表面由活化状态转变成为钝态的一个比较复杂的过程，直到现在还没一个公认的完整理论能够解释所有的金属钝化现象。对于钝化现象产生的原因或机理，目前有两种理论可以解释大部分实验事实，且已得到大家的公认。第一种理论称为成相膜理论，第二种理论称为吸附理论，成相膜理论和吸附理论都能解释部分钝化现象，但不能解释全部钝化现象。

4.3.5.1　成相膜理论

成相膜理论认为，金属的钝态是由于金属和介质作用时在金属表面上生成一种非常薄且致密的覆盖性良好的保护膜，这种表面膜是作为一个独立的相存在的，它能够把金属与腐蚀介质机械地隔离，从而使金属的溶解速度得以降低，使金属表面由活化状态转变为钝化状态。

金属表面的成相膜通常是金属的氧化物薄膜。在某些金属上可直接观察到这种成相氧化膜的存在，并可以测定其厚度和组成。例如，使用 I_2 和 KI 的甲醇溶液作溶剂，便可以分离出铁的钝化膜。可以使用比较灵敏的光学方法，如椭圆偏振仪，测定成相膜的厚度。近年来运用 X 光衍射仪、X 光电子能谱仪、电子显微镜等表面测试仪器对钝化膜的成分、结构、厚度进行了广泛的研究。研究表明，Fe 的钝化膜是 γ-Fe_2O_3、γ-FeOOH，Al 的钝化膜是无孔的 γ-Al_2O_3 或多孔的 β-Al_2O_3。膜的厚度为 $1\sim10nm$，与金属材料种类有关。如，Al 在空气中氧化生成的钝化膜的厚度约为 $2\sim3nm$，Fe 在浓 HNO_3 中钝化膜的厚度约为 $2.5\sim3.0nm$。

金属由于成相膜的覆盖，处于稳定的钝态，但并不等于它已经完全停止了溶解，只是溶解速度大大降低而已。有研究者认为是由于钝化膜具有微孔，钝化后金属的溶解速度是由微孔内金属的溶解速度所决定。也有研究者认为，金属的溶解过程是透过完整膜而进行的。由于膜的溶解是一个纯粹的化学过程，其进行速度与电极电位无关，因此在金属稳定钝化区域会出现与电位无关的维钝电流。

曹楚南在《腐蚀电化学原理》一书中认为，钝化膜应该仅限于电子导体膜。同时还认为，能够阻止阳极溶解的表面膜有两种，一种是电子导体膜，另一种是非电子导体膜。如果金属由于同介质作用在表面上形成能够阻抑金属溶解过程的电子导体膜，而膜本身在介质中的溶解速度又很小，以致它能够使得金属的阳极溶解速度保持在很小的数值，则称这层表面膜为钝化膜，显然这是一种半导体的成相膜。对于金属表面上由于同介质作用而形成的非电子导体膜，称之为化学转化膜。但是，若金属表面被厚的保护层遮盖，如金属的腐蚀产物、氧化层、磷化层或涂漆层等所遮盖，则不能认为是金属薄膜钝化。在一定条件下，铬酸盐、磷酸盐、硅酸盐及难溶的硫酸盐和氯化物、氮化物也能构成化学转化膜。如，Pb 在硫酸中生成 $PbSO_4$，Fe 在氢氟酸中生成 FeF_2 等。铝及铝合金的表面在空气中会形成的厚度约为几个纳米的氧化膜，可以称为钝化膜，但如果由阳极氧化而生成厚度达微米级氧化膜，则不能够称为钝化膜了。

要生成一种具有独立相的钝化膜，其先决条件是在电极反应中要能够生成固态反应产物。这可利用电位-pH 图来估计简单溶液中会生成固态物的可能性。大多数金属在强酸性溶液中会生成溶解度很大的金属离子，部分金属在碱性溶液中也可生成具有一定溶解度的酸根离子（如 ZnO_2^{2-}、$HFeO_2^-$、PbO_2^{2-} 等），而在近中性溶液中阳极产物的溶解度一般很小，实际上是不溶的。

4.3.5.2 吸附理论

吸附理论首先由塔曼（Tamman）提出，后由尤利格（Uhlig）等加以发展。该吸附理论认为，金属钝化并不需要在金属表面生成成相膜，而只需要在金属表面或部分表面生成氧或含氧的粒子吸附层就可以使金属表面进入钝态。在金属表面吸附的含氧粒子究竟是哪一种，这要由腐蚀体系中的介质条件来决定，可能是 OH^-，也可能是 O_2^- 或氧原子。这些粒子吸附在金属表面上，能够改变金属/溶液界面的结构，并使阳极的活化能显著提高而发生钝化。吸附理论认为，金属呈现钝化现象是由于金属表面本身反应能力的降低，而不是由于膜的机械隔离作用。

吸附理论的主要实验依据是界面电容的实验测量结果。界面电容值的大小可以证明界面上是否存在成相膜，这是因为哪怕界面上生成很薄的膜，其界面电容值也应比自由表面上双电层电容的数值小得多。实验测量结果证明，在 Ni 和 18-8 型不锈钢上相应于金属阳极溶解速度大幅度降低的那一段电位内，界面电容值的改变并不大，说明表面并不存在氧化膜。另外根据测量电量的结果，表明在某些情况下为了使金属钝化，只需要在每平方厘米电极表面上通过十分之几毫库仑的电量，甚至这些电量不足以生成氧的单分子吸附层。例如，在 $0.05mol/L$ NaOH 中用 $1\times10^{-5}A/cm^2$ 的电流密度极化铁电极时，只需要通过相当于 $3mC/cm^2$ 的电量就能使铁电极钝化。以上实验事实都在于证明金属表面的单分子吸附层不一定将金属表面完全覆盖，甚至可以是不连续的。

因此，吸附理论认为，只要在金属表面最活泼、最先溶解的表面区域上，例如金属晶格的顶角、边缘或者晶格的缺陷、畸变处，被含氧粒子吸附，便可能抑制阳极过程，使金属进入钝态。

从化学角度看，金属原子的未饱和键在吸附了 OH^-、O_2^- 或氧原子以后便饱和了，使金属表面原子失去了原有的活性，使金属原子不再从其晶格中移出，从而进入钝态。特别对于过渡金属，如 Fe、Ni、Cr 等，由于它们的原子都具有未充满的 d 电子层，能够和具有未配对电子的氧形成强的化学吸附键，导致氧或含氧粒子的吸附。这样的氧吸附膜是化学吸附膜。从电化学角度看，金属表面吸附氧之后改变了金属与溶液界面双电层结构，所以吸附的氧原子可能被金属上的电子诱导生成氧偶极子，使得它带正电荷的一端在金属中，而带负电荷的一端在溶液中，形成了双电层。这样原先的金属离子平衡电位将部分地被氧吸附后的电位所代替，结果使金属总的电位朝正向移动，并使金属氧化后的离子化作用减小，阻滞了金属溶解的离子化过程，使金属溶解速度急剧下降。

4.3.6 影响金属钝化的因素

4.3.6.1 金属及合金成分的影响

不同金属具有不同的钝化趋势。容易被氧钝化的金属称为自钝化金属，最具有代表性的金属是钛、铝、铬等，它们能在空气中或者含氧的溶液中自发钝化。这类金属有着稳定的钝态，这时因为钝化膜被破坏时可以重新恢复钝态。某些金属的钝化趋势按下列顺序依次减小：钛、铝、铬、钼、铁、钴、锌、铅、铜，这个顺序并不表明上述金属的耐蚀性也是依次减小，仅表示阳极过程由于钝化所引起的阻滞腐蚀的稳定程度。

合金化是使金属提高耐蚀性的有效方法。提高合金耐蚀性的合金元素通常是一些稳定性组分元素（如贵金属或自钝化金属）。例如铁中加入铬或铝，可提高铁的抗氧性；铁中加入少量的铜或铬可以抗大气腐蚀。不锈钢是使用最为广泛的耐蚀合金，铬是不锈钢的基本合金元素。一般来说，两种金属组成的耐蚀合金都是单相固溶体合金，在一定的介质条件下，具有较高的化学稳定性和耐蚀性。在一定的介质条件下，合金的耐蚀性与合金元素的种类和含量有直接影响。并发现，所加入的合金元素含量必须达到某一个临界值时，才有显著的耐蚀性。例如，Fe-Cr 合金中，只有当 Cr 的质量百分数大于 11.8% 时，合金才会发生自钝化，其耐蚀性才有显著的提高。而铬含量低于此临界值时，它的表面难以生成具有保护作用的完整钝化膜，耐蚀性也无法提高。临界组成代表了合金耐蚀性的突跃，每一种耐蚀合金都有其相应的临界组成。

耐蚀合金上的钝化膜结构也可用成相膜理论和吸附理论解释。成相膜理论认为，只有当耐蚀合金达到临界组成后，金属表面才能形成完整的致密钝化膜，若低于合金的临界组分，则生成的氧化膜没有保护作用。

吸附理论认为，耐蚀合金达到合金临界组成时，氧在合金表面的化学吸附会导致钝化，而低于临界组成时，氧立即反应生成无保护性的氧化物或其他形式的膜。对于这种现象，尤利格曾提出临界组成的电子排布假说，并进行了解释。

4.3.6.2 钝化剂的性质、浓度影响

金属在介质中发生钝化，主要是因为有相应的钝化剂存在。钝化剂的性质、浓度对金属钝化会产生很大的影响。因此，一般钝化介质分为氧化性介质和非氧化性介质。氧化性介质中，除 HNO_3 和浓 H_2SO_4 外，$AgNO_3$、$HClO_4$、$K_2Cr_2O_7$、K_2MnO_4 等氧化剂都容易使金属钝化。不过钝化的发生不能简单地取决于钝化剂氧化性的强弱，同时还与阴离子特性有关。

各种金属在不同介质中发生钝化的临界浓度是不同的。此外还应该注意获得钝化的浓度与保持钝化的浓度之间的区别，如钢在硝酸中浓度达到 40%～50% 时发生钝化，再将酸的

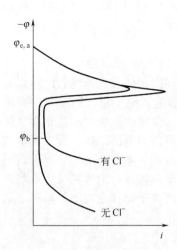

图 4-12　Cl⁻对钝化的影响曲线

浓度降低到 30％，钝态可较长时间不受破坏。

4.3.6.3　活性离子对钝化膜的破坏作用

介质中若有活性离子（如 Cl⁻、Br⁻、I⁻等卤素离子），对自钝化金属如铬、铝以及不锈钢等，在远未达到过钝化电位前，已出现了显著的阳极溶解电流。Cl⁻对钝化的影响曲线见图 4-12。在含 Cl⁻介质中，金属钝态开始破坏的电位称为点蚀电位，用 φ_b 表示。大量实验表明，Cl⁻离子对钝化膜的破坏作用并不是发生在整个金属表面上，而是带有局部点状腐蚀的性质。

对于 Cl⁻破坏钝化膜的原因，成相膜理论和吸附理论有不同的解释。成相膜理论认为，Cl⁻半径小，穿透能力强，比其他离子更容易在扩散或电场作用下透过薄膜中原有的小孔或缺陷，与金属作用生成可溶性化合物。同时，Cl⁻又易于分散在氧化膜中形成胶态，这种掺杂作用能显著改变氧化膜的电子和离子导电性，破坏膜的保护作用。成相膜理论认为，这是由于 Cl⁻穿过氧化膜与 Fe^{2+} 发生了如下反应：

$$Fe^{3+}（钝化膜中）+3Cl^- \longrightarrow FeCl_3$$

$$FeCl_3 \longrightarrow Fe^{3+}（电解质中）+3Cl^-$$

该反应诱导时间为 200min 左右，这说明 Cl⁻通过钝化膜时还伴随着某种物质的迁移过程。

吸附理论认为，Cl⁻破坏钝化膜的根本原因是由于它具有很强的可被金属表面吸附的能力。从化学吸附具有选择性这个特点出发，对于过渡金属 Fe、Ni、Cr 等，金属表面吸附 Cl⁻比吸附氧更容易，因而 Cl⁻优先吸附，并在金属表面把氧排挤掉，从而导致金属钝态遭到局部破坏。由于氯化物和金属反应的速度快，吸附的 Cl⁻并不稳定，所以形成了活性物质，这种反应导致了孔蚀的加速。Cl⁻对不同金属钝化膜的破坏作用是不同的，主要作用在 Fe、Ni、Co 和不锈钢上。

4.3.6.4　介质温度对金属的钝化有很大影响

温度越低，金属越易钝化。反之，升高温度会使金属难以钝化或使钝化受到破坏。温度越高，钝化作用越易减弱，而降低温度则有利于钝化膜的形成。化学吸附及氧化反应一般都是放热反应，因此根据化学平衡原理，降低温度对于吸附过程及氧化反应都是有利的，因而有利于钝化。

习　　题

1. 全面腐蚀和局部腐蚀各有什么特点？用腐蚀极化图说明。

2. 法拉第定律规定了什么内容？推导电流密度分别与用腐蚀失重表示的腐蚀速度以及用厚度变化表示的腐蚀速度之间的关系。

3. 已知电极反应 Fe⟶Fe²⁺＋2e，铁的摩尔质量 $A=55.84g/mol$，密度 $d=7.8g/cm^3$，自腐蚀电流密度为 $1mA/cm^2$，分别计算用失重表示的腐蚀速度以及用厚度表示的腐蚀速度。

4. 试用腐蚀极化曲线图说明阴阳极起始电位差、塔费尔斜率以及电极反应的交换电流密度对金属的均匀腐蚀速度的影响。

5. 什么是金属的钝化？钝化的本质特征是什么？发生钝化的条件是什么？

6. 画出金属典型的阳极钝化曲线，标出曲线上的特定区间，特定点，并说明它们的含义。

7. 什么是金属的自钝化？为实现金属的自钝化，氧化剂必须满足什么条件？试举例分析说明，随着介质的氧化性和浓度的不同，易钝化金属可能腐蚀的情况，并作出相应的实测极化曲线。

8. 某种不锈钢在介质中的致钝电流密度为 $200\mu A/cm^2$，该介质中氧的溶解量为 10^{-6} mol/L，溶解氧的扩散系数 $D=10^{-5}$ cm/s，由于介质的流动使氧的扩散层厚度减薄到 0.005cm，问不锈钢是否进入钝化状态？

9. 什么是 Flade 电位？如何利用 Flade 电位判断金属的钝化稳定性？

10. 金属钝化的两种理论分别是什么？各自以什么论点和论据解释金属的钝化？

11. 试用两种钝化理论解释活性氯离子对钝化膜的破坏作用。

12. 用腐蚀极化曲线图说明溶液中氧浓度对易钝化金属和非钝化金属腐蚀速度的不同影响。

第5章 局部腐蚀

局部腐蚀是指金属表面各部分之间的腐蚀速度存在明显差异的一种腐蚀形态,特别是在金属表面微小区域的腐蚀速度及腐蚀深度远远大于整个表面的平均腐蚀速度和腐蚀深度。从腐蚀类型造成的危害来看,全面腐蚀相对于局部腐蚀危险性小些,全面腐蚀可以根据平均腐蚀速度设计和留出腐蚀余量,可以预先进行腐蚀失效周期的判断,但是对局部腐蚀来说,很难做到这一点,因而局部腐蚀危险性极大,往往在没有什么预兆的情况下,金属设备、构件等就发生突然的断裂,甚至造成严重的事故。根据各类腐蚀失效事故统计的数据:全面腐蚀约占 17.8%,而局部腐蚀约占 82.2%,其中在局部腐蚀中应力腐蚀断裂约为 38%,点蚀约为 25%,缝隙腐蚀约为 2.2%,晶间腐蚀约为 11.5%,选择腐蚀约为 2%,焊缝腐蚀约为 0.4%,磨蚀等其他腐蚀形式约为 3.1%。由此可见,局部腐蚀相对全面腐蚀来说具有更严重的危害性。

从理论上说,对于处于腐蚀介质中的腐蚀金属电极表面,如果忽略欧姆电位降,电极表面的电位应该处处相等,各个部分应该具有相同的阳极溶解速度,并不会发生局部腐蚀。显然,发生局部腐蚀的必要条件是由于在某些因素的作用下,使得金属表面局部区域上的阳极溶解反应的动力学规律相对其余表面的阳极溶解反应的动力学规律发生了偏离,局部区域的阳极溶解速度远远大于其余表面的阳极溶解速度,因此尽管金属表面处于相同的电位,但表面各部分阳极溶解反应的动力学规律并不相同,局部区域相对其他区域腐蚀发展得更快、更严重。另外在局部腐蚀过程中,局部表面区域的阳极溶解速度必须要一直保持明显大于其余表面区域的阳极溶解速度。如果随着腐蚀过程的进行,金属表面阳极溶解动力学的差异不能保持或加大,就不可能产生明显的局部腐蚀现象。因而导致局部腐蚀产生的充分条件是腐蚀过程本身的作用以及影响可以加强或至少不能减弱金属表面局部腐蚀区域与其他非局部腐蚀区域的阳极溶解速度的差异。

大多数的局部腐蚀都发生在钝性金属或有表面覆盖层的金属表面。这是因为钝性或者有覆盖层的金属表面可以形成致密的保护性膜,其上进行的均匀腐蚀速度很小,甚至可以忽略不计。但由于材料本身的因素、环境介质因素或力学因素等方面的共同作用,容易使金属和腐蚀介质之间满足发生局部腐蚀的某些特殊条件,金属表面局部有限的区域上的腐蚀速度远远大于其余大部分表面的腐蚀速度,导致该小区域的腐蚀以极高的速度向纵深发展,最终造成金属构件局部严重减薄或者形成腐蚀坑,如,在易钝化金属的表面常发生的点蚀、缝隙腐蚀、应力腐蚀开裂以及晶间腐蚀等各种典型的局部腐蚀。非钝化性的金属材料在腐蚀介质中也可以发生局部腐蚀。这是由于腐蚀速度在金属表面各处分布不均匀,致使部分表面区域的腐蚀速度远大于其余表面的腐蚀速度,使金属表面的腐蚀深度分布不均匀,例如低合金钢在海水中发生的坑蚀以及酸洗时发生的点蚀和缝隙腐蚀等。

5.1 电偶腐蚀

5.1.1 概述

当两种金属或合金在腐蚀介质中相互接触时,电位较负的金属或合金比它单独处于腐蚀介质中时腐蚀速度增大，而电位较正的金属或合金的腐蚀速度反而减小，得到一定程度的保护，这种腐蚀现象称为电偶腐蚀，又称为接触腐蚀或异金属腐蚀，参看图5-1的电偶腐蚀示意。在电偶腐蚀现象中，电位较负的阳极性金属腐蚀速度加大的效应，称为电偶腐蚀效应；而电位较正的阴极性金属腐蚀速度减小的效应，称为阴极保护效应。在实际的工程应用中，采用不同的金属、不同的合金、不同的金属与合金的组合是不可避免的，

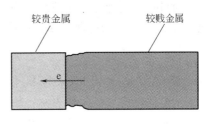

图 5-1　电偶腐蚀示意

因而发生电偶腐蚀也是不可避免的，同时也是一种常见的局部腐蚀形态。例如，加固金属结构的铆钉与金属结构之间、镀层金属与基体金属之间都会发生电偶腐蚀。另外需要注意的是，电偶腐蚀不单单指两种金属的接触造成的腐蚀，某些金属（如碳钢）与某些非金属的电子导体（如石墨材料）相互接触时，也会产生电偶腐蚀。

5.1.2　电偶腐蚀的原理

两种或两种以上的金属、金属与非金属的电子导体、同一金属的不同部位，在腐蚀介质中互相接触时由于存在腐蚀电位的不同，将会构成宏观腐蚀电池，成为腐蚀电池的两个电极，电子可以在两个电极间直接转移，而这两个电极上进行的电极反应也将进行必要的调整，以满足电极界面电荷的平衡关系。

以金属在酸性溶液中的电偶腐蚀为例，当金属 M_1 和 M_2 在酸性溶液中没有相互接触时，阴极过程都是氢去极化过程，腐蚀金属电极上进行的相应电极反应为：

金属 M_1：
$$M_1 \longrightarrow M_1^{n+} + ne$$
$$2H^+ + 2e \longrightarrow H_2$$

金属 M_2：
$$M_2 \longrightarrow M_2^{n+} + ne$$
$$2H^+ + 2e \longrightarrow H_2$$

设金属 M_1 其自腐蚀电位为 φ_{corr1}，自腐蚀电流为 i_{corr1}，金属 M_2 的腐蚀电位为 φ_{corr2}，自腐蚀电流为 i_{corr2}。它们都处于活化极化控制，服从塔费尔关系，不妨设 M_1 和 M_2 两金属面积相等，M_1 的腐蚀电位比 M_2 的腐蚀电位低，即 $\varphi_{corr1} < \varphi_{corr2}$。当 M_1 和 M_2 在腐蚀介质中直接接触时，由于二者电极电位不相同，便构成一个宏观腐蚀电池，设这个宏观电池中溶液的欧姆电位降可以忽略，则接触的两个金属由于电子的直接流动，在稳定的状态下，必然达到同一个电位，金属 M_1 电位由 φ_{corr1} 向正方向移动，成为腐蚀电池的阳极，发生阳极极化，金

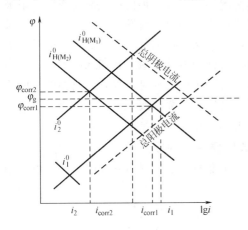

图 5-2　M_1 和 M_2 组成腐蚀电偶
后的动力学极化示意

属 M_2 的电位由 φ_{corr2} 向负方向移动，成为腐蚀电池的阴极，发生阴极极化。当这个极化达到稳态时，两条极化曲线的交点所对应的电位是金属的共同的混合电位 φ_g，φ_g 处于 φ_{corr1} 和 φ_{corr2} 之间，M_1 和 M_2 之间互相极化的电流称为电偶电流，用 I_g 表示。图 5-2 为金属 M_1 和 M_2 组成腐蚀电偶后的动力学极化示意，此处假设腐蚀电偶的阴极面积等于阳极面积。由图可见，金属 M_1 的腐蚀速度从 i_{corr1} 增加到 i_1，而金属 M_2 的腐蚀速度从 i_{corr2} 降到 i_2。也就是说，组成电偶的两金属由于电偶效应的结果，使电位较正的阴极性金属因阴极极化使腐蚀速度减慢，从而得到一定程度的保护；而对于电位较负的阳极性金属，因阳极极化，反而会加快腐蚀的速度。

71

M_1 和 M_2 两种金属偶接后，阳极性金属 M_1 的腐蚀电流 I_1 与未偶合时该金属的自腐蚀电流 I_{corr1} 之比，称为电偶腐蚀效应系数，用 γ 表示。

$$\gamma = \frac{I_1}{I_{corr1}} = \frac{I_g + I_{coor1}}{I_{corr1}} \approx \frac{I_g}{I_{corr1}} \tag{5-1}$$

式中，I_{corr1} 表示 M_1 未与 M_2 偶接时的自腐蚀电流；I_1 表示 M_1 与 M_2 偶接后的腐蚀电流；I_g 表示电偶电流。该公式表示，相接后阳极金属 M_1 溶解速度比金属单独存在时的腐蚀速度增加的倍数。γ 越大，则电偶腐蚀越严重。

5.1.3 宏观腐蚀电池对微观腐蚀电池的影响

电位较负的金属 M_1 在与电位较正的金属 M_2 构成电偶后，受到了 M_2 对它的阳极极化作用，通过了一个大小为 I_g 的净的电偶电流，打破了它没有与 M_2 偶接时的自腐蚀状态，同时在自腐蚀电位时建立的电荷平衡也被打破。同理，M_2 也由于与 M_1 的偶接而打破了在自腐蚀电位时建立的电荷平衡。这说明宏观腐蚀电池的作用将使微观腐蚀电池的电流发生改变，将这种效应称为差异效应。如果宏观电偶腐蚀电池使内部腐蚀微电池电流减少，则此效应为正差异效应；相反，如果引起内部腐蚀微电池电流增加，则称为负差异效应。

正差异效应可以通过锌在稀硫酸中和铂接触的实验来验证。首先，当锌单独存在时，收集腐蚀产生的氢气，在一定时间内收集的氢气的体积正比于锌的腐蚀速度，设其为 V_0。然后，将锌和铂在硫酸中用外部的导线连接，分别收集相同时间内锌和铂产生的氢气 V_1 和 V_2。V_1 相当于锌和铂组成电偶后受到铂阳极极化后腐蚀微电池的腐蚀速度。由于铂单独存在时在稀硫酸中不会产生析氢腐蚀，则 V_2 相当于锌和铂接触后组成的宏观腐蚀电池的腐蚀速度。锌和铂接触后，总的腐蚀速度应等于微观腐蚀电池腐蚀速度 V_1 与宏观腐蚀电池腐蚀速度 V_2 之和。实验观察，虽然 $V_1 + V_2$ 大于 V_0，但 V_1 却比 V_0 小。这说明锌受到阳极极化后，它本身的腐蚀微电池电流减少了，所以产生了正差异效应。差异效应的实质是宏观腐蚀电池和金属内部微观腐蚀电池相互作用的结果，宏观电池的工作引起微电池工作的削弱正是正差异效应的现象。如果用铝来代替锌重复上述实验，发现不仅铝的总腐蚀速度增加，而且铝的微电池腐蚀速度亦增加，这就是负差异效应的现象。

差异效应的现象，可用短路的多电极电池体系的图解方法进一步解释。将腐蚀着的金属锌看成双电极腐蚀电池，当锌和铂接触，即等于接入一个更强的阴极而组成一个三电极腐蚀电池。假定电极的面积比以及它们的阴极、阳极极化曲线可以确定的话，便可以给出体系差异效应的腐蚀极化曲线，如图 5-3 所示。在这个三电极体系中，铂可视为不腐蚀电极，对锌来说，除了未与铂接触时由于微电池作用而发生自溶解外，还因外加阳极电流而产生了阳极溶解，所以它的总腐蚀速度增加了。当锌单独处于腐蚀介质中时，自腐蚀电位是 φ_{corr}，自腐蚀电流为 I_{corr}。当把铂接入后，由于铂的电位较正，析氢反应将主要在铂上发生，这时析氢的总的阴极极化曲线应该是在锌表面析氢的极化曲线与在铂上的析氢极化曲线的加和，即阳极极化曲线与它的交点从 S 变为 S'，锌腐蚀的总电流也变为 I_{corr}'，此时锌上微观腐蚀电池的电流变为 I_1，小于原来的 I_{corr}，表现出正差异效应。

5.1.4 影响电偶腐蚀的因素

电偶腐蚀速度的大小与电偶电流成正比，可以用下式表示：

$$I_g = \frac{\varphi_c - \varphi_a}{\dfrac{P_c}{S_c} + \dfrac{P_a}{S_a} + R} \tag{5-2}$$

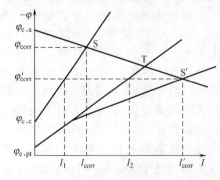

图 5-3　差异效应的腐蚀极化曲线

式中，I_g 表示构成电偶后两个电极之间通过的净电流，称为电偶腐蚀电流；φ_c、φ_a 表示阴极、阳极金属相应的稳定电位；P_c、P_a 表示阴极、阳极平均极化率；S_c、S_a 表示阴极、阳极面积；R 表示欧姆电阻。

从式（5-2）可以看出，形成腐蚀电偶后原有金属的腐蚀速度增加均与电偶金属间电位差、阴阳极极化率、阴阳极面积以及腐蚀体系的欧姆电阻等因素有关。下面将针对这几个因素分别加以详细说明。

① 金属材料的电位差值　电偶腐蚀与相互接触的金属在溶液中的电位有关，因此构成了宏观腐蚀原电池，组成电偶的两个金属的电位差是电偶腐蚀的推动力。式（5-2）也说明，如果稳定电位起始电位差越大，则电偶腐蚀倾向也越大，即 I_g 越大，阳极腐蚀加速。

在电化学中使用标准电位序来比较不同金属材料间电位高低及差距，它是按金属元素标准电极电位的高低次序排列的次序表，是从热力学公式计算出来的，该电位是指金属在活度为 1 的该金属盐溶液中的平衡电位。而实际情况下，金属通常不是纯金属或者以合金形式存在，其表面状态也不同于理想的情况，如表面带有氧化膜等，并且腐蚀介质溶液成分复杂，因此标准电位序在实际使用中并不适合，在电偶腐蚀研究中常应用电偶序来判断不同金属材料接触后的电偶腐蚀倾向。

电偶序是指在具体使用腐蚀介质中，金属和合金稳定电位的排列次序表。表 5-1 为海水中金属与合金的电偶序。由表可见，如电位高的金属材料（表上部的金属或合金）与低电位金属材料（表下部的金属或合金）互相接触，则低电位的成为阳极，被加速腐蚀，且两者之间电位差越大（在电偶序表中相距越远），则低电位的金属腐蚀速度越快。

无论标准电位序还是电偶序都只能反映一个腐蚀倾向，不能表示出实际的腐蚀速度。有时某些金属在具体介质中接触后可能发生极性的转换，双方电位可以发生逆转。例如，铝和镁在中性氯化钠溶液中接触，开始时铝比镁电位正，镁为阳极发生溶解，之后由于镁的溶解而使介质变为碱性，这时电位发生逆转，铝变成了阳极，所以电动序与电偶序都有一定的局限性。金属的电偶序因介质条件不同而异，所以电偶序总是要规定在什么环境中才适用，实践中应用的不但有海水的电偶序，还有土壤中的电偶序以及某些化工介质中的电偶序等。

② 极化作用　根据式（5-2），不论是使阳极极化率增大还是使阴极极化率增大，都有利于使电偶腐蚀电流降低。例如，在海水中不锈钢与碳钢的阴极反应都是受氧的扩散控制，当这两种金属偶接以后，不锈钢由于钝化使得阳极极化率比碳钢高得多，所以偶接后不锈钢能够强烈加速碳钢的腐蚀。再比如，在海水中不锈钢与铝组成的电偶对比铜与铝组成的电偶对腐蚀倾向小，这两对电偶的电位差值相差不多，阴极反应都是氧分子的去极化过程，但是因为不锈钢有良好的钝化膜，阴极反应只能在膜的薄弱处进行，阴极极化率高，阴极反应相对难以进行，而铜铝组成的电偶对的铜表面氧化物能被阴极还原，阴极反应容易进行，阴极极化率小，故而电偶腐蚀效应严重得多。

根据式（5-2），电偶体系的欧姆电阻也会对电偶电流产生影响，电阻越大，电偶腐蚀速度越小。实际中观察到，电偶腐蚀主要发生在两种不同金属或金属与非金属导体相互接触的边线附近，而在远离边缘的区域，其腐蚀程度要轻得多。这就是因为由于电流流动要克服电阻的作用，距离电偶的接合部位愈远，相应的腐蚀电流密度越小，所以溶液电阻大小影响电偶的"有效作用距离"，电阻越大则"有效作用距离"越小，因而阳极金属腐蚀电流呈不均匀的分布。例如，在蒸馏水中，腐蚀电流有效距离只有几厘米，使阳极金属在接合部附近形成深的腐蚀沟，而在海水中，电流的有效距离可达几十厘米，阳极电流的分布就比较均匀，不会发生特别严重的阴阳极接触部位的腐蚀。

表 5-1　常见金属在海水中的电偶序

稳定电位较高的金属或合金	高	铂
		金
		石墨
		钛
		银
		镍铬钼合金 3
		哈氏合金 C
		18-8Mo 型不锈钢（钝态）
		18-8 型不锈钢（钝态）
		铬钢＞11％Cr（钝态）
		因科内尔（钝态）
		镍（钝态）
		银焊料
		蒙乃尔
		青铜
		铜
		黄铜
		镍钼合金 2
		哈氏合金 B
		因科内尔（活化态）
		镍（活化态）
		锡
		铅
		铅-锡焊料
		18-8Mo 型不锈钢（活化态）
		18-8 型不锈钢（活化态）
		高镍铸铁
		铬钢＞11％Cr（活化态）
稳定电位较低的金属或合金		铸铁
		钢或铁
		2024 铝合金
		镉
		工业纯铝
		锌
	低	镁及其合金

③ 阴阳极面积比　从公式（5-2）来看，阴阳极面积变大，使得电偶腐蚀电流变大，但实际中更重要的因素是阴阳极之间的面积比。电偶腐蚀电池的阳极面积减小，阴极面积增大，将导致阳极金属腐蚀加剧，这是因为电偶腐蚀电池工作时阳极电流总是等于阴极电流，阳极面积愈小，则阳极上电流密度就愈大，即金属的腐蚀速度愈大。在局部腐蚀过程中，由于阳极电流和阴极电流的不平衡，使得金属表面一些局部区域具有较高的阳极溶解电流，而其余表面的区域则具有较大的阴极还原电流，阳极反应和阴极反应发生在不同的部位，因此腐蚀金属表面的阴阳极面积比对所观测到的局部腐蚀速率有较大的影响。阴阳极面积比影响局部腐蚀速度的一个典型的例子，就是铜板使用铁铆钉加固和铁板使用铜铆钉加固分别产生了不同的效果。铜的电位比铁正，所以铜板装上铁铆钉后，由于构成了大阴极小阳极的电偶腐蚀，使铁铆钉很快被腐蚀掉，然而铁板装上铜铆钉使铁板的腐蚀增加并不多。

下面详细分析一下阴阳极面积比对电偶腐蚀的影响。设金属 1 和金属 2 联成电偶，浸入含氧的中性电解液中，电偶腐蚀受氧的扩散控制。假定金属 2 比金属 1 电位正，其中 S_1 表示金属 1 的面积，S_2 为金属 2 的面积。假设金属 2 上只发生氧的还原反应，忽略其阳极溶解

电流 $I_{2,a}$，则根据混合电位理论，在电偶电位 φ_g 下，两金属总的氧化反应电流等于总的还原反应电流，即 $I_{1,a} = I_{c1} + I_{2,c}$，$I_{1,a}$ 为偶接后金属 1 的阳极溶解电流，$I_{1,c}$ 及 $I_{2,c}$ 分别为金属 1 和金属 2 上还原反应电流。若金属 1 和金属 2 的表面积分别为 S_1 和 S_2，则 $I_{a1}S_1 = I_{c1}S_1 + I_{2,c}S_2$。因阴极过程受氧的扩散控制，故阴极电流密度相等，都为极限扩散电流密度 i_L，将 $i_{1,c} = i_{2,c} = i_L$ 代入式（5-2）得：

$$i_{1,a} = i_L \left(1 + \frac{S_2}{S_1} \right) \tag{5-3}$$

电偶电流为：

$$I_g = I_{1,a} - I_{1,c} = I_{2,c} \tag{5-4}$$

即

$$i_g S_1 = i_{2,c} S_2 = i_L S_2 \tag{5-5}$$

$$i_g = i_L \frac{S_2}{S_1} \tag{5-6}$$

可见，电偶电流与阴阳极的面积之比成正比关系，阴阳极面积比越大，则电偶腐蚀越严重。如果金属在不含氧的非氧化性酸中发生电偶腐蚀，其阴阳极电极反应都是受活化极化控制时，金属的阳极溶解电流与阴阳极面积比成半对数直线关系，直线斜率是正数。这说明随着面积比值的增大，阳极溶解电流密度是增大的。相关详细证明可参阅曹楚南《腐蚀电化学原理》（第 2 版）的 101～106 页。

通过上述分析可见，在腐蚀过程中，尤其是实际的金属结构件中，若形成了大阴极/小阳极的情况，阳极区域将具有很高的阳极溶解速度，这往往导致强烈的局部腐蚀，并导致材料失效。例如，在钢铁材料表面上若镀覆有阴极性金属镀层，如果金属镀层存在针孔或金属镀层的腐蚀产生了针孔或镀层发生破损，使得在针孔或破损处裸露出金属基体，由于金属基体的电位较金属镀层低，在与腐蚀介质相接触时，针孔或破损处的金属基体作为阳极区发生了阳极溶解，而阴极去极化剂的反应发生在金属镀层表面，此时构成了典型的大阴极小阳极偶对，使局部腐蚀在针孔或破损处以很高的速度进行，形成镀层下的腐蚀坑。阴阳极面积比对局部腐蚀影响的现象不仅出现在不同金属偶接上，而且也出现在同种金属表面由于各种因素引起的电化学不均匀性上。如点腐蚀孔中的阳极区与孔外阴极区、缝隙腐蚀中的阳极区与缝隙外阴极区、金属表面磨损区的阳极区与未被磨损的阴极区等，都能构成小阳极大阴极的电偶腐蚀，从而使金属的局部腐蚀加速。

5.1.5　防止电偶腐蚀的措施

（1）组装构件应尽量选择在电偶序表中位置相近的金属。由于对于特定的使用介质不一定有现成的电偶序，所以应该预先进行必要的电偶腐蚀实验。

（2）对于不同金属构成的结构部件应该尽量避免形成大阴极小阳极的接触结构。

（3）采用绝缘材料或保护性阻挡涂层分隔电偶腐蚀的接触部位。不同金属部件之间绝缘，可以有效地防止电偶腐蚀。

（4）采用电化学保护。即可以使用外加电源对整个设备实行阴极保护，使两种金属都变为阴极，也可以安装一块电极电位比两种金属更负的第三种金属作为牺牲阳极。

5.2　点腐蚀

5.2.1　概述

金属材料在腐蚀介质中经过一定的时间后，在整个暴露于腐蚀介质中的表面上个别的点或微小区域内出现腐蚀小孔，而其他大部分表面不发生腐蚀或腐蚀很轻微，且随着时间的推移，蚀孔不断向纵深方向发展，形成小孔状腐蚀坑，这种腐蚀形态称为点腐蚀，简称点蚀，也叫做小孔腐蚀或孔蚀，如图5-4所示。从腐蚀的外观形貌上看，蚀孔的直径很小，仅数十微米，但深度一般远远大于直径，点蚀不仅可以生成开口式的蚀孔（即孔口未被腐蚀产物覆盖的蚀孔），还可生成闭口式的蚀孔（即孔口被半渗透性的腐蚀产物覆盖）。

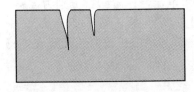

图5-4 点蚀的示意

点蚀通常发生在易钝化金属或合金表面上，同时往往在腐蚀介质中存在侵蚀性阴离子及氧化剂。例如不锈钢、铝及其合金、铁及其合金等在近中性的氯离子的水溶液或其他特定腐蚀介质中，易于遭受点蚀。点蚀在具有其他保护膜的金属表面上也易于发生。例如，镀层金属镀覆工艺不当或使用中出现局部的小孔，就容易引起基体金属发生点蚀。

点蚀是一种外观隐蔽而破坏性极大的一种局部腐蚀形式，虽然因点蚀而损失的金属重量很小，但由于点蚀几何形态上构成了大阴极小阳极的结构，致使蚀孔的阳极溶解速度相当大，并且点蚀发展过程中具有自动加速的特点，因此蚀孔若连续的发展，能很快导致腐蚀穿孔破坏，产生危害性很大的事故，造成巨大的经济损失。此外点蚀能够加剧其他类型的局部腐蚀，如晶间腐蚀、应力腐蚀开裂、腐蚀疲劳等，在很多情况下，腐蚀小孔往往容易成为其他局部腐蚀的腐蚀起源部位。

5.2.2 点蚀发生的机理

5.2.2.1 点蚀的萌生

金属表面在化学性质或物理性质上是不均匀的，总是存在着各种各样的不完整性。例如，在如下地方，即非金属夹杂、第二相沉淀、孔穴、氧化膜中的裂隙、某些杂质在晶界的偏析、各种机械损伤部位以及位错露头点，离子容易穿透氧化膜，金属表面易于从周围介质中吸附各种物质。当金属表面层包含有这些化学上的不均匀性或物理缺陷时，局部腐蚀就容易在这些薄弱点上萌生。钝化金属发生点蚀的另一个重要条件是在溶液中有侵蚀性阴离子（如Cl^-）以及溶解氧或氧化剂存在。实际上，氧化剂的作用主要是使金属的腐蚀电位升高，达到或超过某一临界电位。这时，Cl^-就很容易吸附在钝化膜的缺陷处，并和钝化膜中阳离子结合成可溶性氯化物，这样就在钝化膜上生成了活性的溶解点，称为点蚀核。点蚀核生长到$20\sim30\mu m$，即宏观可见时才称为蚀孔。除了氧化剂以外，使用外加的阳极极化方式也可以使电位上升，超过临界电位，导致点蚀的发生。这个临界电位被称为击穿电位或点蚀电位φ_b。

点蚀电位的测定是点蚀研究的重要内容之一，因为它可以提供出给定材料在特定介质中的点蚀抗力或点蚀敏感性的定量评估数据。当$\varphi>\varphi_b$，点蚀就可能发生；当$\varphi<\varphi_b$，则点蚀不可能发生。通常用动电位扫描测极化曲线的方法来测定点蚀电位。图5-5是不锈钢在氯化钠水溶液中的动电位极化曲线。图中电流密度急剧增加时相应的电位是点蚀击穿电位φ_b，相应于逆向扫描回到钝态电流密度时测得的电位φ_p称为保护电位。一般认为，在钝化金属表面上，只有当电位高于φ_b时，点蚀才能萌生并发展；电位位于$\varphi_p\sim\varphi_b$之间时，不会萌生新的点蚀孔，但原先的蚀孔将继续发展，故此电位区间也称为不完全钝化区；当电位低于φ_p时，既不会萌生新的点蚀孔，原先的蚀孔也停止发展，此区域称为完全钝化区。

钝化金属在含侵蚀性阴离子的溶液中生成点蚀核所需要的时间，称为点蚀的孕育期，用τ表

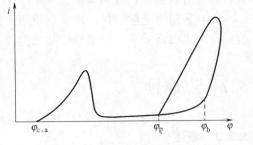

图5-5 不锈钢在氯化钠水溶液中的动电位极化曲线

示。τ值取决于金属表面上的钝化膜的质量，也与溶液的 pH 值以及侵蚀性离子的种类和浓度等因素有关。在高于点蚀电位 φ_b 的恒定电位下，τ取决于 Cl^- 浓度，在恒定 Cl^- 浓度时，τ取决于外加电位值。对一给定金属而言，τ随着 Cl^- 浓度的增加或外加电位的升高而减小。通常采用在恒定阳极电位下，记录电流密度随时间的变化的方法测定τ。

5.2.2.2 点蚀的生长

在上述微观局部缺陷处，即使产生了点蚀核，但由于存在氧化膜的破裂和修复态平衡过程，因此只要这些微观的点孔底部的再钝化速率大于金属的溶解速度时，蚀孔就可以再钝化。因此电位必须足够正，以导致充分的酸化和侵蚀性阴离子的集聚，克服再钝化的影响，促使点蚀孔的继续长。一般在金属电位超过点蚀电位的情况下，点蚀核能够继续长大，最终变为宏观可见的蚀孔，蚀孔出现的特定点称为点蚀源。图 5-6 为不锈钢在含 Cl^- 的溶液中点蚀机理，下面结合此图具体分析一下点蚀的发展过程。由于蚀孔内金属表面处于活性溶解状态，蚀孔外金属表面处于钝化状态，蚀孔内外构成了一个活化-钝化电池，具有大阴极、小阳极的特点，蚀孔遭到严重的腐蚀。

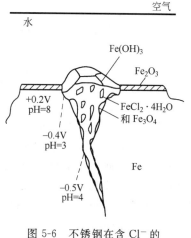

图 5-6　不锈钢在含 Cl^- 的溶液中点蚀机理

在点蚀的阳极电流作用下，活性阴离子（如 Cl^-）向点蚀坑中迁移并富集。腐蚀孔的几何形状限制了孔穴中的溶液与外部本体溶液之间的物质转移，腐蚀介质的扩散受到限制，这可导致孔穴中溶液成分和电极电位发生变化，从而引起阳极反应速度变大。这类发生阳极局部活化腐蚀的小孔、缝隙或裂纹等，由于几何形状因素或生成的腐蚀产物的遮盖等情况，使溶液处于滞留状态，内外的物质传递过程受到很大阻碍，因而构成的浓差电池或者活化-钝化电池被称为腐蚀的闭塞电池。

在闭塞电池内部，由于阳极反应的进行，阳极区由于金属的腐蚀反应而生成可溶性金属离子。为了维持内部溶液的电中性，闭塞电池外部本体溶液中的阴离子将往孔内部迁移。当溶液中有 Cl^- 存在时，Cl^- 扩散至闭塞电池内部，这就造成孔内部溶液的化学及电化学状态与外部本体溶液的很大差别，Cl^- 浓度增加，蚀坑内金属氯化物浓缩。如果所生成的离子在该 pH 值和电位条件下完全稳定，则腐蚀过程不会导致 pH 值的重大变化。但是，若腐蚀生成的金属离子可水解生成更为稳定的化合物，如生成溶解度很小的 CuO、Fe_3O_4、$Al(OH)_3$、TiO_2、Cr_2O_3 等，或生成 $FeOH^+$ 之类离子，导致 pH 值降低，金属活化溶解加速，生成更多的金属离子，然后再发生水解，使介质酸度进一步增加。这种由闭塞电池引起的蚀孔内溶液酸化，从而加速金属腐蚀的作用称为自催化作用。随着腐蚀反应的继续进行，溶解的金属离子不断增加，相应的水解作用也将继续，直到溶液被这种金属的一种溶解度较小的盐类所饱和为止。由于酸化自催化的作用，再加上受到介质向下的重力的影响，使蚀孔不断向深度方向发展，表现为点蚀坑具有深挖的能力。

5.2.3　影响点蚀的因素

5.2.3.1　环境因素

（1）卤素离子及其他阴离子　含 Cl^- 的介质能够使很多金属和合金发生点蚀，Br^- 也可引起点蚀，碘离子对点蚀也有一定影响，而含 F^- 的溶液只能发生全面腐蚀而几乎不引起钢的点蚀。溶液中的其他阴离子，有的对点蚀起加速作用，如硫氰酸根离子、高氯酸根离子、次氯酸根离子等，都可以对点蚀其促进作用。很多含氧的非侵蚀性阴离子，如 NO_3^-、

CrO_4^{2-}、SO_4^{2-}、OH^-、CO_3^{2-}等，均可以起到点蚀缓蚀剂的作用。这是由于在阳极极化电位下，这些阴离子与卤素离子在金属氧化物表面上发生竞争性吸附而使点蚀受到抑制。

（2）溶液中的阳离子和气体物质　腐蚀介质中，氧化性金属离子，如Fe^{3+}、Cu^{2+}和Hg^{2+}等金属阳离子与侵蚀性卤化物阴离子共存时，能够对点蚀起促进作用。这是因为，这些高价阳离子能被还原成金属或低价离子，它们的氧化还原电位往往高于点蚀电位。因此，这些氧化性金属离子和溶液中的H_2O_2、O_2等氧化剂一样，是有效的阴极去极化剂，可以促进点蚀，$FeCl_3$等溶液也因此而被广泛应用于点蚀的加速腐蚀试验。

（3）溶液 pH 值　研究发现，在溶液 pH 值低于 9～10 时，对二价金属，如铁、镍、镉、锌和钴等，其点蚀电位与 pH 值几乎无关，在高于此 pH 值的强碱性溶液中，φ_b明显变正，据研究是由于OH^-的钝化能力所致。在强酸性溶液中，金属易发生严重的全面腐蚀，而不是点蚀。

（4）温度的影响　对铁及其合金而言，点蚀电位φ_b通常随温度升高而降低。例如 304钢，φ_b与温度成线性关系，温度每升高 $10℃$，φ_b向负方向移动约 30mV。温度低时，形成的点蚀孔小而深，温度高时则大而浅，但数目较多。这是因为，温度升高时，Cl^-在金属表面化学吸附增加，导致钝态破坏的活性点增多，相应的蚀孔深度变化很小。

（5）介质流速　一般说来，溶液的流动对抑止点蚀起一定的有益作用。介质的流速对φ_b基本上无影响或影响很小，但流速却可能影响腐蚀点孔的数目或深度。流速加大可以减少金属表面的沉积物，消除闭塞电池的作用，有利于氧的传递，利于缝隙内金属钝化膜的修补。总之，一般在流速慢的情况下易发生点蚀，流速增大，点蚀倾向降低。

5.2.3.2　材料因素

（1）金属本性　金属的本性对其点蚀倾向有重要的影响，这可以通过比较它们在介质中的点蚀电位看出。25℃在 0.1mol/L NaCl 中铝的点蚀电位是 $-0.45V$，而钛的点蚀电位高达 $+1.2V$，说明金属铝不耐点蚀，而金属钛较耐点蚀。铁如果处于钝态，且溶液中同时存在卤素离子 Cl^-、Br^-、I^- 或 ClO_4^- 的情况下，它在酸性溶液、中性溶液和碱性溶液中均遭受点蚀。镍在含有卤素离子 Cl^-、Br^-、I^- 的溶液中阳极极化时发生点蚀。铬在有卤素的水溶液中不遭受点蚀，钛在含卤素离子的溶液中，对点蚀有高的稳定性。钛的点蚀仅发生在高浓度氯化物的沸腾溶液中（如 42% 的 $MgCl_2$ 沸腾溶液）。

（2）合金元素的影响　研究表明，对不锈钢在氯化物溶液中的抗点蚀性能，Cr、Mo、Ni、V、Si、N、Ag、Re 等是有益元素，Mn、S、Ti、Nb、Te、Se、稀土等是有害元素。提高不锈钢抗点蚀性能最有效的元素是 Cr 和 Mo，其次是 N 和 Ni 等。Cr 和 Mo 是构成在氯化物水溶液中耐点蚀不锈钢的最基本元素，它们不仅能降低点蚀中点蚀核生成的能力，也能减小蚀孔生长的速度。

（3）冷加工与热处理　冷加工对点蚀的影响与金属组织结构的变化、非金属夹杂物的第二相沉积物的分布、钝化膜的性能等因素有关，因而对不同材料而言，影响途径也不一样。一般来说，冷加工对点蚀电位φ_b的影响也不大，但冷加工通常使点蚀密度增加，这是因为冷加工使表面的位错密度增加，因而容易生成点蚀坑。

热处理对材料的点蚀敏感性有很大影响。例如，奥氏体不锈钢在一定温度范围内热处理时会发生敏化作用，由于 $Cr_{23}C_6$ 沿晶界析出，会导致邻近区域的贫铬，而使耐点蚀能力下降。

（4）显微组织　金属的显微组织对其点蚀敏感性有很大的影响，如硫化物、δ 铁素体、σ 相、沉淀硬化不锈钢中的强化沉淀相、敏化的晶界以及焊接区等，都可能使钢的抗点蚀性降低。例如，非金属夹杂物 MnS 可成为点蚀的起源点，在硫化物表面或硫化物与基体的界面上的钝化膜受到破坏，奥氏体不锈钢中的 δ 铁素体对点蚀抗力有害。例如，18Cr-10Ni-

2.5Mo-0.16N 不锈钢，在 1345℃下热处理，生成 δ 铁素体，使点蚀电位下降，但在 1120℃的奥氏体区退火后，则耐点蚀性能得以改善。

（5）表面状态　对于同一材料/介质体系，采用表面精整处理可以降低点蚀敏感性。如将铁放入 20％硝酸中浸泡以清洁表面的化学处理方法，有改善耐点蚀性能的作用。这种处理的主要作用是去除不锈钢表面的夹杂物或沾污物，如可将机械加工时嵌入表面的铁和钢质点溶解，从而达到清洁表面的目的。

5.2.4　点蚀的控制

防护和控制点蚀可以采取如下措施：减轻环境介质的侵蚀性，包括减少或消除 Cl^- 等卤素离子，特别是防止其局部浓缩；减少氧化性阳离子，加入某些缓蚀性阴离子；提高 pH 值；降低环境温度；使溶液流动或加搅拌等。

① 选用点蚀缓蚀剂　在含有氯化物的溶液中，许多化合物可起缓蚀剂的作用，如硫酸盐、硝酸盐、铬酸盐、碱、亚硝酸盐、氨、明胶、淀粉等，也可以选用胺等有机缓蚀剂，胺对黑色金属的全面腐蚀与局部腐蚀均有较好的缓蚀作用。

② 合理选择耐腐蚀材料　使用含有耐点蚀性能最为有效的元素（如 Cr、Mo、Ni 等）的不锈钢，在含 Cl^- 介质中可得到较好的抗点蚀性能，这些元素含量愈高，抗点蚀性能愈好。Cr、Ni、Mo 等元素含量的适当配合可获得抗点蚀和缝隙腐蚀性能均好的效果。

③ 电化学保护　使用外加阴极电流将金属阴极极化，使电极电位控制在保护电位 φ_p 以下，可以有效地抑制点蚀的形成和生长。

5.3　缝隙腐蚀与丝状腐蚀

5.3.1　缝隙腐蚀

5.3.1.1　概述

缝隙腐蚀是因金属与金属、金属与非金属的表面间存在狭小缝隙，并有腐蚀介质存在时而发生的局部腐蚀形态，如图 5-7 所示。可能构成缝隙腐蚀的缝隙包括：金属结构的衔接、焊接、螺纹连接等处构成的缝隙；金属与非金属的连接处，如金属与塑料、橡胶、木材、玻璃等处形成的缝隙；金属表面的沉积物、附着物，如灰尘、砂粒、腐蚀产物的沉积与金属表面形成的狭小缝隙等。

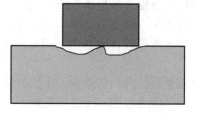

图 5-7　缝隙腐蚀示意

由于缝隙在工程结构中是不可避免的，所以缝隙腐蚀也是不可完全避免的。由于发生缝隙腐蚀可以导致金属部件强度降低，减少吻合程度，缝隙中腐蚀产物的体积增大，可产生局部应力，使结构装配困难，并且缝隙腐蚀常常发生在腐蚀性不太强的介质中，具有一定的隐蔽性，容易造成金属结构突然的失效，具有相当大的危害性，因此应尽可能避免缝隙腐蚀的发生。

缝隙腐蚀具有如下基本特征。

① 不论金属或合金的电极电位是正还是负，都能够发生缝隙腐蚀，但是特别容易发生在依靠钝化而具有耐蚀性的金属及合金上，越容易钝化的金属，对缝隙腐蚀就越敏感。

② 腐蚀介质可以是任何的侵蚀性溶液，可以是酸性、中性或碱性，但是含有侵蚀性阴离子的溶液更加容易引起缝隙腐蚀。

③ 与点蚀相比，对同一种合金而言，缝隙腐蚀更易发生，即缝隙腐蚀的临界电位要比

点蚀电位低。在保护电位和击穿电位之间的电位范围内，对点蚀而言，原有点蚀可以发展，但不产生新的蚀孔，而缝隙腐蚀在该电位区内，既能产生新的蚀坑，原有蚀坑也能发展。

5.3.1.2　缝隙腐蚀机理

缝隙腐蚀的先决条件是构成一定的缝隙结构，研究表明缝隙的宽度应该符合一定的条件，其缝宽应该能够使侵蚀液进入缝内，但同时缝宽又必须能使侵蚀液在缝隙内处于滞流状态，发生缝隙腐蚀最敏感的缝宽为 $0.05\sim0.1mm$。

假设有两块金属板构成具备发生缝隙腐蚀的敏感缝宽的缝隙结构，并被放置在充气的 3.5% NaCl 中，如图5-8所示。在还没有发生缝隙腐蚀的初期阶段，缝内外的全部表面上发生金属的溶解和阴极的氧还原的反应：

阳极：
$$M \longrightarrow M^{n+} + ne$$

阴极：
$$O_2 + 2H_2O + 4e \longrightarrow 4OH^-$$

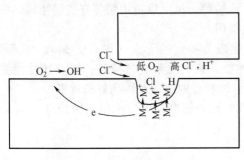

图5-8　缝隙腐蚀机理示意

在经过一定时间后，由于缝隙很狭小，溶解氧的浓度会随着阴极反应的进行而逐渐降低，并且由于缝隙内腐蚀介质处于滞流状态，氧的还原反应所需氧要靠扩散补充很困难，当缝内的氧基本消耗完后，缝隙内会成为缺氧区域，缝隙外部溶液相对成为富氧区域，构成了氧浓度差异宏观腐蚀电池，缝内金属由于氧的浓度低，电位较负，成为腐蚀电池的阳极，缝隙外的金属由于供氧充分，电位较正，成为腐蚀电池的阴极。这个氧浓度差异电池将使缝内金属腐蚀加速，同时使缝外的金属表面得到一定程度的保护，使腐蚀速度降低。如果金属是易钝化金属，则缝隙内由于氧供应不足，钝化膜不能得到修补，不能保持钝态，因此缝隙内的金属容易转为活化状态，和缝外金属表面构成活态-钝态电池，并且这个电池是大阴极小阳极的结构。因此，一般说来易钝化金属对缝隙腐蚀更为敏感。

氧浓度差异电池只是缝隙腐蚀的起因，并不至于造成特别严重的腐蚀，缝隙腐蚀之所以能够加速腐蚀的根本原因，是由于闭塞电池引起的酸化自催化作用。缝隙腐蚀由于氧浓差电池的作用，缝隙内金属不断活性溶解，缝内溶液中金属离子过剩，为了保持电荷平衡，缝隙外的氯离子迁移到缝内，同时阴极过程转到缝外。缝隙内氯化物或硫酸盐等发生水解，即：

$$M^{n+} + nH_2O \longrightarrow M(OH)_n + nH^+$$

其结果是使缝内的溶液pH值持续下降，甚至可达 $2\sim3$，这就促使缝内金属保持活化状态，并且溶解速度随pH值的下降而不断增加。同时，相应缝外邻近表面的阴极过程，即氧的还原速度也增加，使外部表面得到阴极保护，而加速了缝内金属的腐蚀。缝内金属离子进一步过剩又促使 Cl^- 迁入缝内并形成金属盐类，再发生水解，使缝内酸度继续增加，进一步加速金属的活性溶解，构成了缝隙腐蚀发展的酸化自催化循环过程，缝隙腐蚀便加速进行，造成严重的破坏。

从以上的分析可以看出，缝隙腐蚀的发展过程与点蚀发展历程是很相似的，都存在酸化自催化的作用，因而加速局部区域的腐蚀。金属和合金在氯化物溶液中的点蚀和缝隙腐蚀两者是有密切关系的，可以认为两者的萌生机理不相同，但其发展机理基本上相同，均具有闭塞电池腐蚀的特征。在含有活性阴离子的腐蚀介质中，有研究者认为，点蚀只是缝隙腐蚀的一种特殊形式；也有人认为，缝隙腐蚀起始于缝隙内形成的点蚀源，但实际上这两种腐蚀是有着本质的区别的。

① 点蚀可在周围腐蚀介质能自由到达的金属表面上的各种薄弱点处萌生，而缝隙腐蚀

仅集中于体系的几何形状使介质的到达受到限制的这部分表面上，即发生在侵蚀性介质可以透入的间隙中。

② 缝隙腐蚀多数发生在氯化物溶液中，也可发生在其他腐蚀性液体中，而点蚀通常局限在含有活性阴离子的介质中。几乎所有的金属或合金都会发生缝隙腐蚀，而点蚀多数发生在容易钝化的金属和合金表面。

③ 点蚀可在静止的和运动的溶液中发生，并可在金属表面上的非均质处萌生，例如非金属夹杂处、晶界、位错露头处等。而缝隙腐蚀容易在间隙中溶液静止的条件下发生，也可由于金属镀覆层或涂层的微观缺陷而萌生。

④ 由于缝隙中溶液的不动性，缝内溶液与外部本体溶液则交换困难，因此，在狭窄缝隙中很快形成闭塞电池，比未被腐蚀产物覆盖的缝隙中的电解液的成分变化变得多，缝隙腐蚀的萌生电位也因而通常比点蚀电位更负。在多数情况下，缝隙腐蚀的萌生比点蚀更快。在环形极化曲线上的 $\varphi_p \sim \varphi_b$ 区间，对点蚀而言，原有点蚀可以发展，但不产生新的蚀孔，而缝隙腐蚀在该电位区内，既能产生新的蚀坑，原有蚀坑也能发展。

5.3.1.3　影响缝隙腐蚀的因素

（1）缝隙的几何因素　缝隙的形态和宽度对缝隙腐蚀深度和速度有很大影响。缝隙的宽度应该符合一定的条件，其缝宽不仅必须能使侵蚀液进入缝内，同时还必须能够使侵蚀液在缝隙内处于滞流状态。一般发生缝隙腐蚀最敏感的缝宽为 0.05～0.1mm，大于这个宽度就不会发生缝隙腐蚀，而是倾向于发生均匀腐蚀了。缝隙腐蚀还与缝外部面积有关，外部面积增大，缝内腐蚀增加。缝隙是阳极区，而缝隙外为阴极区，这就会形成小阳极大阴极的状况，随着缝隙外与缝隙内面积比的增大，缝隙腐蚀发生的概率也增大，缝隙腐蚀也越严重。

（2）溶液中氧的浓度　氧浓度增加，缝内外氧浓度差异更大，有利于引发缝隙腐蚀，在缝隙腐蚀加速阶段，由于缝外阴极还原更易进行，也会使缝隙腐蚀加速。

（3）温度的影响　温度升高使阳极反应加快，在敞开系统的海水中，80℃达最大腐蚀速度，高于 80℃ 则由于溶液中溶解氧下降而相应使腐蚀速度下降。在含氯介质中，各种不锈钢都存在临界缝隙腐蚀温度，达到这一温度发生缝隙腐蚀的概率增大，随温度进一步升高，更容易产生并更趋严重。

（4）pH 值　pH 值下降，只要缝外金属仍处于钝化状态，则缝隙腐蚀量增加。

（5）溶液中 Cl⁻ 浓度　Cl⁻ 增加，使电位向负方向移动，缝隙腐蚀速度增加。

（6）腐蚀液流速　当流速增加时，溶液中含氧量相应增加，缝隙腐蚀增加。对由于沉积物引起的缝隙腐蚀，当流速加大时，可能清除沉积物，相应使缝隙腐蚀减轻。

（7）材料因素　不同材料耐缝隙腐蚀的能力不同。不锈钢中 Cr、Ni、Mo、N、Cu、Si 等是提高耐缝隙腐蚀性能的有效元素，这与合金元素对点蚀的影响相似，它们能够增加钝化膜的稳定性和改善钝化、再钝化能力。

5.3.1.4　防止缝隙腐蚀的措施

（1）合理设计与施工　在多数情况下，设备上都会有造成缝隙的可能，因此须用合理的设计来减轻缝隙腐蚀。例如，施工时要尽量采用焊接，而不采用铆接或螺钉连接。如果采用螺钉连接结构则应使用绝缘的垫片，或者在结合面上涂覆环氧等，以保护连接处。

（2）阴极保护　阴极保护可采用外加电流法或牺牲阳极法。将金属极化到低于 φ_p 和高于 φ_F 的区间，即不产生点蚀，也不至于引起缝隙腐蚀。阴极极化可以使缝隙内的化学和电化学条件改变。如 pH 值上升，电位向负方向移动，可以使缝内金属从腐蚀区进入免蚀区。但由于缝隙的闭塞区较小，溶液量少，电阻大，电流不易到达，因此阴极保护的关键就是是否有足够电流达到缝内，使其产生必需的保护电位。

（3）合理选择耐蚀材料　可以采取在合金中加入贵金属合金成分的方式提高合金的耐缝

隙腐蚀能力。选择耐缝隙腐蚀的材料应考虑它们在缝隙条件下的耐蚀性能，黑色金属材料应含有 Cr、Mo、Ni、N 等有效元素，主要是高铬、高钼的不锈钢和镍基合金等，钛和钛合金及某些铜合金耐缝隙腐蚀性能也较好。应该综合考虑应用耐蚀材料，对不同介质应综合考虑选用不同材质。

（4）应用缓蚀剂　应用磷酸盐、铬酸盐、亚硝酸盐等缓蚀剂，可以大大降低钢铁的腐蚀。另外也可在连接结构的结合面上涂有加缓蚀剂的油漆，对防止缝隙腐蚀有一定效果。

5.3.2 丝状腐蚀

5.3.2.1 概述

在金属表面涂覆涂层是一种在实践中应用广泛的防止金属腐蚀的有效方法，但是在有涂层的金属表面上往往产生形如丝状的腐蚀，因多数发生在漆膜下面，因此也被称为膜下腐蚀。例如，暴露在大气中盛食品或饮料的储罐外壳上涂覆有锡、磷酸盐、瓷漆、清漆等涂层，在它们的表面上都可能发生丝状腐蚀。对于建在海港附近的仓库来说，各种部件在运输和储运过程中也很容易受到丝状腐蚀的影响。

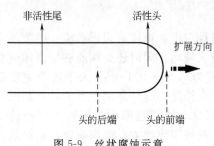

图 5-9　丝状腐蚀示意

丝状腐蚀具有特殊的形貌，它是从金属表面某些腐蚀薄弱的活性点开始，如金属的边棱或金属表面上盐的颗粒，以丝状的形迹向外部扩展。丝状腐蚀如图 5-9 所示。丝状腐蚀的丝宽约为 $0.1\sim0.5mm$，腐蚀丝的前端呈蓝绿色，称为活性头。腐蚀只发生在活性的头部，其中充满了腐蚀溶液，活性头部的蓝绿色是亚铁离子的特征颜色，而尾部是相对较干的腐蚀产物，一般为三氧化二铁和它的水合物，因而非活性的尾部呈现红棕色。随着腐蚀的进行，腐蚀活性头不断前进，沿迹线在金属上形成一条腐蚀的丝状小沟。

5.3.2.2 丝状腐蚀的机理

方坦纳认为，丝状腐蚀是缝隙腐蚀的一种特殊形式。虽然对缝隙腐蚀的机理目前还有争论，但普遍认为氧浓差电池在缝隙腐蚀的发生和发展过程中起了重要作用。腐蚀的过程包括丝状腐蚀活性核心的形成及丝状腐蚀发展两个阶段。丝状腐蚀的活性引发核心往往在漆膜的破损处以及较大的针孔缺陷等处，在一定的大气湿度下，水蒸气在金属表面凝结，可以构成腐蚀介质。此外大气中含有的 NaCl 等腐蚀性无机盐颗粒都具有较强的吸水性，当这些盐粒落到金属面上，特别容易以盐为核心吸水，构成腐蚀性强的腐蚀介质环境，形成腐蚀的活性中心。当这些活性中心发生活性的溶解以后，会造成氧气的消耗，形成贫氧区域，与金属其他部位构成氧气浓度差异电池。腐蚀核心部位是贫氧区，成为腐蚀电池的阳极，发生阳极溶解反应，一般为铁的溶解，产生高浓度的亚铁离子（Fe^{2+}），亚铁离子可以发生水解，使头部产生酸性环境，并使腐蚀区域保持活性溶解的状态，进一步促进了铁的溶解，使得腐蚀可以发展和向前推进。尾部由于氧的浓度较高，所以在尾部进行氧的阴极还原反应，使 OH^-浓度升高。Fe^{2+} 在尾部生成 $Fe(OH)_2$ 沉淀，并进一步氧化为 $Fe(OH)_3$，脱水后生成铁锈（$Fe_2O_3\cdot H_2O$）。这种差异充气电池的特性是低氧浓度伴随电解质的酸化，由此导致在丝状腐蚀头部金属阳极溶解，铁在丝状腐蚀头部前面 pH 值可达 $1\sim4$，而尾部 pH 值为 $7\sim8.5$。因而随着活性头溶解向前位移，非活性尾部则因腐蚀产物的沉积，使该膜与金属间结合力变弱而隆起，发展成一条丝状腐蚀边线。丝状腐蚀的非活性部分受到破坏时，腐蚀仍继续进行，但如果活性头受到破坏，丝状腐蚀将会停止。丝状腐蚀的原理示意见图 5-10。

5.3.2.3 丝状腐蚀的防止措施

（1）改进基体金属对丝状腐蚀的耐蚀性，从根本上抑制丝状腐蚀。

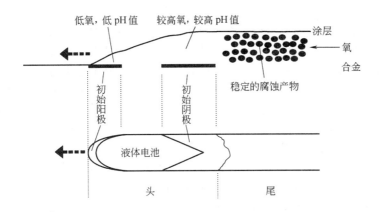

图 5-10　丝状腐蚀原理示意

（2）大气的相对湿度对丝状腐蚀的发生和发展有重要影响。丝状腐蚀主要发生在65%～90%的相对湿度之间，相对湿度低于65%时，金属不会产生丝状腐蚀。因此最有效的措施是将有涂层的金属放在低于65%相对湿度的环境中使用，可以采用密封包装，改善库房储存条件，尽量降低环境的相对湿度。

（3）合理选用漆种，使用透水率低的涂层，保证涂层的完整性。其次采用脆性涂层，腐蚀在脆涂层下面生长时，膜会在生长的头部破裂，这样氧便进入头部，原来的氧浓差被消除，腐蚀因而停止。但脆性膜有易受损坏的缺点。

5.4　晶间腐蚀

5.4.1　概述

沿着金属的晶粒边界发生的局部选择性腐蚀称为晶间腐蚀，图 5-11 是晶间腐蚀的示意。通常的金属材料为多晶结构，因此存在着大量晶粒边界，晶界物理化学状态与晶粒本身不同，是原子排列比较疏松而紊乱的区域，相对于晶粒来说有较大的活性，在特定的使用介质中，由于微电池作用而引起加速的局部破坏，沿晶界向内发展，严重时整个金属由于晶界破坏而完全丧失强度，在表面还看不出破坏时，实际晶粒间已失去了结合力，丧失了强度与塑性，敲击金属时已丧失金属声音，会造成金属结构突发性破坏，因此这是一种危害性很大的局部腐蚀。

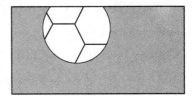

图 5-11　晶间腐蚀示意

晶间腐蚀是由于晶界和晶粒之间存在电化学的不均一性而造成的。金属或合金本身晶粒与晶界在化学成分、晶界结构、元素的固溶性质、沉淀析出过程、固态扩散等方面存在差异，导致电化学性质的不均匀，引发局部腐蚀电池作用。很多金属和合金都有晶间腐蚀的倾向，如不锈钢、铝合金、镍基合金等。在有应力作用下，晶间腐蚀往往可能成为应力腐蚀开裂的先导，甚至发展成为晶间应力腐蚀开裂。

5.4.2　晶间腐蚀的机理

在腐蚀介质中，金属及合金的晶粒与晶界显示出明显的电化学的不均一性，这种变化或是由金属或合金在不正确的热处理时产生的金相组织变化引起的，或是由晶界区存在的杂质或沉淀相引起的。因此，有关晶间腐蚀的理论主要有如下两种。

5.4.2.1　贫化理论

贫化理论认为晶间腐蚀原因是由于在晶界析出新相，造成在晶界的合金成分中某一种成分贫乏，进而使晶粒和晶界之间出现电化学性质上不均匀，晶界因而遭受严重腐蚀。造成奥氏体不锈钢晶间腐蚀的原因是由于晶界析出碳化铬而引起晶界附近铬的贫化。目前贫化理论也可以用来解释铁素体不锈钢、Al-Cu 合金以及 Ni-Mo 合金等的晶间腐蚀问题。

下面就以奥氏体不锈钢的晶间腐蚀现象来说明贫化理论。奥氏体不锈钢中含碳量大约为 0.1%，而在室温下碳在奥氏体不锈钢中的饱和溶解度约为 0.02%～0.03%，因此碳在奥氏体不锈钢中处于过饱和的固溶状态。以 Cr18Ni9 不锈钢为例，在 1050～1100℃以上，可固溶 0.10%～0.15%的碳，而在 600℃，固溶量不超过 0.02%。温度降低，固溶度急剧减小。如从高温缓慢冷却下来，碳以碳化合物的形式沉淀出来；如从高温急冷下来，则可使碳过饱和固溶于钢中。多数奥氏体不锈钢出厂时都经过高温固溶处理，然后进行用水或油使其从高温迅速降到室温的淬火处理。淬火处理的奥氏体不锈钢中，碳的过饱和固溶体可以保留下来，从热力学看这是不稳定的。当对钢材进行热处理或焊接时，如在不锈钢对晶间腐蚀敏感的温度 500～800℃停留过久，即在敏化温度范围内使用或热处理，就会产生晶间腐蚀敏感性。这个出现晶间腐蚀敏感性的温度称为敏化温度。在一定敏化温度下，加热一定时间的热处理过程称为敏化处理。经过敏化处理的钢中，过饱和的碳就要部分或全部地从奥氏体中析出，形成铬的碳化物，主要是 $Cr_{23}C_6$，并连续分布在晶界上。当碳化铬沿晶界析出时，碳化物附近的碳和铬的浓度下降，附近的碳和铬会不断地扩散过来，碳化铬生长所需的碳可以取自晶粒内部，而铬主要由碳化物附近的晶界地区提供。之所以如此，是由于铬从晶粒本体扩散要比沿晶界扩散困难得多。有数据表明，铬沿晶界扩散过程活化能为 162～252kJ/mol，而由晶粒本体通过晶界的所谓体积扩散活化能约为 540kJ/mol，二者相差一倍以上。因此，铬沿晶界的扩散速度要比来自晶粒内部扩散容易得多，结果使晶界附近的铬很快消耗，铬含量降低，从而在晶界形成了贫铬区。

如果晶间贫铬区内含铬量低于铬钝化的临界浓度的 12%，这就意味着在腐蚀介质中贫铬区不能保持钝化状态而是处于活化状态，见图 5-12。活化态的晶界成为阳极区，铬含量较高的晶粒内部处于钝态，成为阴极，构成了活化-钝化腐蚀电池，并且该腐蚀电池是大阴极小阳极的结构，腐蚀电池工作的结果是使贫铬区腐蚀加速，而晶粒得到一定程度的保护。

铁素体不锈钢自 900℃以上高温区进行淬火或空冷，也能够产生晶间腐蚀倾向，就是含碳量很低的不锈钢也难免产生晶间腐蚀倾向，若在 700～800℃退火，则可消除晶间腐蚀倾向。虽然铁素体不锈钢与奥氏体不锈钢产生晶间腐蚀倾向的条件不同，但实际上机理是一样的。碳在铁素体不锈钢中的固溶度比奥氏体不锈钢中还少得多，而且铬原子在铁素体中的扩散速度比在奥氏体中的大两个数量级，所以即使自高温快速冷却，铬的碳化物仍能在晶界析出。高温淬火时首先析出亚稳相 $(Cr,Fe)_7C_3$ 型碳化物，造成晶界区贫铬，引起晶间腐蚀。但如果在 700～800℃退火，将使 $(Cr,Fe)_7C_3$ 型碳化物向稳定相 $(Cr,Fe)_{23}C_6$ 型碳化物转变。由于铬在铁素体中扩散快，温度又较高，铬自晶粒内部向晶界迅速扩散，消除了贫铬区，从而不再显示出晶间腐蚀倾向。即使是奥氏体不锈钢，如果在敏化温度范围长时间回火，同样能使铬分布趋于均匀化，从而消除晶间腐蚀的倾向。

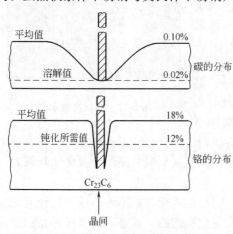

图 5-12　铬和碳在晶粒边界的分布状况

可用贫乏理论解释 Al-Cu 合金和 Ni-Mo 合金的晶间腐蚀。Al-Cu 合金能在晶界上析出 $CuAl_2$，而形成贫铜区，在腐蚀介质中晶界贫铜区发生选择溶解。Ni-Mo 合金沿晶界析出 Ni_7Mo_6，造成贫钼，因而出现晶间腐蚀。

常见的不锈钢焊缝的腐蚀也是晶间腐蚀。经固溶处理过的奥氏体不锈钢，经受焊接后，在使用过程中焊缝附近发生了腐蚀，腐蚀区通常是在母材板上离焊缝有一定距离的带状区域上，这是由于在焊接过程中，焊缝两侧的温度随距离的增加而下降，其中包括敏化的温度区域。处于敏化温度的带状区域会产生对晶间腐蚀的敏感性，因而发生晶间腐蚀。

5.4.2.2 晶界区杂质或第二相选择溶解理论

在不锈钢的应用中发现，含碳量很低的高铬、高钼的不锈钢在一定敏化温度下能够在强氧化性介质中发生晶间腐蚀，研究表明是由于在敏化温度下晶界析出了 σ-相的缘故。σ-相是 FeCr 的金属间化合物，只有在很强的氧化性介质中，不锈钢的电位处于过钝化区时，它才能发生溶解，见图 5-13 中不锈钢 γ-相和 σ-相的阳极极化曲线示意。晶界发生了 σ-相在强氧化性介质中的选择性溶解，从而造成了不锈钢晶间腐蚀，因而检测这种类型的腐蚀也必须使用强氧化性的 65% 沸腾硝酸，以使不锈钢腐蚀电位达到过钝化区。

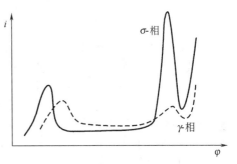

图 5-13　不锈钢中 γ-相和 σ-相的阳极极化曲线

另外若在晶界上有杂质元素 P、Si 等的晶界偏析，也能够产生晶间腐蚀。实验表明，当固溶体中含有的 P 杂质浓度达到 100mg/kg 或 Si 杂质浓度达到 $1000\sim2000mg/kg$ 时，这些杂质在高温时会在晶界偏析。它们在强氧化性介质中溶解，导致晶界选择性的晶间腐蚀。如果钢材经过敏化处理，晶间腐蚀敏感性反而降低，这就是由于碳和磷生成磷的碳化物，或由于碳的首先偏析，限制了磷向晶界的扩散，减轻杂质在晶界上的偏析，因而消除或减弱了钢材对晶间腐蚀的敏感性。

上述两种晶间腐蚀理论并不矛盾，它们各自适用于一定的合金组织状态和介质条件。贫化理论适用于氧化性或弱氧化性介质；σ-相选择溶解理论适用于强氧化性介质，金相中有 σ-相的高铬、高钼不锈钢；晶界区杂质选择溶解理论适用于强氧化性介质条件。

5.4.3 影响晶间腐蚀的因素

5.4.3.1 加热温度与时间的影响

图 5-14 表示 Cr18Ni9 钢晶界 $Cr_{23}C_6$ 沉淀与晶间腐蚀之间的关系。由图得知，晶间腐蚀的曲线呈 C 形。这是由于在高温下，铬的扩散速度增大，或者回火时间长，铬的扩散最终能够使其在晶粒和晶界上浓度平均化，这样都可消除晶间腐蚀敏感性。晶界沉淀和晶间腐蚀曲线并不重合，在低温下两者重合得较好，在高温时则有较大差异。这是由于在高温时析出的碳化物是孤立的颗粒，而且高温下 Cr 也易扩散，即使有碳化物沉淀也不易产生晶间腐蚀倾向。在中间的敏化温度范围内，则容易析出连续的、网状的碳化物，故晶间腐蚀敏感性大。而低于敏化温度时，Cr 与 C 的扩散速度随温度的降低而变慢，需要更长的时间才能产生碳化物而析出，故而敏感性较低。

晶间腐蚀倾向与加热温度和时间关系的曲线，也叫做温度-时间-敏化图（TTS 曲线）。利用 TTS 曲线，对制定正确的不锈钢热处理制度及焊接工艺、避免产生晶间腐蚀倾向、研究冶金因素对晶间腐蚀倾向的影响等有很大帮助。

5.4.3.2 合金成分的影响

奥氏体不锈钢中含碳量愈高，晶间腐蚀倾向愈严重，不仅产生晶间腐蚀倾向，而且使

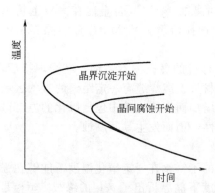

图 5-14　Cr18Ni9 钢晶界 $Cr_{23}C_6$ 沉淀
与晶间腐蚀的关系

TTS 曲线中的温度和时间范围扩大，增加晶间腐蚀敏感性；Cr、Mo 含量增高，有利于减弱晶间腐蚀倾向；Ni、Si 等不形成碳化物的元素可促进碳的扩散及碳化物析出；Ti 和 Nb 可以在高温时形成稳定的碳化物 TiC 和 NbC，从而大大降低了钢中的固溶碳量，使铬的碳化物难以析出。

5.4.4　防止晶间腐蚀的措施

（1）降低含碳量　降低固溶体的含碳量，可以减少碳化铬的形成和沿晶界的析出，从根本上降低晶间腐蚀的敏感性，如采用超低碳不锈钢（碳含量小于 0.03％）。

（2）添加合金元素　加入与碳亲和力大的元素，如 Ti、Nb 等，它们能够和钢中的碳生成 TiC 及 NbC，极其稳定，能够抑制固溶体中碳向晶界的扩散。但需要经过稳定化处理，即把含 Ti、Nb 的钢加热到 850～900℃，保温数小时，使 $Cr_{23}C_6$ 沉淀中的碳充分转变生成 TiC、NbC。

（3）进行合理的热处理　对于奥氏体不锈钢，要在 1050～1100℃进行固溶处理，使析出的碳化物溶解，快速冷却，能够使碳化物不析出或少析出。对于铁素体不锈钢，可以在 700～800℃进行退火处理，对含 Ti、Nb 的钢要进行稳定化处理。

（4）调整钢的成分　改变化学成分，使奥氏体钢中存在少量的铁素体，构成双相钢，能够有效抵抗晶间腐蚀。由于铁素体在钢中大多沿晶界形成，含铬量高，因而在敏化温度区间不至于产生严重的贫化。

5.5　应力作用下的局部腐蚀

金属材料在使用过程中，通常是在各种应力与腐蚀介质的共同作用下工作的，因此导致的腐蚀称为应力作用下的局部腐蚀，它既不同于没有应力作用下的纯腐蚀，也不同于没有腐蚀介质中发生的纯的力学断裂。腐蚀介质和机械应力的共同作用并不是简单的叠加作用，而是一个互相促进的过程，这两个因素的共同作用远远超过单个因素作用后简单加和的作用，能够使金属产生严重的局部腐蚀，金属材料可以在远远低于材料的屈服强度或抗拉强度的条件下发生突然的、没有预兆的腐蚀破坏。根据金属受力状态的不同，如拉伸应力、交变应力、摩擦力以及振动力等，与环境介质共同作用，可造成金属材料的不同腐蚀形态，如应力腐蚀开裂、氢致开裂、腐蚀疲劳、冲刷腐蚀、腐蚀磨损以及摩振腐蚀等。在材料断裂学科中，通常把这些由化学环境因素引起的开裂或断裂过程称为环境断裂。

5.5.1　应力腐蚀开裂

5.5.1.1　概述

应力腐蚀开裂是指受固定拉伸应力作用的金属材料在某些特定的腐蚀介质中，由于腐蚀介质与应力的协同作用而发生的脆性断裂现象，英文简称 SCC（Stress Corrosion Cracking）。一般情况下，金属的大多数表面未受到破坏，但一些细小的裂纹已贯穿到材料的内部，因为这种细微裂纹检测非常困难，而且其破坏也很难被预测，往往在整体材料全面腐蚀量极小的情况下，发生不可预见的突然开裂，因此 SCC 被归为灾难性的局部腐蚀类型。应力腐蚀开裂的发生发展过程一般是：构件表面产生裂纹源，并随着时间的延长做缓慢的亚临界扩展，经过较长时间，当裂纹扩大到临界尺寸时产生快速断裂，具有裂纹形成较慢、断裂较快的特点，这种类型的断裂一般被称为延滞断裂。应力腐蚀裂纹主要特点是：裂纹起源于表面；裂纹的长宽不成比例，相差几个数量级；裂纹扩展方向一般垂直于主拉伸应力的方向；裂纹一般呈树枝状。断口呈脆性断裂形貌，在微观组织上，这些裂纹呈晶间或穿晶发展的结构，断口的裂纹源及亚临界扩展区因介质的腐蚀作用呈黑色或灰黑色。沿晶应力腐蚀断口具有冰糖状形貌，还能观察到二次沿晶裂纹特征，在晶界有较多腐蚀坑。穿晶应力腐蚀断口上常可观察到河流状花样和羽毛状花样，也可观察到腐蚀坑。

通过对黄铜的氨脆、锅炉钢的碱脆、低碳钢的硝脆、奥氏体不锈钢的氯脆等应力腐蚀开裂现象的研究，总结出产生应力腐蚀开裂需具备三个基本条件，即敏感材料、特定环境和拉伸应力，而且它们具有如下一些共同的特征。

① 每种合金的应力腐蚀开裂只是对某些待定的介质敏感，而在其他的介质中可能就不会发生应力腐蚀开裂的现象。表 5-2 列出了一些发生 SCC 的合金环境体系组合。

表 5-2　发生 SCC 的合金环境体系组合

合　　金	腐　蚀　介　质
低碳钢	热硝酸盐溶液、碳酸盐溶液、过氧化氢
碳钢和低合金钢	氢氧化钠、三氯化铁溶液、氢氰酸、沸腾的 42% 氯化镁溶液、海水
高强度钢	蒸馏水、湿大气、氯化物溶液、硫化氢
奥氏体不锈钢	氯化物溶液、高温高压含氧高纯水、海水、F^-、Br^-、$NaOH-H_2S$ 水溶液
铜合金	氨蒸气、汞盐溶液、含 SO_2 大气、氨溶液、三氯化铁、硝酸溶液
镍合金	氢氧化钠溶液、高纯水蒸气
铝合金	氯化钠水溶液、海水、水蒸气、含 SO_2 大气、熔融氯化钠、含 Br^-、I^- 水溶液
镁合金	硝酸、氢氧化钠、氢氟酸溶液、蒸馏水、海洋大气、SO_2-CO_2 湿空气、$NaCl-K_2CrO_4$ 溶液
钛合金	含 Cl^-、Br^-、I^- 水溶液、N_2O_4、甲醇、三氯乙烯、有机酸

② 发生应力腐蚀开裂必须要有应力存在，特别是拉伸应力。拉伸应力越大，则断裂所需时间越短。断裂所需应力一般都低于材料的屈服强度。轧制、喷丸、球磨等工艺引起的压应力的作用反而可能降低应力腐蚀的趋势，但也有研究者认为，在某些情况下压应力也能产生应力腐蚀裂纹，但发生的应力腐蚀开裂绝大多数都是由拉应力造成的。

引起应力腐蚀开裂的应力来源有以下几个方面。首先是工作应力，是设备或结构在使用条件下外加载荷引起的应力。其次是残余应力，即金属设备或结构在生产、制造、加工过程中材料内残留的应力，如铸造、热处理、冷热加工变形、焊接、切削加工、安装与装配、表面处理以及电镀等工艺导致的热应力、相变应力、形变应力等。再次是闭塞的裂纹内的腐蚀产物因其体积效应，可在垂直裂纹面方向产生很大的楔入应力。这些类型的应力是可以代数叠加的，总的净应力便是应力腐蚀的推动力。

③ 应力腐蚀开裂是一种典型的滞后破坏，腐蚀裂纹要在固定拉伸应力与环境介质共同作用下，并经过一定的时间才能形成、发展和断裂。整个破坏过程可分成孕育期、裂纹扩展期、快速断裂期三个阶段。孕育期——裂纹萌生阶段，是裂纹源成核所需的时间，约占整个时间的 90% 左右；裂纹扩展期——裂纹成核后直至发展到临界尺寸所经历的时间；快速断裂期——裂纹达到临界尺寸后，由于纯力学作用，裂纹失稳瞬间断裂。

随着金属或合金所承受的张应力的增加，由应力腐蚀开裂引起的断裂时间通常会缩短。整个断裂时间与材料、环境、应力有关，短的几分钟，长的可达数年之久。在材料、环境一定的条件下，随应力降低，断裂时间延长，外加应力与破裂时间的关系曲线见图 5-15。在大多数腐蚀体系中存在一个门槛应力或临界应力，低于这一临界值，则不发生应力腐蚀开裂，在有裂纹和蚀坑的条件下，应力腐蚀破裂过程只有裂纹扩展和失稳快速断裂两个阶段。应力腐蚀裂纹扩展速度一般为 $10^{-8} \sim 10^{-6}$ m/s，远大于没有应力时的均匀腐蚀速度，但又

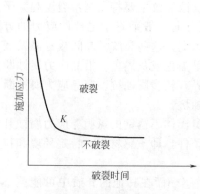

图 5-15 外加应力与破裂
时间的关系曲线
K—门槛应力或临界应力

远远小于单纯机械断裂速度。

5.5.1.2 应力腐蚀机理

由于金属发生应力腐蚀开裂的因素非常复杂，研究的理论涉及电化学、断裂力学、冶金学等几个学科方向，因此诸多研究者提出很多种机理来解释应力腐蚀开裂现象，但迄今还没有得到被公认的统一的机理，下面主要介绍普遍被接受的阳极快速溶解理论。

阳极溶解型机理认为，在发生应力腐蚀的环境里，金属通常是被钝化膜覆盖，不与腐蚀介质直接接触，只有钝化膜遭受局部破坏后，裂纹才能形核，并在应力作用下裂纹尖端沿某一择优路径定向活化溶解，导致裂纹扩展，最终发生断裂。因此，应力腐蚀经历了膜破裂、溶解、断裂这三个阶段。

① 膜局部破裂导致裂纹核心的形成 表面膜因电化学作用或机械作用发生局部破坏，使裂纹形核，另外也可以通过点蚀、晶间腐蚀等诱发应力腐蚀裂纹而形核。若腐蚀电位比点蚀电位更正，则局部的膜被击穿，形成点蚀，在应力作用下从点蚀坑的根部诱发出应力腐蚀裂纹。在不发生点蚀的情况下，若腐蚀电位处于活化-钝化或钝化-过钝化这样一些过渡电位区间，由于钝化膜处于不稳定状态，应力腐蚀裂纹容易在较薄弱的部位形核，如在晶界化学成分差异处引起晶间腐蚀。

应力腐蚀进行要满足的条件是，金属在所处介质中的溶解必须是热力学上可能的，同时生成的保护膜必须是热力学上稳定的，这样裂纹尖端才能不断溶解，而裂纹侧壁保持钝化，保证裂纹向前发展。如不锈钢等能形成钝化膜金属的穿晶应力腐蚀很可能在活化-钝化过渡区和钝化-过钝化区进行，即图 5-16 中用虚线表示的电位区间，在这些区域，金属及合金钝化态和活化态的腐蚀速度相差很大，在活化-钝化过渡区和钝化-过钝化区过渡区，材料处于活化腐蚀和钝化的过渡阶段，这就满足了裂纹壁成膜和裂纹尖端溶解可同时进行的条件，因而在活化-钝化过渡区以及钝化-过钝化区的很狭电位区内容易发生应力腐蚀开裂。以上的分析可以解释为什么某种介质与某种材料组合更容易发生 SCC 的特殊现象。

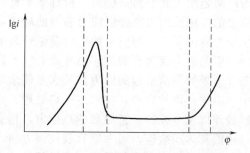

图 5-16 应力腐蚀断裂的电位区间

② 裂尖定向快速溶解导致裂纹扩展 只有在裂纹形核后裂尖才高速溶解，而裂纹壁保持钝态的情况下，裂纹才能不断地扩展。裂纹的特殊几何条件构成了一个闭塞区，存在着裂尖快速溶解的电化学条件，而应力与材料为快速溶解提供了择优腐蚀的途径。裂纹一旦形成，裂纹尖端附近的应变集中强化了裂纹尖端的溶解，其原因可能是裂尖局部塑性区出现了极多的化学活性点，或降低了溶解的活化能，即应变产生活性溶解途径。显微观察证实，裂纹出现瞬间高的位错密度，大量位错沿滑移面连续到达裂纹尖端，并可因位错中心固有的化学活性和载运来的杂质原子而快速溶解。裂纹的两侧则受到钝化膜的保护，随着裂纹尖端的快速溶解和向前推进，裂纹两侧的金属将重新发生钝化。有资料报道，裂尖的电流密度要比裂纹两侧的高 10^4 倍。不仅裂尖的塑性变形加速了阳极溶解，而且裂尖的阳极溶解又有利于位错的发射、增殖和运动，促进了裂尖局部塑性变形，使应变进一步集中。这样裂纹就不断地向深处扩展，最终导致金属断面的破裂。

88

5.5.1.3 防止应力腐蚀开裂的措施

由于应力腐蚀涉及到环境、应力、材料三个方面，因而防止应力腐蚀也应从这三个方面来考虑。

① 控制环境 每种合金都有其敏感的腐蚀介质，尽量减少和控制这些有害介质的数量；控制环境温度，如降低温度有利于减轻应力腐蚀；降低介质的氧含量及升高 pH 值；添加适当的缓蚀剂，如在油田气中可以加入吡啶；使用有机涂层可将材料表面与环境隔离，或使用对环境不敏感的金属作为敏感材料的镀层等。

② 控制应力 首先应该改进结构设计。在设计时应按照断裂力学进行结构设计，避免或减小局部应力集中的结构形式；其次进行消除应力处理。在加工、制造、装配中应尽量避免产生较大的残余应力，并可采取热处理、低温应力松弛法、过变形法、喷丸处理等方法消除应力。

③ 改善材质 首先是合理选材。在满足性能、成本等的要求下，结合具体的使用环境，尽量选择在该环境中尚未发生过应力腐蚀开裂的材料，或对现有可供选择的材料进行试验筛选，应避免金属或合金在易发生应力腐蚀的环境介质中使用。其次开发新型耐应力腐蚀合金。还可以采用冶金新工艺减少材料中的杂质、提高纯度或通过热处理改变组织、消除有害物质的偏析、细化晶粒等方法，都能减少材料的应力腐蚀敏感性。

④ 电化学保护 金属或合金发生 SCC 和电位有关，有的金属/腐蚀体系存在临界破裂电位，有的存在敏感电位范围。例如，对于发生在两个敏感的电位区间的 SCC，可以进行阴极或阳极保护防止应力腐蚀。但注意的是，某些合金的 SCC 与氢脆相关，阴极保护电位不能低于析氢电位。

5.5.2 氢损伤

5.5.2.1 概述

氢损伤是指金属中由于含有氢或金属中的某些成分与氢反应，从而使金属材料的力学性能变坏的现象。氢损伤导致金属材料的韧性和塑性性能下降，易使材料开裂或脆断。氢损伤与氢脆的含义是不一样的，氢脆主要涉及金属材料脆性增加，韧性下降，而氢损伤含义要广泛得多，除涉及韧性降低、开裂外，还包括金属的其他物理性能下降。

根据氢引起金属破坏的条件、机理和形态，氢损伤可分为氢鼓泡、氢脆、氢腐蚀三类。氢鼓泡是由于氢进入金属内部而使金属局部变形，严重时金属结构完全破坏。氢脆是由于氢进入金属内部而引起韧性和抗拉强度下降。氢腐蚀是指高温下合金中的组分与氢反应，如含氧铜在氢作用下的碎裂，含碳钢的脱碳造成机械强度下降。

氢损伤是氢与材料交互作用引起的一种现象。氢的来源可分内氢和外氢两个方面。内氢是指冶炼、铸造、热处理、酸洗、电镀、焊接等工艺过程中引入的氢。外氢或环境氢是指材料本身氢含量很小，但使用中或试验中从能提供氢的环境吸收的氢，如与含氢的介质（H_2、H_2S）接触或处在腐蚀或应力腐蚀过程中，若存在氢还原的阴极反应，部分氢原子也会进入金属中。由于氢和金属的交互作用，氢可以以 H、H^+、H^-、H_2、金属氢化物、固溶体化合物、碳氢化合物（如 CH_4 气体）、氢气团等多种形式存在。氢在金属中的分布是不均匀的，易于在应力集中的位错、裂纹尖端等应力集中的缺陷区域扩散和富集。

5.5.2.2 氢损伤机理

关于金属材料的氢损伤机理的理论较多，但是各具特点，且均存在局限性。下面简要介绍氢脆、氢鼓泡及氢腐蚀的机理。

① 氢脆机理 氢脆是指由于氢扩散到金属中以固溶态存在或生成氢化物而导致材料断裂的现象。氢脆机理，大多数认为是溶解氢对位错滑移的干扰。这种滑移干扰可能是由于氢

集结在位错或显微空穴的附近，但是精确的机理仍然没有搞清楚。原子氢与位错的交互作用理论（氢钉扎理论）认为：因各种原因进入金属内部的氢原子存在于点阵的空隙处，在应力的作用下，氢原子会向缺陷或裂纹前线的应力集中区扩散，阻碍了该地区的位错运动，从而造成局部加工硬化，提高了金属抵抗塑性变形的能力，也叫做氢钉扎理论。因此，在外力作用下，能量只能通过裂纹扩展释放，故氢的存在加速了裂纹的扩展。

② 氢鼓泡机理　氢鼓泡是指过饱和的氢原子在缺陷位置析出后，形成氢分子，在局部区域造成高氢压。引起表面鼓泡或形成内部裂纹，使钢材撕裂开来的现象，称为氢诱发开裂或氢鼓泡。

由于腐蚀反应或阴极保护，氢在内表面析出，有许多氢扩散通过钢壁，在外表面氢原子结合成氢分子。而有一定浓度的氢原子扩散到一个空穴内，结合成氢分子。因为氢分子不能在空穴内向外扩散，导致空穴内的氢浓度和压力上升。当钢中氢浓度达到某个临界值时，氢压足以诱发裂纹，在氢源不断向裂纹中提供 H_2 的情况下，裂纹不断扩展。

③ 氢腐蚀机理　氢腐蚀是指在高温高压条件下，氢进入金属，发生合金组分与氢的化学反应，生成氢化物等，从而导致合金强度下降，发生沿晶界开裂的现象。

氢腐蚀中伴随着化学反应。如含氧铜与氢原子反应，生成水分子高压气体；又如，碳钢中渗碳体与氢原子反应，生成甲烷高压气体。

$$2H + Cu_2O \longrightarrow 2Cu + H_2O$$
$$4H + Fe_3C \longrightarrow 3Fe + CH_4$$

在高温高压含氢条件下，氢分子扩散到钢的表面，并产生物理吸附，被吸附的部分氢分子转变为氢原子，并经化学吸附。然后直径很小的氢原子会通过晶格和晶界向钢内扩散。固溶的氢与渗碳体反应生成甲烷，甲烷在钢中扩散能力很低，聚集在晶界原有的微观空隙内。反应进行过程中，降低了该区域的碳浓度，其他位置上的碳通过扩散给予不断补充。这样甲烷量不断增多，形成局部高压，造成应力集中，使该处发展为裂纹，当气泡在晶界上达到一定压力后，造成沿晶开裂和脆化。

5.5.2.3　影响氢损伤的因素

(1) 氢含量影响　氢含量增加，氢损伤敏感性加大，钢的临界应力下降，延伸率减小。当 H_2 中含有适量 O_2、CO、CO_2 时，将会大大抑制氢损伤滞后开裂过程，因为钢表面吸附这些物质分子将会造成对氢原子的竞争吸附，阻止了对氢吸附。

(2) 温度的影响　随着温度的升高，氢的扩散加快，使钢中含氢量下降，氢脆敏感性降低，当温度高于 $65℃$ 时，一般就不易产生氢脆了。当温度过低，氢在钢中的扩散速度大大降低，也使氢脆敏感性下降，故氢脆一般在 $-30 \sim 30℃$ 范围易于产生。但对于氢损伤，如氢与合金中成分的反应如脱碳过程，则必须在高温高压下才会发生，这是由于高温下化学反应活化能会降低。

(3) 溶液 pH 值的影响　酸性条件能够加速氢的腐蚀，随着 pH 值的降低，断裂时间缩短，当 pH >9 时，则不易发生断裂。

(4) 合金成分的影响　一般 Cr、Mo、W、Ti、V、Nb 等元素，能够和碳形成碳化物，因此可以细化晶粒，提高钢的韧性，对降低氢损伤敏感性是有利的。而 Mn 能够使临界断裂应力值降低，故加入钢中是有害的。

5.5.2.4　氢损伤的控制措施

(1) 选用耐氢脆合金　通过调节合金成分和热处理可获得耐氢脆的金属材料。例如最易产生氢脆的材料是高强钢，在合金中加入镍或钼可减小氢脆敏感性。合金中加入 Cr、Al、Mo 等元素则会在钢表面形成致密的保护膜，阻止氢向钢内扩散，加入少量低氢过电位金属Pt、Pd 和 Cu 等，能使吸附氢原子并很快形成氢分子逸出。加入 Ti、B、V 和 Nb 等碳化物稳定性元素，将促使钢中的碳形成稳定碳化物，降低钢中 CH_4 的生成率。采用含 Cu 的钢，则在含有 H_2S 水介质中形成致密的 CuS 产物，降低氢诱发开裂倾向。马氏体钢对氢裂特别敏感，如果将马氏体结构改变为珠光体结构，则氢裂敏感性降低。碳钢经过热处理后生成球化的碳结构，对氢裂有较高的稳定性。

（2）添加缓蚀剂或抑制剂　在水溶液中一般采取加入缓蚀剂的方法，抑制钢中氢的吸收量，减小腐蚀率和氢离子还原速度。例如在酸洗时，应在酸洗液中加入微量锡盐，由于锡在金属表面的析出，阻碍了原子氢的生成和渗入金属。在气态氢中，一般加入氧作为抑制剂，由于氧的加入，氧原子优先在裂纹尖端吸附，生成了具有保护性的膜，从而阻止了氢向金属内部的扩散。

（3）合理的加工和焊接工艺　可以通过改善冶炼、热处理、焊接、电镀、酸洗等工艺条件，以减小带入的氢量。例如工业上常常采用烘烤除氢的方法恢复钢材的力学性能。采用真空冶炼、真空重熔、真空脱气、真空浇注等冶金新工艺，提高材质，避免氢的带入，改善高强钢滞后断裂的敏感性。焊接时采用低氢焊条，并保持干燥条件进行焊接。电镀时使用低氢脆工艺，提高电镀的电流效率，减少氢的析出，对高强度钢采用合金电镀、离子镀和真空镀等。酸洗时合理选用缓蚀剂、减小腐蚀率。

5.5.3　腐蚀疲劳

5.5.3.1　概述

机械部件在使用过程都会遇到疲劳的问题，若是由于腐蚀介质而引起的疲劳性能的降低，则称为腐蚀疲劳。它是指在循环应力与腐蚀介质联合作用下发生的开裂现象，是疲劳的一种特例。

腐蚀疲劳的疲劳曲线（S-N 曲线）与一般力学疲劳的疲劳曲线形状有所不同，如图 5-17所示，腐蚀疲劳曲线比纯力学疲劳曲线的位置低，尤其在低应力、高循环次数下曲线的位置更低。纯的力学疲劳有疲劳极限，只有在疲劳极限以上的应力才产生疲劳破裂，而在腐蚀介质中很难找到真正的疲劳极限，只要循环次数足够大，腐蚀疲劳将会在任何应力下发生。在循环应力作用下通常能起阻滞作用的腐蚀产物膜很容易遭受破坏，使新鲜金属表面不断暴露。

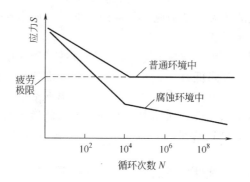

图 5-17　钢的腐蚀疲劳曲线与一般力学疲劳曲线的区别

在工程技术上腐蚀疲劳是造成安全设计的金属结构发生突然破坏的最经常原因。例如，由于油井盐水的腐蚀作用，使从地下抽油的钢制油井活塞杆只有很短的使用寿命。船用螺旋桨、矿山上用的牵引钢丝绳、汽车弹簧、内燃机连杆、汽轮机转子、转盘等都会发生腐蚀疲劳。另外，在化学工业、原子能工业、宇航工业中也都会发生。由此可见腐蚀疲劳的巨大危害性。

纯力学疲劳破坏的特征为断面大部分是光滑的，少部分是粗糙面，断面呈现出一些结晶形状，部分呈脆性断裂，裂纹两侧断面相互摩擦而呈光亮状。腐蚀疲劳破坏的金属内表面，大部分面积被腐蚀产物所覆盖，少部分呈粗糙碎裂区，裂纹两侧断口由于有腐蚀产物而发暗。其断面常常带有纯力学疲劳的某些特点，断口多呈贝壳状或有疲劳纹，除了最终造成断裂的一条裂纹外，还存在着大量的裂纹。除铅和锡外，其他金属的腐蚀疲劳裂纹都贯穿晶粒，而且只有主干，没有分支，裂纹尖端较钝。

腐蚀疲劳和应力腐蚀开裂所产生的破坏有许多相似之处，但也有不同之处。腐蚀疲劳裂纹虽也多呈穿晶形式，但除主干外，一般很少再有明显的分支。此外，这两种腐蚀破坏在产生条件上也很不相同。例如，纯金属一般很少发生应力腐蚀开裂，但是会发生腐蚀疲劳，应力腐蚀开裂只有在特定的介质中才出现，而引起腐蚀疲劳的环境是多种多样的，不受介质中特定离子的限制。应力腐蚀开裂需要在临界值以上的净拉伸应力或低交变速度的动应力下才能产生，而腐蚀疲劳在交变应力下发生，在净应力下却不能发生。在腐蚀电化学行为上两者差别更大，应力腐蚀开裂大多发生在钝化-活化过渡区或钝化-过钝化区，在活化区则难以发生，但腐蚀疲劳在活化区和钝化区都能发生。

5.5.3.2　腐蚀疲劳机理

腐蚀疲劳的交变应力如何诱发腐蚀疲劳裂纹有很多机理，下面介绍一下 T. Pyle 的由滑移台阶的溶解而促进腐蚀疲劳裂纹形成的模型。腐蚀疲劳的全过程包括疲劳源的形成、疲劳裂纹的扩展和断裂破坏。在循环应力作用下，金属内部晶粒发生相对滑移，腐蚀环境使滑移台阶处金属发生活性溶解，促使塑性变形。图 5-18 是腐蚀疲劳裂纹的形成过程示意。在腐蚀介质中预先生成点蚀坑（疲劳源）是发生腐蚀疲劳的必要条件，在应力作用下点蚀坑处优先发生滑移，形成滑移台阶，滑移台阶上发生金属阳极溶解，在反方向应力的作用下金属表面上形成初始裂纹。腐蚀疲劳裂纹的扩展速度随疲劳应力强度因子的变化而越来越快，当最大交变应力强度因子接近材料的断裂韧性值时，裂纹的扩展速度随应力强度因子的增高而迅速增大，直至失稳断裂。

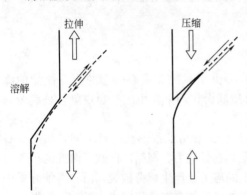

图 5-18　腐蚀疲劳裂纹形成过程示意

5.5.3.3　影响腐蚀疲劳的因素

（1）力学因素的影响　应力交变速度越大，则裂纹的扩展速度越慢，金属可以经受更长的应力循环。当应力交变速度降低时，一般使裂纹扩展速度加快，因为在较低频率裂纹与腐蚀介质接触的时间变长。当应力交变速度极低时，则要看是否存在应力腐蚀开裂的敏感性，此时可能腐蚀疲劳和应力腐蚀开裂共同作用。另外应力的波形也对腐蚀疲劳有影响，正脉冲波和负锯齿波对耐腐蚀疲劳性能影响小，而三角波、正弦波和正锯齿波对耐腐蚀疲劳性能有害。

（2）材料因素的影响　耐蚀性较高的金属对腐蚀疲劳的敏感性较小，耐蚀性较差的金属对腐蚀疲劳的敏感性较大。因而，如果添加的合金元素能提高材料耐蚀性，则对耐腐蚀疲劳有益处。

（3）环境因素的影响　一般来说，随温度升高，材料的耐腐蚀疲劳性能下降，而对纯疲劳性能影响较小。介质的腐蚀性越强，腐蚀疲劳强度越低，但腐蚀性过强时，形成疲劳裂纹的可能性减少，反而使裂纹扩展速度下降。对于 pH 值的影响，一般在较低 pH 值时，疲劳寿命较低，随 pH 值加大，疲劳寿命逐渐增加，当 pH>12 时，则已与纯疲劳寿命相同。对于可钝化金属，添加氧化剂可以提高腐蚀疲劳强度；对于非可钝化金属，则在水溶液中除氧处理可以提高金属的腐蚀疲劳强度。

92

（4）外加极化因素的影响　阴极极化可使裂纹扩展速度明显降低，甚至接近空气中的疲劳强度，但阴极极化进入析氢电位区后，对高强钢的腐蚀疲劳性能会产生有害作用。对处于活化态的碳钢而言，阳极极化加速腐蚀疲劳，但对在能够钝化的不锈钢来说，阳极极化可提高腐蚀疲劳强度。

5.5.3.4　防止腐蚀疲劳的措施

（1）选用较耐蚀材料，提高表面光洁度，避免形成缝隙。如选用蒙乃尔合金以及不锈钢等。

（2）通过表面涂层和镀层改善材料的耐腐蚀性，可以改善材料的耐腐蚀疲劳性能。如镀锌钢材在海水中的疲劳寿命显著延长。

（3）电化学保护。例如对碳钢可实行阴极保护，对不锈钢可实行阳极保护。

（4）通过氮化、喷丸和表面淬火等表面硬化处理，使压应力作用于材料表面，对提高材料抗腐蚀疲劳性能有益。

（5）使用缓蚀剂进行保护。例如，添加重铝酸盐可以提高碳钢在盐水中的耐腐蚀疲劳能力。

5.5.4　磨损腐蚀

5.5.4.1　概述

磨损腐蚀是指，在腐蚀介质的电化学腐蚀作用以及电解质与腐蚀表面间的相对运动的力学作用的共同作用下，造成腐蚀加速的现象。由于电解质和腐蚀金属表面存在机械磨损和磨耗作用的高速运动，因此能够使金属比处于单独的电化学腐蚀时的腐蚀严重得多。工业生产中的设备和构件，如船舶的螺旋桨推进器，磷肥生产中的料浆泵叶轮，热交换器的入口管、弯管、弯头及其他的管道系统等，都会在工作过程中遭受不同程度的磨损腐蚀。磨损腐蚀特别容易发生在诸如管道（特别是弯头和接口）、阀、泵、喷嘴、热交换器、涡轮机叶片、挡板和粉碎机等部位。冲击腐蚀和空泡腐蚀是磨损腐蚀的特殊形式，造成冲击磨蚀损坏的流动介质包括气体、水溶液体系（特别是含有固体颗粒、气泡的液体）。当流体的运动速度加快，同时又存在机械磨耗或磨损的作用下，金属以水化离子的形式溶解进入溶液，这与纯机械力的破坏作用下，金属以粉末形式脱落是不同的。

5.5.4.2　几种磨损腐蚀的形式

常见的磨损腐蚀有湍流腐蚀、空泡腐蚀和摩振腐蚀等三种腐蚀形式。

① 湍流腐蚀　许多磨损腐蚀的产生是由于流体从层流转为湍流造成的，湍流使金属表面液体的搅动比层流时更为剧烈，结果使金属与介质的接触更为频繁，湍流不仅加速了腐蚀剂的供应和腐蚀产物的迁移，而且也附加了一个液体对金属表面的切应力。这个切应力很容易将腐蚀产生的腐蚀产物从金属表面剥离，并让流体带走，露出新鲜的活性金属基体表面，在腐蚀介质的电化学腐蚀作用下，腐蚀加剧。磨损腐蚀的外表特征是光滑的金属表面上呈现出带有方向性的槽、沟和山谷形，而且一般按流体的流动方向切入金属表面层，见图5-19的湍流腐蚀示意中的腐蚀形态。如果流体中含有气泡或固体颗粒，还会使切应力的力矩得到加强，使金属表面磨损腐蚀更加严重。

湍流腐蚀大都发生在设备或部件的某些特定部位，介质流速急剧增大形成湍流。构成湍流腐蚀除流体速度较大外，构件形状的不规则也是引起湍流的一个重要条件。如泵叶轮、蒸汽透平机的叶片等构件就是形成湍流的典型不规则的几何构型。在输送流体的管道内，流体按水平方向或垂直方向运动时，管壁的腐蚀是均匀减薄的，但在流体突然被迫改变方向的部位，如弯管、U形换热管等拐弯部位，其管壁就要比其他部位的管壁迅速减薄，甚至穿孔。

② 空泡腐蚀　空泡腐蚀是在高速流体和腐蚀的共同作用下产生的，如船舶螺旋桨推进

器，涡轮叶片和泵叶轮等这类构件中的高速冲击和压力突变的区域，最容易产生这种腐蚀。这种金属构件的几何外形未能满足流体力学的要求，使金属表面的局部地区产生涡流，在低压区引起溶解气体的析出或介质的汽化。这样接近金属表面的液体不断有蒸汽泡的形成和崩溃，而气泡破灭时产生冲击波，破坏金属表面保护膜，见图 5-20 的空泡腐蚀示意。通过试验计算，冲击波对金属施加的压力可达到 $14kg \cdot mm^2$，这个压力足以使金属发生塑性变形，在遭受空蚀的金属表面可观察到有滑移线出现。

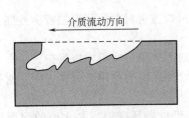

图 5-19 湍流腐蚀示意

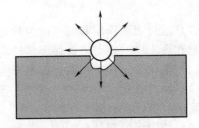

图 5-20 空泡腐蚀示意

③ 摩振腐蚀 摩振腐蚀又称振动腐蚀、微动腐蚀、摩擦氧化，是指两种金属或一种金属与另一种非金属材料在相接触的交界面上有载荷的条件下，发生微小的振动或往复运动而导致金属的破坏，见图 5-21 摩振腐蚀的示意。负荷和交界面的相对运动造成金属表面层上呈现麻点或沟纹，在这些麻点和沟纹周围充满着腐蚀产物。这类腐蚀大多数发生在大气条件下，腐蚀结果可使原来紧密配合的组件松散或卡住，腐蚀严重的部位往往容易发生腐蚀疲劳。在机械装置、螺栓组合件以及滚珠或滚柱轴承中容易出现这种腐蚀。

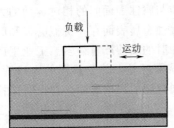

图 5-21 摩振腐蚀的示意

5.5.4.3 影响磨蚀的主要因素

（1）金属或合金的性质 金属或合金的化学成分、耐蚀性、硬度和冶金过程，都能影响这些材料在磨损腐蚀条件下的行为。总的来说，耐蚀性越好的材料，其抗磨损腐蚀性能也越好，这是因为金属表面有一层保护性较好的表面膜。所以，金属的抗磨蚀性能与表面膜的质量有很大关系。例如，使用中发现，18-8 型不锈钢的泵叶轮输送腐蚀性强的氧化性介质时，其使用寿命要比输送还原性介质长得多。其原因就在于，碳钢在氧化性介质中能够生成稳定的钝化膜，钝化膜损坏也容易得到修复；相反，在还原性介质所形成的表面膜性能很不稳定，膜损坏后也不易得到修复。另外在合金中加入第三种元素，常能增加抗磨蚀性能。如果在 18-8 型不锈钢中加入少量的钼，制成 316 不锈钢，由于合金表面生成了更稳定的钝化膜，抗磨蚀性能将有明显的提高。铜镍合金中加入少量的铁后，其在海水中的抗磨蚀性能也会有所提高。

硬度是衡量金属机械性能的一项重要指标，也可用来判断抗机械磨损的性能。硬度高的合金，其抗磨性能优于硬度低的合金，但不一定耐蚀性也好。在设计合金成分时，只有兼顾硬度与耐蚀性两项指标，才能取得满意的效果。例如，将一种金属元素加到另一种金属元素中，只要能产生一种既耐腐蚀又有硬度的固溶体，就可达到目的。含硅 14.5% 的高硅铸铁，在铁被腐蚀后，剩下由石墨骨架和腐蚀产物组成的石墨化层，具有优良的抗磨蚀性能，是除贵金属以外耐蚀性最全面的合金，也是能用于许多严重磨损条件下的惟一合金。

（2）流速 介质的流速在磨损腐蚀中起重要作用。表 5-3 是海水的流速对各种金属腐蚀速度的影响情况。

表 5-3　海水的流速对各种金属腐蚀速度的影响情况

材　　料	不同流速下的典型腐蚀率/[mg/(dm² · 24h)]		
	0.305m/s	1.22m/s	8.23m/s
碳钢	34	72	254
铸铁	45	—	270
硅青铜	1	2	343
海军黄铜	2	20	170

表 5-3 中数据表明，增加流速对不同金属的腐蚀速度起不同的作用。在临界速度之前可能没有影响或上升很慢，当达到某一临界值时发生了破坏性腐蚀，当流速由 0.305m/s 增至 1.22m/s 时，影响不大，但是到达 8.23m/s 时，腐蚀严重。硅青铜和海军黄铜在流速不太大时，耐蚀性较好，达到高流速时，腐蚀也相当严重。随流速增大，它们的腐蚀速度增加了几倍到几十倍。而且，在某一临界流速前，腐蚀速度增长较慢，达到这个速度后，腐蚀速度大大加快。

5.5.4.4　磨损腐蚀的控制

（1）合理选材是解决多数磨损腐蚀破坏的经济方法，应针对具体使用条件，查阅有关手册资料进行选择。有些情况下要研制新的材料。

（2）合理设计也是控制磨蚀的重要手段，能使现用的或价格较低廉的材料大大延长寿命。例如，增大管径可减小流速，并保证层流；增大直径并使弯头流线型，可减少冲击作用；增加材料厚度可使易受破坏的地方得到加固。对于船舶的螺旋桨推进器，如果从设计上使其边缘呈圆形，就有可能避免或减缓空蚀。应避免流动方向的突然改变，能够导致湍流、流体阻力和障碍物的设计是不符合要求的。

（3）阴极保护。例如，可在冷凝器一端采用钢制花板，以对海水热交换器不锈钢管束的入口端提供阴极保护。

（4）表面处理。如对于空泡腐蚀来说，为了避免气泡形成的核心，应采用光洁度高的加工表面。对于摩振腐蚀来说，为了减小紧贴表面间的摩擦及排除氧的作用，应采用合适的润滑油脂，或者表面处理成加入了适当润滑剂的磷酸盐涂层。

5.6　选择性腐蚀

合金中某一成分或某一组织优先腐蚀，另一成分或组织不腐蚀或很少腐蚀，这种现象叫做选择性腐蚀。例如，黄铜脱锌、铝青铜脱铝等属于成分选择性腐蚀，灰口铸铁石墨化等属于组织选择性腐蚀。

5.6.1　组织选择性腐蚀

组织选择性腐蚀是指在多相合金在特定介质中，某一相优先发生腐蚀的现象，例如灰口铸铁的石墨化腐蚀。灰口铸铁中的石墨以网络状分布在铁素体组织内，在盐水、土壤或极稀的酸性等介质溶液中，铸铁中的石墨成为阴极，基体铁素体组织成为阳极，铁素体发生选择性腐蚀，而石墨沉积在铸铁的表面。铁素体被溶解后，基体中只剩下石墨和铁锈，成为石墨、孔隙和铁锈构成的多孔体。因此产生这种腐蚀时，灰口铸铁外形虽未变，但已经失去金属强度，很容易发生破损，故称做石墨化腐蚀。石墨化腐蚀是一个缓慢的过程。如果处于能使金属迅速腐蚀的环境中，则铸铁将发生整个表面的均匀腐蚀，而不是石墨化腐蚀。

另外一个常见的组织选择性腐蚀是 α+β 双相黄铜在酸溶液中的腐蚀。含 38%～47% 锌的黄铜是 α+β 双相黄铜，这种黄铜以 CuZn 金属间化合物为基体的固溶体。这类黄铜热加工性能好，多用于热交换器，但是含 Zn 量超过 35% 的 α+β 双相黄铜往往出现严重脱 Zn 腐蚀，β-相相对于 α-相的锌含量高，相对不耐蚀，优先腐蚀，即富 Zn 的 β-相先腐蚀脱锌，然后蔓延到 α-相脱锌。另外，在奥氏体-铁素体不锈钢在一定的介质条件下也发生组织选择性腐蚀。

从电化学原理来说，组织选择性腐蚀是由多相合金在恒电位下腐蚀时两相的溶解电流相差悬殊所致。多相合金的电化学腐蚀属于短路电池腐蚀，可看做完全极化体系，腐蚀时各相均极化到同一电位，故可以认为是恒电位下的腐蚀过程。

5.6.2 成分选择性腐蚀

5.6.2.1 概述

成分选择性腐蚀是指，单相合金腐蚀时固溶体中各成分不是按照合金成分的比例溶解，即相对不耐蚀的成分优先溶解。黄铜的脱锌就是这类腐蚀的典型的例子，此外还有青铜脱锡、Cu-Ni 合金脱镍、Ag-Au 合金脱银、Cu-Au 合金脱铜、Al-Ni 合金脱铝等。一种多元合金中较活泼组分的优先溶解过程是由化学成分的差异而引起的。多元合金在腐蚀介质中，电位较正的金属为阴极，电位较负的金属为阳极，构成腐蚀原电池，电位较正的金属保持稳定或重新沉淀，而电位较负的金属发生了溶解。

黄铜是 Cu 与 Zn 的合金。锌含量少于 15% 的黄铜称红铜，一般不产生脱锌腐蚀；含 Zn 30%～33% 的黄铜多用于制作弹壳。这两类黄铜都是 Zn 在 Cu 中的固溶体合金，因其含锌量较低称做 α 黄铜。加锌可提高铜的强度及耐磨损腐蚀的性能，但随锌含量的增加，脱锌腐蚀及应力腐蚀破裂将变得严重。黄铜脱锌有三种形态，如图 5-22 所示。第一种[图 5-22(a)]是均匀的层状脱锌腐蚀，腐蚀沿表面发展，但较均匀，多发生在处于酸性介质的含锌量较高的合金中；第二种 [图 5-22(b)] 是带状脱锌，腐蚀沿表面发展，但不均匀，呈条状；第三种 [图 5-22(c)] 是栓塞状脱锌，腐蚀在局部地点发生，向深处发展。此种形态易发生在处于中性、弱酸性介质的含 Zn 量较低的黄铜中，例如海水热交换器的黄铜材料经常发现存在这类脱锌腐蚀。

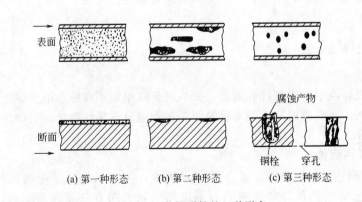

图 5-22 黄铜脱锌的三种形态

5.6.2.2 黄铜脱锌的机理

脱锌过程是一个复杂的电化学过程，而不是一个简单的活泼金属分离现象。研究者对脱锌机理的认识尚不一致，一般认为黄铜脱锌分三步：①黄铜溶解；②锌离子留在溶液中；③铜重新沉积到基体上。

脱锌反应为：

阳极反应
$$Zn \longrightarrow Zn^{2+} + 2e$$
$$Cu \longrightarrow Cu^+ + e$$

阴极反应
$$\frac{1}{2}O_2 + H_2O + 2e \longrightarrow 2OH^-$$

Zn^{2+} 留在溶液中，而 Cu^+ 迅速与溶液中氯化物作用，形成 Cu_2Cl_2，接着 Cu_2Cl_2 分解：
$$Cu_2Cl_2 \longrightarrow Cu + CuCl_2$$

这里的 Cu^{2+} 的析出电位比合金腐蚀电位高，所以 Cu^{2+} 参加阴极还原反应：
$$Cu^{2+} + 2e \longrightarrow Cu$$

因此 Cu 又沉淀到基体上，总的效果是黄铜中的锌发生了选择性溶解，而多孔状的铜则残留在基体中。

为了降低黄铜的脱锌腐蚀，往往在黄铜中加入砷元素。砷的作用是在合金表面形成保护膜，从而阻止铜的沉积。它能抑制中间产物 Cu_2Cl_2 的分解，降低了 Cu^{2+} 的浓度。α黄铜在氯化物中电位低于 Cu^{2+}/Cu 的电位，而高于 Cu_2^{2+}/Cu 的电位，即只有前者能被还原。因此，对于 α-黄铜的脱锌，必须先由 Cu_2Cl_2 形成 Cu^{2+} 中间产物，α-黄铜的脱锌过程才能发展下去。砷抑制了 Cu^{2+} 的产生，也就抑制了 α 黄铜的脱锌，加锑或磷也有同样效果。

5.6.2.3 防止黄铜脱锌的措施

（1）采用脱锌不敏感的合金。

例如，含 Zn 15% 的黄铜几乎不脱锌。在容易发生脱锌腐蚀的环境下，关键部件常采用锡镍合金（含 Cu 70%～90%、Ni 10%～30%）来制造。

（2）加入某些合金元素，改善黄铜耐选择性腐蚀性能。

通常是在黄铜中加入少量砷（0.04%），可有效地防止黄铜的脱锌。如含 Cu 70%、Zn 29%、Sn 1% 和 As 0.04% 的海军黄铜是抗脱锌腐蚀的优质合金。

习　　题

1. 比较局部腐蚀的全面腐蚀特征，发生局部腐蚀的原因是什么？两者在腐蚀控制上有何不同？

2. 什么是电偶腐蚀效应？什么是阴极保护作用？什么是差异效应？分别用腐蚀极化图说明。

3. 建立电偶序表有什么意义？阴阳极面积比对电偶腐蚀有什么影响？

4. 什么是点蚀？它的主要特征是什么？以奥氏体不锈钢在充气的氯化钠溶液中的点蚀来说明点蚀机理。

5. 什么叫点蚀击破电位和保护电位？二者与点腐蚀发生、发展有什么关系？影响点蚀的因素是什么？采取何种措施可以控制点蚀？

6. 缝隙腐蚀的特征是什么？以碳钢在海水中的缝隙腐蚀为例简要说明腐蚀机理。

7. 比较缝隙腐蚀和点腐蚀的异同。

8. 什么是丝状腐蚀？它有什么样的特征？简要说明丝状腐蚀的机理。

9. 晶间腐蚀有何特征？以奥氏体不锈钢为例说明晶间腐蚀的机理。铁素体不锈钢和不锈钢焊接所产生的晶间腐蚀的原理是什么？

10. 影响晶间腐蚀的主要因素有哪些？进行晶间腐蚀的控制可采用哪些措施？

11. 什么是应力腐蚀断裂？产生应力腐蚀的条件是什么？有何特征？

12. 影响应力腐蚀断裂的因素有哪些？采用何种措施可以控制应力腐蚀断裂？

13. 什么是氢损伤？有几种类型？影响氢损伤的因素是什么？对氢脆、氢鼓泡、脱炭、氢腐蚀的控制，可采取哪些措施？

14. 什么是腐蚀疲劳？腐蚀疲劳有什么样特征？腐蚀机理是什么？影响腐蚀疲劳有哪些因素？有何规律？采取哪些具体措施可控制腐蚀疲劳？

15. 什么是磨损腐蚀？它有几种特殊的破坏形式？发生这类腐蚀的条件是什么？针对湍流腐蚀、冲刷腐蚀、空泡腐蚀、摩振腐蚀应采取哪些具体措施进行腐蚀控制？

16. 什么是选择性腐蚀？包括哪两种类型？黄铜脱锌有哪三种特征？黄铜脱锌的机理是怎样的？采用什么措施控制黄铜脱锌？

第6章 自然环境中金属的腐蚀

金属腐蚀的发生发展总是和一定腐蚀介质相联系的。要了解金属腐蚀的基本规律并对腐蚀过程有效控制，必须对金属材料所处的介质环境有所了解。

导致金属发生腐蚀的介质环境有两类，一类是自然环境，如自然水、土壤、大气、微生物环境等；另一类是化工介质环境，如酸、碱、盐等溶液。绝大多数金属材料，如工农业生产机械、海港码头、海洋平台、交通车辆、武器装备、地下管道等，都在自然环境中使用，金属的自然环境腐蚀最普遍，造成的经济损失也最大。为了控制腐蚀，延长金属设备和构件的使用寿命，减少金属腐蚀造成的不必要的经济损失，有必要首先了解各种自然环境的腐蚀性，掌握金属材料在不同自然环境中的腐蚀特点和规律。

6.1 金属在自然水中的腐蚀

自然水包括淡水和海水。金属在二者中的腐蚀原理、影响因素有许多共同之处，但由于含盐量、成分等不同，两种水中的腐蚀特征尚有区别。

6.1.1 淡水中的腐蚀

淡水一般是指含盐量低于 0.3% 的天然水，主要来源于降雨、融雪或天然泉水，包括江河水、湖沼水和地下水。

江河水是地表流动的淡水，一般含盐量较低（见表 6-1），其成分和含盐量取决于江河流域的土壤环境；湖沼水同处于地表，但由于不流动，含盐量比江河水高；地下水是指埋藏在地面以下，存在于岩石和土壤的孔隙中可以流动的水体，含盐量相对较高。

表 6-1 世界河水溶解物的平均组成

溶解物	CO_3^{2-}	SO_4^{2-}	Cl^-	NO_3^-	Ca^{2+}	Mg^{2+}	Na^+	K^+	$(Fe,Al)_2O_3$	SiO_2	总计
含量/(mg/L)	28.3	11.2	7.8	1.0	15.0	4.1	6.3	2.3	0.96	13.1	90.06

与海水相比，淡水是一种含盐量低、水质条件多变的天然水。淡水中金属的腐蚀速度受水质环境因素的影响比较大，同一种金属材料在不同地区的淡水中，腐蚀速度会有较大的不同。

6.1.1.1 淡水腐蚀的特征

淡水以中性居多，在淡水中金属的腐蚀通常是以氧去极化为主的电化学腐蚀。以钢铁为例，其腐蚀反应方程式如下：

阳极反应 $$Fe - 2e \longrightarrow Fe^{2+}$$

阴极反应 $$\frac{1}{2}O_2 + H_2O + 2e \longrightarrow 2OH^-$$

溶液中总反应 $\qquad$ $Fe^{2+} + 2OH^- \longrightarrow Fe(OH)_2$

$Fe(OH)_2$ 可进一步氧化成 $Fe(OH)_3$，$Fe(OH)_3$ 则部分脱水生成铁锈。

由于氧向钢铁表面的扩散速度较慢，因此，静止淡水中钢铁的腐蚀过程主要受氧的扩散步骤控制。氧的存在是淡水中金属腐蚀的根本原因。纯水中如果不存在 O_2，钢铁一般不腐蚀。但是，通常天然水中总溶解有足够的氧，且表层水常被氧饱和，所以总能导致腐蚀的发生。

除电负性很高的镁在淡水中发生析氢腐蚀外，绝大多数金属和钢铁类似，在淡水中一般都发生受氧的扩散所控制的氧去极化腐蚀。

淡水作为腐蚀电解质的最大特点是含盐量低、导电性差（江河水的电导率约为 2×10^{-4} S/cm，雨水的电导率约为 1×10^{-5} S/cm）。因此，淡水中电化学腐蚀的电阻极化较大，腐蚀类型以微电池腐蚀为主，宏电池腐蚀的活性较小，金属接触时产生的电偶腐蚀作用较弱。

淡水中氯离子含量远低于海水，因此，金属在淡水中较易于钝化。一些易钝金属，如不锈钢、铝等，在淡水中能保持良好的钝态，而难钝化的钢铁，当水中氧的含量充足时，也能保持一定程度的钝态。由于金属表面含氧情况不同，容易导致局部腐蚀微电池的产生。钝化集中在含氧量较高的区域，此处为阴极，而氧含量不足的其他区域则呈阳极性，发生腐蚀。因此，淡水中局部腐蚀的倾向性较大。

淡水中还存在一些特殊的腐蚀形式，例如由于泥沙含量大，江河水中运动速度较高的金属构件（如电站水轮机部件和船舶螺旋桨等）发生的磨损腐蚀；湖沼水中由于微生物等聚集而导致的金属酸腐蚀等。

6.1.1.2 淡水腐蚀的影响因素

由于淡水腐蚀过程一般由氧去极化阴极过程控制，因此，水的 pH 值、溶解氧的浓度、含盐量、其他溶解组分及温度、流速等环境因素对淡水腐蚀影响比较大；而改变金属本性，如向金属中添加少量合金组分使其合金化，对腐蚀的影响是次要的。

① pH 值的影响　对 Fe、Ni、Mg、Cd 等金属而言，在不同的 pH 值范围内，腐蚀速度与 pH 值的关系有较大变化。例如，在 pH＝4～9 范围内，钢铁腐蚀速度基本稳定，几乎不随水的 pH 值发生改变。这是因为铁的腐蚀受氧的扩散控制，铁腐蚀时形成的氢氧化物膜覆盖在钢铁表面上，氧必须通过膜才能发生去极化反应；当 pH＞9 时，有利于氢氧化物膜的形成，因此腐蚀速度随碱性的增加而降低；当 pH＞13 时，膜溶解破坏，腐蚀速度随碱性的增加而增大；而当 pH＜4 时，膜亦发生溶解，但腐蚀的阴极过程由氢的去极化反应所代替，腐蚀速度随酸度的增加急剧增大。

对两性金属，如 Al、Zn、Pb 等，由于其氧化物或腐蚀产物在酸性和碱性溶液中都是可溶的，因此在 pH＝7 的水中，腐蚀速度最低，而当水的酸度或碱度增大时，腐蚀速度都增加。

② 溶解氧　水中溶解氧的含量是影响腐蚀的重要因素。对于非钝态金属，其腐蚀速度就等于氧的极限扩散电流密度（i_d）。由于

$$i_d = nF \frac{DC}{\delta} \tag{6-1}$$

式中　D——氧的扩散系数，cm^2/s；

$\quad\quad C$——溶解氧的浓度，mol/cm^3；

$\quad\quad \delta$——扩散层厚度，cm；

$\quad\quad n$——电子转移数。

因此，在非钝态条件下，金属的腐蚀速度与溶解氧的浓度成正比。

当溶解氧的含量超过一定值，且氧的极限扩散电流密度大于钢等易钝化金属的致钝电流密度时，金属由活化态转为钝态，表面氧化膜的稳定性增强，腐蚀速度将急剧下降。但在酸性淡水或盐度高的淡水中，含氧量增加不能使钢、铝等钝性金属钝化，腐蚀速度仍将上升。

③ 含盐量及其他成分　水的含盐量（也称矿化度）是指水中所含盐类的总量。由于水中各种盐类一般均以离子的形式存在，所以含盐量也可以表示为单位体积水中阳离子和阴离子摩尔数之和。

淡水的含盐量对金属的腐蚀速度有影响。水中含盐量增加，可使电导率增大，在一定浓度范围内，腐蚀速度将增大；然而随着含盐量增加，水中氧的溶解度将降低，又使腐蚀速度减小。因此，在某个特定盐度下，金属的腐蚀速度将达到最大值。对于大多数金属，此特定含盐量约为 $0.5mol/L$。

一般阳离子对淡水中金属的腐蚀影响不大，但如果水中存在氧化性重金属离子，如 Cu^{2+}、Fe^{3+}、Cr^{3+}、Hg^{2+}，因为它们能发生阴极还原，增加了阴极去极化反应，因此可使金属腐蚀速度加大。另外，在硬水（Ca^{2+}、Mg^{2+} 含量较大，硬度在 8 以上的水）中，Ca^{2+}、Mg^{2+} 可与水中 CO_3^{2-} 离子结合，在金属表面形成保护性碳酸盐沉淀，隔离溶解氧的扩散，因此，Ca^{2+}、Mg^{2+} 对金属腐蚀有一定的防护作用。

淡水中的阴离子对腐蚀过程有不同的影响。Cl^- 等卤素离子是活化剂，对金属表面钝化膜有破坏作用，可使金属产生孔蚀和应力腐蚀。SO_4^{2-}、NO_3^-、ClO^-、S^{2-} 等离子也能加大腐蚀速度，但比 Cl^- 影响小。而 CO_3^{2-}、PO_4^{3-}、NO_2^-、SiO_3^- 等离子则有缓蚀作用，HCO_3^- 和 Ca^{2+} 共存时，可以抑制金属腐蚀。

④ 水温　水温对活化态金属在开放系统中腐蚀速度的影响呈现两面性，一方面水温升高，水的电导率增大，水的对流和扩散速度增大，金属腐蚀的阴阳极过程速度都将加快，从而使腐蚀过程总速度加快；但另一方面，温度升高，水中含氧量减少，又会使腐蚀速度减小。因此，金属的腐蚀速度在某一温度下将达到最大值，如铁在含 3% NaCl 的水中，水温为 80℃时的腐蚀速度最大。一般江河湖沼等自然水的温度在 0～30℃ 之间，在此温度范围内，钢铁的腐蚀随温度升高而加快（当腐蚀速度受水中氧的扩散速度控制的情况下，水温上升 10℃，钢的腐蚀速度可增加约 30%）。

在密闭系统中，由于水温升高，溶解氧不能放出，水中氧的浓度达到过饱和，因此活化态金属的腐蚀速度将增加。

对钝性金属而言，在开放系统中，水温升高，水中溶解氧的饱和浓度将降低，将导致金属钝化困难，不仅使致钝中流和维钝电流增加，而且将加大金属发生孔蚀、应力腐蚀破坏等局部腐蚀的倾向。

⑤ 流速　在流速较低阶段，当流速增大时，氧向金属表面的扩散加快，钢的腐蚀速度增加；当流速增大到一定程度，氧的扩散速度使钢进入钝态，腐蚀速度急剧下降；而当流速增大到更大数值时，水对金属表面的冲击破坏了金属表面的钝化保护层，金属发生冲击腐蚀，从而又加速了腐蚀。

6.1.2　海水腐蚀

地球上海洋面积约占 71%，全球自然水量中海水约占 97%。生命起源于海洋，浩瀚的海水中包含了周期表中几乎所有的元素、蕴藏着极为丰富的自然资源。由于陆地资源日渐匮乏，21 世纪已经成为全世界大规模开发利用海洋资源、扩大海洋产业、发展海洋经济的新时期。

然而必须注意到，海水是自然界最具腐蚀性的天然电解质，海洋中各种材料，尤其是金属材料，均遭受着严重的腐蚀威胁，海水腐蚀造成了巨大的经济损失。21 世纪针对海洋环境所进行的腐蚀与防护研究具有特别重要的意义。

6.1.2.1 海水的性质

（1）含盐量 海水作为腐蚀性介质，其特性首先在于其含盐量大，Cl^-含量高。海水含盐量一般用盐度来表示（盐度是指 1000g 海水中溶解的固体盐类物质的总质量）。世界内海海水盐度相差较大，如地中海总盐度高达 37‰～39‰，而里海只有 10‰～15‰。各大洋在南半球是相通的，在相通的海域中总盐度无明显改变，如公海的表层海水盐度一般为 32‰～37.5‰，因此通常以盐度 35‰ 作为大洋海水的平均值。表 6-2 列出了盐度为 35‰ 的海水中的主要盐类的含量。由表 6-2 可以计算出，海水中 NaCl 浓度约为 0.5mol/L，氯离子含量高达 55.04%，因此对金属的钝态破坏能力很强。常用的结构金属和合金，大多易遭受海水侵蚀。

表 6-2 海水中主要盐类的含量（海水盐度 35‰）

成　分	盐度/‰	占总盐度百分比/%	成　分	盐度/‰	占总盐度百分比/%
NaCl	27.213	77.8	K_2SO_4	0.863	2.5
$MgCl_2$	3.807	10.9	$CaCO_3$	0.123	0.3
$MgSO_4$	1.658	4.7	$MgBr_2$	0.076	0.2
$CaSO_4$	1.260	3.6	总计	35	100

含盐量直接影响海水的电导率和含氧量，因此对金属腐蚀过程有必然影响。与淡水中得到的结论相同，在海水中，水的电导率也随着含盐量的增加而增加，而含氧量则随含盐量的增加而降低，所以在某一含盐量时，金属的海水腐蚀速度将存在一个最大值。海水中 NaCl 的含量恰好与金属腐蚀速度最大时所对应的含盐量相当。

除了 NaCl 等主要成分外，海水中还存在对腐蚀有一定促进作用的 SO_4^{2-}、少量臭氧以及游离的碘和溴等极佳的阴极去极化剂和腐蚀促进剂，也存在 Ca^{2+}、Mg^{2+}、CO_3^{2-} 等对金属表面碳酸盐保护层的形成有利的成分，使得海水腐蚀较淡水腐蚀复杂得多。

（2）电导率 海水不仅含盐量高，而且所含盐类几乎全处于电离状态，这就使海水成为一种导电性很强的电解质溶液。海水的平均电导率约为 $4 \times 10^{-2} S/cm$，比江河水电导率高出两个数量级。

海水的电导率主要决定于海水的盐度和温度。增加海水的含盐量或升高海水的温度都能使海水的电导率增加。由于一般的海水含盐量变化不大，所以海水的电导率主要受温度影响，由表 6-3 中数据可以看出。随着海水温度的升高，海水的电导率增加，电阻率降低。

表 6-3 海水的电导率（海水盐度 35‰）

项　　目	温　度/℃			
	10	15	20	25
电导率/mS·cm^{-1}	37.4	42.2	47.1	52.1
电阻率/Ω·cm	26.8	29.7	21.2	19.2

（3）含氧量 含氧量是液体腐蚀的一个重要指标。海水中溶解氧的含量是影响海水腐蚀性的重要因素。氧在海水中的溶解度主要取决于海水的盐度和温度。从表 6-4 中数据可以看出，随着海水盐度增加或温度的升高，氧的溶解度都降低。由于一般海水盐度变化不大，所以海水中氧的溶解度主要与温度有关。

正常情况下，由于海水表面层始终与大气接触，且不断地受到强烈的自然对流和波浪的搅拌作用，因此海水表面层中的氧含量一般是饱和的，当海水含盐量为 35‰ 时，20℃的海水表层的氧含量约为 5.35mL/L。随着纬度的不同，表层海水的氧含量也不同。高纬度区，常年温度和盐度都比较低，所以含氧量较高，如南极洲个别地区，含氧量甚至高达 8.2mL/L；而低纬度地区正好相反，如赤道附近，表层海水含氧量只有 4.0～4.8mL/L。

表 6-4　不同温度、不同盐度的海水中氧的溶解度/(mL/L)

温　　度/℃	溶　解　度					
	盐度/‰					
	0	10	20	30	35	45
0	10.30	9.65	9.00	8.36	8.04	7.72
10	8.02	7.56	7.09	6.63	6.41	6.18
20	6.57	6.22	5.88	5.52	5.17	5.17
30	5.57	5.27	4.95	4.65	4.50	4.34

　　海水含氧量与海水深度有关系。如美国西海岸的太平洋海域，自海平面至水深700m处，含氧量随海水深度增加而下降，表层海水含氧量最高，为 5.8mL/L；水下 700m 处，海水含氧量最低，为 0.3mL/L；水深 700m 以下，氧含量又随海水深度的增加有所回升。这是因为，从海水上层下降的动物尸体和腐烂微生物发生分解时要消耗大量的氧气，因此在一定深度范围内，含氧量随海水深度的增加而下降。而到达一定深度后，由于温度较低、压力较大、且有海底洋流输送的含氧盐水，因此深海中氧含量较海水中间层要大。

　　(4) pH 值　通常情况下海水是中性的，pH 值一般在 7.5～8.6 之间，因植物光合作用，表层海水 pH 值略高，通常为 8.1～8.3。

　　海水的 pH 值主要与海水中 CO_3^{2-}、HCO_3^- 及游离 CO_2 有关。CO_3^{2-} 和游离 CO_2 含量越多，海水 pH 值则越低。海水的温度、盐度升高，或者大气中分压降低，都将导致海水中 CO_2 含量下降，使海水 pH 值增加。海生植物光合作用，放出氧而消耗 CO_2，也可使海水的 pH 值增加，而海洋有机物和海洋动物尸体分解时消耗氧并产生 H_2S 和 CO_2，则可使海水 pH 值降低，在有厌氧菌繁殖的情况下，pH 值甚至低于 7。因此，pH 值随海洋深度的增加而降低，在 700m 左右的深度处，pH 值最低。

　　(5) 温度　海水的温度随地理位置和季节的不同在一个较大的范围变化。从两极高纬度到赤道低纬度海域，表层海水的温度可由 0℃ 增加到 35℃；海水深度增加，水温下降，海底的水温接近 0℃。表层海水温度还随季节周期性变化，两极和赤道处水温变化量小，约 10℃ 左右；温带海域水温随季节变化幅度较大，在 20℃ 以上；海底温度基本不随季节而变化。

　　温度对海水腐蚀过程的影响与淡水腐蚀相同，一般金属 (如铁和铜) 在靠近赤道和炎热的季节里腐蚀速度较大，而在深海、两极和冬季腐蚀较慢。

　　(6) 流速　海水流速也是表征海水性质的一个重要参数。海水流速对铁、铜等常用金属的腐蚀速度的影响存在一个临界值 V_C，超过此流速，金属腐蚀速度显著增加。以碳钢为例 (见图 6-1)，在海水流速较低的第 I、第 II 阶段，金属的腐蚀属于电化学腐蚀，其中 I 阶段腐蚀过程受氧的扩散控制，随流速增加，氧的扩散加快，因此腐蚀速度增大；II 阶段海水流速增加，供氧充分，氧阴极还原的电化学反应成为腐蚀过程的主要速度控制步骤，因此流速对腐蚀速度的影响较小。而在第 III 阶段，流速超过 V_C 时，金属表面的腐蚀产物膜被冲刷掉，金属基体也受到机械性损伤，此时金属腐蚀发生了质的改变，出现了冲

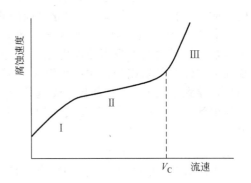

图 6-1　流速对碳钢腐蚀速度的影响曲线

击腐蚀 (又称冲蚀、腐蚀磨损、湍流腐蚀)，甚至空泡腐蚀，在腐蚀和机械力的作用下，金属的腐蚀速度急剧增加。

对于镍基合金、不锈钢等在海水中可以钝化的金属，流速增加可使氧的供应增加，促进其钝化，因此流速高时，耐蚀性能好。而钛和哈氏合金等对流速不敏感的金属，不论流速高低，耐蚀性能都很好。

海水流速对不同金属或合金腐蚀速度的影响见表 6-5。

表 6-5　海水流速对不同金属或合金腐蚀速度的影响

金属或合金	不同流速下的腐蚀速度/[mg/(dm² · d)]			金属或合金	不同流速下的腐蚀速度/[mg/(dm² · d)]		
	流速/(m/s)				流速/(m/s)		
	0.30	1.22	8.23		0.30	1.22	8.23
碳钢	34	72	254	70/30 Cu-Ni(0.05Fe)	2	—	199
铸铁	45	—	270	70/30 Cu-Ni(0.5Fe)	<1	<1	39
硅青铜	1	2	343	蒙乃尔合金	<1	<1	4
海军黄铜	2	20	170	316 奥氏体不锈钢	1	0	<1
铝青铜(10%Al)	5	—	236	哈氏碳合金	<1	—	3
铝黄铜	2	—	105	钛	0	—	0
90/10 Cu-Ni(0.8Fe)	5	—	99				

（7）海洋生物　海洋环境中生存着包括藤壶、海藻、牡蛎等多种与腐蚀有关的生物。金属的新鲜表面浸入海水数小时后，上面便附着一层便于海洋生物寄生的生物黏液，藤壶等附着生物以微小的胚胎形式于达黏液覆盖的表面，并牢牢地附着在上面，之后就很快长大，但其附着位置一直固定不动。由于海生物对金属表面的覆盖作用，氧的运输被阻隔，这样虽然减小了金属均匀腐蚀的速度，但附着海生物很难形成完整致密的覆盖层，这样为附着层内外氧浓差电池的产生创造了条件，增大了缝隙腐蚀等局部腐蚀的可能性。而且某些海生物生长时能穿透金属表面涂层，直接破坏保护层，某些海生物对涂层的黏附力甚至大于涂层与金属之间的附着力，这样在高速海流的冲击下，海生物会与涂层一起脱落，使金属失去保护，裸露在海水中直接发生腐蚀。此外，因海洋生物呼吸而形成的缺氧环境也为微生物腐蚀（如硫酸盐还原菌腐蚀）创造了条件。

不同金属在海水中发生生物黏附和沾污的程度是不同的。铜离子可毒杀海生物，因此裸露的铜表面发生海生物沾污的倾向最小。而铝及铝合金、不锈钢及镍基合金表面上一般没有腐蚀产物，便于海生物附着，因此海生物沾污严重。

6.1.2.2　海水腐蚀的电化学特征

海水作为中性含氧电解液的性质决定了海水中金属腐蚀的电化学特性。金属在海水中的腐蚀符合一般电解质水环境中电化学腐蚀的基本规律，但也有海水腐蚀本身的特点。

① 与一般介质不同，海水电导率高，金属在其中既存在活性很大的微观腐蚀原电池，也存在活性很大的宏观腐蚀原电池。当金属或合金（如碳钢）浸在海水中，由于其表面物理化学性质（如成分、相、表面应力应变以及界面处海水物理化学性质）的微观不均匀性，导致金属-海水表面上电极电位分布的微观不均匀性，这样就形成了无数微观腐蚀原电池。电极电位低的区域（如碳钢中的铁素体基体）是阳极区，发生铁的氧化溶解反应：

$$Fe+2e \longrightarrow Fe^{2+}$$

而在电极电位高的区域（如碳钢中的渗碳体相）是阴极区，发生氧的还原反应：

$$\frac{1}{2}O_2+H_2O+2e \longrightarrow 2OH^-$$

从而导致了金属在海水环境中的微电池腐蚀。

当两种电极电位不同的金属，如铁板和铜板同时浸入海水中，这两种金属上将分别发生

104

下述化学反应：

铁板上

$$Fe \longrightarrow Fe^{2+} + 2e$$

$$\frac{1}{2}O_2 + H_2O + 2e \longrightarrow 2OH^-$$

铜板上

$$Cu \longrightarrow Cu^{2+} + 2e$$

$$\frac{1}{2}O_2 + H_2O + 2e \longrightarrow 2OH^-$$

铁在海水中的自然腐蚀电位约为$-0.45V$(vs. SCE)，铜的自然腐蚀电位约为-0.32 V(vs. SCE)。当把两种金属用导线连接起来，或让二者接触，则在导线中或在两种金属交界处，电流将由电位较高的铜流向电位低的铁板，结果铜板受到保护，而铁板腐蚀加快，即产生了海水环境中的电偶腐蚀（宏电池腐蚀）现象。

由于海水的电导率大，即使两种金属相距数十米，只要存在足够的电位差并实现稳定的电连接，就可以发生电偶腐蚀。

影响海水中电偶腐蚀的因素包括海水流速、金属种类以及阴阳极面积比。例如，在静止或流速不大的海水中，碳钢的电偶腐蚀速度受限于阴极上氧的极限扩散速度，因此与阴极面积成比例，而与阴极金属的本性几乎没关系。当海水流速很大，氧的扩散速度加大，氧去极化已不成为腐蚀的主要控制因素，此时作为驱动力，腐蚀原电池阴阳极之间的电位差将对腐蚀速度起决定性的作用。例如，碳钢与铜-镍组成电偶时，钢腐蚀速度增大的程度比碳钢与钛相接触时大得多，从表6-6不难看出原因：钛比铜-镍的电位更正，与碳钢接触时更容易发生阴极极化。

表 6-6　在充气运动的海水中金属的电位

金　属	电位(vs. SCE)/V	金　属	电位(vs. SCE)/V	金　属	电位(vs. SCE)/V
镁	-1.5	锡	-0.42	70铜-30镍	-0.25
锌	-1.03	海军黄铜	-0.30	镍	-0.14
铝	-0.79	铜	-0.28	银	-0.13
镉	-0.7	铝黄铜	-0.27	钛	-0.10
钢	-0.61	90铜-10镍	-0.26	18-8 型不锈钢,钝态	-0.08
铅	-0.5	80铜-20镍	-0.25	18-8 型不锈钢,活态	-0.53

依据上述原理，在海水中，必须对异种金属的连接予以重视，以避免可能出现的电偶腐蚀。例如，铜与不锈钢连接是有害的，因为，不锈钢只有在氧气充足的情况下，才能维持钝态，在海水条件下，不锈钢的钝态是不稳定的。当大面积的铜或铜合金与较小面积的不锈钢相接触时，不锈钢就存在着较大的电偶腐蚀危险。因为 Cl^- 可能使不锈钢活化，相对于铜，不锈钢变成了阳极。反之，当大面积的不锈钢与较小面积的铜或铜合金相接触时，铜或铜合金亦是危险的，因为不锈钢一旦处于钝态，相对于铜为阴极，小面积的铜则作为阳极发生电偶腐蚀，腐蚀电流密度将会很大。

② 除镁以外绝大多数金属的腐蚀是氧去极化腐蚀，腐蚀速度受限于氧的扩散速度。尽管表层海水被氧所饱和，但氧通过扩散到达金属表面的速度却是有限的，小于氧还原的阴极反应速度。在静止状态或海水流速不大时，金属腐蚀的阴极过程一般受氧扩散速度的控制，所以钢铁等在海水中的腐蚀几乎完全决定于阴极去极化反应。减小扩散层厚度，增加流速，都会促进氧的阴极去极化反应，促进钢的腐蚀。如对于普通碳钢、低合金钢、铸铁，海水环境因素对腐蚀速度的影响远大于钢本身成分和组分的影响。

③ 由于海水中 Cl^- 含量很高，因此，大部分的金属，如钢、铸铁在海水中不能建立钝

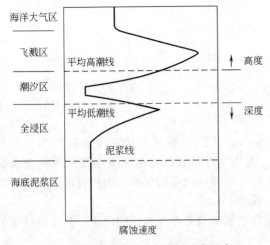

图 6-2 海洋区域分布和腐蚀速度示意

态。海水腐蚀过程中,阳极的极化率很小,因此腐蚀速度很大,在水中用提高阳极极化率来提高金属耐蚀性很难达到目的。普通的不锈钢和铝合金等易钝金属在海水中的钝化膜也不稳定,当供氧不足时,钝化膜容易被破坏而导致孔蚀等局部腐蚀。只有以钛、镍、锆、锶、铊为基础的少数合金在海水中才能建立稳定的钝态。

④ 海洋环境复杂,不同的海洋区域,金属的腐蚀行为有较大不同。如图 6-2 所示,从海洋大气到海底泥浆,海洋环境可以分成为海洋大气区、飞溅区、潮汐区、海水全浸区和海泥,涉及海水腐蚀的主要是飞溅区、潮汐区和全浸区。表 6-7 列出了这三个区域的环境条件和腐蚀特点。

表 6-7　海水腐蚀的环境条件和腐蚀特点

区域名称		所处位置	环境条件	腐蚀特点
飞溅区		高潮线以上海浪飞溅所能润湿的区域	构件表面潮湿、充分充气、无海生物沾污	海水飞溅,干湿交替,日光照射,腐蚀最激烈
潮汐区		平均高潮位和低潮位之间的区域	构件周期沉浸,海水中含氧量充足,海生物沾污	对钢而言,本区和水线以下构成氧浓差电池,本区受保护
全浸区	浅水区	大多指水深 100～200m 以内的海水区域	海水通常为氧饱和、流速、水温、海生物沾污、细菌等均对腐蚀有影响	腐蚀随深度变化,腐蚀较重,阴极区往往形成石灰层水垢,生物因素影响大
	深水区	浅水区以下区域	氧含量不一,太平洋中深海区氧含量比表层低,而大西洋中到一定深度后比表层高。温度接近 0℃,水流速低,pH 值比表层低	钢的腐蚀通常较轻,不易生成矿物质水垢

表 6-8 比较了碳钢和耐海水腐蚀低合金钢在不同海洋环境中的腐蚀速度。在飞溅区,由于钢表面经常与海水接触,使紧贴金属构件表面上的液膜长期保存。这层液膜薄且供氧充分,氧浓差极化很小,形成了有利于氧去极化腐蚀的条件,而且在飞溅区没有生物污染,金属表面保护漆膜容易老化变质,涂层在风浪作用下容易剥落,因此,在飞溅区钢的腐蚀最严重,腐蚀速度约为其他海水区域的 3～4 倍。

表 6-8　碳钢和耐海水腐蚀低合金钢在不同海洋环境中的腐蚀速度比较

海洋环境	腐蚀速度/(mm/a)	
	耐海水腐蚀低合金钢	碳　　钢
海洋大气区	0.04～0.05	约 0.2
飞溅区	0.10～0.15	0.3～0.5
潮汐区	约 0.1	约 0.1
全浸区	0.10～0.15	0.10～0.15
海底泥浆区	约 0.06	约 0.1

与飞溅区不同,潮汐区内会有海洋生物在金属表面寄生,使钢表面得到部分保护。而对于连续暴露于潮汐区和全浸区的钢结构(如一根整体钢柱),由于潮汐区的供氧情况比全浸区好,他们之间形成氧浓差电池,在潮汐区的部分成为电池阴极而得到保护,而在全浸区的钢体则加速腐蚀。因此钢在潮汐区的腐蚀速度小于在全浸区和飞溅区的腐蚀速度。

在全浸区，金属表面上常有海洋生物附着，阻碍氧向金属表面扩散，而且阴极区有时能生成碳酸钙型矿物水垢，也抑制了腐蚀反应的发生。因此，虽然在全浸区与潮汐区形成的氧浓差电池中做阳极，但全浸区钢的腐蚀速度仍小于飞溅区。

6.1.2.3 防止海水腐蚀的措施

（1）根据耐腐蚀性能和结构使用性能要求合理选材 合理选材的要求是既能保证结构的承载能力，又能保证在使用期内金属不发生腐蚀破坏，同时还要兼顾经济效益。

海水环境中的金属结构材料主要有铸铁、碳钢、不锈钢、铝基合金、钛合金、镍合金、铜合金等。钛合金、镍合金、铜合金的耐蚀性较好，但价格昂贵，一般用于关键部位。铸铁和碳钢耐蚀性较差，但价格便宜，可与涂层、阴极保护等联合使用。不锈钢耐均匀腐蚀，但易产生点蚀，价格中等。

上述材料要根据具体使用环境合理选择和匹配。例如，对于大型海洋工程结构，如海上石油平台、舰船壳体、港口码头、海底管线等，材料消耗性很大，通常采用低碳钢和普通碳钢，但必须采用涂层以及电化学阴极保护。对潜水艇壳体等对强度要求较高的结构，可采用低合金高强度钢。对于腐蚀严重的环境，材料用量又不很大时，应采用高耐蚀性材料，如海水淡化装置和海水冷凝器，低流速时选择铜合金，流速较高时选择耐海水腐蚀不锈钢、镍基合金和钛合金。当设备可靠性要求很高时，应选用镍基合金和钛合金，如用钛合金制造舰船水冷器。某些结构要求材料需具有高的强度/重量比来满足特殊要求，可选用钛合金和耐海水腐蚀铝合金，如军用快艇选用耐海水腐蚀铝合金、海洋探测器选用钛合金制造，美国和前苏联都曾用钛合金制造过潜水艇壳体。

海洋结构件中常常要用到不止一种材料，在选材时应注意避免出现宏电池腐蚀（电偶腐蚀）问题。应尽可能选用同种材料或电位序中比较靠近（电位差小于 25mV）的材料。当两种电位差较大的金属不得不接触时，要使阴阳极面积比尽可能小，并辅以可靠的绝缘涂层保护，也可以采用电化学保护，如在船体尾部加一定数量的锌块，可防止铜螺旋桨对船体尾部的电偶腐蚀。表 6-9 列出了部分金属材料在海水中的耐腐蚀性能。

表 6-9　部分金属材料在海水中的耐腐蚀性能

金　属	全浸区腐蚀率/(mm/a)		潮汐区腐蚀率/(mm/a)		耐冲击腐蚀性能
	平均	最大	平均	最大	
低碳钢(无氧化皮)	0.12	0.40	0.3	0.5	劣
低碳钢(有氧化皮)	0.09	0.90	0.2	1.0	劣
普通铸铁	0.15		0.4		劣
铜(冷轧)	0.04	0.08	0.02	0.18	不好
黄铜(含 Zn 质量分数为 10%)	0.04	0.05	0.03		不好
黄铜(70Zn-30Zn)	0.05				满意
黄铜(22Zn-2Al-0.02As)	0.02	0.18			良好
黄铜(20Zn-1Al-0.02As)	0.04				满意
黄铜(60Cu-40Zn)	0.06	脱 Zn	0.02	脱 Zn	良好
青铜[Sn(5%)-P(10%)]	0.03	0.1			良好
铝青铜[Al(5%)-Si(2%)]	0.03	0.08	0.01	0.05	良好
铜镍合金(70Cu-30Ni)	0.003	0.03	0.05	0.3	0.15%Fe,良好
					0.45%Fe,优秀
镍	0.02	0.1	0.4		良好
蒙乃尔合金[66Ni-31Cu-4(Fe+Mn)]	0.03	0.2	0.5	0.25	良好
因科镍合金(80Ni-13Cr)	0.005	0.1			良好
哈氏合金(55Ni-19Mo-17Cr)	0.001	0.001			优秀
13Cr		0.28			满意
17Cr		0.20			满意
18Cr9Ni		0.18			良好
28Cr-20Ni		0.02			良好
Zn(99.5%)	0.28	0.03			良好
Ti	0.00	0.00	0.00	0.00	优秀

（2）阴极保护　采用阴极保护是在海水全浸条件下防止金属腐蚀的有效方法。采用牺牲阳极（铝合金或锌合金）或外加电流对铸铁、碳钢、不锈钢、铜合金及铝合金等金属构件实施电化学保护，投资少、保护周期长，与涂层联合保护效果更佳，已广泛应用于舰船、海洋平台、海底管线、港口设施等海洋金属结构物上。海水环境中阴极保护的具体实施参数见表6-10～表6-14。

表 6-10　国内钢壳船的保护电流密度

材　料	表面状况	保护电流密度/(mA/m²)	材　料	表面状况	保护电流密度/(mA/m²)
船用钢板	涂漆 6 道	3.5～5	钢板、铸钢	裸露	150
船用钢板	水舱等涂漆 4 道	5	黄铜、青铜	裸露	150
船用钢板	舵板和质量不好部位	10～25	不锈钢	裸露	150

注：GB 8841—88"海船牺牲阳极阴极保护设计和安装"中推荐的保护电流密度——涂漆船体钢 8～18mA/cm²，螺旋桨 300～400mA/cm²，舵板 100～250mA/cm²。

表 6-11　国外船舶阴极保护电流密度

部位情况	电流密度/(mA/cm²)	部位情况	电流密度/(mA/cm²)
船壳（涂层良好）	5	压载水舱	110
船壳（涂层不好）	20	裸露钢板	110～150
船壳（有涂层，在航行）	35	青铜推进器	500
压载水舱（有浮油）	60		

表 6-12　国内港湾码头保护电流密度

海　区	结构和状态		保护电流密度/(mA/m²)	
			海水中	海泥中
旅顺	钢板桩码头，裸钢		60	
全海区	浮码头	油漆良好	10	20（锚链）
		油漆损坏	30	
		油漆严重损坏	50	
西沙	钢板桩码头，裸钢		6080	30
东海	裸钢		60	20

表 6-13　国外港湾及其他设施的保护电流密度

设　施	环　境	表面状态	电流密度/(mA/m²)
钢板桩	海水中	裸露	80～120
钢桩	海泥中	裸露	12～25
	陆土中	裸露	5～15
格栅	海水中	裸露	100～120
旋转网	海水中	裸露	120～150
浮标	海水中	油漆良好	30
浮标用锚链		裸露	90
闭式冷却器	海水中	裸露	150
敞式冷却器			200
小型热交换器	>5m²	海水中	裸露	400
	>10m²			350
	>15m²			250
	>20m²			200
泵	海水中	裸露	150～250
泵的叶轮			500～800

表 6-14　主要近海石油产区阴极保护系统设计准则

石油产区	环境因素				典型设计电流密度	
	水电阻率/(Ω·cm)	水温/℃	湍流因素(波浪作用)	横向水流	mA/ft²	mA/m²
墨西哥湾	20	22	中等	中等	5~6	54~65
美国西海岸	24	15	中等	中等	7~10	76~106
库克湾	50	2	低	高	35~40	380~430
中国北海	26~33	0~12	高	中等	8~20	86~216
波斯湾	15	30	中等	低	5~8	54~86
印度尼西亚	19	24	中等	中等	5~6	54~65
中国渤海	25	13	中等	中等		40~65
中国南海	30	26	高	中等		60~100

注：有代表性的泥浆区的保护电流密度为 1~3mA/ft²(11~33mA/m²)。

（3）表面覆盖层保护　海洋工程结构中大量使用低碳钢和低合金钢，这类钢材在海洋环境中不耐蚀，采用防腐有机涂层是最普遍的防蚀方法，除表 6-15 中所列的油性和油改性漆、环氧类涂料、乙烯基树脂、氯化橡胶类涂料等常规涂料外，近年来以水性无机富锌涂料、氟碳树脂超耐候性漆料、长效玻璃鳞片防腐涂料为代表的海洋重防腐涂料（见表 6-16）的研制和应用较多。

表 6-15　主要的船舶涂料及特性

特　性		油性和油改性漆	氯丁橡胶类涂料	乙烯基树脂	环氧类涂料(环氧漆,焦油环氧漆)
主要成分	主要的漆料组分	a. 加工干性油 b. 酚醛树脂和石油树脂等与干性油的混合物 c. 醇酸树脂＋a., 或醇酸树脂＋b. 以上 3 种任选其一	在氯丁橡胶中适当混入增塑剂或其他树脂	主体是氯丁烯和乙酸乙烯酯的共聚物	a. 主剂是双酚 A 和环氧氯丙烷合成的环氧树脂 b. 固化剂多为聚酰胺或胺,或胺的加成物 c. 主剂和固化剂分装,使用时混合 d. 在环氧树脂中加入煤焦油,即为焦油环氧漆
	溶剂	矿油精等直链烃	二甲苯等芳烃	除甲基异丁酮等酮类外,还含有甲苯等芳烃	含二甲苯、苯、醇、酮等
性能	厚涂性	一般	良	差~良	优
	干燥性	良	优	良	优
	低温固化性	一般	优	一般	一般~良
	漆膜强度	一般	良	优	优
	附着性	良	优	优	良
	耐水性	一般	良	优	优
	耐油性	一般	一般	优	良
	耐电化学腐蚀性	一般	良	优	优
	耐碱性	差	良	优	优
	耐酸性	一般	良	优	良

除了应用防腐涂料外，有时还采用氧化亚铜或有机锡化合物做防污剂的防污漆，防止生物沾污。对于处于海洋飞溅区和潮差区的重要钢结构，由于实施阴极保护有困难，有机涂层耐蚀性又较差，可以采用蒙乃尔合金、不锈钢合金、钛合金、铜合金、镍合金等进行金属包覆层保护。

表 6-16 海洋重防腐涂料（飞溅带、潮差带的钢结构涂装系统）

涂装体系	工　程				
	基体处理	底漆/μm	薄雾状涂层	中间层～面层	面层合计膜厚/μm
环氧树脂涂料	SIS Sa2.5	厚浆型无机富锌(75)	有	环氧树脂涂料(200μm×2 道)	475
环氧树脂＋聚氨酯涂料	SIS Sa2.5	厚浆型无机富锌(75)	有	环氧树脂涂料(200μm×2 道)	聚氨酯涂料 (30 和 505)
环氧树脂涂料＋氟树脂涂料	SIS Sa2.5	厚浆型无机富锌(75)	有	环氧树脂涂料(200μm×2 道)	氟树脂涂料 (30 和 505)
焦油环氧涂料	SIS Sa2.5	厚浆型无机富锌(75)	有	焦油环氧涂料(200μm×2 道)	475
氯化橡胶涂料	SIS Sa2.5	厚浆型无机富锌(75)	有	氯化橡胶涂料(200μm×2 道)	475
玻璃鳞片涂料	SIS Sa2.5	有机富锌漆(15)	无	聚酯玻璃鳞片涂料(500μm×2 道)	1015

6.2　土壤腐蚀

金属的土壤腐蚀问题，对于地下油气水管道、地下电缆、建筑物地基等地下工程应用，是一个不可回避、急需解决的问题，也是腐蚀科学研究的一个重要课题。

金属的土壤腐蚀极为复杂。其复杂性首先在于腐蚀介质复杂。土壤是一个由土粒、土壤溶液、土壤气体、有机物、无机物、带电胶粒和非胶粒等多种成分构成的复杂的不均匀多相体系，其中还生存着数量不等的若干种土壤微生物，因此土壤腐蚀的影响因素众多。其次，土壤中金属腐蚀的种类复杂。土壤中金属既存在微电池腐蚀，也存在宏电池腐蚀；既存在土壤本身对金属材料的腐蚀，也存在由于土壤微生物的新陈代谢对金属产生的腐蚀，有时还存在杂散电流的腐蚀问题。

研究金属的土壤腐蚀问题对于城市建设、现代工业（尤其是石油和化学工业）的发展，具有重要意义。

6.2.1　金属的土壤腐蚀过程

金属在土壤中的腐蚀与在电解液中腐蚀类似，大多数属于电化学腐蚀。金属自身的物理、化学、力学性质的不均一性以及土壤介质的物理化学性质的不均匀性，是在土壤中形成腐蚀电池的两个主要原因。

金属的土壤腐蚀过程同样包含分区进行的两个反应：①金属的阳极腐蚀溶解；②去极化剂的阴极还原。

① 阳极过程　金属在阳极区失去电子被氧化。以钢铁为例，反应式如下：

$$Fe-2e \longrightarrow Fe^{2+}$$

在酸性土壤中，铁以水和离子的状态溶解在土壤水分中：

$$Fe^{2+}+nH_2O \longrightarrow Fe^{2+} \cdot nH_2O$$

在中性或碱性土壤，亚铁离子与氢氧根离子进一步生成绿色的氢氧化亚铁：

$$Fe^{2+}+2OH^- \longrightarrow Fe(OH)_2$$

氢氧化亚铁在氧和水的作用下，将生成难溶的氢氧化铁：

$$2Fe(OH)_2+\frac{1}{2}O_2+H_2O \longrightarrow 2Fe(OH)_3$$

氢氧化铁不稳定，会接着发生以下的转化反应：

$$Fe(OH)_3 \longrightarrow FeOOH$$

$$Fe(OH)_3 \longrightarrow Fe_2O_3 \cdot 3H_2O \longrightarrow Fe_2O_3+3H_2O$$

FeOOH 为赤色腐蚀产物。$Fe_2O_3 \cdot 3H_2O$ 则为黑色，在干燥土壤中可转化为 Fe_2O_3。

当土壤中存在 HCO_3^-、CO_3^{2-}、S^{2-} 等阴离子时，阳极区的 Fe^{2+} 与其结合，可生成不溶性的腐蚀产物 $FeCO_3$、FeS：

$$Fe^{2+} + CO_3^{2-} \longrightarrow FeCO_3$$

$$Fe^{2+} + S^{2-} \longrightarrow FeS$$

钢铁在土壤中生成的不溶性腐蚀产物与基体结合不牢固，对钢铁的保护性差，但由于紧靠着电极的土壤介质缺乏机械搅动，不溶性腐蚀产物和细小土粒黏结在一起，形成一种紧密层，因此随着时间的增长，将使阳极过程受到阻碍，导致阳极极化增大，腐蚀速度减小。尤其当土壤中存在 Ca^{2+} 时，Ca^{2+} 与 CO_3^{2-} 结合生成的 $CaCO_3$ 与铁的腐蚀产物黏结在一起，对阳极过程的阻碍作用更大。

钢铁的阳极极化过程与土壤的湿度关系密切。在潮湿土壤中，铁的阳极溶解过程与在水溶液中的相似，不存在明显阻碍。在比较干燥的土壤中，因湿度小，空气易透进，如果土壤中没有氯离子的存在，则铁容易钝化，从而使腐蚀过程变慢；如果土壤相当干燥，含水分极少，则阳极过程更不易进行。

② 阴极过程　在弱酸性、中性和碱性土壤中，土壤中金属腐蚀的阴极过程是氧的去极化反应：

$$\frac{1}{2}O_2 + H_2O + 2e \longrightarrow 2OH^-$$

只有在酸性很强的土壤中，才会发生析氢反应：

$$2H^+ + 2e \longrightarrow H_2 \uparrow$$

处于嫌气（缺氧）性土壤中，在硫酸盐还原菌的作用下，硫酸根离子的去极化也可以作为金属土壤腐蚀的阴极过程：

$$SO_4^{2-} + 4H_2O + 8e \longrightarrow S^{2-} + 8OH^-$$

大多数情况下，土壤腐蚀的阴极过程主要是氧的去极化过程。与海水等液体中的腐蚀过程不同，氧到达土壤腐蚀电池阴极的过程较复杂，进行得比较慢。土壤中的氧存在于土壤孔隙和土壤水分中。在多相结构的土壤中由气相和液相两条途径，透过土壤中的微孔固体电解质及毛细凝聚形成的电解液薄层、腐蚀产物层，最后到达金属表面。因此土壤的结构和湿度，对氧的流动有很大的影响。不同土壤条件下腐蚀过程的控制特征见图 6-3。在潮湿黏性的土壤中氧的渗透和流动速度均较小，所以腐蚀过程主要受阴极过程控制［图 6-3(a)］。而

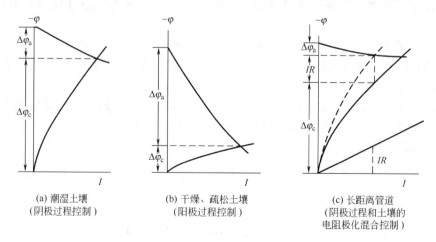

(a) 潮湿土壤　　　　　　(b) 干燥、疏松土壤　　　　　(c) 长距离管道
（阴极过程控制）　　　　（阳极过程控制）　　　　　（阴极过程和土壤的
　　　　　　　　　　　　　　　　　　　　　　　　　电阻极化混合控制）

图 6-3　不同土壤条件下腐蚀过程的控制特征

$\Delta\varphi_a$—阳极极化过电位；$\Delta\varphi_c$—阴极极化过电位；IR—土壤中的欧姆压降

在颗粒疏松、湿度小、透气性好的土壤中，氧的扩散比较容易，腐蚀过程则由金属阳极极化控制［图 6-3(b)］。对于由长距离宏观腐蚀电池作用下的土壤腐蚀，如地下管道经过透气性不同的土壤形成氧浓差腐蚀电池时，土壤的欧姆极化即和氧阴极去极化共同成为土壤腐蚀的控制因素［图 6-3(c)］。

6.2.2 土壤腐蚀的形式

6.2.2.1 腐蚀微（观）电池和腐蚀宏（观）电池

与大气、海水等腐蚀介质不同，土壤的物化性质经常变化很大。因此，土壤中除了存在由金属自身的组织、成分等不均匀引起的微电池腐蚀及异金属接触产生的宏电池腐蚀（电偶腐蚀）外，还可能存在由于土壤性质的不均匀而引起的宏电池腐蚀。

对于比较短小的金属构件，与其接触的土壤范围窄，可以认为土壤性质是均匀的，因此其腐蚀类型是微电池腐蚀。对于较大、较长的金属构件和管道，由于接触土壤范围大，因此发生宏电池腐蚀的可能性较大。

土壤中的腐蚀宏电池主要有氧浓差电池、盐浓差电池、酸浓差电池、温差电池、应力腐蚀电池等几种。

① 氧浓差电池 氧浓差电池是引起地下构件产生严重局部腐蚀的主要原因之一，是最常见的腐蚀宏电池。它的作用机理是：当土壤结构或潮湿程度不同时，土壤介质中的氧含量（浓度）也会有差别。这样与不同结构或湿度土壤接触的地下金属构件，其对应的表面就会建立起不同的氧电极电位。贫氧区的电位较低，而富氧区的电位较高，二者构成了腐蚀宏电池，在贫氧区金属发生加速腐蚀。

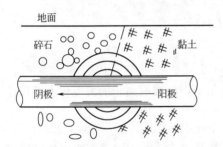

图 6-4　土壤中的腐蚀宏电池

埋在地下的管道，特别是水平埋放的直径较大的管道，由于各处深度不同，会构成氧浓差电池。管子下部，由于氧到达比较困难，成为电池的阳极受到腐蚀。还有的管道通过不同的地区，前一段为卵石层或疏松的碎石带，另一带为密实的黏土带，则由于黏土地带缺氧、电位低，而使碎石带氧气供应充足，因此使黏土带部分管道遭受腐蚀（图 6-4）。

② 盐浓差电池 地下金属构件，由于土壤含盐量不同，在金属的不同部位盐浓度不同，从而构成盐浓差电池。盐浓度高的金属表面电极电位低，成为腐蚀过程中的阳极而发生腐蚀。

③ 酸浓差电池 地下金属构件处在酸度不同的土壤中，由于土壤酸度与总酸度的差异而产生的腐蚀电池，称为酸浓差电池。酸度低处金属表面为阴极，酸度高处为阳极。酸度高处金属表面优先腐蚀。

④ 温差电池 该种腐蚀是由于金属表面土壤介质温度不同造成的。温度高处为阳极，温度低处为阴极，于是形成一个腐蚀宏电池，温度高处首先发生腐蚀。

⑤ 应力腐蚀电池 土壤中埋设的金属管子，在冷弯变形最大的弯曲部位，将经受严重的腐蚀，这种由于应力造成的腐蚀电池，称为应力腐蚀电池，金属在高应力区将遭受严重腐蚀。

6.2.2.2 由于杂散电流引起的腐蚀

杂散电流是指在土壤介质中存在的、从正常电路漏失而流入他处的电流，其大小、方向都不固定，主要来源于直流电气化铁路，有轨电车，无轨电车、地下电缆漏电、土壤中外加电流阳极保护装置及其他直流电接地装置。

杂散电流引起的腐蚀电池，如图 6-5 所示，直流电由变电所输出给电气火车，正常情况下，电流应从铁轨返回到变电所。然而实际上，往往有部分直流电从铁轨漏到地下，进入地下管道某处，再从管道另一处流出返回到路轨。杂散电流从土壤进入管道的地方为管道的高电位处，即腐蚀电池的阴极区，发生析氢，导致金属表面涂层脱落，杂散电流从管道流出的地方，成为腐蚀电池的阳极区，在此处金属受到腐蚀破坏，金属以离子形式进入土壤介质。

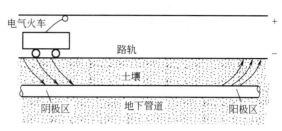

图 6-5　杂散电流引起的腐蚀电池

地下管道在没有杂散电流时，腐蚀电池两极的电位差只有数百毫伏，而有杂散电流作用时，管道上的接地电位可高达 8～9V，通过的电流可高达 300～500A。杂散电流的影响可以远到几十公里范围。杂散电流造成的集中性的高腐蚀具有严重的破坏性，一个壁厚 8～9mm 的钢管在杂散电流的作用下，4 个月就会发生腐蚀穿孔。越靠近供电系统，杂散电流腐蚀越严重。

6.2.2.3　土壤中的微生物腐蚀

在密实、潮湿的黏土中，如果不存在氧浓差电池、杂散电流等腐蚀大电池，一般金属的腐蚀速度应该是极低的。但这种条件却非常适合厌氧菌的生长。如果土壤中含有硫酸盐，且有硫酸盐还原菌存在，因为硫酸盐还原菌能将硫酸盐还原产生氧，而其新陈代谢过程中仅消耗一小部分氧，这样就使得金属的腐蚀过程不但能顺利进行，而且相当严重。

土壤中经常保持着适当的水分，酸碱度接近中性，且含有大量溶解性的有机物和无机物，符合微生物生命活动所需的基本条件。因此，土壤是微生物生长繁殖的温床，除了硫酸盐还原菌等厌氧菌外，土壤中还存在嗜氧的异氧菌、真菌以及有无氧均可生活的硫化菌等与金属腐蚀有关的微生物。

当土壤含氧量大时，嗜氧类细菌，如硫化菌，可以生长。它能氧化厌氧的硫酸盐还原菌的代谢产物，产生硫酸，破坏金属材料的钝化膜，使金属发生腐蚀。有时土壤中可能存在两种细菌交替腐蚀的情况。由于细菌的作用，能改变土壤的理化性质，引起氧浓差电池和酸浓差电池的腐蚀。

嗜氧的异养菌和真菌对地下电缆的油麻护套腐蚀非常严重。真菌能使油麻护套长霉破裂，而异氧菌能分解油麻，产生有机酸及碳酸，继而腐蚀铅护层。

微生物腐蚀的机理详见 6.4 节中的有关介绍，此处不再赘述。

6.2.3　土壤腐蚀的影响因素

金属土壤腐蚀的影响因素众多，影响较大的因素主要有土壤的电阻率、透气性、含水量、含盐量和 pH 值、温度等。

① 土壤电阻率　土壤电阻率的计算公式为：

$$\rho = \frac{RA}{L} \tag{6-2}$$

式中　R——土壤电阻，Ω；

　　　A——横截面积，cm^2；

　　　L——长度，cm；

　　　ρ——电阻率，$\Omega \cdot cm$。

土壤的电阻率直接影响土壤的导电性。土壤含水量和土壤质地对电阻率的大小有影响。当土壤含水量未达饱和时，土壤的电阻率随含水量的增加而减小。当土壤的含水量达饱和时，增加水量只会使电阻率增加。土壤的含盐量、含黏粒比例及温度越低，电阻率越低；土壤含盐量、含砂粒比例、温度越高，则电阻率越高。孔隙率大、含水及含盐量少的砂土的电阻率高，导电性差；而孔隙率小、含水及含盐量多的黏土的电阻率低，导电能力强。

土壤电阻率对于阴阳极距离较远的异种金属宏腐蚀电池的腐蚀速度起着决定性的作用，电阻率越大，腐蚀速度越小。而对于微腐蚀电池或由土壤物理化学性质不均匀导致的宏腐蚀电池，土壤的电阻可以忽略不计，土壤电阻率对腐蚀过程影响不大。一般的盐碱地、低洼地的电阻率低，所以腐蚀性很强。

② 土壤含气（氧）量　氧是金属腐蚀不可缺少的一个重要因素。土壤含气量是指土壤孔隙中氧气的含量。土壤中氧气的来源主要是空气的渗透。土壤的孔隙度（特别是大小孔隙度的比例）、土壤结构、含水量，都将影响土壤的透气性能。在紧密的土壤中氧的传递相对困难，金属腐蚀的阴极半反应也随之减慢，在疏松土壤中，氧的传递较快，氧的极限扩散电流增大，受氧的阴极极化控制的腐蚀反应的速度也随之加快。土壤的含水量越高，则含气量越低。

③ 土壤盐分　土壤的盐分除了对土壤的电阻率有影响外，还对腐蚀的电化过程有影响。土壤的含盐量一般在 2％ 以内，很少超过 5％。含盐量越高，土壤电阻率越低，而土壤腐蚀性越强。

在溶于土壤的各种盐分中，以 Cl^-、SO_4^{2-}、CO_3^{2-} 对土壤腐蚀性影响较大。其中 Cl^- 是土壤中腐蚀性最强的一种阴离子，它能破坏金属的钝态，加快金属腐蚀的阳极过程，并能透过金属腐蚀层与钢铁生成可溶性产物。土壤中氯离子含量越高，土壤腐蚀性能越强。而 SO_4^{2-} 能促进钢铁和某些混凝土材料的腐蚀，但对 Pb 的腐蚀有抑制作用。土壤中 CO_3^{2-} 可与 Ca^{2+} 形成不溶性的 $CaCO_3$，后者与土壤的砂结合或坚固混凝土层，使腐蚀不腐蚀，抑制腐蚀的极化反应，使腐蚀速度大大降低。

④ 土壤 pH 值和温度　因为有利于氢离子阴极去极化腐蚀，所以通常土壤 pH 值越小，酸度越大，腐蚀性越强。但是由于土壤具有较强的缓冲能力，即使是 pH 值接近 7 的土壤，腐蚀能力仍很强。因此，评价酸度对土壤腐蚀的影响时，应测定土壤的总酸度，即有机酸性物质和无机酸性物质的酸度总和。

温度对金属土壤腐蚀的电化学过程的影响是通过其对其他因素的影响间接起作用的。温度升高，土壤电导率增加，氧的扩散速度增大，因此腐蚀速度加快。如温度升至 25～35℃，此时微生物生长最适宜，因此由微生物引起的腐蚀也加快。

6.2.4　土壤腐蚀的防护措施

（1）涂层保护　常用的地下金属材料用保护涂层主要有石油沥青涂层、煤焦油沥青涂层、环氧粉末涂层、聚乙烯胶黏带、硬质聚氨酯泡沫塑料、聚乙烯塑料等。主要通过提高被保护构件与土壤间的绝缘性来达到防腐目的。

（2）阴极保护　土壤中的阴极保护通常针对"热点"（地下金属构件的重点和裸露部位），与涂层保护联合使用。既避免了涂层保护的不足，又可减少阴极保护的电能消耗，延长保护距离。

阴极保护方法包括牺牲阳极阴极保护法和外加电流阴极保护法。

① 牺牲阳极阴极保护法　土壤中牺牲阳极一般采用镁和锌基阳极。在电阻为 100Ω 以下的土壤中，采用镁基阳极。15Ω 以下的土壤中，一般采用锌阳极。有时也用铝基阳极，主要适用于电阻为 20Ω 以下的土壤。

由于土壤的导电率一般较低，通常需在阳极周围填充一层导电性良好的物料，以减小电流流通时的电阻，使保护电流分布均匀，延长阳极的使用寿命。不同牺牲阳极使用的填充及配方见表 6-17。

表 6-17　不同牺牲阳极使用的填充料及配方

阳极类型	阳极质量/(kg/个)	填充料	配方/%			使 用 条 件
			Ⅰ	Ⅱ	Ⅲ	
镁基阳极（ϕ110mm×600mm）	10.5	硫酸镁 硫酸钙 硫酸钠 膨润土	35 15 50	20 15 15 50	25 25 15 50	配方Ⅰ适用于 $\rho>20\Omega\cdot cm$ 的土壤,配方Ⅱ、Ⅲ适用于 $\rho<20\Omega\cdot cm$ 的土壤。每个阳极的填充料用量为50kg
铝基阳极（ϕ85mm×500mm）	8.3	粗食盐 生石灰 膨润土	40 30 30	60 20 20		每个阳极的填充料用量为40kg
锌基阳极（44mm×48mm×600mm）	8.4	硫酸钠 硫酸钙 膨润土	25 25 50	30 25 45		

② 外加电流阴极保护法　对地下金属构件实施外加电流保护,如图 6-6 所示,建立阴极保护系统。

一般情况下,应把钢铁构件的对地电位维持在 $-0.85V$（相对饱和硫酸铜电极）。如果采用比钢自然腐蚀电位负移 300mV 为最小保护电位,则防蚀效果更加可靠。对铅皮电缆其阴极保护电位约为 $-0.7V$（相对饱和硫酸铜电极）。

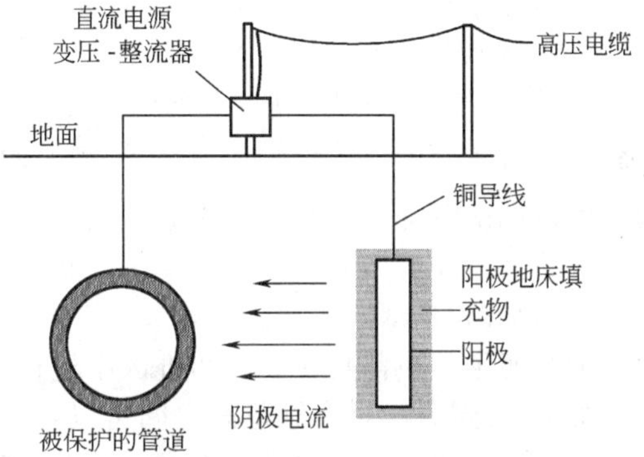

图 6-6　地下金属管道的阴极保护系统

6.3　大气腐蚀

金属在自然界大气条件下发生的腐蚀称为大气腐蚀。金属材料从原材料库存、零部件加工装配以及产品的运输和储存,绝大部分时间都和大气接触,而且 80% 的金属构件都暴露在大气中使用。因此金属总会遭受到不同程度的大气腐蚀。例如,表面光洁的钢铁零件在潮湿的空气中很短的时间内就会生锈;光亮的铜零件会变暗或产生铜绿。在各种单独环境下的腐蚀中,以大气腐蚀最普遍,腐蚀造成的损失最严重。据估计,因大气腐蚀而引起的金属腐蚀,约占金属总腐蚀损失量的一半以上。

大气腐蚀是人们最早接触的腐蚀问题。由于影响因素众多,腐蚀反应动力学机理复杂,至今仍是腐蚀防护工作者十分关注的问题。

6.3.1　大气腐蚀的分类

大气的主要腐蚀成分是水和氧,它们构成了金属大气腐蚀的物质基础。大气中氧的浓度一般为固定值（约 23%）,而水汽含量（湿度）却经常变化。

除了低湿度下的大气腐蚀,大气腐蚀基本上属于电化学腐蚀的范畴。和浸在电解质溶液内的腐蚀不同,它是一种电解质液膜下的电化学腐蚀。由于金属表面上存在着一层饱和了氧的电解液薄膜,使大气腐蚀优先以氧去极化过程进行腐蚀,因此大气中的水汽成为影响大气腐蚀速度和机理的主要因素。按金属表面的潮湿程度,大气腐蚀可分为以下三类。

① 干的大气腐蚀,即在空气非常干燥的条件下,金属表面不存在水膜时的腐蚀。其特点是表面形成一层保护性的氧化膜或硫化物膜。

② 潮的大气腐蚀，空气中的相对湿度小于100％，金属表面存在一层厚度约几百埃的肉眼看不见的水膜时的腐蚀，称为潮的大气腐蚀。铁在没有被雨、雪淋落到时的生锈，属于潮的大气腐蚀。

③ 湿的大气腐蚀，当空气相对湿度接近100％或水分（雨、飞沫等）直接落在金属表面时，金属表面形成了厚度在1μm～1mm之间肉眼可见的水膜，此种情况下的腐蚀称为湿的大气腐蚀。

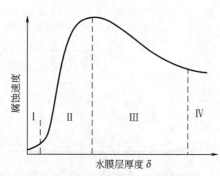

图6-7　大气腐蚀速度与金属表面
水膜层厚度之间的关系示意

水膜层厚度：Ⅰ区 $[(1\sim10)\times10^{-9}\text{m}]$，
Ⅱ区 $(10^{-8}\text{m}\sim1\mu\text{m})$，Ⅲ区 $(1\mu\text{m}\sim1\text{mm})$，
Ⅳ区 $(>1\text{mm})$

金属表面在不同湿度大气环境中形成的水膜厚度对腐蚀速度影响较大，如图6-7所示。图中Ⅰ区对应干燥的大气条件，形成的水膜约几个分子层厚，金属发生化学腐蚀，腐蚀速度最小。Ⅱ区对应潮的大气条件，水膜厚度约几十到几百个分子层厚，类似于电解质溶液，随着厚度增加，逐渐由化学腐蚀转变为电化学腐蚀，腐蚀速度也随膜厚的增加而增大，在达到最大值后进入Ⅲ区。Ⅲ区为可见的水膜，厚度约几十至几百微米，与电解质溶液的金属腐蚀相同，随着液膜厚度增加，氧通过水膜的有效扩散层厚度也增加，氧的扩散变得困难，因此金属的腐

蚀速度也相应下降。此时对应于湿的大气腐蚀。当液膜厚度再增加时，氧的有效扩散层厚度不再随着液膜厚度增大，对应于Ⅳ区，此时与浸泡在液体中的腐蚀完全相同，腐蚀速度随液膜厚度增加略有下降。

大气腐蚀一般都是在Ⅱ区和Ⅲ区中进行的，随着气候和相应的金属表面状态（氧化物或盐碱类的附着情况），腐蚀形式之间可以互相转换。例如，在空气中起初以干的腐蚀历程进行腐蚀的金属构件，当湿度增大或表面存在吸湿性的腐蚀产物时，可能会开始按照潮的大气腐蚀历程进行腐蚀。当将水直接注在金属表面上时，潮的大气腐蚀又转变为湿的大气腐蚀；而当表面干燥后，又会重新按潮的大气腐蚀形式进行腐蚀。

6.3.2　大气腐蚀的过程、机理和特征

要了解大气腐蚀，尤其是"潮的"和"湿的"大气腐蚀的机理，首先要了解金属表面液膜的形成过程和金属的表面状态。

6.3.2.1　金属表面上液膜的形成

金属表面的液膜分为两种：水汽膜和湿膜。水汽膜是不可见液膜，其厚度为2～40个水分子层；湿膜是可见液层，厚度约1～1000μm。

① 水汽膜的形成　水汽膜是空气中水汽凝聚的结果。只要金属表面存在适宜的凝聚条件，即使在大气相对湿度小于100％、温度又高于露点时，也会有水的凝聚和水汽膜的产生。这些条件如下所述。

a. 毛细凝聚的条件　从表面物理化学过程可知，气相中的饱和蒸汽压与同它相平衡的液面曲率半径之间的关系符合以下方程式：

$$p=p_0\mathrm{e}^{\frac{-2\sigma M}{dRTr}}\tag{6-3}$$

式中　p——曲率半径为 r 的液面上的饱和蒸汽压；

　　　p_0——平液面上的饱和蒸汽压；

　　　σ——绝对温度为 T 时的表面张力；

　　　d——液体密度；

M——液体相对分子质量；

R——气体常数。

显然，曲率半径 r 越小，饱和蒸汽压 p 就越小，水蒸气越易凝聚。

图 6-8 是三种典型的弯液面（凹的、平的、凸的），由于液面形状不同，其曲率半径（分别为 r_1、r_0、r_2）大小也不同，$r_1 < r_0 < r_2$。这三种典型弯液面对应的平衡饱和蒸汽压分别为 p_1、p_0、p_2，由式（6-3）可知，$p_1 < p_0 < p_2$。

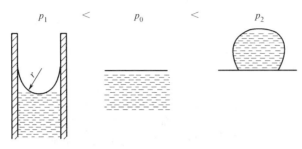

图 6-8　三种典型的弯液面

表 6-18 为饱和水蒸气压力与凹液面曲率半径之间的关系，从表 6-18 的数据可以明显看出，曲率半径越小，与之平衡的蒸汽压力就越小。表中 p_0 表示水平面上的蒸汽压力，最右边一列数据表示在凹曲面上可以发生凝聚作用的相对湿度。从表中可以看出，当曲率半径很小时，例如当毛细管的直径等于 $11.1 \times 10^{-7} \mathrm{cm}$（约相当于数十个原子间距的大小）时，在相对湿度为 91% 时就发生毛细凝聚作用。这就说明，当平液面上的蒸汽未饱和时，水蒸气就可优先在凹形的弯液面上凝聚。

表 6-18　饱和水蒸气压力（p_1）与凹液面曲率半径（r）之间的关系（15℃）

r/cm	$p_1 / \times 133.3 \mathrm{Pa}$	p_1/p_0	相对湿度/%
∞	12.7	1.000	1
69.4×10^{-7}	12.5	0.985	98
11.1×10^{-7}	11.5	0.906	91
2.1×10^{-7}	7.5	0.590	59
1.2×10^{-7}	6.0	0.390	39

如图 6-9 所示，金属氧化膜、零件之间的缝隙、腐蚀产物、镀层中的孔隙、材料的裂缝及落在金属表面上的灰尘和炭粒下的缝隙等，都符合毛细凝聚的条件，使金属表面产生水汽膜。

图 6-9　金属表面上水分毛细凝聚的可能中心

b. 吸附凝聚的条件　在相对湿度低于 100% 且未发生纯粹的物理凝聚之前，由于固体表面对水分子的吸附作用（范德华力），金属表面也能形成薄的水分子层。吸附的水分子层数随相对湿度的增加而增加（见图 6-10），吸附水分子层的厚度也与金属的性质及表面状态有关，一般为几十个分子层的厚度。

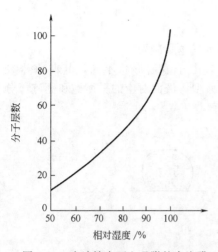

图 6-10　光洁铁表面上吸附的水汽膜
的厚度变化与空气相对
湿度间的关系

c. 化学凝聚的条件　当物质吸附了水分，即与之发生化学作用，这时水在这种物质上的凝聚叫化学凝聚。例如金属表面落上或生成了吸水性的化合物（$CuSO_4$、$ZnCl_2$、$NaCl$、NH_4NO_3 等），即便它已形成溶液，也会使水的凝聚变得容易。因为盐溶液上的蒸汽压力低于纯水的蒸汽压力（参见表 6-19）。可见，当金属表面落上铁盐或钠盐（手汗、盐粒等），就特别容易促进腐蚀。在这种情况下，水分在相对湿度为 70%～80% 时就会凝聚，而且又有电解质同时存在，所以会加速腐蚀。

② 湿膜的形成　金属暴露在室外，当有雨、雪、雾、露、融化的霜和冰等大气沉降物直接降落时，金属表面易形成约 $1～1000\mu m$ 厚的可见水膜，这就是湿膜。另外，周围水分（如海水的飞沫）的飞溅、周期浸润（如海平面上工作的零件、周期性与水接触的金属构件）、空气中水分的凝结（露点以下水分的凝结、水蒸气的冷凝）等情况，也可以导致湿膜的形成。

表 6-19　各种盐的饱和水溶液上的平衡水蒸气压力（20℃）

盐	水蒸气压力 $p/\times133.3Pa$	液面上封闭空气相对湿度 $(p/p_0)/\%$	盐	水蒸气压力 $p/\times133.3Pa$	液面上封闭空气相对湿度 $(p/p_0)/\%$
氯化锌	1.75	10	硫酸钠	14.20	81
氯化钙	6.15	35	硫酸铵	14.22	81
硝酸锌	7.36	42	氯化钾	15.04	86
硝酸铵	11.74	67	硫酸镉	15.65	89
硝酸钠	13.53	77	硫酸锌	15.93	91
氯化钠	13.63	78	硝酸钾	16.26	93
氯化铵	13.92	79	硫酸钾	17.30	99

注：20℃时纯水的蒸汽压力 $p_0 = 17.535\times133.3Pa$。

空气中水分的饱和凝聚现象是非常普遍的。特别是热带、亚热带及大陆性气候地区，由于气温变化剧烈，即使在相对湿度低于 100% 的气候条件下，也容易造成空气中水分的冷凝。如图 6-11 所示，当空气温度在 5～50℃ 的范围内，气温剧烈变化大于 6℃ 左右时，只要相对湿度在 65%～75% 左右，就可以引起凝露现象。温差越大，引起凝露的相对湿度就越低。例如我国的株洲地区，因其昼夜温差大（15℃ 左右），所以只要相对湿度达到 35% 左右时，就能凝露。此外，强烈的日照也会引起剧烈的温差，因而造成水分的凝露现象。

由此可见，为了防止金属制品的腐蚀，应规定金属制品仓库和车间内的环境条件，在没有恒温恒湿调节时，应保持昼夜温差小于 6℃，相对湿度低于 70%，并避免日光的直

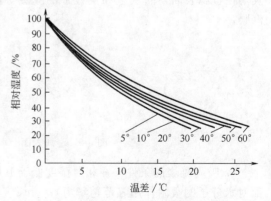

图 6-11　一定温度下，能引起凝露的
温差与大气湿度间的关系

接照射。

6.3.2.2 大气腐蚀的机理

金属表面液膜厚度的大小，决定了干的、潮的和湿的三种类型大气腐蚀的机理。

① 干的大气腐蚀　这类腐蚀也称做干的氧化，是常温氧化型的化学腐蚀。腐蚀是靠大气中的氧等气体与金属发生化学反应而进行的。反应式如下：

$$M + \frac{1}{2}O_2 \longrightarrow MO$$

常温下，金属的氧化速度很慢。在清洁干燥的常温大气中，金属表面上氧化膜的生长符合对数规律，所有普通的金属表面都可以产生 $1\sim4nm$ 厚的肉眼不可见的氧化物膜。而在污染空气中，其生长按照抛物线规律进行。

在含有少量硫化物的污染空气中，大气湿度不超过临界湿度时，钢和铁表面可以一直光亮。但铜、银及某些有色金属却不然，即使在常温下，金属表面也可生成一层可见的硫化物膜。由于金属硫化物膜的晶格有许多缺陷，它的离子电导和电子电导比金属氧化物大得多，因此金属硫化物膜可以成长到相当大的厚度。虽然对金属基体无明显的腐蚀破坏，但却使金属失去原有的光泽，出现灰色或表面变得晦暗，影响了金属的美观和电接触点的导电性。如果大气非常干燥，即使有硫化物存在，腐蚀过程也会很快变慢而趋向停止。

② 潮的大气腐蚀　这是指金属在空气相对湿度小于100%情况下发生的腐蚀。此时，金属表面通过毛细管作用、吸附作用或化学凝聚作用，生成了一层厚度为 $10nm\sim1\mu m$ 的肉眼看不见的水膜。水膜虽然很薄，但由于具备了电解质溶液的性质，所以这类腐蚀属于电化学腐蚀。

潮的大气腐蚀的电极过程与通常水溶液中的金属腐蚀的电极过程类似。在阳极上发生金属的溶解：

$$M + xH_2O \longrightarrow M^{n+} \cdot xH_2O + ne^-$$

式中，M 代表金属；M^{n+} 为 n 价金属离子；$M^{n+} \cdot xH_2O$ 为金属离子水合物。

在薄液膜下的大气腐蚀，不论电解液是酸性、中性或碱性，阴极过程均以氧的去极化为主。

在中性或碱性液膜中：

$$O_2 + 2H_2O + 4e \longrightarrow 4OH^-$$

在酸性液膜中：

$$O_2 + 4H^+ + 4e \longrightarrow 2H_2O$$

由于金属表面存在的水分很少，水膜薄，氧比较容易通过水膜，使阳极易于钝化；而金属溶解后生成的金属离子堆积在薄水膜中，又使阳极浓差极化增大，致使金属离子的水化过程进行缓慢，结果都使阳极过程受到强烈阻碍。虽然缺少水分也会使氧去极化发生一定困难，但与阳极过程相比，氧阴极极化的阻力要小得多。所以阳极过程更不易进行，成为腐蚀过程的速度控制步骤。

③ 湿的大气腐蚀　当空气相对湿度接近100%或水分（雨、飞沫等）直接落在金属表面时，金属表面形成了厚度在 $1\mu m\sim1mm$ 之间的肉眼可见的水膜，此种情况下的腐蚀称为湿的大气腐蚀。湿的大气腐蚀与电解液中的腐蚀完全相同。因为氧扩散通过厚水膜到达金属表面的阴极区比较困难，而金属溶解和金属离子在水膜中的扩散却比较容易。所以氧的去极化反应是腐蚀过程的控制步骤。

当大气腐蚀时，由于水膜很薄，氧易于到达阳极表面，使易钝金属表面发生钝化，同时，在很薄的吸附水膜中阳离子的水化作用也发生困难，使得阳极过程受到阻碍。因此，随着液膜的减薄，阳极的氧化过程也随着减慢。

总之，对于微观电池腐蚀，一般在湿膜下，或因腐蚀产物吸水润湿时，大气腐蚀的速度主要由阴极过程控制。水膜很薄（水汽膜）或没有被水完全润湿的半干的腐蚀产物上的腐蚀速度主要由阳极过程控制。有时可能是阴阳极过程共同控制。当液膜极薄时，液膜的导电性很差，腐蚀过程可能由欧姆电阻控制。对于宏观电池腐蚀而言，腐蚀大部分为欧姆电阻控制。

6.3.2.3 大气腐蚀的特征

大气腐蚀是在电解液薄膜下的电化学腐蚀，与浸在电解液中的腐蚀相比有它的特殊之处。

① 一般电解液中腐蚀电池都是短路的，介质欧姆电阻很小，可以忽略不计。而在极薄的电解液膜下，欧姆电阻很大，不可忽视。

② 随着表面液膜厚度的变化，大气腐蚀的阴阳极过程及影响因素也会发生变化。大气腐蚀时，由于液膜比表面积比较大，具有极好的溶氧条件，氧很容易到达阴极表面，故阴极过程主要是氧的去极化反应，即氧向阴极表面扩散，作为去极化剂在阴极进行还原反应。氧离子化的阴极过程，包括着与溶液中氧去极化一样的基本步骤，但也有不同。如现已查明，在许多金属大气腐蚀过程中，都有少量的过氧化氢生成，此物是氧阴极还原生成氰氧根离子过程中的中间产物。还查明，在薄层电解液下的金属大气腐蚀过程中，虽然氧的扩散速度相当快，但氧的扩散速度仍主要决定着氧的阴极还原总速度。

③ 由于液膜的氧和金属离子含量都很高，金属离子水化过程速度较慢，使得阳极极化增大，易钝金属可出现阳极钝化的特征。

④ 大气腐蚀形成的腐蚀产物存留在金属表面，形成具有一定保护作用的腐蚀产物膜。但是不同的金属，其锈膜的结构不同，保护作用差别很大。铁上最紧密的锈膜是 δ-FeOOH，是低合金钢经 Cu 和 P 合金化后的腐蚀产物，具有很高的保护作用。低合金钢的锈膜完整致密，与表面附着性能好，也比较耐蚀。而纯铁的锈膜是疏松的粉状物，保护效果比较差。此外，铝和铝合金在空气中可以生成致密的 β-$Al_2O_3 \cdot 3H_2O$，铅在大气中生成难溶的 $PbCO_3$，因此铝和铅在大气中有很高的耐蚀性。

6.3.3 大气腐蚀的影响因素

从宏观上看，影响大气腐蚀的因素有地理因素（工业、海洋和农村），气候因素（热带、湿热带、温带）。具体来看，影响大气腐蚀的主要有金属表面因素、大气的成分及气候条件。

6.3.3.1 金属表面因素

金属的表面状态对空气中的水分的吸附凝聚有较大的影响。经过精细研磨和擦得比较光亮的金属表面，能提高金属表面的耐蚀性。而新鲜的加工粗糙的表面（特别是喷砂以后的）腐蚀活性最强。当长久处于干燥的空气中，由于表面生成保护膜，这种活性则大为减低。

金属表面存在污染物质或吸附有害杂质，则会进一步促进腐蚀过程。如空气中的固体颗粒落在金属表面，会使金属生锈。疏松颗粒（如活性炭），由于可吸附空气中的二氧化硫，会显著增加金属的腐蚀速度。在固体颗粒下的金属表面常发生缝隙腐蚀或点蚀。

有些固体颗粒虽不具腐蚀性，也不具吸附性，但由于能造成毛细凝聚缝隙，促使金属表面形成电解液薄膜，形成氧浓度电池，从而导致缝隙腐蚀。

金属表面的腐蚀产物对大气腐蚀也有影响。一般金属（如耐候钢）的腐蚀产物膜由于合金元素富集，使锈层结构致密，有一定的隔离腐蚀介质的作用。因而腐蚀速度随暴露时间的延长而有所降低。但金属表面的阴极金属保护层底层生成的腐蚀产物，因为体积膨胀，会导致表面保护层的脱落、起泡、龟裂等，使其丧失保护作用，甚至会产生缝隙腐蚀，从而使腐蚀加速。

6.3.3.2 大气的成分

清洁大气的基本组成见表 6-20。

表 6-20　清洁大气的基本组成（10℃，100kN·m^{-2} 压力下）

组成成分	含量		组成成分	含量	
	g/m³	%		g/m³	%
空气	1172	100	氖气(Ne)	14	12
氮气(N₂)	879	75	氪气(Kr)	4	3
氧气(O₂)	269	23	氦气(He)	0.8	0.7
氩气(Ar)	15	1.26	氙气(Xe)	0.5	0.4
水蒸气(H₂O)	8	0.70	氢气(H₂)	0.05	0.04
二氧化碳(CO₂)	0.5	0.04			

全球范围内大气中的主要成分一般几乎不变。但在不同环境中，大气中尚会有其他污染杂质，其主要成分见表 6-21。

表 6-21　大气污染物质的主要成分

气体	固体	气体	固体
含硫化合物：SO₂,SO₃,H₂S	灰尘尘粒	含碳化合物：CO,CO₂	氧化物粉、煤粉
氯和含氯化合物：Cl₂,HCl	NaCl,CaCO₃	其他：有机化合物	
含氮化合物：NO,NO₂,NH₃,HNO₃	ZnO 金属粉末		

根据大气中污染物的性质和程度，大气环境的类型大致可分为工业大气、海洋大气、海洋工业大气、城市大气和农村大气。

① 工业大气　主要的污染物为硫化物。
② 海洋大气　主要以大气中含有海盐粒子为特征。
③ 海洋工业大气　既含有工业废气中污染物，又含有海洋环境中的海盐粒子。
④ 城市大气　以硫化物为主要的污染物，与工业大气类似。
⑤ 农村大气　不含有强烈的化学污染，但含有有机物和无机物尘埃。

大气中腐蚀性杂质的典型浓度如表 6-22 所示。

表 6-22　大气中腐蚀性杂质的典型浓度

杂质	浓度/(μg/m³)
二氧化硫(SO₂)	工业大气：冬季 350；夏季 100 农村大气：冬季 100；夏季 40
三氧化硫(SO₃)	近似于二氧化硫的 10%
硫化氢(H₂S)	城市大气：0.5～1.7 工业大气：1.5～9.0 农业大气：0.15～0.45
氨(NH₃)	工业大气：4.8 农业大气：2.1
氯化物(空气样品)	内陆工业大气：冬季 8.2；夏季 2.7 沿海农村大气：平均值 5.4
氯化物(雨水样品)/(mg/L)	内陆工业大气：冬季 7.9；夏季 5.3 沿海农村大气：冬季 57；夏季 18
烟粒	工业大气：冬季 250；夏季 100 农村大气：冬季 60；夏季 15

大气的污染物质中对大气腐蚀影响最大的成分是SO_2和尘粒。

① SO_2　大气中的SO_2主要来源于天然H_2S的空气氧化和含硫燃料（如煤和石油）的燃烧。一般每立方米大气中SO_2的含量只有几毫克，但是在工业化城市中，由于第二个来源产生的SO_2量每年大约为100万～200万吨，这使得每天可形成6万吨以上的硫酸，冬季由于用煤较多，所以SO_2污染量为夏季的2～3倍。

SO_2的作用机理，主要是由于在金属表面吸附水膜下的SO_2增加了阳极的去钝化作用。在高湿度条件下，对于许多有色金属，由于水膜凝结增厚，SO_2参与了阴极的去极化作用，尤其是当SO_2的浓度大于0.5％时，此作用明显增大，因而加速了腐蚀的进行。虽然大气中含量很低，但它在水溶液中的溶解度比氧大约高2600倍，能达到很高的浓度，对腐蚀影响很大。SO_2溶于水后形成的H_2SO_3是强的去极化剂，对大气腐蚀有加速作用。在阴极上去极化反应式如下：

$$2H_2SO_3+2H^++4e \Longrightarrow S_2O_3^{2-}+3H_2O \quad \varphi^0 = +0.4V$$
$$2H_2SO_3+H^++2e \Longrightarrow HS_2O_4^-+4H_2O \quad \varphi^0 = -0.08V$$

上述去极化反应产物的电极电位比大多数工业用金属的稳定电位正得多，因此，可使这些金属都成为腐蚀电池的阳极，而遭受腐蚀。

对于许多非铁金属，SO_2被消耗在腐蚀反应中，而在钢铁的修饰过程中，SO_2却起到了催化剂的作用，一个SO_4^{2-}可以催化溶解掉100个以上的铁原子，一直到SO_4^{2-}被冲刷掉，或使锈层剥落，或使其形成硫酸盐为止。大气中SO_2对Fe的加速腐蚀是一个自催化反应过程，反应式如下：

$$Fe+SO_2+O_2 \Longrightarrow FeSO_4$$
$$4FeSO_4+O_2+6H_2O \Longrightarrow 4FeOOH+H_2SO_4$$
$$2H_2SO_4+2Fe+O_2 \Longrightarrow 2FeSO_4+2H_2O$$

生成的硫酸亚铁又被水解形成氧化物，重新形成硫酸，硫酸又加速铁腐蚀，反应生成新的硫酸亚铁，如此循环往复而使铁不断被腐蚀。

大气中的SO_2对那些不耐硫酸腐蚀的金属，如Fe、Zn、Cd、Ni的影响十分显著。而在稀硫酸中较稳定的金属，如Pb、Al、不锈钢等受SO_2的影响小一些。

② 尘粒　城市大气中大约含$2mg/m^3$的尘粒，而工业大气中尘粒含量可达$1000mg/m^3$，估计每月每平方公里的降尘量大于100t。工业大气中尘粒的组成多种多样，有碳化物、金属氧化物、硫酸盐、氯化物等，这些固体颗粒落在金属表面上，与潮气组成原电池或差异充气电池而造成金属腐蚀。尘粒与金属表面接触处会形成毛细管，大气中水分易于在此凝聚。如果尘粒是吸潮性强的盐类，则更有助于金属表面上形成电解质溶液，尤其是空气中各种灰尘和二氧化硫、水共同作用时，腐蚀会大大加剧，在固体颗粒下的金属表面常易发生点蚀。

③ 其他杂质　H_2S、NH_3、Cl_2、HCl等腐蚀性气体，主要产生于化工厂周围，也都能加速金属腐蚀。

污染的干燥空气中，痕量硫化氢的存在会引起银、铜、黄铜等变色，而在潮湿空气中会加速铁、镍、黄铜，特别是铁和镁的腐蚀。H_2S的影响主要是由于其溶于水中会形成酸性水膜，增加水膜的导电性，阳极去钝化作用变得容易，阴极H^+去极化的成分上升。

NH_3极易溶于水膜，增加水膜的pH值，这对钢铁有缓蚀作用。因为NH_3能与这些金属生成可溶性的络合物，促进阳极去极化作用。

HCl也是一种腐蚀性很强的气体，溶于水膜中生成盐酸，对金属的腐蚀破坏性非常大。

在海洋大气环境中，海风吹起海水形成细雾，由于海水的主要成分是氯化物盐类，这种含盐的细雾称为盐雾。当盐雾沉降在暴露的金属表面上时，由于Cl^-对金属钝化膜极强的破坏作用而大大加快了金属全面腐蚀的速度，增大了金属局部腐蚀的可能性。

氯化物的另一个来源是手汗等人体分泌物。一般汗液中，总盐分含量约为 0.5%～2.5%，水分为 97.5%～99.5%，根据某一典型汗液分析，其中含有 NaCl 2～3g/L，尿素 0.2g/L，乳酸 2～17g/L，还有微量的 K^+、Ca^{2+}、Cu^{2+}、NH_4^+、SO_4^{2-}、CO_3^{2-}、PO_4^{3-} 以及氨基酸、有机碱、糖分等，pH 值一般为 4.8～5.8，也有成碱性的，可见汗液是引起金属腐蚀的最有效的介质之一。因此，金属零件、机床、设备、仪表等制品由于不可避免地与双手接触，会产生严重的锈蚀。所以金属制品应尽量避免与手直接接触，为了抑制手汗腐蚀，一般需戴洁净的中性手套或使用置换性防锈油。

热处理后附着在金属表面上的残盐、焊接后的焊药，如果处理不干净也会引起金属的锈蚀。

6.3.3.3 气候条件

在气候条件中，大气的相对湿度、气温和温差、风向和风速对金属的大气腐蚀速度有较大的影响。

① 大气的相对湿度　通常用 1m³ 空气所含的水蒸气的克数来表示潮湿程度，称为绝对湿度。在一定温度下空气中所含的水蒸气量不高于一定极限（大气中的饱和蒸汽值），温度愈高，空气中达到饱和的水蒸气含量愈大。习惯上用在某一温度下空气中水蒸气的含量和饱和水蒸气含量的百分比来表示相对湿度。当空气中的水蒸气含量增大到超过饱和状态时，就出现细滴状的水露。而未被水蒸气饱和（相对湿度小于 100%）的空气冷却至一定温度使水蒸气含量达到饱和时，同样可以从空气中分出雾状的水分，因此，降低温度或增大空气中的水蒸气量可使其达到露点（凝结出水分的温度）。温度的波动和大气尘埃中的吸湿性杂质会引起水分冷凝，在含有不同数量污染物的大气中，金属具有一个临界相对湿度（如 Fe 为 65%，锌为 70%，铝为 76%，镍为 70%），超过这一临界值腐蚀速度就会突然猛增。在临界值之前，发生干的大气腐蚀，腐蚀速度会很小或几乎不腐蚀。由铁的大气腐蚀速度与空气相对湿度和空气中 SO_2 杂质的关系图（图 6-12）可看出，在含 SO_2 杂质时，超过临界相对湿度，铁的腐蚀速度激增。而不含 SO_2 的纯净空气中，铁的腐蚀速度随相对湿度变化很小，没有临界相对湿度。而在含碳粒和 SO_2 的大气中，金属的腐蚀速度在超过临界相对湿度后，速度增加得很快。因此，大气腐蚀的临界相对湿度与金属表面状态和大气环境气氛有关。

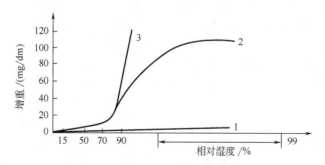

图 6-12　铁的大气腐蚀速度与空气相对湿度和空气中 SO_2 杂质的关系
1—纯净空气；2—含 0.01% SO_2 的空气；3—含 0.01% SO_2 和碳粒的空气

临界相对湿度的概念对于评定金属的大气腐蚀性能和确定长期储存方法有实际意义。依据临界相对湿度值，可调节和保持空气湿度值，使其控制在低于该值的一个较低的范围内，有效地防止腐蚀的发生和原有腐蚀的发展，所谓的"干燥空气库存法"要求库房干燥通风，保湿，限定温差的原理即基于此。

② 气温和温差的影响　空气的温度和温度差是影响大气腐蚀的重要因素。

气温对大气腐蚀有两方面影响。一方面，若气温升高但不改变大气腐蚀的类型（气温高、湿度大而又能使水膜在金属表面上停留较长的时间），则由于阴阳极反应速度增大而使腐蚀速度增大。如在湿度很高的雨季或湿热带，随着温度升高，腐蚀加快。另一方面，若在绝对湿度不变的情况下，升温并且有阳光直接照射到电极表面，将加快水分蒸发，使水膜减薄，同时使饱和水蒸气量增大、相对湿度降低，一旦相对湿度低于临界相对湿度，则可将潮的大气腐蚀变成为干的大气腐蚀，从而显著降低腐蚀速度。

降温与升温的效果正好相反。因此，为避免凝露引起锈蚀，应尽量减小环境温度骤降，例如间歇供暖，冬季工件由室外移到室内，在潮湿的环境中，洗涤用汽油迅速挥发使零件变冷等，都会凝聚出一层水膜，促使金属生锈。

温差对大气腐蚀的影响比温度更大。它不仅影响着水分的凝聚，而且还影响着凝聚水膜中气体和盐类的溶解度、水膜的电阻以及腐蚀电池中阴阳极过程的速度。在一些大陆性气候的地区，日夜温差很大，造成相对湿度的剧烈变化，夜间饱和蒸汽压骤降，使空气中的水分在金属表面上或包装好的机件上凝露，可引起锈蚀。在其他类似情况下，如白天有暖气而晚上停止供暖、冬天将金属零件由室外搬到室内、在潮湿的环境中用汽油洗涤金属零件等，也都将使金属表面大气出现较大温度变化，降低水的饱和蒸汽压，促进金属表面液膜的形成，引起金属的锈蚀。

③ 风向和风速　风向和风速对金属的大气腐蚀影响也较大。在沿海地区，在靠近工厂的地区，风将带来多种有害杂质，如盐类、硫化物气体、尘粒等，从海上吹来的风还会增大空气湿度，这些情况都会加速金属腐蚀，因此根据风向和污染源产生地点选择金属制品仓库的位置是非常重要的。

风速对金属表面液膜的厚薄及停留时间有直接的影响。风速较大时，金属表面液膜蒸发速度加快，液膜厚度减小，使其腐蚀速度降低。但在风沙环境中，风速过大会加速金属表面的磨蚀。

6.3.4　大气腐蚀的防护措施

6.3.4.1　合理选材

耐大气腐蚀的金属材料，一般有耐候钢、不锈钢、铝、钛及钛合金等。其中工程结构材料多采用耐候钢。

未加保护的钢铁在大气中易生锈。在普通碳钢中加入适当比例的 Cu、P、Cr、Ni 及稀土等合金元素，可以使普通碳钢合金化，从而改变锈层结构，促进钢表层生成具有保护性的锈层 [非晶态羟基氧化铁 $FeO_x(OH)_{3-2x}$ 或 $\alpha\text{-FeOOH}$]。上述合金化处理得到的低合金钢耐蚀性能明显优于普通碳钢。这种具有耐大气腐蚀性能的低合金钢称为耐候钢。

目前国外已有 Cu、Cu-P-Cr-Ni、Cu-Cr 和 Cr-Al 等系列多种牌号的耐候钢，比较著名的是 Cor-tenA 钢（A 型 10CuPCrNi 钢），美国对其进行了 15 年大气曝晒实验，腐蚀率只有普通低碳钢的 5%。

我国也进行了耐候钢的研究。根据我国特点，我国发展了 Cu 系、P-V 系、P-Re 系及 P-Nb-Re 系等钢种。表 6-23 列出了我国生产的部分耐大气腐蚀（耐候）钢。

不锈钢有较好的耐大气腐蚀性能，如耐蒸汽、潮湿大气性好。但由于价格较贵，除关键性产品外，一般尽量少用或不用。铝的耐大气腐蚀性能也较高。铝在空气中很容易生成一层致密的氧化铝薄膜（厚度约 $1\sim10nm$），可有效地防止铝继续氧化和腐蚀，具有优异的抗蚀性。但其强度较低，一般将 Si、Cu、Mg、Zn、Ni、Mn、Fe、Re 等加入铝中生成铝合金，以提高其机械性能。铝和铝合金制成的零件使用前，应进行阳极氧化处理。

表 6-23 我国生产的部分耐大气腐蚀（耐候）钢

| 钢 号 | W/% | | | | | | σ_s /×9.8MPa | 厚度 /mm | 备 注 |
	C	Si	Mn	P	S	其他			
16MnCu	0.12～0.20	0.20～0.60	1.20～1.60	≤0.05	≤0.05	Cu 0.20～0.40	343	≤16	YB13-69
09MnCuPTi	≤0.12	0.20～0.50	1.0～1.5	0.05～0.12	≤0.045	Cu 0.20～0.45, Ti≤0.03	35	7～16	YB13-69
15MnVCu	0.12～0.18	0.20～0.60	1.00～1.60	≤0.05	≤0.05	V 0.04～0.12, Cu 0.2～0.4	34～42	<5	YB13-69
10PCuRE	≤0.12	0.2～0.5	1.0～1.4	0.08～0.14	≤0.04	Cu 0.25～0.40, Al 0.02～0.07, Re(加入)0.15	36	<10	
12MnPV	≤0.12	0.2～0.5	0.7～10	≤0.12	≤0.045	V 0.076			
08MnPRE	0.08～0.12	0.20～0.45	0.60～1.2	0.08～0.151	≤0.04	Re(加入) 0.10～0.20	36	5～10	
10MnPNbRE	≤0.16	0.2～0.6	0.80～1.20	0.06～0.12	≤0.05	Nb 0.015～0.050, Re 0.10～0.20	392	≤10	YB13-69

钛及钛合金是一类新型结构材料，不仅具有优良的耐蚀性，而且比强度大，耐热性好。某些钛合金还具有良好的耐低温性能。这是由于钛的钝化能力强，在常温下极易形成一层致密的与集体金属结合紧密的钝化膜，这层薄膜在大气及腐蚀介质中非常稳定，具有良好的抗蚀性。从比强度方面，钛合金可替代不锈钢和合金钢；从抗蚀剂耐热性方面可以取代铝合金和镁合金。目前各种高强度钛合金、耐蚀性钛合金和功能钛合金在宇航、航空、海洋、化学工业等领域都已得到了开发和应用。

6.3.4.2 表面覆盖层保护

包括临时性保护覆盖层和永久性保护覆盖层两种。临时性保护是指不改变金属表面性质的暂时性保护方法，包括油封、蜡封或用可剥性塑料覆盖，主要用于材料储存，金属构件使用前需去除覆盖层。而电镀、涂料、热喷涂、热浸镀、渗金属（铬）、磷化或钝化等手段生成的覆盖层是永久性保护层，金属构件工作时无需去除。表 6-24 列出了常用金属在常温大气中可选择的镀覆层。

表 6-24 常用金属耐大气腐蚀的镀覆层（常温）

金 属	镀覆层的选择
碳、合金钢、铸铁、铸钢、含铬18%的耐蚀钢	镀锌、镀铬、喷锌、离子镀铝、无机盐中温铝涂层、双层镀镍、镀乳白铬
高强度钢	镀铬钛合金并涂漆、磷化并涂漆、镀松孔铬并涂漆、离子镀铝、无机盐中温铝涂层、喷锌并涂漆
铝及铝合金	硫酸阳极氧化膜层并封闭
镁合金	化学氧化并涂漆、阳极氧化并涂漆
钛合金	阳极氧化、离子镀铬、无机盐中温铝涂层、镀钯、镀铜、镀银、化学镀镍、阳极氧化

电镀层是用得较多的保护层。在沿海地区采用耐蚀性较强、价格较贵的镀镉层，而在内陆地区，一般选用价格便宜的镀锌层。镀层厚度对保护性能影响很大，要选择适当。通常电镀层的厚度在几十微米左右。

涂料是广泛采用的防锈材料。但一般涂料漆膜容易透气、透水和孔隙率大，使防护能力受到限制，因此，过一段时间通常需重新涂刷。

6.3.4.3 控制环境

首先在保管、运输、加工过程中，可以使用多种油溶性缓蚀剂、水溶性缓蚀剂和气相缓蚀剂，制成各种防锈液和防锈包装材料，抑制或减缓材料的大气腐蚀。大气适用缓蚀剂的原理、品种和性能见表 6-25。

表 6-25　大气适用缓蚀剂的原理、品种和性能

性　　质	缓蚀原理	使用方法及特点	品　　种	适用对象
油溶性缓蚀剂	油中加入油溶性缓蚀剂后，由于油溶性缓蚀剂是极性分子，分子的一端是亲金属的极性头，另一端是亲油憎水的非极性尾，因此缓蚀剂在油-金属界面上是有序的定向吸附，得到严密的排列结构，能有效地阻挡水分、氧气及其他腐蚀性介质的侵入	与矿物油和其他辅助添加剂配成防锈油（脂），浸涂、刷涂或喷涂在金属表面上 应用广泛、有效、方便	石油磺酸钡	黑色及有色金属
			十二烯基丁二酸咪唑啉	黑色及有色金属
			环壬基萘磺酸钡	钢铁
			环烷酸锌	钢、铜、铝
			苯并三氮唑	铜及其合金
水溶性缓蚀剂	利用缓蚀剂分子在金属表面生成不溶性的保护膜，将金属从活化态转为钝态	以一定量溶入水中制成防锈水，将金属材料浸泡在防锈水中或将防锈水刷或喷到金属表面即可 适用于金属产品加工过程中工序间的防锈；不适用于结构复杂、内部有深孔的制件	亚硝酸钠	黑色金属
			磷酸盐　磷酸二氢钠	钢铁、铝材
			六聚偏磷酸钠	钢铁、铅
			铬酸盐和重铬酸盐	黑色及有色金属
			硅酸钠（水玻璃）	钢铁、铝镁及其合金
			苯甲酸钠	钢铁、铜
			三乙醇胺	钢铁
气相缓蚀剂	又称挥发性缓蚀剂，常温下即能挥发，所挥发的气体充满包装空间，吸附在金属表面上，能起到阻滞大气腐蚀的作用	直接使用或溶于防锈油中使用。适用于结构复杂的制件；使用方便，金属制件无需除油清洗等前处理和后处理。缺点是气味大；适用于多种金属的缓蚀剂品种不多	亚硝酸二环己胺	钢铁
			2,4-二硝基酚胺	铜、黄铜等有色金属
			辛酸三丁胺或辛酸二丁胺	黑色及有色金属
			癸酸三丁胺	钢、铝用油溶性气相缓蚀剂
			苯三唑三丁胺或苯三唑三辛胺	铜及其合金用油溶性气相缓蚀剂

其次可采用降低环境的相对湿度来降低大气腐蚀。如在包装封存过程中采用气氮、干燥空气封存等，另外用吸氧剂封存方法控制一定的湿度和露点，以除去大气中的氧，均可达到降低大气腐蚀的目的。表 6-26 对这三种封装方法进行了比较。

表 6-26　三种封装方法的比较

封装方法	封装原理和方法	特　点	适用对象
干燥空气封存	在密封性良好的包装内充溢干燥空气或用干燥剂降低包装内的湿度，一般相对湿度不超过 35%	工艺简单，便于检查，防锈期较长，不能防止金属的化学氧化，但可起到防霉的作用	多种金属和非金属
充氮封存	将产品密封在金属或非金属容器内，经抽真空后充入干燥的纯净氮气，并利用干燥剂使内部保持在相对湿度 40% 以下	工艺复杂，防锈期长，可同时防止金属的化学氧化和电化学腐蚀	具有多种金属和非金属材料的产品、精密仪表、忌油产品

封 装 方 法	封装原理和方法	特　　点	适 用 对 象
吸氧剂封存	在密封容器内控制一定的湿度和露点,以除去空气中的氧。常用 Na_2SO_3 做吸氧剂,它在催化剂 $CoCl_2$ 和微量水的作用下,吸收氧而变成 Na_2SO_4	工艺简单,防锈期较长,可同时防止金属的化学氧化和电化学腐蚀	多种金属和非金属

6.4　微生物腐蚀

微生物腐蚀是指由于微生物的生命活动,间接产生的金属腐蚀行为。此种腐蚀自 20 世纪初被发现,20 世纪 30 年代荷兰学者屈菲(Von Wolzogen Kühr)提出硫酸盐还原菌腐蚀机理,到目前已经发展成为腐蚀科学研究的重要内容。

微生物腐蚀对金属材料的破坏是非常严重的。据报道,每年因微生物腐蚀造成的损失约占金属腐蚀损失的 10%。凡是与水、土壤、湿润空气、天然石油产品及含硫有机物等接触的金属设施,都可能遭到微生物腐蚀。其中土壤是"微生物的天然培养基",所含的微生物数量最大,种类最多,50%～80% 的地下管线腐蚀都是由微生物引起的。其他,如油田汽水系统、深水泵、循环冷却系统、水坝、码头、船舶、海上采油平台、海底管线、飞机燃料箱等装置设备,都曾发现微生物腐蚀带来的危害。微生物对金属的腐蚀不仅使设备过早报废,浪费大量金属材料,而且还会引起事故及频繁的停产检修,造成巨大的经济损失。因此对微生物腐蚀问题应予以相当重视。

6.4.1　微生物腐蚀的特征

与金属腐蚀有关的微生物,主要有原核微生物——细菌(细胞直径 $1\sim10\mu m$),及具有完整细胞核的真核微生物——霉菌和藻类(细胞直径 $10\sim100\mu m$)。微生物腐蚀并非微生物自身对金属有侵蚀作用,而是其生命活动的结果间接地对金属腐蚀的电化学过程产生影响,这种影响主要表现在以下几方面。

① 直接影响金属腐蚀的阳极和阴极反应,如硫酸盐还原菌的生命活动对贫氧环境中腐蚀的阴极去极化过程有促进作用。

② 影响金属所处腐蚀环境的状况。微生物新陈代谢产生的无机酸、有机酸、硫化物、氨等,增强了环境的腐蚀性,微生物的繁殖和新陈代谢也改变了金属周围环境的氧浓度、含盐度、酸度等,为金属表面氧浓差局部腐蚀电池等微观腐蚀电池的形成创造了条件。

③ 影响金属表面的状况和性质。如产生沉积物,破坏金属表面或金属表面保护性的覆盖层。

微生物腐蚀的显著特征,就是在金属表面总伴随着黏泥的沉积及腐蚀部位总带有孔蚀、缝隙腐蚀等局部腐蚀的迹象。许多细菌都能分泌黏液,藻类在生存期间也能将自身紧附在固体表面。黏液与介质中的土粒、矿物质、死亡菌体、藻类和金属腐蚀产物混合形成黏泥。金属遭受细菌腐蚀的程度往往和黏泥积聚的数量密切相关。有人曾在冷却水中,用过滤方法将黏泥除去,结果钢铁的腐蚀速度降低了 5～7 倍。黏泥不仅堵塞设备的孔隙,降低换热器或其他类似设备的传热效果,而且在黏泥覆盖下,局部金属表面可能成为贫氧区,与金属表面的其他区域构成氧浓差电池而造成孔蚀。

6.4.2 参与腐蚀的主要微生物

细菌是主要参与金属腐蚀的微生物，因此，微生物腐蚀往往被称为细菌腐蚀。与金属腐蚀有关的细菌中，比较重要的是直接参与自然界硫、铁和氮循环的细菌，如参与硫循环的硫氧化菌、硫酸盐还原菌，参与铁循环的铁氧化菌和铁细菌，参与氮循环的硝化细菌。按其生长过程中对氧的要求，可以将上述细菌分成嗜氧性细菌、厌氧性细菌两大类。表6-27列出了土壤中的一些重要微生物及它们的生理性质。

表6-27 微生物及其生理性质

类 型	对氧的需要	被氧化或还原的组分	主要最终产物	生活环境	pH值范围	温度范围/℃
硫酸盐还原菌[脱硫弧菌（Desulfovibriodesulfuricans）]	厌氧	硫酸盐、硫代硫酸盐、亚硫酸盐、硫、连二亚硫酸盐	硫化氢	水、污泥、河水、油井、土壤、沉积物、混凝土	最佳:6～7.5;限度:5～9.0	最佳:25～30;最高:55～65
硫(氧)化菌[氧化硫杆菌（Thiobacillus thioxidans）]	嗜氧	硫、硫化物、硫代硫酸盐	硫酸	施肥土壤、含有硫及磷酸盐的矿石、氧化不完全的硫化合物的土壤	最佳:2.0～4.0;限度:0.5～6.0	最佳:28～30;18～37生长缓慢
硫代硫酸盐氧化菌[排硫杆菌（Thiobacillus thioparus）]	嗜氧	硫代硫酸盐、硫	硫酸盐和硫	分布广泛,海水和河水、污泥水、土壤	最佳:接近中性;限度:7.0～9.0	最佳:30
铁细菌[铁细菌属和纤发菌属（crenothris and leptolhrix）]	嗜氧	碳酸亚铁、碳酸氢亚铁、碳酸氢锰	氢氧化铁	含铁盐和有机物的静水和流水	最佳:中性	最佳:24;限度:5～40
硝化细菌[亚硝化单胞菌属和硝化杆菌属（Nitrosomonas and nitrobacter）]	嗜氧	氨、亚硝酸	硝酸	废水、污泥、生物膜	中性或碱性	

① 硫酸盐还原菌 这类菌种类很多，是地球上存在的最古老的微生物之一，是在中性缺氧介质中引起金属腐蚀的主要微生物，据估计，在美国77%以上油井的腐蚀是由硫酸盐还原菌引起的。

硫酸盐还原菌可利用土壤中的纤维素、糖类等有机物作为碳源，并利用细菌生物膜内或腐蚀过程中阴极去极化反应所产生的氢，将硫酸盐还原为硫化物，在此过程中获得生存的能量，反应式为：

$$SO_4^{2-} + 4H_2 \longrightarrow S^{2-} + 4H_2O$$

天然水浸泡的土壤和被有机物严重污染的水体系都可以代表缺氧的介质环境，在这种环境中如果有硫酸盐还原菌存在，则金属的腐蚀速度要比无菌时大大增加。有人曾经在除气介质中用碳钢做过试验，发现才含硫酸盐还原菌的船舱水中浸泡的钢制船板，其腐蚀速度是$25mg/(dm^2 \cdot d)$，在人工培养的硫酸盐还原菌溶液中，碳钢的腐蚀速度是$206mg/(dm^2 \cdot d)$，但在无菌的同一介质中，测得碳钢的腐蚀速度只有$2.6mg/(dm^2 \cdot d)$。这充分说明了硫酸盐还原菌的活动对钢铁腐蚀的激烈加速作用。

关于硫酸盐还原菌对金属腐蚀的作用机理，存在不同的解释。屈菲（Von Wolzogen Kühr）的阴极去极化作用理论认为，在缺氧条件下，金属腐蚀的阴极反应是氢离子的还原，但氢活化过电位很高，阴极上只有一层氢原子覆盖。硫酸盐还原菌存在时，可以将氢原子消耗，于是阴极去极化反应得以顺利进行。整个过程的反应有：

$$4Fe \longrightarrow 4Fe^{2+} + 8e(阳极反应)$$

$$8H_2O \longrightarrow 8OH^- + 8H^+ \text{（水的电离）}$$

$$8H^+ + 8e \longrightarrow 8H \text{（吸附于铁表面，阴极去极化反应）}$$

$$SO_4^{2-} + 8H_{吸附} \longrightarrow S^{2-} + 4H_2O \text{（有菌参与的阴极反应）}$$

$$Fe^{2+} + S^{2-} \longrightarrow FeS \text{（二次腐蚀产物）}$$

$$3Fe^{2+} + 6OH^- \longrightarrow Fe(OH)_3 \text{（二次腐蚀产物）}$$

总反应：

$$4Fe + SO_4^{2-} + 4H_2O \longrightarrow FeS + 3Fe(OH)_3 + 2OH^-$$

阴极去极化理论后经布思（Booth）等的实验得到了证实。人们更进一步发现，阴极去极化作用与存在菌中的氢化酶密切相关，不同菌中的氢化酶活性不同。有机体的氢化酶活性越大，去极化作用也越大，碳钢的腐蚀速度也越大。

② 硫（氧）化菌　这类菌能氧化元素硫、硫代硫酸盐和亚硫酸盐等，产生代谢产物硫酸，反应式为：

$$2H_2S + 2O_2 \longrightarrow H_2S_2O_3 + H_2O$$

$$5Na_2S_2O_3 + H_2O \longrightarrow 5Na_2SO_4 + H_2SO_4 + 4S \text{（有硫化菌参与的氧化反应）}$$

$$2S + 3O_2 + 2H_2O \longrightarrow 2H_2SO_4 \text{（有嗜酸的硫化菌参与的氧化反应）}$$

硫氧化菌在酸性土壤及含黄铁矿的矿区中，能使土壤或矿水变酸导致腐蚀。如1922年美国俄亥俄地区这种酸矿水排出量就相当于300万吨硫酸，对河上钢铁建筑、水闸、桥墩、水坝、排污管、自来水管等造成了严重腐蚀。

③ 铁细菌　该类菌形态多样（有杆状、球状、丝状等），分布广泛，在富含铁的水中尤为普遍。铁细菌能把水中溶解的亚铁氧化成高铁形式：

$$2Fe(OH)_2 + H_2O + \frac{1}{2}O_2 \longrightarrow 2Fe(OH)_3 \downarrow$$

$Fe(OH)_3$沉积于菌体鞘内或菌体周围，而铁细菌从中取得能量同化CO_2，进行自养生活。铁细菌常在水管内壁附着生长，形成结瘤，所以它们不仅能造成机械堵塞，而且还能形成氧差电池腐蚀管道，并出现"红水"恶化水质。

④ 硝化细菌　硝化细菌大都是严格的化能自养菌，在有机培养基上不生长。如亚硝化单胞菌属（Nitrosomonas）和亚硝化球菌属（Nitrosococcus）等能把氨氧化成亚硝酸，硝化杆菌属（Nitrobacter）和活跃硝化细菌（N. agilis）则可进一步将亚硝酸盐氧化成硝酸，同时获取能量供自身生活，反应式如下：

$$NH_3 + \frac{1}{2}O_2 \longrightarrow NO^{2-} + H_2O + H^+$$

$$NO_2^- + \frac{1}{2}O_2 \longrightarrow NO_3^-$$

因此这类菌能在环境中积累一定量的硝酸和亚硝酸，从而对金属造成腐蚀。

另外，比细菌稍大一些的藻类，如硅藻，和细菌一样能促进金属腐蚀。与细菌的作用机理不同，硅藻是靠光合作用制造养料，因此可以浮游在江河湖海表面、潮间区或船只水线附近，增加水中溶解氧的浓度，改变水的pH值，可以使以氧去极化为阴极反应的电化学腐蚀过程加速。

而霉菌是一类以缺叶绿素为特征的植物，属腐生性或寄生性营养，可吸收有机物，产生大量的有机酸，包括草酸、乳酸、醋酸和柠檬酸。霉菌靠无性孢子、有性孢子和菌丝片断繁殖，能附着生长在多种基体上、破坏裸露的或涂漆的金属表面，为金属的局部腐蚀创造条件。例如，人们发现一种霉菌——树脂枝孢霉（Cladosporium resinae）能使铝合金在短期内腐蚀。

6.4.3 微生物腐蚀的控制

原则上，凡是能够抑制细菌繁殖或电化学腐蚀的措施，都有助于防止或减慢细菌腐蚀。由于微生物腐蚀涉及的金属构件种类多，所处的环境及腐蚀的菌类又不尽相同，因此在防护工作中，必须根据具体情况采取一种或几种措施配合使用。归纳起来，防止微生物对金属腐蚀的措施主要有以下几种。

① 限制营养源　因为细菌生长需要营养，所以限制金属构件周围的微生物生长的营养物是降低腐蚀危害的一个重要方法。例如尽量控制环境中有机物、铵盐、磷、铁、亚铁、硫及硫酸盐等的含量就会大大降低微生物的增长。

② 控制微生物生长的环境条件　微生物生长繁殖都需要一个适宜的环境条件，所以适当地改变环境条件，如温度、pH 值、矿化度、溶解氧的浓度等，也是减少微生物金属腐蚀的一个重要措施。例如，pH 值大于 9，温度大于 50℃时，就会强烈抑制菌类生长。再如在湿润黏土地带加强排水，回填砂砾于被埋管线周围，以改善通气条件，即可减少硫酸还原菌产生的厌氧腐蚀。盐浓度变化可影响水中渗透压的变化，从而影响细菌物质运输的过程。因此，盐浓度过高会引起细胞的脱水死亡，在条件许可时，向环境中注入高矿化度水或氯化钠溶液也可以抑制细菌的生长。

③ 化学方法　采用化学杀菌剂和抑菌剂等化学方法，是最简单而又行之有效的控制细菌的方法。主要是将杀菌剂和抑菌剂用于密闭或半密闭的系统中或掺和于涂料和护层中。杀菌剂要求高效、低毒、广谱、价廉、原料来源方便等。采用这种方法应注意把杀菌剂、防腐剂、去垢剂三者结合起来使用。目前，在我国常用的杀菌剂为季铵盐、醛类、杂环类以及他们的复配物、甲硝唑和十二烷基二甲基苄基氯化铵等。

④ 物理、生物控制方法　物理法主要是采用紫外线、超声波等物理手段来杀灭腐蚀微生物的方法；生物法主要是采用生物防治和遗传工程改变危害菌的附着力来达到控制目的的方法。例如日本研制开发的利用能吞食海水中腐蚀微生物的噬菌体清除金属管件表面的有害微生物，以达防止微生物腐蚀的方法，效果较好，而且该法利用的是病毒，它们能有选择地杀死附着微生物，而不会像其他方法那样影响其他生物。

⑤ 表面保护技术　采用非金属覆盖层或金属镀层，使金属表面光滑而不易被细菌附着，可以减少形成微生物污垢和腐蚀的机会。但在使用有机涂层时要加入适量的灭菌剂，因为霉菌这类微生物可以破坏涂层。

⑥ 电化学阴极保护方法　采用电化学阴极保护，可使阴极附近的电介质处于碱性条件，使大多数细菌的活动受到抑制。阴极保护方法对地下管道和港湾设施的微生物腐蚀控制效果显著。

而采用电化学方法杀菌，则是一种控制微生物腐蚀的新方法。有研究表明，每一种微生物细胞都有其特定的氧化还原电位，当外界施加的电位高于细胞的氧化还原电位时，外界就可以与微生物细胞发生电子交换，微生物细胞因失去电子被氧化而使其活性大大降低直至死亡。目前，国内外仅对硫酸盐还原菌等单个菌种进行了电化学杀菌方法研究。由于此方法高效、低能耗、无环境污染且无二次污染，因此对控制微生物腐蚀具有重大意义。

习　　题

1. 比较淡水腐蚀与海水腐蚀的不同特点，说明金属材料在江河入海口处腐蚀速度大于海水中腐蚀速度的原因。

2. 海水中氧的含量对金属的海水腐蚀有何影响？分析海水中氧浓差电池形成的原因。

3. 为什么说土壤电阻率是评价土壤腐蚀性的重要依据，而不是惟一依据？

4. 分析地下金属构件的外加电流保护系统对土壤中其他设备金属腐蚀的影响，说明如何采取措施避免？

5. 根据下表数据，分析说明碳钢的大气腐蚀速度有如下排序的原因：青岛＞广州＞沈阳＞北京。

气候条件	地 区			
	青 岛	广 州	沈 阳	北 京
年平均气温/℃	12.6	21.7	8.5	11.8
每年冰冻期/月	1～2	0	4.5	1～2
年平均风速/(m/s)	5.2	2.5	4.0	2.0
年平均日照百分率/%	56	46.6	59.4	62
五年降雨雪天数/天	477	646	451	381
五年≥70%相对湿度天数/天	990	1399	619	631

6. 大气中的固体颗粒能否使金属的大气腐蚀速度增大？为什么？

7. 评价和比较铜合金、铝合金和不锈钢的海水腐蚀行为。

8. 土壤微生物参与金属腐蚀有哪些形式？如何防止？

9. 比较海水、土壤、大气中宏观和微观腐蚀电池的类型，说明产生原因。

10. 某厂氯甲烷生产装置中精馏塔内的栅条和浮阀材质为 1Cr18Ni9Ti 不锈钢，栅条上覆盖铜丝网。生产一段时间后，发现栅条和浮阀已严重锈蚀。已知氯甲烷合成反应中有氯化氢气体生成，试分析栅条和浮阀腐蚀的可能原因。

第7章 化工生产中的腐蚀

7.1 化工生产中的腐蚀与防护

化学工业是国家四大支柱产业之一。在国民经济中占有重要地位，化学工业有着和其他行业的不同特点。由于每天都在接触各种酸碱盐等强腐蚀介质，因此化学工业的腐蚀现象和腐蚀损失比其他行业更严重。根据1997年的统计，化学工业中的腐蚀损失约为300亿元人民币，约占全国总腐蚀的11%。随着科学技术的发展，近年来很多化工生产都在高温高压下进行，高温高压带来了材料的严重腐蚀问题，特别是对于那些连续生产的行业。由于局部腐蚀造成停产，带来的损失是巨大的。例如，某生产精细对苯二甲酸（PTA）的工厂，由于生产中的介质具有强腐蚀性，该厂设备停产的80%是因腐蚀造成的，而一套35t/a的PTA装置停产一天损失就达140万元。仅1998年一年，因腐蚀造成的直接经济损失约600万元，而间接经济损失约4700万元。如果防腐措施得当，该套设备每年减少一次大修停产，将可创净利5000万元。

化工生产中的腐蚀还会使一些新的工艺或产品难以实现，最典型的例子就是尿素生产工艺的实现。自1870年提出了甲铵盐脱水法生产工艺以后，因生产设备材料的腐蚀问题不能解决而不能实现，直到83年以后，1953年荷兰Stamicarbon公司提出了在原料CO_2中加入氧气的方法防止腐蚀的专利，使用不锈钢设备，才使尿素生产工业化。

此外，化工生产中因腐蚀造成的泄漏会污染环境。例如，氯碱厂的氯气泄漏以及硫酸厂的SO_2和SO_3气体的泄漏，不仅会污染江、河、湖等水源和工厂周围的农田，化工生产的腐蚀还会造成对资源的浪费。由于化工生产的特殊性，很多设备采用含镍、铬的不锈钢，或铜、铅、锌、铝、钛等有色金属，但由于腐蚀问题，仍然在不断地消耗这些地球上宝贵的资源。因此，加强对化工生产中腐蚀问题的研究，提高金属的腐蚀防护能力是一件涉及国计民生的大事。

7.2 无机化工生产中的腐蚀与防护

7.2.1 概述

无机化工生产包括酸、碱、盐的生产。按化工行业划分，应涉及到氯碱行业、化肥行业、纯碱行业、无机盐行业、日用化工行业、染料行业、涂料行业、化学试剂行业、信息化学品行业等。有些行业既包括无机化工生产，又有有机化工生产。为便于叙述，有时不需要严格划分是有机物生产还是无机物生产。在涉及无机物生产的各行业中，腐蚀程度也不相同。本章主要论述腐蚀问题严重，且对生产影响较大的行业。腐蚀严重且明显的无机化工生产主要有如下几方面。

132

① 各种无机酸的生产　常用的无机酸包括硫酸、硝酸、盐酸、磷酸等，这些酸是化工生产中的主要原料，产量很大，生产中腐蚀严重。

② 碱的生产　碱生产中产量最大是 NaOH，大部分是从氯碱生产中得到，因此本章主要论述氯碱生产中的腐蚀。

③ 盐的生产　在化工生产中涉及盐的生产行业较多，纯碱（Na_2CO_3）行业是个很重要的无机化工行业。另外，化肥工业中生产的氮肥、磷肥、钾肥，绝大部分属于无机盐类。尿素虽然不属于无机盐类，但为论述方便，本章将尿素和化肥生产的腐蚀一起论述。

7.2.2　无机酸生产中的腐蚀与防护

7.2.2.1　硫酸生产中的腐蚀与防护

（1）硫酸生产流程　我国生产硫酸主要使用硫铁矿为原料，其次是以硫磺和含硫冶炼气为原料。下面将以硫铁矿为原料的生产工艺为例作以介绍。

首先焙烧矿石得到 SO_2 气体，气体经交换除热，经二次除尘后进入净化塔去除杂质，得到纯净的 SO_2 气体，干燥后，进行催化氧化，得到 SO_3，再进入吸收工序，用酸吸收 SO_3，制成浓 H_2SO_4。吸收的尾气中含有未氧化的 SO_2，进入尾气吸收塔。不同的硫酸生产方法的工序稍有不同，但涉及的硫酸腐蚀设备基本相同，包括沸腾炉、洗涤塔、吸收塔、冷却器、储槽、容器、管道、阀门等。

（2）硫酸生产中的腐蚀　硫酸生产过程中，从原料到成品的各个工序中，接触到的腐蚀介质有 SO_2、SO_3、稀 H_2SO_4、浓 H_2SO_4 和发烟 H_2SO_4。因此腐蚀介质主要是酸性介质，应属于氢去极化腐蚀，即阴极反应为：

$$H^+ + e \Longrightarrow H_{吸}$$
$$2H_{吸} \Longrightarrow H_2 \uparrow$$

如果设备材料为钢材，则阳极反应为：

$$Fe - 2e \Longrightarrow Fe^{2+}$$

由于硫酸是含氧酸，浓 H_2SO_4 有很强的氧化性，可使某些金属钝化，生成一层致密的钝化膜，不再溶于浓硫酸，从而保护金属不再发生腐蚀。当硫酸浓度较稀时，稀 H_2SO_4 主要表现出酸性，其氧化性很弱，这时和金属材料发生氢去极化腐蚀。

介质中的 SO_2 和 SO_3 气体，也会和水蒸气反应生成酸雾或酸蒸气，当与设备接触温度降低时，会发生凝结，发生所谓的露点腐蚀。

（3）硫酸生产过程中腐蚀的防护措施如下所述。

① 沸腾炉　沸腾炉中为防止 SO_2、SO_3、O、S 等的腐蚀，一般先在钢壳上涂一层可防腐蚀的石墨粉或水玻璃，再衬耐火砖或耐火混凝土做衬里。

② 塔类设备　使用浓酸或热浓酸的洗涤塔，由于温度高达 100℃ 以上，需采用耐酸砖板做衬里，直接使用金属材料是不适宜的。

对于 H_2SO_4 浓度较大，而温度低于 100℃（50～80℃）的洗涤塔，干燥塔、吸收塔等可用 1Cr18Ni11Si4AlTi 钢材制造。但一般都采用碳钢制塔体，内衬耐酸砖板防腐。为节省费用，在中小型企业中也使用耐酸混凝土做衬里。

对于酸浓度较低（10%～50%），温度为 50～80℃ 的洗涤塔和增湿塔，过去使用钢壳内衬铅板或耐酸砖板，近期已开始使用玻璃纤维增强的塑料制造，或用硬聚氯乙烯塑料制造。

对温度低于 50～60℃ 的洗涤塔，增湿塔等现已采用硬聚氯乙烯塑料制造，可使用 10 年以上。

③ 冷却器　使用金属材料制备的冷却器管，使用寿命都不是很长，为延长使用寿命，国内外已应用氟塑料换热器，效果良好。

另一延长冷却器使用寿命的方法，是使用不锈钢材料加阳极保护的方法制造冷却器。这项技术最早是 1969 年加拿大首先研制的。我国在 1984 年已研制成功不锈钢阳极保护冷却器。

④ 储槽、容器　在酸浓度大于 70%，温度高于 90℃时，要使用耐酸砖板衬里。在酸浓度低于 70%，温度 50～90℃时，可用聚丙烯制造储槽或容器，也可用聚丙烯做衬里；在酸浓度为 10%～50%，温度低于 80℃时，可用玻璃纤维增强塑料制作。在温度低于 50℃时，可用硬聚氯乙烯塑料制作衬里。

⑤ 硫酸输送管道　在相同条件下，可选用与储槽、容器相同的材料，也可使用聚四氟乙烯塑料管，聚四氟乙烯塑料管可以传送 180℃以下的任何浓度的硫酸。

7.2.2.2 硝酸生产中的腐蚀与防护

(1) 硝酸的生产流程　硝酸生产国内外基本上都采用氨接触氧化法。首先氨和过量的空气在催化剂的作用下，在高温下被氧化为 NO；然后生成的 NO 和 O_2 反应，被氧化为 NO_2；NO_2 再用水或稀 HNO_3 吸收生成硝酸。生产过程又分为常压反应和加压反应，无论哪一种反应对设备的腐蚀都是相同的。与硫酸生产中的腐蚀类似，腐蚀主要发生在塔、储槽、冷却器、管道、阀门、泵等设备。一般生产方法得到的硝酸浓度低于 50%（常压生产），加压生产的硫酸可达 62%，要生产更浓的硝酸需另外加工处理，且设备的腐蚀情况也略有不同。

(2) 硝酸生产中的腐蚀与防护　除氨氧化的工序温度较高外，其他各工序温度都在 50℃以下，由于反应温度低，硝酸浓度不高，设备材料可采用低碳不锈钢，如 1Cr18Ni9Ti 或 0Cr18Ni9Ti。因为硝酸有氧化性，即使是稀 HNO_3 也表现出氧化性。不锈钢的钝化能力很强，在稀 HNO_3 中也能钝化。因此，不锈钢可防止稀 HNO_3 的腐蚀。但是对于浓度超过 68.4% 的浓硝酸，由于太强的氧化能力，使不锈钢进入过钝化状态而引起腐蚀。因此，在制备浓硝酸的工序中，不能使用不锈钢材料，一般使用高硅铁或钛及钛合金材料。

7.2.2.3 盐酸生产中的腐蚀与防护

(1) 盐酸的生产流程　盐酸是 HCl 气体的水溶液，HCl 的合成一般使用氢气和氯气混合燃烧的方法。在合成炉内安装燃烧喷嘴，喷嘴内管道通氯气，外管道通氢气，在燃烧过程中生成 HCl 气体。由于火焰温度很高，一般可达 900℃，喷嘴用石英玻璃制成。HCl 气体在合成炉内降温，出口温度仍约为 400℃。因此对合成炉的炉体会有腐蚀，HCl 气体经冷却器冷却后温度降至 200℃以下，在吸收塔内用稀盐酸吸收，得到盐酸。

(2) 盐酸生产中的腐蚀与防护　干燥氯化氢气体在温度不是很高（200℃以下）的情况下，对钢材不发生腐蚀或腐蚀速度很低。盐酸是 HCl 气体的水溶液，是非氧化性酸。Fe 在盐酸中溶解，普通不锈钢在盐酸溶液中也会发生腐蚀，多为孔蚀。

① 合成炉的腐蚀与防护　钢结构合成炉，由于成本低，仍有很多厂家使用。由于生成的 HCl 气体中含有水分，对炉体有腐蚀，一般使用石墨材料做合成炉内壁，外部是钢结构水套，可使生成的 HCl 气体降温。国外石墨合成炉寿命可达 10～20 年，国内已制成石墨合成炉，在生产中使用。

② 冷却器　冷却器用于气体 HCl 的冷却。由于从合成炉出来的 HCl 气体温度很高，一般使用石墨材料做冷却器，当 HCl 气体高于 350℃时，石墨会发生烧蚀。

③ 吸收塔　先进的吸收塔是使用石墨制作的降膜式吸收塔。塔体采用衬胶结构，橡胶具有优良的耐盐酸性能。石墨可将吸收时产生的热传导出去，既可防腐，又提高了产量。

④ 盐酸储槽　由于橡胶的耐盐酸性能，可使用天然橡胶衬里或玻璃钢储槽，也可使用外部用玻璃钢增强的硬质聚氯乙烯结构的储槽。

7.2.3　氯碱工业中的腐蚀与防护

氯碱工业是用电解食盐水制取烧碱、氯气、氢气、聚氯乙烯的工业，同时还用氯气和氢气生产盐酸。氯碱工业从原料到产品都有强烈的腐蚀性。下面将按其生产过程分别讨论盐水

134

的腐蚀、电解腐蚀、氯的腐蚀和碱的腐蚀。

7.2.3.1 食盐水溶液的腐蚀与防护

食盐水溶液的腐蚀主要是氧去极化腐蚀，阴极反应为：

$$\frac{1}{2}O_2 + H_2O + 2e \longrightarrow 2OH^-$$

在食盐水溶液中碳钢设备发生水线腐蚀，即腐蚀发生在盐水与空气接触的弯月面下方的容器壁上。这是由于在液面附近形成了富氧区，在液面下方较深处形成贫氧区，形成了氧浓差电池，在液面下方贫氧区的金属器壁上发生腐蚀。不锈钢材料在食盐水溶液中会出现孔蚀或应力腐蚀断裂。金属钛有很好的耐蚀性能。在生产中大量使用非金属材料，例如橡胶衬里或聚氯乙烯板衬里的防腐蚀效果都很好。

另一种防盐水腐蚀的方法是采用玻璃鳞片涂层，即将鱼鳞状玻璃薄片和耐腐蚀的热固性树脂混合制成涂料，通过喷、刷等施工方法得到涂层，涂层中的玻璃鳞片重叠层可达几十至一百层鳞片，抗渗透性能优异，增强了涂层的耐蚀性，使用寿命可达 8~10 年。

7.2.3.2 电解腐蚀与防护

以隔膜法电解槽为例，电解过程中主要包括阳极的腐蚀、槽盖的腐蚀和杂散电流腐蚀。阳极为钛基底，表面涂 RuO_2 活性物质。RuO_2 活性涂层可降低阳极的过电位和电阻，这样就提高了钛阳极抗氯和盐酸的腐蚀。此外，正常的运行管理也是延长阳极寿命的一种措施。阳极板和底板连接部位的腐蚀，主要是电解液渗入连接部位的缝隙造成的缝隙腐蚀。一般采用天然橡胶衬里，垫圈使用聚四氟乙烯材料。

槽盖内侧接触的食盐水溶液、湿氯气、盐酸、氯酸盐等，会对碳钢有强烈的腐蚀。国产电解槽槽盖常采用聚氯乙烯槽盖或碳钢内衬、橡胶衬里，也有采用不饱和聚酯玻璃钢材料的。

7.2.3.3 氯的腐蚀与防护

氯气在阳极上产生，同时吸收了槽内的水蒸气，成为湿氯气。氯与水反应生成盐酸和次氯酸，反应式为：

$$Cl_2 + H_2O \longrightarrow HCl + HClO$$

盐酸具有很强的腐蚀性，次氯酸具有很强的氧化性，很多的金属，如碳钢、不锈钢、铜、镍等，都会被腐蚀。

干燥的氯气在常温时对大部分金属腐蚀都比较轻，但温度升高时会加剧腐蚀，因此湿氯首先要脱水成为干氯。金属钛对湿氯有优良的耐蚀性能，在湿氯冷却阶段可用金属钛材料。对于氯的冷却器，如果管内通氯气，外壳可使用碳钢；如管外通氯气，管内通冷却水，则冷却器全部需要钛材，外壳体采用碳钢的冷却器的寿命低于全钛的冷却器的寿命。

冷却后的湿氯经除盐雾后，进入干燥塔，塔内使用浓 H_2SO_4（95%~98%）除去氯气中的残余水分，得到干燥氯气。干燥塔不能再用钛材料，因为钛和干燥氯气发生剧烈化学反应生成四氯化钛。四氯化钛还可再分解为二氯化钛，并有燃烧起火的危险。干燥塔一般采用硬质聚氯乙烯制造，寿命可在 10 年以上。

7.2.3.4 碱液和固体碱生产中的腐蚀与防护

电解食盐在阴极室得到氢气，在阳极室得到氯气，电解液中是 NaOH 和未电解的食盐，即碱液。从电解槽中流出的碱液浓度很低（约10%），需经过浓缩过程得到 NaOH 含量为30%的成品碱液，或再经熬制得到固体 NaOH，即固体碱（也称为固碱）。因此碱的生产分为碱液浓缩和固体碱两部分。

① 碱液浓缩过程　碱液浓缩即碱液蒸发过程，一般采用三次蒸发的方法。根据蒸发过程中采用的循环方式的不同，分为多种不同的工艺流程。例如，三效顺流自然循环流程、三

效逆流强制循环流程、三效顺流强制循环流程等。蒸发的目的，一是为了浓缩 NaOH 溶液，二是分离未电解的 NaCl。因为在浓缩过程中，NaCl 的溶解度急剧下降，生成 NaCl 结晶从溶液中析出，经过滤可将 NaCl 分离，然后溶化成回收盐水再用。碱液蒸发过程中，NaOH 浓度从 10% 左右上升到 30%。碳钢在浓度 30% 以下的 NaOH 溶液中，在常温（25℃）有很好的耐蚀性能。这是由于生成的铁的氢氧化物溶解度小，并且致密，保护了碳钢，使之不再腐蚀。如果温度升高，碳钢的腐蚀速度增大，耐蚀能力下降。如果 NaOH 浓度大于 30%，碳钢表面的氢氧化铁膜的保护性能随 NaOH 浓度增大而下降。当溶液 pH＞14 时，碳钢表面的氢氧化铁膜转变为可溶性的铁酸钠（Na_2FeO_2），碳钢重新被腐蚀。

不锈钢在碱液中的腐蚀情况也受碱液浓度和温度的影响。当碱液浓度大于 40%，温度高于 110℃ 时，腐蚀加剧，并易发生应力腐蚀断裂。在奥氏体镍铬不锈钢中加入 2% 的钼时，可提高不锈钢的耐蚀性，例如，30Cr2Mo 不锈钢在碱液中的耐蚀性相当优秀。

镍及镍合金在碱液中耐蚀性能突出，这是由于镍在强碱溶液中钝化，生成一层氧化镍钝化膜。即使在高于 40% 的碱液中和高于 150℃ 时，仍有很好的耐蚀性。但镍在含氯酸盐的碱液中的耐蚀性随氯酸盐浓度的增加而降低，原因是氯酸盐分解生成的氧原子的氧化使镍的腐蚀加剧，因此，要严格控制碱液中氯酸盐的含量。

以三效顺流自然循环工艺流程为例，在碱液蒸发过程中，一效蒸发器可全部采用碳钢制造，因为一效蒸发过程中碱液浓度较低；二效蒸发器可采用碳钢壳体，换热管和管板采用不锈钢；三效蒸发器外壳体可用碳钢，其他部位采用镍材料制造。

② 固体碱生产过程　碱液在高温蒸发浓缩，得到熔融态的 NaOH，冷却后得到固碱。固碱分为低浓度固碱（75%）和高浓度固碱（95% 以上）。固碱工艺一般采用铁锅熬制的方法，另一种为升降膜法。

在固碱的生产过程中，由于碱液浓度的增加和温度的升高，无论碳钢还是不锈钢都不耐碱的腐蚀。在浓碱和应力的作用下会发生晶间腐蚀，在应力作用下（受热不均匀造成）发生腐蚀断裂（即碱脆）。

镍在熔融的碱液中仍有耐蚀性，因此升降膜式固碱生产中多用镍材料。但要注意碱液中氯酸盐的含量，否则会加速镍的腐蚀。

从成本考虑，一般仍采用铁锅熬制的方法生产固体碱，碱锅铸造可采用珠光体为基体的灰铸铁及球墨铸铁，严格控制铸造工艺，可得到结构细致、有细片状均匀分布的不连续的石墨体的铸件时，耐蚀性能优良，可延长使用寿命。

采用升降膜工艺生产固碱时，一般使用镍材料，为防止氯酸盐对镍的氧化腐蚀，可加入还原性物质，使氯酸盐还原为 NaCl，如可加入蔗糖、葡萄糖等。近年来，高纯高铬铁素体不锈钢的研究取得很大进展，其耐碱的腐蚀性能不低于镍材料，有取代镍材料的趋势。

7.2.4　化肥工业中的腐蚀与防护

7.2.4.1　合成氨生产中的腐蚀与防护

（1）合成氨生产简介　氨由氢气和氮气在一定压力和温度下，经催化剂催化生成。该反应为放热反应，且是可逆反应。其反应为：

$$N_2 + 3H_2 \Longleftrightarrow 2NH_3$$

合成氨生产中首先要得到原料气，即氢气和氮气，然后对原料气进行净化，去除 N_2、H_2 以外的杂质，特别是能使催化剂中毒的有害成分。净化后的混合气体经压缩机压缩到合成氨所需的压力，在合成塔内，在催化剂的作用下得到合成氨。成品氨再按照不同的需要，进行下游产品的生产。

原料气中的 H_2 可从水煤气中得到，同时会有 CO 和 CO_2 等其他成分同时生成，煤中的其他杂质如硫也会生成 H_2S 气体。氮气可用空气分离的方法得到。因此，合成氨工艺可由造气、压缩、合成等部分组成。由于合成氨时的温度高（200～300℃），压力在 15～70MPa，因此不但要考虑高温高压时的氢腐蚀问题，还要考虑在高温高压条件下氮和氨的腐蚀问题。

（2）合成氨生产中的腐蚀与防护的方法如下所述。

① 制氢过程　目前最普遍的制氢方法是以煤、焦炭、天然气、重油等为原料的蒸汽转化法。一般先将原料脱硫，然后在 800～900℃、2～3MPa 条件下与水蒸气生成 H_2、CO、CO_2，混合气体经变换装置将 CO 变换为 CO_2，再经脱碳液除去 CO_2，最后得到纯度较高的 H_2。在这个过程中，大部工序温度不高，氢腐蚀并不大，在温度较高的工序使用铬钼抗氢钢即可。

② 合成氨过程　由于合成氨的反应是可逆反应，并且是体积缩小的反应，因此加压有利于氨的合成。工业生产中分为低压法（15MPa 以下）、中压法（20MPa）和高压法（70MPa）。与高温高压的氢、氮、氨合成气接触的合成塔、合成气废热锅炉等都要考虑氢的腐蚀和氮的腐蚀。

a. 氢腐蚀　高温高压条件下，氢原子可进入金属晶格或易发生化学反应使金属脱碳，发生氢腐蚀。例如：

$$Fe_3C + 2H_2 \Longrightarrow 3Fe + CH_4$$

合成塔内压力很高，容易发生氢腐蚀，所以应选择抗氢腐蚀的合金钢，如铬钼钢。

b. 氮腐蚀　干燥的分子氮是惰性气体，对钢没有腐蚀作用，只有原子氮才会对钢构成腐蚀。在合成氨的条件下，当温度高于 350℃时，氨分解为原子氢和原子氮。反应式为：

$$NH_3 \Longrightarrow 3[H] + [N]$$

原子氮很活泼，一部分重新生成 N_2，另一部分会渗入钢表面形成渗氮层。渗氮层硬而脆，不致密，可不断向内部扩散，渗氮层会剥落开裂，使设备损坏。在温度低于 350℃时，可不考虑氮腐蚀，在温度高于 400℃时要考虑氮腐蚀。在钢中加入 Al、Ti、Mo、Cr 等强氮化物形成元素，可生成稳定的氮化物，形成致密的渗氮层，阻止氮原子的继续渗入。

7.2.4.2　尿素生产中的腐蚀与防护

（1）尿素生产原理　尿素生产的原理是使用氨和二氧化碳在高温高压下合成为氨基甲酸铵（简称甲铵），然后进行甲铵脱水，生成尿素，反应式为：

$$2NH_3 + CO_2 \Longrightarrow NH_4COONH_2$$
$$NH_4COONH_2 \Longrightarrow (NH_2)_2CO + H_2O$$

此方法的优点是利用合成氨厂的副产品 CO_2，将原来放到大气中的废料作为尿素生产的原料，而且价格便宜，可降低尿素生产成本。

由 NH_3 和 CO_2 合成甲铵的反应进行的较完全，但甲铵脱水生成尿素的反应不能进行完全，只能达到 70%，未脱水的甲铵可回收，然后再重新进行反应生产尿素。根据循环利用的比例，生产工艺分为全循环法、半循环法和不循环法。对全循环法，CO_2 和 NH_3 经加压进入合成塔，在 19.6MPa、185～190℃时合成为尿素（改良 C 法压力为 24.6MPa、温度 200～205℃）。未转化为尿素的甲铵经一段（1.7MPa）加热分解和二段（0.25～0.3MPa）加热分解为 NH_3 和 CO_2，与尿素溶液分离，然后回收再用。经二段分解分离后的尿素水溶液经过蒸发、结晶、干燥，得到粒状尿素。

（2）尿素生产中的腐蚀与防护　尿素生产中的腐蚀是在高温高压下的尿素甲铵溶液以及未反应的原料等，与高温高压的尿素甲铵接触的设备都可被腐蚀。对于其腐蚀机理，一种观点认为氨基甲酸铵溶液在水中可离解出氨基甲酸根（$COONH_2^-$），氨基甲酸根具有还原性，使金属表面的钝化氧化膜还原，活化后的金属被腐蚀。另一种观点认为在高温高压下尿素会生成同素异构体氰氧酸铵，反应式为：

$$(NH_2)_2CO \Longrightarrow NH_4CNO$$

氰氧酸铵在水溶液中解离出氰氧酸根，即：

$$NH_4CNO \Longrightarrow NH_4^+ + CNO^-$$

氰氧酸根具有强还原性，使金属表面不能形成钝化膜，产生腐蚀。

还有一种观点认为尿素生产中的氨浓度很大，氨和不锈钢中的一些元素的氧化物形成配合物，生成配合物能力的大小的金属元素依次为镍、铬、铁，钼不和氨生成配合物。由于配合物的生成，则金属表面的钝化膜被破坏。

在尿素生产中所发生的腐蚀现象包括晶间腐蚀、选择性腐蚀、应力腐蚀破裂、腐蚀疲劳（发生在往复式甲铵泵上）、冲刷腐蚀（发生在管道中）、缝隙腐蚀（发生连接处的缝隙）。

对于尿素生产中腐蚀的防护，自 1953 年荷兰 Stamicarbon 公司提出在加氧的条件下使用不锈钢的专利后，国内外的尿素企业都使用含钼的不锈钢。国内使用 316L（00Cr17Ni14Mo2）不锈钢。

某些尿素生产工艺的温度较高，对不锈钢腐蚀较大，因此设备可采用衬钛板的方法，这是因为衬钛板设备比不锈钢设备具有更长的寿命。

尿素产品还可对厂房建筑等造成腐蚀，这主要是由尿素的吸湿潮解性所造成的。尿素很容易吸湿潮解生成溶液，并渗透到有细孔的材料中，如建筑材料的砖、混凝土制件、地面等。在遇到干燥条件时，尿素重新结晶，其体积膨胀，膨胀比最大可达 1.93，膨胀力可达 $85MPa/cm^2$，甚至超过混凝土的极限强度（$30MPa/cm^2$），使孔隙或缝隙增大。之后已潮解的尿素会渗入较大孔隙的建筑材料，继续结晶膨胀，逐渐使建筑物开裂、脱落或粉化。这种情况对钢筋混凝土也是不利的，钢筋在硬化的水泥中是不被腐蚀的，当有尿素的渗透和结晶膨胀发生时，使混凝土缝隙增大，使 H_2O、O_2 等腐蚀介质渗入，造成钢筋的腐蚀。非金属材料，如 PVC 塑料等对尿素都有很好的耐蚀性，因此可在接触尿素的区域，如厂房、库房、塔基地面等处衬 PVC 板；此外也可采用环氧树脂类涂层封住微孔地面，防止腐蚀。

7.2.4.3 氮肥生产中的腐蚀与防护

（1）碳酸氢铵生产中的腐蚀与防护　碳酸氢铵简称碳铵，是氮肥中的一种，由氨水吸收 CO_2 制得碳铵，反应式为：

$$NH_3 + CO_2 + H_2O \Longrightarrow NH_4HCO_3$$

CO_2 气体可来自合成氨厂的废气，CO_2 和 NH_3 在碳化塔内反应生成碳酸氨铵，部分结晶析出形成悬浮液，经分离、干燥得到成品。母液及未反应的氨气、氨水等可回收再用。

碳酸氢铵的生产没有高温高压的问题，因此腐蚀性小。但是在氨水中含有 CO_2 时，会造成碳钢的腐蚀，即碳化塔、母液槽、氨回收塔等设备会发生腐蚀。因此，碳化塔外壳可用碳钢制作，内壁喷涂金属铅。为防止从孔隙渗透腐蚀，碳钢外壳可涂装环氧树脂型涂料，以封闭孔隙与裂缝，可达到很好的防腐效果。碳化塔水箱可使用铝镁合金管和聚丙烯挡板，即可达到防腐效果。母液槽和氨回收塔的腐蚀较碳化塔轻，可使用内涂环氧树脂的方法防腐。

（2）硫酸铵生产中的腐蚀与防护　硫酸铵简称硫铵，根据不同的原料来源有不同的生产工艺，但生产原理都是氨和硫酸反应生成硫酸铵，反应式为：

$$2NH_3 + H_2SO_4 \Longrightarrow (NH_4)_2SO_4$$

生产中要用到 H_2SO_4，生成的硫酸铵溶液也呈弱酸性。生产是在常压下进行，但反应为放热反应，会产生酸雾，因此对设备会产生腐蚀。硫酸的防腐见 7.2.2.1 节，在生产系统中工作温度一般低于 120℃，可选用碳钢外壳体，内衬采用聚丙烯、聚氯乙烯，或采用耐酸瓷砖防腐。

（3）硝酸铵生产中的腐蚀与防护　硝酸铵简称硝铵，一般用氨和硝酸反应制得，反应式为：

$$NH_3 + HNO_3 =\!\!=\!\!= NH_4NO_3$$

该反应在中和器内进行。由于生成 NH_4NO_3 的反应为放热反应，温度可达到 $115\sim 120\,℃$，因此会对中和器有腐蚀。NH_4NO_3 溶液经二次蒸发可得到含量为 90% 左右的硝酸铵，要得到含量更高的硝酸铵则需要再进行真空结晶。

反应中硝酸浓度为 $45\%\sim 58\%$，反应后的溶液视 HNO_3 和 NH_3 的比例，可得到酸性溶液或碱性溶液。中和器使用低碳不锈钢或超低碳不锈钢就可以达到防蚀的目的，如 0Cr18Ni9Ti 不锈钢或 00Cr18Ni10 不锈钢。

7.2.4.4 磷肥生产中的腐蚀与防护

（1）过磷酸钙生产中的腐蚀与防护　过磷酸钙分为普通磷酸钙（普钙）和重过磷酸钙（重钙）两种，普钙中含有硫酸钙，重钙中基本全是磷酸二氢钙。

普钙的生产，首先将磷矿石 [一般为磷灰石 $Ca_5F(PO_4)_3$] 粉碎，然后与硫酸反应，分为两步。第一步是硫酸与 70% 的磷矿石反应，反应式为：

$$Ca_5F(PO_4)_3 + 5H_2SO_4 =\!\!=\!\!= 3H_3PO_4 + 5CaSO_4 + HF\uparrow$$

第二步是生成的磷酸与余下的 30% 磷矿石反应，反应式为：

$$Ca_5F(PO_4)_3 + 7H_3PO_4 + 5H_2O =\!\!=\!\!= 5(CaH_2PO_4)_2 \cdot H_2O + HF\uparrow$$

普钙中的主要成分为 CaH_2PO_4 和 $CaSO_4$ 的混合物。

重钙的生产是直接用磷酸分解磷矿石，即只有第二步的反应发生。因此，重钙中的主要成分为 CaH_2PO_4。

反应中生成的 HF 与磷矿石的杂质 SiO_2 反应生成气态 SiF_4 气体逸出，或生成 H_2SiF_6 留存在过磷酸钙中。反应后的生成物经熟化后，造粒出厂。

普钙生产过程使用的硫酸（$60\%\sim 70\%$）有强腐蚀性。与磷矿石的反应为放热反应，温度可达 $120\,℃$，反应中有磷酸生成，因此液相中为硫酸和磷酸的混合酸。由于磷矿石为粉状固体，为加速反应进行，要进行搅拌，因此，混合机中要受到腐蚀和磨蚀。化成后，由于硫酸钙结晶出来，和新生成的过磷酸钙聚集，使物料中的液相停留在聚集体的孔中，形成表面干燥的固体，减轻了腐蚀。

在重钙生产中，不用硫酸，而是直接用磷酸分解矿石。磷酸的酸性比硫酸弱，反应温度低，因此重钙生产中的腐蚀低于普钙生产的腐蚀。

过磷酸钙生产设备的耐蚀材料以非金属材料为主。混合机使用碳钢壳体，内衬辉绿岩混凝土，机盖用碳钢内衬橡胶或聚丙烯，化成室使用橡胶皮带。

（2）磷酸铵生产中的腐蚀与防护　磷酸铵简称磷铵，是氨和磷酸的反应产物，磷酸为三元酸，可生成三种盐，工业生产的磷铵化肥主要成分为磷酸二氢铵（也称磷酸一铵）和磷酸氢铵（也称磷酸二铵）。反应式为：

$$NH_3 + H_3PO_4 =\!\!=\!\!= NH_4H_2PO_4$$
$$NH_3 + NH_4H_2PO_4 =\!\!=\!\!= (NH_4)_2HPO_4$$

反应后的浆料经浓缩、干燥、造粒，得到成品。

反应中磷酸是三元酸，酸度较高。生成磷酸一铵时，溶液呈弱酸性（$pH=3.5\sim 4.5$），生成磷酸二铵时，溶液呈微碱性（$pH=7.0\sim 7.5$）。因此生成磷铵后腐蚀性比磷酸腐蚀性低。在生成磷酸一铵时，反应温度可达 $120\,℃$，$pH=3$ 左右，仍有较强的腐蚀性，因此可用 316L 不锈钢生产装置，或采用钢壳体内衬耐酸砖防蚀。

7.2.4.5 硝酸钾生产中的腐蚀与防护

硝酸钾是钾肥中的一种，一般用氯化钾和硝酸反应生成，反应式为：

$$KCl + HNO_3 =\!\!=\!\!= KNO_3 + HCl$$

反应器是一个空筒形设备。反应液用压缩空气搅拌，蒸汽直接加热，反应温度可达

85℃，由于反应物中含有硝酸和盐酸，反应器不能使用不锈钢材料，以防 Cl⁻ 作用而发生孔蚀。一般采用碳钢制造外壳，内衬耐酸砖板防止腐蚀。

7.3 有机化工生产中的腐蚀与防护

7.3.1 石油化工生产中的腐蚀与防护

7.3.1.1 甲醇生产中的腐蚀与防护

(1) 甲醇生产简介 甲醇在化工、能源、医药、合成蛋白等方面应用广泛。工业生产的甲醇是由一氧化碳和氢气在高温高压下合成的。据统计，世界上的氢有 12.5%～14% 用于甲醇的合成，其用氢量仅次于炼油和合成氨，居第三位。甲醇合成的反应式为：

$$CO + 2H_2 \rightleftharpoons CH_3OH$$

原料气可来自石油工业的天然气、重油、渣油等。原料经部分氧化法氧化，在催化剂的作用下生成 H_2、CO、CO_2 及少量 CH_4 的气体。混合气体经净化脱硫，压入脱碳工序，去除部分 CO_2。然后经压缩机压缩至 5MPa，经预热，进入反应器甲醇合成塔，经铜系催化剂催化，在 240～270℃合成甲醇。反应后的气体经冷却后分离甲醇，未反应的气体循环再用。分离出的甲醇为含有 H_2O 和其他杂质粗甲醇，送入精馏塔精馏得到精甲醇。

(2) 甲醇生产中的腐蚀与防护 采用高压方法合成甲醇时，合成塔内压力为 32～35MPa，温度为 380～450℃。甲醇合成塔壳体一般不承受高温，壁温在 200℃以下，因此壳体可以不考虑氢腐蚀问题。但塔内构件，如催化剂筐等，会发生氢腐蚀，故塔内构件需用抗氢钢材制造。国内采用 1Cr18Ni9Ti 不锈钢，紧固件可用镍钼钢。

在合成气热交换器接触的气体中，氢含量高，因此要考虑氢腐蚀问题，可选用抗氢钢。

7.3.1.2 乙烯生产中的腐蚀与防护

(1) 乙烯生产简介 乙烯是石油化工生产中最重要的产品，乙烯产品的发展带动了其他有机产品的生产。因此，乙烯的产量标志着一个国家的石油化工水平高低。1998 年世界乙烯产量为 36Mt，我国为 4Mt 左右，大大推动了我国化学工业的发展。目前国内一般采用年产 30 万吨乙烯装置，而大庆石化总厂采用年产 40 万吨的装置。

乙烯生产的原料有天然气、石脑油、煤油、柴油、重油等，生产工艺基本采用管式裂解工艺。由于裂解后所得到的裂解气为很多烃类的混合物，因此必须采取分离的方法，才能得到纯净的烃类产品。分离方法有深冷分离法和油吸收精馏分离法，30 万吨乙烯装置均采用深冷分离法。裂解气中含有水、酸性气体、炔烃等杂质，为保证烃类的纯度，分离前要先对混合气进行净化，除去水、酸性气体和炔烃。然后进行深冷分离，C_2 馏分在乙烯塔内精馏。由于要求得到的乙烯纯度需达到聚合级，因此乙烯塔是深冷分离中的关键塔。

(2) 乙烯生产中的腐蚀与防护 乙烯生产中的腐蚀以裂解工艺的腐蚀最严重。裂解炉为管式裂解炉，裂解反应管使用 HK-40 合金钢制成。烃类裂解是一个复杂的化学反应过程，包括脱氢、断链、脱氢环化、芳构化、聚合、缩合、结焦等反应过程。其中脱氢、断链是主要反应，但是在裂解条件下生成的低分子烯烃和其他低分子物质会继续反应生成焦或碳。炉管内壁结焦现象除使生产效率降低外，还会造成炉管的腐蚀。腐蚀原因有以下几种情况。

① 结焦使管内外的膨胀系数不同，引起附加应力。结焦使炉管内径变小，造成管内压力增大。在定期清焦时的降温、升温引起的热变应力会导致出现疲劳裂纹，造成脆化或破裂。

② 渗碳引起的腐蚀 裂解过程中有碳和氧气生成，高温条件会加速金属对碳的吸收，

促进碳在金属内的扩散，使金属内的 $Cr_{23}C_6$ 向 Cr_2C_3 方向转化。由于炉管内壁渗碳后和未渗碳的外壁受到的应力不同，则会造成管外壁裂纹和开裂。

③ 弯管处的腐蚀　裂解炉管转弯处渗碳严重，破坏了合金表面的氧化膜。在高温条件下碳化物分解，分解产物被气流带走，使弯管处炉壁变薄，直至穿孔。

④ 渗碳造成晶界处基本贫铬，导致晶界腐蚀。

⑤ 炉管出口端设计温度过低，排烟温度达到 $100℃$ 以下时，气体中的水蒸气、SO_3 等会生成酸性冷凝液体，对炉管出口端造成腐蚀。

为防止炉管的腐蚀，要提高炉管材料的抗渗碳性能，可在钢中添加 W、Mo、Nb、Si 等元素，如近年来在 HK-40 钢的基础上发展 HP 系列的合金钢，此系列钢比 HK 系列钢有更好的抗氧化和抗渗碳性。

此外，由于裂解气中含有硫化氢、二氧化碳、有机酸、有机硫、氯化氢等酸性介质，因而在急冷水和工艺水系统中会发生系统的腐蚀。采取控制水质的 pH 值和加缓蚀剂的方法，可有效控制腐蚀。

7.3.1.3　环氧乙烷

环氧乙烷是一种用途广泛的有机原料，在乙烯系产品中产量仅次于聚乙烯，目前世界产量约为 1000 万吨/年。环氧乙烷 60% 以上用于制造乙二醇，除此之外还可用于生产乙醇胺、乙二醇醚、二甘醇、黏合剂等。

环氧乙烷的工业生产的经典方法是氯乙醇法。至 1993 年，国内已全部淘汰氯乙醇法。目前国内采用乙烯直接氧化法生产。

环氧乙烷的生产是使用乙烯与空气或氧气在银催化剂作用下氧化制备的，反应式为：

$$CH_2\!=\!CH_2+\frac{1}{2}O_2 \longrightarrow CH_2\!-\!CH_2 \atop \qquad\quad O$$

副反应是乙烯或生成的环氧乙烷完全氧化生成 CO_2 和 H_2O，反应式为：

$$CH_2\!=\!CH_2+3O_2 =\!=\!= 2CO_2+2H_2O$$

$$C_2H_4O+\frac{5}{2}O_2 =\!=\!= 2CO_2+2H_2O$$

减少副反应的方法是提高催化剂的选择性。近年来我国生产的以碱金属阳离子为助催化剂，以氧化铝为载体的银催化剂的选择性可达到 $83\%\sim84\%$。

环氧乙烷的生产过程如下所述：

① 乙烯的氧化　将乙烯、O_2、甲烷等混合气体预热后充入氧化器，生成环氧乙烷及副反应产物 CO_2 和 H_2O，操作压力为 2MPa，反应温度为 $220\sim280℃$。

② 环氧乙烷的吸收和 CO_2 的脱除　在氧化器中反应后的气体，在换热器中冷却到 $30\sim40℃$ 后进入吸收塔，吸收环氧乙烷后的气体一部分脱除 CO_2 后返回氧化器重复使用，另一部分则直接返回氧化器重复使用。

③ 环氧乙烷的精制　经两次吸收的吸收液进入浓缩塔，真空气提，将环氧乙烷的浓度提高到 99.99%，最后送入环氧乙烷成品罐储存。

环氧乙烷生产的腐蚀主要发生在环氧乙烷的吸收阶段，吸收液中含有的氧、CO_2、有机酸等对碳钢设备会产生均匀腐蚀。由于吸收塔内有其他金属材料，因此还会有电偶腐蚀。环氧乙烷氧化器可采用 15CrMo 钢材；反应器及循环气管需进行钝化处理，以防止有铁锈生成毒化催化剂。吸收塔部分可用非金属做衬里。

7.3.1.4　聚乙烯

聚乙烯是由乙烯聚合而成的聚合物，聚乙烯用途极为广泛，是聚烯烃中产量最大的一个品种。聚乙烯的产品由于生产工艺的不同有低密度聚乙烯、高密度聚乙烯、超高相对分子质量聚乙烯等多种。

乙烯在高压下由自由基聚合制得低密度聚乙烯的工艺为：操作压力100~300MPa，反应温度80~300℃，采用氧或有机过氧化物为引发剂。聚合反应是放热反应，如果温度过高可能引起爆炸，因此要有效控制反应温度。

生产过程中，精制乙烯经二次压缩进入聚合设备，聚合后的物料经高压分离器，减压使未反应的乙烯与聚乙烯分离循环使用。聚乙烯进入低压分离器，进一步分离未反应的乙烯，聚乙烯经挤出、干燥、造粒等步骤后制成粒状。

聚乙烯生产设备的钢材为 AISI4340HⅡ，是经过电炉冶炼、真空脱气的高强钢，在聚乙烯生产条件下很耐腐蚀。但是在反应器外部由于冷却循环水质不良，在外壁产生水垢，引起垢下缺氧从而发生了腐蚀。另外，在催化剂制备时使用的氯化物遇水或蒸汽时会有氯离子产生，使设备发生氢腐蚀或点蚀。因此，凡是可能接触催化剂的设备，管道应选用玻璃、搪瓷、特种钢等材料防止腐蚀。

7.3.1.5　丁苯橡胶

丁苯橡胶分为乳液丁苯橡胶和溶液丁苯橡胶。乳液丁苯橡胶是由丁二烯和苯乙烯单体进行乳液聚合制得的。国内生产的丁苯橡胶都是乳液聚合，丁苯橡胶的生产分为单体丁二烯的生产、苯乙烯的生产和丁苯橡胶的合成三大部分。

① 单体丁二烯　单体丁二烯可从石油裂解制乙烯的 C_4 馏分中得到，也可用正丁烯氧化脱氢制取丁二烯。近年来从 C_4 馏分中分离丁二烯的方法（即抽提法）已占优势，脱氢氧化法的反应式为：

$$CH_2\!=\!CHCH_2CH_3 + \frac{1}{2}O_2 \longrightarrow CH_2\!=\!CHCH\!=\!CH_2 + H_2O$$

从 C_4 馏分中分离丁二烯主要采用萃取精馏法，一般使用的萃取剂为二甲基甲酰胺。

在用抽提法生产丁二烯时，二甲基甲酰胺遇水时会发生水解生成甲酸。由于甲酸是最强的有机酸。因此在高温高压下会对碳钢有很强的腐蚀性。另外，在抽提时为防止丁二烯自聚，需要加入糠醛做阻聚剂。然而，糠醛易氧化为糠酸，对设备发生腐蚀，而且是一个自催化腐蚀。

用抽提法时，为防止腐蚀首先要控制工艺条件减少水解，同时要采用缓蚀剂（如亚硝酸钠）。对冷凝器、换热器等可采用刷涂环氧树脂或牺牲阳极保护的方法防止腐蚀。

使用氧化脱氢方法制取丁二烯时，氧化的副反应可能生成乙酸，使用的溶剂乙腈水解也会产生乙酸，使设备受到腐蚀。这是由于该方法氧化时会生成 CO_2 溶于 C_4 馏分中，使 C_4 冷凝液显酸性，对设备产生腐蚀。

用氧化脱氢法时可采用加缓蚀剂的方法防止腐蚀；也可采用在设备内衬 1Cr18Ni9Ti 不锈钢板，或全部用这种材料制造的不锈钢材料制造设备。

② 单体苯乙烯　苯乙烯生产方法很多，目前工业上主要采用乙苯脱氢方法，乙苯可从 C_8 芳烃馏分中分离，或采用乙烯与苯进行烷基化反应得到，催化剂为 $AlCl_3$。得到的乙苯再进行催化脱氢得到苯乙烯，脱氢反应需高温减压，同时通入水蒸气，蒸气温度可达到600℃。得到的苯乙烯，要经过精馏分离提高纯度。

在苯乙烯生产过程中，$AlCl_3$ 催化剂会造成有机溶剂的酸性腐蚀。在乙苯脱氢生产中的高温不仅会使碳钢氧化，还会造成碳钢脱碳，降低碳钢的机械强度。

为防止 $AlCl_3$ 的腐蚀乙苯生产中的设备要内衬非金属材料，如内衬酚醛玻璃钢、陶瓷板等。苯乙烯生产中的钢材要用 1Cr18Ni9Ti 不锈钢，反应器用碳钢内衬耐火砖。

③ 丁苯橡胶的合成　丁苯橡胶的合成方法有两种，一种是采用过硫酸钾为引发剂，在50℃聚合，称为热丁苯橡胶；另一种是采用氧化还原的引发体系在5℃下聚合，称为冷丁苯

橡胶。目前国内全部采用冷丁苯橡胶生产方法。

在丁苯橡胶的凝聚工序中要使用盐-酸混合凝聚剂，盐一般用 $CaCl_2$、$NaCl$、KCl，介质为酸性（H_2SO_4）。由于 $CaCl_2$ 水解产生盐酸，对碳钢产生腐蚀，所以无论使用哪一种盐，Cl^- 都会对钢产生腐蚀。

凡接触 $CaCl_2$（$NaCl$、KCl）等盐的设备均可使用碳钢内衬玻璃钢防腐，聚合釜采用碳钢内衬不锈钢（如 1Cr18Ni9Ti 不锈钢）防腐。凡接触带有 H_2SO_4 的管线，可使用聚氯乙烯或聚丙烯塑料材料防腐。

7.3.2 染料生产中的腐蚀与防护

7.3.2.1 磺化过程中的腐蚀与防护

磺化过程是向有机化合物分子中引入磺酸基（$—SO_3H$）或相应的盐、磺酰卤基的化学反应过程。磺酸盐本身可作为表面活性剂、洗涤剂等。磺酸基容易被其他基团所取代，因此磺酸盐也是生产医药、染料的中间体。磺化反应是中间体生产中重要的单元生产过程。磺化反应的磺化剂有 SO_3、发烟硫酸、硫酸、氯磺酸等，不同的磺化剂对设备的腐蚀不同。

① 氯磺酸磺化　用氯磺酸做磺化剂，反应釜都采用搪瓷，氯磺酸在反应过程中有氯化氢生成。因此，既具有硫酸的氧化性，又具有盐酸的腐蚀性质。磺化反应需要在不同温度下进行，一般的碳钢和不锈钢不能使用。

若氯磺酸浓度在 95% 以上，则在低温时碳钢耐腐蚀；若氯磺酸浓度低于 95%，碳钢不耐腐蚀。在磺化过程中，氯磺酸浓度在 95% 以上时，可以使用碳钢反应釜。

② 硫酸磺化　使用硫酸磺化时，一般都用搪瓷釜。因为碳钢只对 98% 以上的硫酸耐蚀。硫酸浓度在 70% 以上时，腐蚀速度小；硫酸浓度小于 70% 时，腐蚀速度增大。而且硫酸浓度在 50% 左右时，腐蚀速度最大。在磺化过程中即使开始时使用 98% 以上的硫酸，但是随着反应的进行，生成的水逐渐增多，硫酸浓度下降，腐蚀的速度越来越快，因此反应釜不能用碳钢制造。如果硫酸浓度大于 65%，可以用铸铁反应釜，这是因为硫酸与铸铁接触后会在铸铁表面生成一层硫酸亚铁保护膜，提高了铸铁的耐蚀性。当硫酸浓度低于 65% 时，铸铁的腐蚀速度很大，因此只能在磺化全部过程中硫酸浓度大于 65% 时才能用铸铁反应釜。

7.3.2.2 硝化过程中的腐蚀与防护

向有机化合物分子的碳原子上引入硝基的反应称为硝化。在脂肪族有机物上的硝化主要用于制取炸药、燃料等。在芳烃上的硝化，染料工业上硝化后引入的硝基可以加深染料的颜色，同时也是制备氨基化合物的一条重要途径。

常用的硝化剂有稀硝酸、浓硝酸、由硝酸和硫酸组成的混合酸。无论使用哪一种硝化剂，其中起腐蚀作用的是硝酸。

在硝酸溶液中，在铝材表面会生成一层致密的氧化膜，具有保护性，且铝在 95% 以上的硝酸中是稳定的。因此，铝材可以做硝酸的储运设备。

在硝酸的作用下，不锈钢表面会生成一层 CrO_3 膜，使耐腐蚀性增强。其中，不锈钢中的镍可提高耐非氧化性介质的腐蚀性，钛可减小晶间腐蚀。因此，硝化反应釜一般选用 1Cr18Ni9Ti 不锈钢。

搪瓷反应釜也被广泛用于硝化反应。其他非金属材料，如聚四氟乙烯、陶瓷等都可以用于硝化后的处理过程。

7.3.2.3 氯化过程中的腐蚀与防护

向有机物分子中引入氯原子的反应过程称为氯化。通过氯化，可直接制取中间体；改进有机物的性能，例如改进活性染料的染色性能；制备含有其他取代基的中间体。

氯化过程使用的氯化剂有氯气、次氯酸盐、氯酸等物质。氯化反应过程中可能生成盐酸、氯、次氯酸等酸性物质，且有 Cl^- 存在，对设备腐蚀严重。对于不同的产品，氯化过程可为气相反应也可为液相反应。氯化过程对反应器的腐蚀都是很严重的，不能用金属材料，一般采用碳钢壳体，内衬耐酸瓷砖或内衬辉绿岩板；也可采用搪瓷釜反应器。对某些产品可用玻璃反应器，例如生产苯甲醛的甲苯氯化工序中，可将氯气在玻璃反应器中进行光照。

氯化过程的尾气中一般含有氯化氢或氯气，不能直接排放，必须对尾气进行处理，否则会造成污染。一般使用吸收工艺，即用喷射泵将尾气打入吸收塔吸收，生成废酸。为了防腐，喷射泵可用玻璃钢制造；吸收塔可采用陶瓷塔，也可采用碳钢内衬耐酸瓷板的吸收塔。

7.3.3　有机农药生产中的腐蚀与防护

7.3.3.1　敌百虫

敌百虫的化学名称为 O,O-二甲基-2,2,2,-三氯-1-羟基乙基磷酸酯。白色固体，商品剂型有固体、粉剂和油剂，属于有机磷杀虫剂。敌百虫是采用甲醇、三氯化磷、三氯乙醛合成的。其中的三氯乙醛是通过先将氯油用硫酸处理，然后精制得到的。氯油是三氯乙醛的粗制品，内含 $CCl_3CH(OC_2H_5)OH$ 和 $CCl_3CH(OH)OH$，与硫酸的反应式为：

$$CCl_3CH(OC_2H_5)OH + H_2SO_4 \longrightarrow CCl_3CHO + C_2H_5HSO_4 \cdot H_2O$$

$$CCl_3CH(OH)OH + H_2SO_4 \longrightarrow CCl_3CHO + H_2SO_4 \cdot H_2O$$

敌百虫的合成反应式为：

$$3CH_3OH + PCl_3 + CCl_3CHO \longrightarrow \begin{matrix} CH_3O & O \\ & \| \\ & P-CH(OH)CCl_3 \\ CH_3O & \end{matrix} + CH_3Cl\uparrow + 2HCl\uparrow$$

在生产中先将 CH_3OH 和 CH_3CHO 反应生成半缩醛形式，然后再与 PCl_3 反应。无论是在三氯乙醛的制备反应还是在敌百虫的合成反应中，均存在大量的无机酸、有机酸及酸性物质，对设备和管道有很强的腐蚀性。具体防腐措施如下所述。

① 合成氯油的氯化塔　氯油的合成过程中产生大量的氯化氢，与水生成盐酸，并且操作温度为 100℃ 左右，故氯油生产对氯化塔极具腐蚀性，需要用防腐材料制作。塔顶冷凝器使用聚全氟乙丙烯冷凝器，塔节内衬聚四氟乙烯板，塔板使用酚醛浸渍石墨，塔釜衬铅。

② 氯油提纯设备　使用搪玻璃设备和石墨冷凝器。

③ 敌百虫合成设备　采用搪玻璃设备，冷却管为纯铅制作，冷凝器为石墨冷凝器。

在敌百虫的全部生产过程中，虽然使用多种防腐材料，但使用寿命不长，仍待改进。

7.3.3.2　敌敌畏

敌敌畏的化学名称为 O,O-二甲基-O-2,2-二氯乙烯基磷酸酯，产品为无色油状液体。敌敌畏是以敌百虫为原料，在碱性溶液中脱去一分子氯化氢，再经分子重排得到的。

生产敌敌畏时先将敌百虫溶解在水和苯中，然后再加入 NaOH。生产中产生的氯化氢被碱中和。反应后得到的液体是微酸性，经减压蒸馏得到高含量的敌敌畏产品。

相对敌百虫的生产过程，其腐蚀性较低。生产设备使用搪玻璃设备、抗酸不锈钢（如18-8型不锈钢）、石墨等耐腐蚀材料。

7.3.3.3　乐果

乐果的化学名称为 O,O-二甲基-S-(甲胺基甲酰甲基)二硫代磷酸酯，属于有机磷杀虫剂的低毒品种。纯品为白色晶体，商品常配成油状液体。

乐果是由 O,O-二甲基-S-(甲氧羰基甲基)二硫代磷酸酯（简称磷酸酯）和甲胺在 0℃ 左右发生胺解反应制得的，反应式为：

$$\underset{\underset{CH_3O}{\overset{CH_3O}{\big|}}}{P}\overset{S}{\big\Vert}-S-CH_2-\overset{O}{\overset{\big\Vert}{C}}-OCH_3 +CH_3NH_2 \longrightarrow \underset{\underset{CH_3O}{\overset{CH_3O}{\big|}}}{P}\overset{S}{\big\Vert}-S-CH_2-\overset{O}{\overset{\big\Vert}{C}}-NHCH_3 +CH_2OH$$

乐果生产中使用的磷酸酯是由硫化物铵盐或硫化物钠盐和氯乙酸甲酯反应制得的。磷酸酯和氯乙酸甲酯都由农药厂自己生产。制备氯乙酸甲酯的反应式为：

$$ClCH_2COOH+CH_3OH \longrightarrow ClCH_2COOCH_3+H_2O$$

制备磷酸酯的反应为：

$$\underset{\underset{CH_3O}{\overset{CH_3O}{\big|}}}{P}\overset{S}{\big\Vert}-SNa + ClCH_2-\overset{O}{\overset{\big\Vert}{C}}-OCH_3 \longrightarrow \underset{\underset{CH_3O}{\overset{CH_3O}{\big|}}}{P}\overset{S}{\big\Vert}-S-CH_2-\overset{O}{\overset{\big\Vert}{C}}-OCH_3 +NaCl$$

氯乙酸甲酯的反应为酯化反应，可逆而缓慢。一般使用浓 H_2SO_4 脱水，有利于反应的进行。因此，本工序中浓 H_2SO_4 和氯乙酸都为强腐蚀介质，对设备有腐蚀性。因此，酯化反应设备使用搪玻璃设备，管道使用 0Cr17Ni14Mo2 不锈钢或增强聚丙烯材料。

磷酸酯合成过程有过量的氯乙酸甲酯，反应后要用酸、碱中和，因此也有腐蚀。反应器使用搪玻璃设备，管道材料与氯乙酸甲酯生产过程所选材料相同。

乐果合成反应是一个强放热反应，要严格控制反应温度，一般反应温度不超过 2℃，否则会由于反应剧烈而发生冲料或爆炸。乐果原油脱溶剂时，要采用真空加热的条件进行。乐果合成反应器采用搪玻璃设备，外有夹套冷却，反应器内有冷却盘管，一般使用纯铅材料。但是由于铅纯度不高，冷却盘管仍易被腐蚀，所以还需改进。

习　题

1. 化工生产中哪些介质容易引发腐蚀？

2. 硫酸生产中哪些设备易受到腐蚀，应如何防护，为什么？

3. 不锈钢材料是否可以用于硝酸和盐酸生产，为什么？

4. 氯碱生产中的盐水腐蚀属于哪种腐蚀，应如何防护？

5. 干燥氯气和湿氯的腐蚀有什么不同？相关设备应使用何种材料？

6. 从成品碱液到固碱的生产中，应如何根据不同的生产条件选择相应的金属材料？

7. 尿素生产中的腐蚀主要是由哪种物质引起的？请说明其腐蚀机理和应采取的防腐蚀措施。

8. 乙烯生产中裂解炉的腐蚀有几种情况？应如何防止？

9. 在丁苯橡胶的生产中使用盐和酸的混合凝聚剂对碳钢设备是否有腐蚀？为什么？应如何预防？

10. 磺化过程中，有哪些腐蚀性介质存在？对磺化设备会产生哪些腐蚀？如何防护？

11. 在有机农药敌百虫的生产中，哪一步工序中腐蚀最严重？根据其腐蚀的原因，试分析防护方法应如何改进？

第 **8** 章　电化学保护

　　研究金属腐蚀的目的是提出高效、价廉而易行的措施，避免或减缓金属的腐蚀。由于金属电化学腐蚀的机理复杂、形式多种多样、影响因素千差万别，在防腐蚀实践中，人们研究了多种应对金属腐蚀的措施和方法，其中电化学保护、金属选材和结构设计、覆盖层保护和缓蚀剂是用得最多的几种。作为一种经济有效的防护措施，电化学保护方法广泛地应用于船舶、海洋工程、石油、化工等领域，是需要重点了解的方法之一。

8.1　电化学保护概述

　　所谓电化学保护，是指通过改变金属的电位，使其极化到金属电位-pH 图中的免蚀区或钝化区，从而降低金属腐蚀速度的一种方法。

　　以常用的结构金属铁的电化学保护为例。在铁的电位-pH 值简图（图 8-1）上，铁的状态可以划分为腐蚀区（如图中 A 点）、免蚀区（稳定区）（如图中 B 点）、钝化区（如图中 C 点）和超钝化区（如图中 D 点）四个区域，分别对应着热力学稳定态、腐蚀态、钝化态和超钝化态四种状态。当铁的电位处于腐蚀区和超钝化区时，铁将发生腐蚀；处于免蚀区时，铁保持热力学稳定状态，不会发生腐蚀；而当铁处于钝化区时，铁的腐蚀虽然仍然存在，但腐蚀速度受到很大抑制，腐蚀不明显。因此，对铁而言，电化学保护有阴极保护和阳极保护两种形式：首先可以通过阴极极化，使金属电位从腐蚀区或超钝化区负移至免蚀区或钝化区（如从图中 A 点到 B 点，从 D 点到 C 点）；其次可以通过阳极极化，使处于腐蚀区的金属电位正移至钝化区（如从图中 A 点到 C 点）；使处于腐蚀区或超钝化

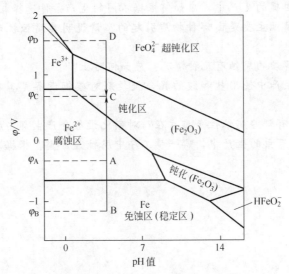

图 8-1　铁的电位-pH 值简图

区的金属免于腐蚀。

电化学保护法中的阴极保护法，早在电化学科学创立之前，就已经有人采用了。1824年，英国科学家 Humphrey Davy 首次将牺牲阳极阴极保护法的概念应用于海军舰船，用铸铁保护木质船体外包覆的铜层，有效地防止了铜的腐蚀。但由于铜的腐蚀产物铜离子可杀除海洋生物，避免其附着于船体，加大船的航行阻力。因此在以木质舰船为主的航海时代，由于人们更倾向于提高船的航行速度，一度对阴极保护失去了兴趣。阴极保护的大规模应用出现在交流电及其整流方法的发现和使用之后。1928 年，美国人 R. J. Kuhn 在新奥尔良对长距离输气管道成功地进行了世界上第一例外加电流阴极保护，开创了阴极保护的新时代。至20 世纪 50 年代，地下管线的外加电流阴极保护技术已得到普遍应用，而随着钢铁在航海及海洋平台、码头等方面的广泛使用，将阴极保护法与涂料保护联合应用于防腐，效果比单纯使用涂料要好得多，海洋环境金属的阴极保护也成为必需的防腐手段之一。目前，阴极保护技术已经发展成为一种成熟的商品技术，国际国内都对其设立了相应的标准和规范。

与阴极保护技术相比，阳极保护技术是一门较新的技术。阳极保护的概念最早由英国人C. Edeleanu 于 1954 年提出。1958 年，加拿大人首次在碱性纸浆蒸煮锅上实现了其工业应用。对化工和石油化工行业中的碳素钢、不锈钢等易于钝化的普通结构金属而言，由于阳极保护容易控制和检测，不需要昂贵的金属表面处理，所以是一种完美的保护形式，目前在工业领域已得到了广泛应用。

8.2　阴极保护

8.2.1　阴极保护的一般原理

阴极保护的作用原理可以用一句话来概括，即通过对被保护结构物施加阴极电流使其阳极腐蚀溶解速度降至最低。如果由外加电源向金属输送阴极电流，则称为外加电流阴极保护法；如果阴极电流由其他一种电位更负的金属来提供，则称为牺牲阳极阴极保护法。

金属电化学腐蚀的根本原因是金属表面电化学性质的不均一性。当金属与腐蚀介质接触时，表面上存在许多微阴极和微阳极，其中微阴极电位较正，而微阳极电位较负，它们组成了电位差达 50～100mV 的腐蚀微电池，使微阳极区发生腐蚀。当对金属进行阴极保护时，阴极电流集中到微电池中电位较高的阴极上，使得微阴极的电位负移，于是原来腐蚀微电池中微阴极和微阳极的电位差变小，甚至变成等电位的，微阳极的溶解过程也就减缓或停止了。

对金属结构物实施阴极保护必须具备以下条件。

① 腐蚀介质必须导电，并且有足以建立完整阴极保护电回路的体积量。一般情况下，土壤、海泥、江河海水、酸碱盐溶液中都适宜进行阴极保护。气体介质、有机溶液中则不宜采用阴极保护。气液界面、干湿交替部位的阴极保护效果也不佳。在强酸的浓溶液中，因保护电流消耗太大，也不适宜进行阴极保护。目前，阴极保护方法主要应用于三类介质，一是淡水或海水等自然界的中性水或水溶液，主要防止船舶、码头和港口设备在其中的腐蚀；二是碱、盐溶液等化工介质，防止储槽、蒸发罐、熬碱锅等在其中的腐蚀；三是湿土壤和海泥等介质，防止管线、电缆等在其中的腐蚀。

② 金属材料在所处介质中应易于进行阴极极化，即阴极极化率要大，但在阴极极化过程中化学性质应稳定。一般金属，如碳钢、不锈钢、铜及铜合金均可采用阴极保护；对于耐碱性较差的两性金属如铝、铅等，在酸性条件下可以采用阴极保护，在海水中进行阴极保护时，由于阴极极化过程中介质的 pH 值增加，在大电流密度下会导致两性金属溶解，所以必

须在较小的保护电流下进行；而对于在介质中处于钝态的金属，外加阴极极化可能使其活化，从而产生负保护效应，故不宜采用阴极保护。

③ 被保护设备的形状、结构不宜太复杂。否则会由于遮蔽现象使得表面电流分布不均匀，有些部位电流过大，而有些部位电流过小，达不到保护的目的。

8.2.2 阴极保护的基本控制参数

在阴极保护过程中，要判断金属构件物是否达到完全保护，凭借肉眼或其他表观观察很难得到准确的结论，因此不可行，通常采取测量被保护金属电位的方法。为了使金属达到必需的保护电位，则要通过改变保护电路电流密度的方法来进行；另外对于一些在保护电流范围内，电极电位改变不大的金属，通过控制保护电流密度也可以达到保护的目的。因此，阴极保护一般控制的基本参数是最小保护电位和最小保护电流密度。

① 最小保护电位　从阴极保护的一般原理可知，要使金属的腐蚀溶解过程完全停止，则必须对金属进行阴极极化，使其极化后的电位达到其腐蚀微电池阳极的平衡电位。该极化电位即称为最小保护电位。最小保护电位是通过阴极极化使金属结构达到完全保护或有效保护所需达到的最正的电位，控制电位在负于最小保护电位的一个电位区间内可以达到阴极保护的目的（注意：被保护金属结构的电位也不能控制到太低，否则不仅造成电能浪费，还会使溶液碱性增加，使两性金属加速腐蚀，或由于金属表面析氢，造成金属表面破损或金属的氢脆，出现过保护的情况）。

由于最小保护电位与金属的热力学平衡电位相等，因此其与金属的种类、腐蚀介质条件（成分、浓度、温度等）等因素有关，可通过热力学上的能斯特方程式计算得出，在实际工程应用中，一般通过实验或根据经验数据来确定。表 8-1 列出了英国标准研究所制定的阴极保护规范中有关常温下常用结构金属在海水和土壤中进行阴极保护时采用的保护电位值，实际上，这些数值也是世界公认的阴极保护电位标准。

表 8-1　常温下一些常用结构金属在海水和土壤中进行阴极保护时的保护电位

金属或合金		保护电位/V			
		Cu/饱和 CuSO$_4$ 参比电极	Ag/AgCl/洁净海水 参比电极	Ag/AgCl/饱和 KCl 参比电极	Zn/洁净海水 参比电极
铁与钢	含氧环境	-0.85	-0.80	-0.75	0.25
	缺氧环境	-0.95	-0.90	-0.85	0.15
铅		-0.6	-0.55	-0.5	0.5
铜合金		$-0.65\sim-0.5$	$-0.6\sim-0.5$	$-0.55\sim-0.4$	$0.45\sim0.6$
铝		$-1.2\sim-0.95$	$-1.15\sim-0.9$	$-1.1\sim-0.85$	$-0.1\sim0.15$

注：此处海水指充气、未稀释的海水。

在某些情况下，金属的最小保护电位预先未知，也可以根据所谓的阴极保护的电位移动原则来设定保护电位。如对于中性水溶液和土壤中的钢铁构件，一般取比其自然腐蚀电位负 0.3V；而对金属铝构件，则取比其自然腐蚀电位负 0.15V。这样设定，也可使金属得到有效保护。

② 最小保护电流密度　该电流密度系指金属电位处于最小保护电位时外加的电流密度值，此时金属腐蚀速度降至最低。最小保护电流密度为阴极保护过程中有效保护电位区间内的外加电流密度的最大值。以其作为控制标准，如果外加电流密度过小，则起不到完全保护的作用；如果过大，则耗电量太大，而且当超过一定范围时，保护作用反而会降低，出现过保护的现象。因此电流必须控制在低于最小保护电流密度的一段范围内。

最小保护电流密度的大小同样与金属种类、表面状态、介质条件等有密切关系。表 8-2 列出了一些金属或合金在不同介质中的最小保护电流密度值。一般当金属在介质中的腐蚀越严重，则所需的外加阴极保护电流密度也就越大。因此，凡是能增加腐蚀速度的因素，如温度、压力、流速增大，以及阴极保护系统的总电阻减小时，都会导致最小保护电流密度在从零点几毫安/米² 到几百安培/米² 的范围内发生变化。

表 8-2　某些金属或合金在不同介质中的最小保护电流密度

金属或合金	介 质 条 件	最小保护电流密度/(mA/m²)
不锈钢化工设备	稀 H_2SO_4＋有机酸,100℃	120～150
碳钢碱液蒸发锅	NaOH,从 23%浓缩至 42%和 50%,120～130℃	3000
Fe	0.1mol/L HCl,吹空气,缓慢搅拌	920
Fe	5mol/L KOH,100℃	3000
Fe	5mol/L NaCl＋饱和 $CaCl_2$,静止,18℃	1000～3000
Zn	0.1mol/L HCl,吹空气,缓慢搅拌	32000
Zn	0.005mol/L KCl	1500～3000
钢制海船船壳(有涂料)	海水	6～8
钢制海船船壳(漆膜不完整)	海水	150～250
青铜螺旋桨	海水	300～400
钢制船闸(有涂料)	淡水	10～15
钢(有较好的沥青玻璃布覆盖层)	土壤	1～3
钢(沥青覆盖层破坏)	土壤	17
钢	混凝土	55～270

由此可见，最小保护电流密度不是一成不变的。另外在阴极保护设计中，这虽然是一项重要的参数，但是在实际应用中要测定它是比较困难的。因此，通常在阴极保护中控制和测定的是最小保护电位。

8.2.3　外加电流阴极保护法

8.2.3.1　基本原理

运用金属电化学腐蚀的腐蚀极化曲线（Evans 图）可以清楚地说明外加电流阴极保护法的基本原理，如图 8-2 所示，假设金属的阳极腐蚀过程和去极化剂的阴极还原过程均为活化控制。

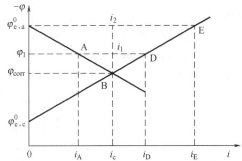

由图 8-2 可见，没有阴极保护时，金属腐蚀微电池的阳极极化曲线和阴极极化曲线相交于 B 点，此时金属的电位为 φ_{corr}，即金属的自然腐蚀电位，相应的电流为金属的自然腐蚀电流 i_c。在腐蚀电流 i_c 的作用下，金属微阳极不断溶解，导致金属的腐蚀破坏。当通过外加阴极电流 i_1（AD 段）使金属的总电位由 φ_{corr} 降至 φ_1 时，总的阴极电流为 i_D（φ_1D 段），阳极

图 8-2　表征阴极保护原理的腐蚀极化曲线

腐蚀电流降至 i_A。i_c-i_A 为金属腐蚀速度的减小值，通常用其表示阴极保护效应的大小。从腐蚀极化图可以看出，对于由活化控制的阴极过程，其极化度将影响保护效应的大小，极化率越大，保护效应也越大。

当外加阴极电流继续增大，使腐蚀体系总电位降至与腐蚀微电池阳极的起始电位 $E_{e,a}^0$ 相同时，则微阳极的腐蚀速度降为零，外加电流 i_2 即为微阴极的阴极极化电流 i_E，此时金属表面只发生阴极反应（对于扩散控制的阴极过程，此外加电流即微阴极的极限扩散电流），这时金属的电位 $\varphi_{e,a}^0$ 即为金属的最小保护电位，达到最小保护电位时金属所需的外加电流密度称为最小保护电流密度。

可以得出结论，要使金属得到完全的保护，必须将金属阴极极化到其腐蚀微电池阳极的平衡电位。

然而实际上，阴极保护技术远没有如此简单。以保护海水中的钢结构为例（假设此钢结构初次入水使用），原来海水中没有 Fe^{2+} 或 Fe^{3+} 的成分。要使铁的电位通过阴极极化后降低到铁的阳极反应（即铁的溶解反应）的平衡电位，则铁必须与含有一定活度铁离子的海水相接触。由于海水中没有铁离子，因此造成一个浓度梯度，使得从钢结构上溶解下来的铁离子会很快向海水深处扩散。为了达到和维持与金属表面相接触的铁离子的平衡浓度，铁必须溶解。在此条件下，必然在保护初期增大保护电流密度，要经过若干时间，保护电流密度才能降低到理论值。在实际中，使用更多的是恒电流保护，这样会提高其腐蚀速度。因此，为了取得满意的保护效果，选用的保护电位实际值总是低于腐蚀微电池阳极的平衡电位。

其次，腐蚀产物的形态和腐蚀介质条件对保护电流密度的大小也有很大影响。例如，因为钙离子、镁离子常存在于水中，因此铁常常被镁或钙的氢氧化物或碳酸盐覆盖，铁腐蚀的最终产物是铁锈和含白垩的混合沉积物（在海水中铁表面还会有生物附着层），这些覆盖物可对金属提供明显的保护作用。在这些条件下，使金属得到完全保护所需的极化电流 i_2 将下降。然而，也不能因为这些覆盖物的存在而不施加阴极保护，因为这类沉积物一旦破损，就有可能引起局部腐蚀。因此阴极保护电流还必须维持一定值，其主要作用在于修补破损的保护层。

另外，外加阴极极化有时会产生负保护效应，即使金属腐蚀更趋严重。这种现象一般发生在金属表面有保护膜，此膜能显著影响保护速度，且阴极极化析出的氢气能使此保护膜破坏的情况下。例如，杜拉铝在 3% NaCl 中若用活性很大的负电性金属来进行保护，其保护作用反而减小。铁、不锈钢在硝酸中以一定电流密度进行阴极极化时，其腐蚀速度会大大增加。此外，阴极附近溶液碱性增高致使两性金属氧化膜溶解以及某些金属氧化物阴极还原等原因也可能引起负保护效应，使阴极保护的应用受到限制。

最后，由于腐蚀介质本身存在或大或小的电阻，因此在对金属实施阴极保护时，介质中存在随保护电流增加而增大的欧姆电压降，使得实测的金属结构物的电位要比真正的金属结构物对介质的电位负。因此，在实际进行阴极保护时，必须进行欧姆电压降的修正。

8.2.3.2 外加电流阴极保护系统

如图 8-3 所示，外加电流阴极保护系统主要由直流电源、辅助阳极、参比电极等共同组成。

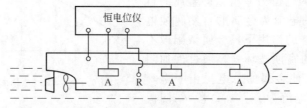

图 8-3　外加电流阴极保护系统示意
A—辅助阳极；R—参比电极

（1）直流电源　直流电源的主要作用是提供阴极保护所需要的直流电流和直流电压。

对阴极保护所用直流电源的要求是：输出电流大，输出可调；工作稳定可靠，可长时间工作；安装容易，操作简便，维修方便。外加电流阴极保护对电压要求不高，除土壤中的阴极保护外，一般不超过 24V。但需控制金属结构物电位在保护电位范围内，这样才能有较好的保护效果。在阴极保护系统运行过程中，经常会出现由于电网电压不稳定或其他环境工作条件发生变化而导致的电位偏离保护电位范围的情况，因此外加电流阴极保护系统要求有专用的直流电源。外加电流阴极保护工程中常用的电源装置主要有恒电位仪和整流器两大类。

恒电位仪是一种自动控制的电源装置，它能根据外界条件变化，迅速地、不断地改变系统的电流而使被保护金属构件的电位始终控制在保护电位范围内，且操作简便、运行可靠、保护度高，故特别适用于舰船、海洋结构物和化工设备的保护。通常使用的恒电位仪主要有磁饱和电抗器控制的恒电位仪、晶体管恒电位仪和可控硅恒电位仪三种。磁饱和电抗器恒电位仪坚固耐用、过载能力强、维修方便，但装置繁重、输入阻抗较低，这种恒电位仪在国外的应用比较普遍。国内实际在工程中应用最多的是可控硅恒电位仪，其优点是输出功率大、使用寿命长、体积较小、易于成批生产和系列化；其缺点是过载能力不强、线路较复杂、调试较麻烦。而晶体管恒电位仪主要用于实验室和保护面积不大的结构物，其特点是体积小、控制精度高、工作可靠、操作简便，但输出功率低。

整流器则是一类通过调节输出电压控制输出电流，使被保护的金属结构阴极极化到所需保护电位的直流电源。整流器一般为手动调节，操作麻烦，且一旦外界条件变化，很难及时跟随和调整保护结构电位，因此，它适用于介质条件相对稳定的情况，如地下金属结构物、码头、化工储槽等。用于阴极保护的整流器主要有硅整流器、硒整流器、可控硅整流器、氧化铜整流器等几种，其中硅整流器整流效率高、输出电流和电压范围宽、体积小，但对过电流和过电压敏感；硒整流器负载电流低、体积大，但能耐高温，对过电流和过电压不敏感。这两类整流器在工程中应用较多。

在无工业电网和稳定的交流电源的地方，还可以选用太阳能电池、风力发电机组、热电发生器、蓄电池等其他电源设备。

在实际工作中，选择何种电源，一方面是要看阴极保护所需的电流和电压的大小，另一方面要看阴极保护的具体控制方式。

首先，由于不同型号的直流电源有不同的性能参数，它们的控制范围和精度各不相同，一般控制范围越大，精度越低，因此要按实际需要合理选择。一般电源的输出电流应根据最小保护电流强度的要求来选择，输出电压应大于阴极保护时的槽压及线路电压的总和。

阴极保护所需的电流可按下式计算：

$$I = iS \tag{8-1}$$

式中　i——最小保护电流密度，A/m^2；

　　　S——需要保护的金属总面积，m^2。

阴极保护的槽压可用下式表示：

$$E_{槽} = \varphi_a - \varphi_k + IR_\Omega \tag{8-2}$$

式中　φ_a——辅助阳极电位，V；

　　　φ_k——阴极电位，V；

　　　I——流过电解槽的电流，A；

　　　R_Ω——阴阳极间电解质的电阻，Ω。

线路总电压为：

$$E_{线总} = I \times \sum R_{线} \tag{8-3}$$

式中　$R_{线}$——线路各部分电阻。

外加电流阴极保护常用的控制方式有控制电位、控制电流、控制槽压、间歇控制法等。

控制电位法和控制槽压法一般以电位/电压作为控制参数，常用恒电位仪实现自动控制。控制电位法以保护电位作为阴极保护的控制参数，是一种直接有效的控制方法，应用最广泛；控制槽压法是以阴极保护装置的槽压作为控制参数，由式（8-3）可见，如果电解质的导电性很好，阳极不极化或极化很小，则槽压的变化实际上反映了阴极电位 φ_k 的变化，控制槽压也就控制了阴极电位。由于控制槽压法不用参比电极，因此设备简单，易于控制。

控制电流法、间歇控制法则要用到恒电流仪或者整流器。控制电流法是以保护电流作为阴极保护的控制参数，对保护设备持续不断地施加恒定的阴极保护电流，由于不测量电极电位，可以不使用参比电极，但只适用在控制电流范围内电位变化不大、介质腐蚀性强、不易找到现场适用的参比电极的场合。由于阴极保护断电后，阴极电位回复到腐蚀电位需要一段时间，在这段时间内保护效应仍存在，因此人们提出了间歇保护法，即断续地对被保护设备施加阴极电流，当电位达到保护电位下限时，自动接通阴极极化电流，当电位达到保护电位上限时，自动切断电流。间歇保护法在节约电能、减少阳极损耗，从而降低阴极保护的成本方面效果显著。

（2）辅助阳极　在外加电流阴极保护中与直流电源正极相连，用以与被保护结构物、腐蚀介质构成电回路的电极，称为辅助阳极。其电化学性能、机械性能及形状、面积和电流密度分布等均对阴极保护作用产生重要影响，因此，必须根据介质和被保护结构情况正确合理地选择阳极材料。

理想的辅助阳极材料应符合以下要求：

① 具有良好的导电性和较小的表面输出电阻，极化小，排流量（在一定的电压下单位面积的阳极上能通过的电流）大；

② 阳极溶解速度低，耐蚀性好；

③ 可靠性高，有足够的机械强度，耐磨，耐机械振动；

④ 成本低，容易获得，方便加工。

常用的辅助阳极，可分为溶解性阳极、微溶性阳极和难溶性阳极三大类。其中，可溶性阳极材料主要有碳钢、铸铁、铝和铝合金，微溶性阳极材料主要有高硅铸铁、石墨、PbO_2和磁性氧化铁等金属氧化物涂层、铅银合金、铅银铂复合电极材料等，不溶性阳极材料则包括铂、镀铂钛和镀铂钽（铌）、铂合金等。

可溶性阳极材料在工作状态下，主要发生金属的溶解反应：

$$M \longrightarrow M^{n+} + ne$$

由于消耗率高，且随保护电流的增大而增大，此类阳极材料一般用于阴极保护电流小和便于更换阳极材料的场合。它们价廉易得，便于加工，工作时表面不会有氯气析出，在早期的阴极保护中应用较多。目前，碳钢（一般是废钢铁）在地下管线、封闭容器的外加电流阴极保护中尚有应用，但此类材料已不再用做船舶保护的辅助阳极。

微溶性阳极材料工作主要有以下反应：

$$M \longrightarrow M^{n+} + ne$$
$$2H_2O \longrightarrow O_2 + 4H^+ + 4e \qquad \varphi_e = 0.82V(SHE)$$
$$2Cl^- \longrightarrow Cl_2 + 2e \qquad \varphi_e = 1.34V(SHE)$$

析氧反应的平衡电位低于析氯反应的平衡电位。但在某些电极上，由于氯气析出的电位很低，因此即使在氯离子含量很低的盐水中，氯气也会较氧气优先析出。这类阳极材料由于溶解速度慢，消耗率低，因此广泛应用在外加电流阴极保护中。

不溶性阳极材料化学稳定性高，工作时，本身不发生阳极溶解反应，只有析氯或析氧反应，是一类性能良好的阳极材料。但铂、钯、铑、铌和钽价格昂贵，因此铂、镀铂电极和铂合金目前在实际上应用的很少。

值得注意的是，在对地下管线的阴极保护中，近年来人们开发出了一种新型辅助阳极——柔性阳极，它以导电塑料作为电导体，在阴极保护过程中本身不溶解，可做成电缆形状，沿被保护的管道平行敷设在靠近管线的地床中，因此可产生均匀的电场和电流分布，既保护了管道，又避免了屏蔽和干扰，在对城市管网的防护方面具有很大的应用前景。表 8-3列出了部分外加电流阴极保护辅助阳极材料及其性能。

表 8-3　部分外加电流阴极保护辅助阳极材料及其性能

阳极材料	成　分	使用环境	工作电流密度 /(A/m²)	材料消耗率 /[kg/(A·a)]	说　明
钢	低碳	海水	10	10	废钢铁即可
		土壤	10	9～10	
高硅铸铁	14.5%～17% Si，0.3%～0.8% Mn，0.5%～0.8% C	海水	55～100	0.45～1.1	性脆,坚硬,机械加工困难,不易焊接
		土壤	5～80	0.1～0.5	
石墨	C	海水	30～100	0.4～0.8	性脆,强度低
		土壤	5～20	0.04～0.16	
PbO_2/Ti	$\beta\text{-}PbO_2$	海水	200～1000	<0.01	
磁性氧化铁	Fe_3O_4	土壤	40	0.02～0.15	
铅银合金	97%～98% Pb，2%～3% Ag	海水	100～150	0.1～0.2	性能良好,水深>30m不能使用
铅银嵌铂	铅银合金中加入铂丝	海水	500～1000	0.006	性能良好,铂铅面积比为(1:100)～(1:200)
镀铂钛	镀铂层厚度 3～8μm	海水	500～1000	4～40mg/(A·a)	性能良好,使用电压小于8V
铂钯合金	10%～20% Pd	海水	1800	可忽略	性能良好,价格昂贵

　　在外加电流阴极保护系统工作过程中,阳极的形状、数量和分布的位置会对保护效果产生重要的影响。特别是对于结构复杂的被保护结构,电流的遮蔽现象非常严重,因此阴极保护效果的好坏,主要决定于阴极电流在结构物上的均匀分布情况,即阴极电流的分散能力。为了改善阴极电流的分布情况(如图 8-4 所示各种情况),可以分别采取增加阳极数量、采用象形阳极及在适当位置涂衬耐蚀绝缘涂层等办法改进。

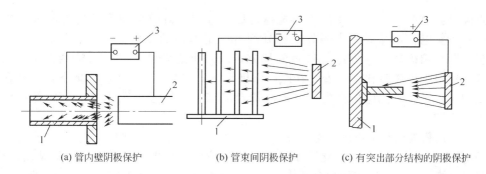

(a) 管内壁阴极保护　　　　(b) 管束间阴极保护　　　(c) 有突出部分结构的阴极保护

图 8-4　阴极保护时的电流遮蔽现象
1—被保护设备;2—辅助阳极;3—直流电源

　　(3) 参比电极　在阴极保护系统中,必须监测被保护设备电位,使其处于保护电位范围内。由于绝对电极电位不可测量,在阴极保护过程中,只能以一类电位已知的电极作为电位基准测量设备的相对电极电位。这样一类用作电位基准的电极,称为参比电极。

　　对参比电极的一般有如下要求。

　　① 电极反应可逆,且有电流通过时,电极理论上不极化。电极电位长期稳定,重现性好。

② 电极电位的温度系数小，温度变化引起的电极电位变化速度快，无电位滞后现象。

③ 腐蚀介质与参比电极内溶液无互相污染。

④ 电极坚固耐用，具有一定的机械强度，耐磨、耐冲刷，使用寿命长。

⑤ 电极制造、维护和使用方便，价格便宜。

常用的参比电极包括铜/硫酸铜电极、氯化银电极、甘汞电极、硫酸亚汞电极、氧化汞电极等可逆电极以及锌、不锈钢、铝、铜等金属不可逆电极。其中，可逆电极电位稳定，但一般在实验室应用较多，因为其安装使用不方便，容易损坏，且使用过程中多数需添加溶液，因此不适于长期固定安装在外加电流阴极保护系统中。而金属和合金与腐蚀介质组成的固体参比电极则牢固耐用，安装使用都很方便，但是此类电极的电极反应不可逆，电位的稳定性和准确度都不如可逆电极，因此在安装使用时，事先要标定电位，在阴极保护过程中还要定期进行校验。表 8-4 列出了部分常用可逆参比电极的性能。

表 8-4 常用可逆参比电极的性能

电极名称	电极构成	电位(vs. SHE,25℃)/V	温度系数/(V/℃)	适用介质
硫酸铜电极	$Cu/CuSO_4$(饱和)	0.316	-9.0×10^{-4}	土壤、淡水、海水
氯化银电极	$Ag/AgCl/KCl$(0.1mol/L)	0.288	-6.5×10^{-4}	中性化工介质
	$Ag/AgCl/KCl$(饱和)	0.196	—	土壤、水、中性化工介质
	$Ag/AgCl/$海水	0.251	—	海水
甘汞电极	$Hg/Hg_2Cl_2/KCl$(0.1mol/L)	0.334	-0.7×10^{-4}	中性化工介质
	$Hg/Hg_2Cl_2/KCl$(1.0mol/L)	0.280	-2.4×10^{-4}	中性化工介质
	$Hg/Hg_2Cl_2/KCl$(饱和)	0.242	-7.6×10^{-4}	中性化工介质、水、土壤
	$Hg/Hg_2Cl_2/$海水	0.296	—	海水
氧化汞电极	$Hg/HgO/KOH$(0.1mol/L)	0.169	-0.7×10^{-4}	碱性化工介质
	$Hg/HgO/KOH$(1.0mol/L)	0.110	-1.1×10^{-4}	
硫酸亚汞电极	$Hg/Hg_2SO_4/H_2SO_4$(1.0mol/L)	0.616	-8.2×10^{-4}	酸性化工介质
	$Hg/Hg_2SO_4/K_2SO_4$(饱和)	0.650	—	

阴极保护中参比电极安装位置的选择也比较重要。既要考虑到结构物电位最负处不至于达到析氢电位，又要考虑到设备各处均有一定的保护效果。一般情况下，参比电极都安装在距离阳极较近，即电位最负的地方，以防止此处电位过负而达到析氢电位。如在一般舰船保护中将参比电极安装在距离阳极 1～2cm 左右为宜。但在地下，尤其在管道和电缆的保护中，参比电极则应紧靠被保护金属结构，以避免土壤中的电压降和地下杂散电流的影响。

（4）其他装置还有阳极屏、电缆等。

① 阳极屏 海水、淡水和化工水溶液介质环境中，在外加电流阴极保护系统工作时，辅助阳极是绝缘地安装在被保护金属构件上的，阳极附近电流密度较高。为使被保护金属结构整体上都达到保护电位，阳极周围被保护结构的电位往往很负，以致可能析出氢气，使溶液的碱性增大，从而引起阳极周围一般涂料的皂化、起泡和脱落，造成电流短路。

为避免电流短路，必须在阳极附近一定范围内涂刷或安装特殊的阳极屏蔽层，即阳极屏。它应该具有较强的黏附力和韧性、优良的绝缘和耐碱性（在海水中使用还应有耐海水性能）和较长的使用寿命等特点。目前常用的阳极屏材料主要有环氧沥青聚酰胺涂料、氯丁橡胶厚浆型涂料、聚乙烯、聚氯乙烯塑料薄板及涂覆绝缘涂层的金属薄板等。

阳极屏的规格取决于阳极本身的规格和被保护体涂层的耐电位性能。对圆形阳极的阳极屏的尺寸可用如下经验公式计算：

$$D = \frac{I_a \rho}{\pi V} \tag{8-4}$$

式中　D——阳极屏的直径，m；

I_a——阳极最大排流量，A；

ρ——腐蚀介质电阻率（一般取 $0.25\Omega \cdot m$）；

V——阳极屏边缘允许电位（一般取 1.1V）。

② 电缆　外加电流阴极保护系统从直流电源到被保护结构、辅助阳极和参比电极之间都是用电缆连接的。由于直流电源是低电压、大电流输出，因此必须对直流电流过电缆造成的电压降予以重视。一般情况下，直流电源与被保护结构之间的电缆以及连接参比电极的电缆不长，因此电压降也不会很大。但直流电源与辅助阳极之间的电缆很长，且有较大的电流通过，因此必须考虑由此引起的压降和功率损失。

另外，外加阴极保护系统中的电缆直接与腐蚀介质接触，长期在阳极电流下遭受环境的侵蚀作用，因此要求电缆能够防止水和腐蚀介质的渗透、耐油和其他介质的侵蚀，并有足够的强度，电缆和阳极连接处要采取某些绝缘、加固措施。

8.2.4　牺牲阳极阴极保护法

8.2.4.1　基本原理

牺牲阳极阴极保护的基本作用过程是：当一电位较负的金属与被保护金属结构物连接时，两者构成宏观的腐蚀电池；其中电位较正的金属结构物成为宏观腐蚀电池的阴极，而电位较负的金属成为阳极，结果前者将受到保护，而后者会加速腐蚀。牺牲阳极阴极保护的原理可用如图 8-5 所示的多电极系统腐蚀极化曲线来说明。

如图 8-5 所示，在腐蚀介质中，电位较正的金属 A 和电位较负的金属 B 分别以 $i_{c,A}$ 和 $i_{c,B}$ 的速度发生自腐蚀，自腐蚀电位分别为 $\varphi_{c,A}$ 和 $\varphi_{c,B}$。当两种金属连接后就构成了新的宏观腐蚀电池 AB。在多电极极化系统中，全部阳极电流之和等于全部阴极电流之和，总的阳极极化曲线为各个阳极极化曲线的加和曲线，总的阴极极化曲线为各个阴极极化曲线的加和。在腐蚀极化图上，总的阴阳极极化曲线均为折线，两线交于 S 点。即整个多电极系统处于新的腐蚀电位 $\varphi_{c,AB}$，以 $i_{c,AB}$ 的速度发生腐蚀。对于电位较正的金属 A，电位由 $\varphi_{c,A}$ 降至 $\varphi_{c,AB}$，发生阴极极化，腐蚀速度由 $i_{c,A}$ 减小到 $i'_{c,A}$，也即受到保护。而电位较负的金属 B，由于发生阳极极化，电位由 $\varphi_{c,B}$ 升高到 $\varphi_{c,AB}$，腐蚀速度由 $i_{c,B}$ 增加到 $i'_{c,B}$，从而加速腐蚀。这样电位较负的金属或合金就成为了牺牲阳极，被保护金属构件由此受到了牺牲阳极的阴极保护。

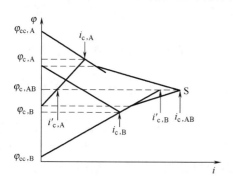

图 8-5　多电极系统腐蚀极化曲线

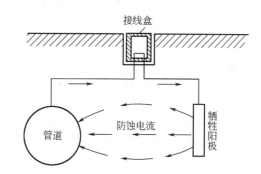

图 8-6　牺牲阳极阴极保护示意

8.2.4.2　牺牲阳极保护系统

如图 8-6 所示，牺牲阳极保护系统通常由牺牲阳极、导线组成，此外还可能有填包料、绝缘垫、屏蔽层、接线盒等辅助物件。

8.2.4.3 牺牲阳极

（1）牺牲阳极材料 牺牲阳极阴极保护法中最重要的环节是针对腐蚀介质选择合适的阳极材料。作为牺牲阳极材料，应具备以下条件。

① 足够负的电位，在工作时保持足够大的驱动电压。所谓驱动电压是指牺牲阳极的电位与保护电位之差。只有当驱动电压足够大时，牺牲阳极才能克服保护系统中的电阻，向被保护的金属结构提供足够大的阴极保护电流。但是，驱动电压也不宜太大，否则在阴极区会发生析氢反应，损伤被保护结构表面的涂层或导致被保护金属的氢脆，产生过保护现象。一般要求牺牲阳极的驱动电压为 0.25V 左右。

② 较高的理论发生电量（即理论比容量），较高的电流效率。理论发生电量是指单位重量的阳极溶解时产生的电量，而电流效率是指实际放出的电量与理论发生电量的比值。牺牲阳极的电流效率高，表明其自腐蚀电流小，经济耐用。常用的牺牲阳极材料除镁以外，一般均有 70%～80% 的电流效率。

③ 较小的阳极极化率，容易活化，可保证自身电位及输出电流的稳定。

④ 溶解均匀，腐蚀产物松软易落，不黏附于阳极表面形成高阻硬壳。

⑤ 价格便宜，来源充足，制作简便，腐蚀产物无公害。

常用的牺牲阳极材料主要有镁基合金、锌基合金和铝基合金三大类。它们的基本性能见表 8-5。

表 8-5 几种常用牺牲阳极材料的性能

阳极材料	成分/%	密度/(g/mL)	理论发生电量/(Ah/g)	海水中的性能（$i=1mA/cm^2$）				土壤中的性能（$i=0.03mA/cm^2$）	
				电流效率/%	开路电位(SCE)/V	实际发生电量/(Ah/g)	消耗率/[kg/(A·a)]	电流效率/%	实际发生电量/(Ah/g)
Mg-Al-Zn	Al 6%，Zn 3%	1.99	2.21	60	−1.6	1.19	7.2	45	1.00
Zn-Al-Cd	Al 0.3%～0.6%，Cd 0.025%～0.1%	7.13	0.82	＞90	−1.12	0.74	11.8	75	0.62
Al-Zn-In-Cd	Zn 2.5%，In 0.02%，Cd 0.01%	2.91	2.93	85	−1.2	2.49	3.8	65	1.90

可以看出这三类牺牲阳极的主要性能指标有较大的区别，各有所长。下面分别介绍如下。

① 镁和镁合金阳极 优点是电位较负，驱动电压大，溶解较均匀；缺点是电流效率低，腐蚀快，容易引起过保护，价格昂贵。

20 世纪 50 年代以前，此类牺牲阳极材料使用较多。Mg-Al-Zn 合金阳极与铁的有效电位差（驱动电压）在 0.6V 以上，因此保护半径大，适用于土壤和淡水中金属的阴极保护。但是，镁阳极腐蚀快，电流效率只有 50% 左右，需经常更换电极；由于其电压太负，使用中经常有氢气析出，致使被保护结构表面涂层脱落，因此在电阻小的海水介质中不宜使用镁阳极。且其材料来源紧张，熔炼困难，因此目前海洋工程和船舶保护已不再使用此类电极。

② 锌和锌合金阳极 优点是电位稳定，腐蚀均匀，电流效率高；缺点是驱动电压低。

锌对铁的驱动电压只有 0.2V，因此不适宜在土壤和淡水等高电阻的介质中使用。在电导率高的海水中，锌和锌合金阳极经长期使用后，电位仍可维持稳定。这主要是由于自腐蚀速度低，电流效率高（一般为 90%～95%），腐蚀产物疏松易落，溶解面上不黏附高阻硬壳。由于腐蚀量小，所以使用寿命长。而且此类电极材料来源广泛，价格便宜，因此从 20 世纪 50 年代后期开始，在海水中钢结构和铝结构的保护方面，锌阳极已基本取代了镁阳极。

③ 铝合金阳极　优点是重量较轻，比容量大，消耗率低，价格便宜，生产施工方便；缺点是驱动电压低，溶解性能差。

铝是电负性和活性较高的金属，而且密度小，理论发生电量大，原料易得、价格低廉，是制造牺牲阳极的理想材料。但纯铝容易钝化，不能作为牺牲阳极。通过合金化的方法可以防止铝表面形成钝化膜，提高其电化学活性。电流效率较高的铝合金有 Al-Zn-In、Al-Zn-Sn 和 Al-Zn-Hg。其中，Al-Zn-In 由于对环境无公害，为主要使用的牺牲阳极材料，广泛用于海洋环境和含氯离子的介质中对海上和港口钢铁结构物的阴极保护。但其驱动电压较低，在高阻介质中阳极效率很低，性能不稳定，因此不适于在土壤中使用。

(2) 牺牲阳极的形状和规格　牺牲阳极有多种形状和规格，应按照被保护结构的形状和具体需要来选择。

牺牲阳极的形状主要有长条状、棒状、板状、块状、镯形等。在港口设施和海洋工程上使用的主要是长条形的阳极，在海洋船舶上使用较多的是板状阳极，而对海底管线的保护，一般采用由许多块状阳极围在管子周围组成的镯形阳极。

牺牲阳极有多种规格，规定了牺牲阳极的形状、尺寸和质量，相关规格可参看不同牺牲阳极材料的国家标准。

(3) 牺牲阳极的数量计算　首先要根据保护面积（$A_\text{保}$）和所需的保护电流密度（$i_\text{保}$）计算出总的保护电流（$I_\text{保}$）。

$$I_\text{保} = i_\text{保}\,A_\text{保} \tag{8-5}$$

以海洋船舶的保护为例，保护面积为船舶浸入水下的面积，而保护电流密度受多种因素的影响，随海域情况的变化而变化，一些国家采用的船舶阴极保护参数见表 8-6。具体采用多大的保护电流密度要根据具体情况通过试验确定。

表 8-6　一些国家采用的船舶阴极保护参数

国　　名	钢板表面情况	保护电流密度/(mA/m²)	保护电位范围(vs. Ag/AgCl)/V
美国	裸板	80～100	−0.9～−0.8
	涂漆	20～40	−0.9～−0.8
日本	油性涂料	60～80	−0.95～−0.75
	乙烯、环氧涂料	30～40	−0.95～−0.75
德国	裸板	100～150	0.15～0.25
前苏联	涂漆	30～60	−0.90～−0.75
英国	涂漆	30～60	−0.90～−0.80
中国	涂漆	40～60	−0.95～−0.75

另外，还要计算每块阳极的发生电流。计算阳极发生电流的经验公式很多，常用的有麦科伊公式、日本福谷英工的经验公式等。麦科伊公式为：

$$I = \frac{\Delta V \sqrt{A}}{0.315\rho} \tag{8-6}$$

式中　I——单块阳极的发生电流，A；

　　　ΔV——阳极驱动电位，V；

　　　A——单块阳极的暴露面积（通常取表面积的 85%），cm²；

　　　ρ——介质电阻率，$\Omega \cdot \text{cm}$。

由总的保护电流和单块牺牲阳极的发生电流，就可以计算出所需阳极的数量（n），即：

$$n=\frac{I_{保}}{I}$$ （8-7）

8.2.5 两种阴极保护方法的比较

如表 8-7 所示，外加电流阴极保护法和牺牲阳极阴极保护法各有其优缺点，要根据被保护结构物的情况和具体条件来选用。

表 8-7 两种阴极保护方法的比较

外加电流阴极保护法	牺牲阳极阴极保护法
需要外加电源	无需外加电源
输出电流电压可调，可输出大的保护电流，阳极有效保护半径大	驱动电压低，保护电流小且不可调节，阳极有效保护半径小
有可能造成过保护，对邻近金属结构物可能产生干扰	一般不会造成过保护，对邻近金属结构物干扰小
阳极数量少，保护电流可能分布不均匀。采用难溶或不溶性阳极，可做长期保护	阳极数量多，电流分布较均匀。阳极材料均易溶，需定期更换
在恶劣环境中系统容易损伤或受干扰。系统安装、维护较复杂	系统牢固可靠，不易受干扰和损伤，施工技术简单，无需专人管理
投资费用高，并需要经常的操作费用	单次投资费用低
适用于有电源、介质电阻率大、条件变化大、使用寿命长的大系统	适用于无电源、介质电阻率低、条件变化不大、所需保护电流较小的小型系统或大型金属构件的局部结构

8.2.6 阴极保护的应用

阴极保护法应用于海水和土壤中金属结构物的防腐，已经有很长的历史了。随着新型阳极材料以及各种自动控制的恒电位仪的研制和应用，阴极保护在工业用水及制冷系统以及石油、化工系统中，也得到了日益广泛的应用。表 8-8 是国内外阴极保护的一些应用实例。

表 8-8 国内外阴极保护的应用实例

应用环境	外加电流阴极保护法				牺牲阳极阴极保护法			
	设备名称	介质条件	保护措施	保护效果	设备名称	介质条件	保护措施	保护效果
船舶	大型舰船，如大型油船、军舰	海水	—	良好	中小型舰船，如油轮等	海水	锌基和铝基牺牲阳极	良好
港口及近海工程设施	大型原料码头和油码头	海水	—	良好	钢板桩码头、栈桥、钢闸门、趸船、锚链、浮船坞等	海水	铝基牺牲阳极	良好
	部分近海采油、钻井平台	海水	—	良好	大部分近海采油、钻井平台、海地输油管线、滨海电厂拦污栅、循环水管道（日本）	海水	锌基和铝基牺牲阳极	良好

158

应用环境	外加电流阴极保护法				牺牲阳极阴极保护法			
	设备名称	介质条件	保护措施	保护效果	设备名称	介质条件	保护措施	保护效果
工业用水、冷却系统及化工设备	碳钢碱液蒸发锅	NaOH，从23%浓缩至42%和50%，120~130℃	碳钢阳极，$i_p = 3$ A/m²，$E_p = -1.09$V(Hg/HgO 电极)	未保护前40天内发生应力腐蚀开裂，保护后可用4~5年	铅管	$BaCl_2$ 和 $ZnCl_2$ 溶液	锌基牺牲阳极	延长设备寿命两年
	合成氨水冷器	管外为水，管内为280~320atm 的 N_2、H_2、NH_3 混合气	石墨阳极，$i_p=0.5$ mA/m²	保护前水腐蚀严重，保护后腐蚀停止	衬镍的结晶器	100℃的卤化物	镁牺牲阳极	解决了因镍腐蚀影响产品质量问题
	不锈钢制化工设备	100℃析硫酸和有机酸混合液	高硅铸铁阳极，$i_p=0.12~0.15$ A/m²	原来一年内在焊缝处有晶莤腐蚀，保护后得以防止	不锈钢蒸汽冷凝水系统设备	蒸汽冷凝水	镁合金牺牲阳极	设备使用寿命延长10年以上
	铜和哈氏合金反应器	10% HCl	铅银合金阳极	保护前电偶腐蚀严重，保护后腐蚀减轻	铜制蛇管	110℃，54%~70% 的 $ZnCl_2$ 溶液	锌基牺牲阳极	使用寿命由原来6个月延长至1年
地下设施	碳钢地下输油管道材料(有沥青绝缘防腐层)	氯化钠型盐渍土壤，部分含碳酸盐，土壤电阻率1.5~10Ω·m	无缝钢管阳极，$i_p=0.16$A/m²	未加阴极保护前，两年多发生穿孔，采用阴极保护后，6年未发现腐蚀穿孔	埋地高压油气管线(碳钢材料，有涂层，美国)	土壤	用镁牺牲阳极管线进行热点保护	良好
	国内外大多数地下油气管道、地下通信电缆	土壤	—	良好	地下油气管道、地下通信电缆(日本)	土壤	镁牺牲阳极或 Al-Zn-In-Sn-Mg 牺牲阳极	良好

8.3 阳极保护

8.3.1 阳极保护的基本原理

本章8.1节已经借助电位-pH图简要而抽象地提及了阳极保护的一般原理。具体来说，阳极保护是指将被保护金属与外加直流电源阳极相连，使其阳极极化至稳定的钝态电位，从而减小金属腐蚀速度的一种电化学方法。如图8-7所示。

要理解阳极保护的基本原理，首先要对"钝态"概念有所了解。

所谓"钝态"，是指金属和合金在特殊条件下失去电化学活性，阳极过程首先受到由阻滞而引起的高耐蚀状态。钝态与金属或合金表面耐蚀氧化膜（钝化膜）的形成有直接的关系。金属表面由活性溶解状态转变成钝态的过程称作钝化。一些重要的结构材料，如铁、铬、镍、钛及其合金均具有活化-钝化双向转变的行为。

并非所有金属都存在钝态。如果金属设备不可能建立钝态，那么阳极极化不但不能使设备得到保护，反而会加速其腐蚀。

为了判断某种金属结构是否可以采用阳极保护，首先要用恒电位方法对此种金属进行稳态阳极极化曲线的测量。如所得曲线为图 8-8 所示情形，则该金属不存在钝态，不能用阳极保护法进行保护；如所得曲线如图 8-9 所示，则其为有钝化倾向的金属，可以用阳极保护法进行保护。

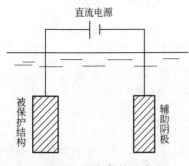

图 8-7　阳极保护示意

从图 8-9 可以看出，在具有钝化倾向金属的阳极极化（钝化）曲线上，存在四个不同的电位区段：在曲线的 AB 段，金属正常溶解，这一区段称做金属的活性溶解区；在 BC 段，随阳极极化增大，金属的腐蚀速度反而降低，这一区段称做活化-钝化过渡区；在 CD 段，极化电流不随电位的改变而改变，金属处于稳定的钝态，称做稳定钝化区（或维钝区、钝化区）；而在 DE 段，金属的阳极溶解速度又随电位的增加而增大，这一区段称做超钝化区（或过钝化区）。B、C、D 点是钝化曲线上的三个特征点，对应于 B 点的电流称为致钝电流密度，该点电位称为致钝电位，对应于 CD 段的电流称为维钝电流密度，CD 电位区称为钝化电位范围，D 点电位称为过钝电位。

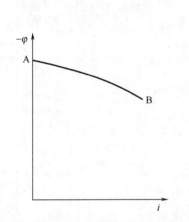

图 8-8　无钝化特征金属的阳极极化曲线

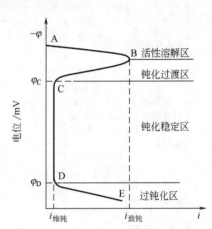

图 8-9　有钝化特征金属的阳极极化曲线

由图 8-9 还可以看出，如果对易钝化金属施以对应于 B 点的致钝电流，则金属表面生成一层钝化膜，使金属电位进入钝化区，再用维钝电流将电位维持在这个区段内，保持金属表面的钝化膜不消失，则金属的腐蚀速度会大大降低，即达到了对金属阳极保护的目的。这就是阳极保护的基本原理。

8.3.2　阳极保护的基本参数

（1）致钝电流密度　致钝电流密度是表示被保护金属在给定腐蚀环境中钝化难易程度的一个参量。致钝电流密度小，金属容易钝化；致钝电流密度大，则需外电源提供较大的电流才能使其钝化，则金属致钝困难。因此通常希望致钝电流密度越小越好，这样就可以选用小容量的电源设备，减少设备投资和耗电量，同时也减少致钝过程中的被保护金属的阳极溶解。

影响致钝电流密度大小的因素有金属材质、介质性质、温度等。凡是有利于金属钝化的因素，如在金属中添加易钝化的合金元素、在溶液中添加氧化剂、降低介质温度等，均能使致钝电流密度减小。除上述因素外，致钝电流密度还与致钝时间有关。由于生成钝化膜所需的电量是一定的，时间越长，所需的电流就越小。因此，延长钝化时间，可以减小致钝电流密度。但是致钝电流密度并不是完全用来生成钝化膜，还有一部分电流消耗在金属腐蚀上。根据实验，致钝电流密度用得越小，钝化电流效率就越低，大部分电流都用于金属溶解腐蚀；电流密度小于某一临界值时，则无论怎样延长时间，都不可能使金属钝化，因为电流全部消耗在金属的腐蚀上。由此可见，选择致钝电流密度，既要考虑电源设备的容量不致太大，也要考虑在建立钝态过程中，不致使金属受到太大的腐蚀。

(2) 维钝电流密度　维钝电流密度是使金属在给定环境条件下维持钝态所需的电流密度，也代表阳极保护时金属的腐蚀速度。维钝电流密度的大小，反映了阳极保护进行时耗用电流的大小和消耗金属的多少。维钝电流密度越小，日常的耗电量越小，设备的腐蚀速度越小，保护效果越显著。因此，一般希望维钝电流密度越小越好。

影响维钝电流密度的因素包括金属材质、介质性质（组成、浓度、温度、pH 值等）及维钝时间。例如，添加 Cr、Ni 等合金元素，可使铁基合金的维钝电流密度减小；降低温度，可以减小维钝电流密度；延长维钝时间，可使维钝电流密度逐渐减小，直至趋于恒定。

值得注意的是，当腐蚀介质中含有某种可进行阳极副反应的杂质时，阳极保护系统的维钝电流密度将会升高。例如对碳化塔进行阳极保护时，由于碳化液中含有杂质 S^{2-} 或 HS^-，则它们在阳极按如下方程式发生氧化反应：

$$S^{2-} - 2e \longrightarrow S\downarrow$$

或
$$HS^- + OH^- - 2e \longrightarrow S\downarrow + H_2O$$

此副反应使得维钝电流密度增加，但金属的腐蚀速度并没有增加。因此，在这种情况下，维钝电流密度并不能代表阳极保护时金属的腐蚀速度。

(3) 钝化区电位范围　钝化区电位范围是指钝化曲线上活化-钝化过渡区与过钝化区之间所夹的稳定钝化的电位范围。它直接代表了阳极保护的控制指标，体现了对被保护体系施行阳极保护的难易程度。对钝化区电位范围的要求是越宽越好。电位范围越宽，电位在钝化区波动的范围就可越大，而不致进入活化区或过钝化区，这样就越好控制阳极保护控制设备。实施阳极保护的钝化区电位范围一般不应小于 50mV。

影响致钝电流密度和维钝电流密度的各种因素，如被保护金属材质、介质性质等，同样对钝化区电位范围有影响。

以上三个参数为阳极保护时的主要控制参数。表 8-9 列出了钢材在某些介质中的阳极保护参数。

8.3.3　阳极保护系统

阳极保护系统一般由直流电源、辅助阴极、导线和参比电极组成。

① 直流电源　直流电源的类型和特点在阴极保护中已经讲到，这里不再重复。

在阳极保护系统中，直流电源的作用是为被保护设备提供致钝电流或维钝电流。常用的阳极保护用直流电源为可调式的整流器或恒电位仪。

与阴极保护不同的是，阳极保护中的直流电源需提供和控制两个数值相差很大的阳极电流（通常致钝电流密度要比维钝电流密度大 2～4 个数量级），这两个电流在同一台电源上很难协调输出。因此一般一台设备的阳极保护，却需要两台电源。其中一台电源，如大容量整流器，能提供大电流进行致钝；另一台，如恒电位仪，能长期提供小电流来维持钝化。

② 辅助阴极　辅助阴极与直流电源负极相连，其作用是与电源、被保护设备、腐蚀介质一起构成一个完整的电回路，使保护电流作用于被保护设备。

对辅助阴极的要求是：在一定的阴极极化电位下性能稳定，不腐蚀或腐蚀量很小；具有足够的强度和刚度；来源广泛，价格便宜，加工方便。

表 8-9　钢材在某些介质中的阳极保护参数

钢材	介　质	致钝电流密度/(A/cm²)	维钝电流密度/(A/cm²)	钝化区电位范围(SCE)/mV
碳钢	27℃,105% H_2SO_4	62	0.31	+100 以上
	49℃,96% H_2SO_4	1.55	0.77	+800 以上
	27℃,67% H_2SO_4	930	1.55	+1000～+1600
	27℃,75% H_3PO_4	232	23	+600～+1400
	20℃,20% HNO_3	10000	0.07	+900～+1300
	30℃,50% HNO_3	1500	0.03	+900～+1200
	25℃,60% NH_4NO_3	40	0.002	+100～+900
	120～130℃,80% NH_4NO_3	500	0.004～0.02	+200～+800
不锈钢	24℃,67% H_2SO_4	6	0.001	+30～+800
	66℃,67% H_2SO_4	43	0.003	+30～+800
	93℃,67% H_2SO_4	110	0.009	+100～+600
	93℃,115% H_3PO_4	1.9	0.0013	+20～+950
	177℃,115% H_3PO_4	2.7	0.38	+20～+900
	135℃,85% H_3PO_4	46.5	3.1	+200～+700
	24℃,20% $NaOH$	47	0.1	+50～+350
	24℃,LiOH(pH=9.5)	0.2	0.0002	+20～+250
	260℃,LiOH(pH=9.5)	1.05	0.12	+20～+180
铬锰氮钼钢	沸腾,30%草酸	15	0.1～0.2	+100～+500(Pt 电极)
	沸腾,37%甲酸	15	0.1～0.2	+100～+500(Pt 电极)

　　阳极保护用辅助阴极材料有多种，表 8-10 列出了部分现场使用的辅助阴极材料。对于盐性或碱性溶液介质，采用碳钢作为阴极材料时，应选择合适的阴极面积以调整阴极电流密度，使碳钢得到较好的阴极保护，既不致发生腐蚀，也不致在大的阴极电流密度下受到阴极析氢带来的氢脆的危害。

表 8-10　部分现场使用的辅助阴极材料

介　质　环　境	阴　极　材　料
浓硫酸	铂、镀铂电极,如包铂黄铜、黄金、高硅铸铁
一般浓度硫酸	铬镍钢、高硅铸铁、石墨、普通铸铁、304 不锈钢
盐类溶液	高镍铬合金、普通碳钢
碱液	普通碳钢
纸浆液	钢管、钢缆
化肥溶液(氮磷钾肥等)	哈氏合金 C

　　与阴极保护一样，阳极保护也存在遮蔽作用。对结构复杂的设备施以致钝电流时，容易造成设备表面电流分布不均匀，即分散能力不好的现象。一般阴极分布得均匀、阳极表面电阻高、溶液导电力强、阴阳极间距大，则阳极分散能力好。因此，阴极的数量和放置位置应合理，尽可能使阳极各处电位一致。对设备阳极保护前应预先做分散能力试验。

　　③ 参比电极　与阴极保护相同，阳极保护控制的仍然是被保护设备的电位值，使其处于钝化电位范围区间内。用于阴极保护电位测试的大多数参比电极也可以用在阳极保护的场合。对于钝化区电位范围较宽的系统，制作简便的固体金属电极使用起来比较方便，如硫酸

和浓硫酸储槽中的铂电极、碱性储槽中的铋电极、复合肥料料浆中的镍及硅电极、强酸溶液中的钼电极等。但在使用前应对其进行电位标定，使用过程中应定期进行校验。

一般参比电极的安装位置应选择在离阴极最远或电位最低的地方，如碳化塔中一般安装在冷却水箱的管束中间。只要这一点的电位处于钝化区，整个设备的电位就不会落入活化区。

8.3.4 阳极保护的应用

阳极保护发展较晚，且在不能钝化或含氯离子的介质中不能使用，因而其应用有限，一般用于酸碱介质中的化工设备的保护。表 8-11 为阳极保护的部分实例。

表 8-11 阳极保护的实例

设备名称(材质)	介 质 条 件	保 护 措 施	保 护 效 果
三氧化硫发生器(碳钢)	105% H_2SO_4，明火加热，常温约 300℃	保护电位 2200mV，阴极和参比电极均为 1Cr18Ni9Ti	保护后腐蚀率由 30mm/a 降至 1.5mm/a，水线也得到保护
管壳式换热器(不锈钢)	70℃ 以下 93% H_2SO_4 或 120℃ 以下 98% H_2SO_4	阴极为 1Cr18Ni9Ti，保护电位 150mV(93% H_2SO_4)，250mV (98% H_2SO_4)	保护后腐蚀率小于 0.03mm/a，晶间腐蚀也得到控制，使用寿命为 15～20 年
碳化塔(碳钢)	18%氨水通 CO_2，直至生成 NH_4CO_3 结晶，35～45℃	$i_致$ 为 280～480A/m^2，$i_维$ 为 0.5～1A/m^2，碳钢阴极，铂参比电极	保护后腐蚀率由 7mm/a 降至 0.05mm/a
氨水储槽(碳钢)	25%农用氨水，常温	1Cr18Ni9Ti 阴极 8 根，阴阳极面积比为 1：167，铋参比电极，稀氨水逐步钝化后电位控制在 200～300mV	保护后腐蚀率由 0.3mm/a 降至 0.001 mm/a
磷酸储槽(304 不锈钢)	55℃，75% H_3PO_4，含 Cl^- 750mg/kg	保护电位 200mV(SCE)，$i_维=$ 0.34A/m^2	保护后腐蚀率由 10.5mm/a 降至 0.16 mm/a，并抑制了孔蚀
加热器管(钛)	47～75℃时管内走黏胶纤维生产介质，管外走蒸汽	阴极为铅，固定槽压法阳极保护，槽压为 12V，$i_维=0.1$A/m^2	缝隙腐蚀消除

习　题

1. 使用电位-pH 图和极化曲线说明阴极保护、阳极保护的原理。

2. 对于图 8-4 中的电流遮蔽现象，请问需如何设计辅助阳极来避免？

3. 解释有关牺牲阳极性能的下列术语：

(1) 开路电位；(2) 闭路电位；(3) 驱动电压；(4) 理论发生电量；

(5) 实际发生电量；(6) 电流效率；(7) 阳极消耗率；(8) 电化当量

4. 镁阳极的电流效率为什么较低？镁基牺牲阳极中合金元素 Zn、Al、Mn 的作用是什么？

5. 阴极保护的基本参数有哪些？怎样确定合理的保护参数？

6. 阐明下列术语的意义：

(1) 保护电位；(2) 保护电流密度；(3) 完全保护；(4) 有效保护；

(5) 过保护；(6) 保护程度；(7) 保护效率

7. 如何确定阳极保护电源的容量？如何协调致钝电源和维钝电源的容量？

8. 实现钝化的方法有哪些？这些方法能否都称为阳极保护？

9. 试比较阳极保护和阴极保护的优缺点。

第9章 缓蚀剂

9.1 概述

9.1.1 缓蚀剂研究的发展概况

缓蚀剂是防止或减缓金属腐蚀的方法之一，即在腐蚀介质中添加某些化学试剂，达到抑制金属腐蚀速率的目的。这种防腐蚀技术最早始于金属酸洗及酸洗缓蚀剂的使用。早在19世纪中期，就已有这方面应用的报道。世界上第一个缓蚀剂专利是在1860年英国（Baldwin）公布的酸洗铁板用缓蚀剂。此后，在19世纪70年代出现了有色金属（Cu、Zn等）的酸洗缓蚀剂。早期研究的酸性介质缓蚀剂大多使用动物、植物原料及加工产品。例如糖浆、植物油、骨胶、明胶等。

20世纪初，缓蚀剂研究有了很大发展，缓蚀剂原料从天然物质转向矿物质，如煤焦油、硅酸盐、硝酸盐、铬酸盐等。

20世纪初到20世纪30年代，开始了有机缓蚀剂的开发研究工作，开始从矿物质中分离含氮、硫、氧元素的有机物质做缓蚀剂。到20世纪30年代中期，人工合成有机缓蚀剂获得成功，被认为是缓蚀剂技术的一次重大突破，大批有机物质被用于酸性介质中的缓蚀剂。与此同时，性能优异的无机缓蚀剂开始用于中性介质、海水、工业用水等领域。

随着缓蚀剂在工业中的应用，有关缓蚀机理的研究也在不断深入发展。从20世纪30年代到20世纪50年代，分别提出了物理吸附、化学吸附、物理吸附与化学吸附的综合吸附学说。

20世纪60年代各国科学家开始了缓蚀剂分子设计等方面的理论研究，推动了缓蚀剂理论的发展，随后有一大批高效能的缓蚀剂用于工业领域。

随着工业对环境的污染，到20世纪70年代，人们开始寻求对生态环境不构成污染的无机缓蚀剂。随着高分子聚合物缓蚀剂的使用，科技工作者也开始了无污染有机缓蚀剂的研究。

近年来，随着绿色化学的提出，围绕性能和经济目标开发对环境不构成破坏作用的环境友好缓蚀剂成为未来缓蚀剂发展的重要方向。

我国缓蚀剂的研究始于1953年，天津若丁成功的应用于天津钢厂的酸洗工艺。20世纪60年代又相继开发了气相缓蚀剂、油性缓蚀剂等系列缓蚀剂。20世纪70～80年代开发了用于油田设备及井下采油设备的有机胺类缓蚀剂。我国缓蚀剂的研究发展虽然很快，但和国外相比仍有差距。经过几十年的研究开发，我国已研究开发了相当数量的缓蚀剂，在机械、化工、石油、军工生产等各个领域的应用中取得了很好的效果。

9.1.2 缓蚀剂的基本概念

9.1.2.1 缓蚀剂的定义

美国材料试验学会（ASTM）将缓蚀剂定义为以适当的浓度和形式存在于环境（介质）

中时，可以防止或减缓材料腐蚀的化学物质或复合物，因此缓蚀剂也可以称为腐蚀抑制剂。从缓蚀剂的定义可看出，凡是可以加入微量或少量的物质就能降低介质的腐蚀性或防止、减缓金属的腐蚀速度，同时还能保持金属材料原有的物理机械性能不变的物质，都应属于缓蚀剂范畴。在工业应用中，缓蚀剂的用量一般为千万分之几到千分之几，特殊情况下用量也可达百分之几。缓蚀剂除用量少之外还应具备性能价格比高、价格便宜、原材料来源丰富等特点，这样的缓蚀剂才具有实用价值。

9.1.2.2 缓蚀效率

缓蚀剂对金属材料的保护能力可用缓蚀效率表示，通过检测金属分别在有、无缓蚀剂的介质中金属的腐蚀速度来确定缓蚀效率。依照检测方法的不同缓蚀效率可用以下三种方式表示。

① 失重法 取相同的金属材料，在相同的测试条件下，分别测量金属在添加和未添加缓蚀剂的溶液中浸泡相同时间后的质量，计算缓蚀率：

$$\eta = \frac{w_0 - w}{w_0} \times 100\%$$

式中 w_0——未添加缓蚀剂条件下，金属材料的质量；

　　　 w——添加缓蚀剂条件下，金属材料的质量。

② 腐蚀速度法 比较金属材料在添加和未添加缓蚀剂的溶液中金属材料的腐蚀速度，计算缓蚀率：

$$\eta = \frac{v_0 - v}{v_0} \times 100\%$$

式中 v_0——未添加缓蚀剂时，金属材料的腐蚀速度；

　　　 v——添加缓蚀剂时，金属材料的腐蚀速度。

③ 电化学法 当金属的腐蚀过程是电化学腐蚀时，可以通过分别测量添加和未添加缓蚀剂的溶液中金属的腐蚀电流密度来计算缓蚀效率：

$$\eta = \frac{i_c^0 - i_c}{i_c^0} \times 100\%$$

式中 i_c^0——未添加缓蚀剂时，金属的腐蚀电流密度；

　　　 i_c——添加缓蚀剂时，金属的腐蚀电流密度。

9.1.3 缓蚀剂的分类

由于缓蚀剂种类繁多，缓蚀机理复杂，应用的领域广泛。至今还没有一个统一的分类方法，一般是从研究或使用方便进行分类，常见的分类方法有以下几种。

9.1.3.1 按化学组成分类

一般按物质的化学组成可以将缓蚀剂分为无机缓蚀剂和有机缓蚀剂。

① 无机缓蚀剂 这类缓蚀剂绝大部分为各种无机盐类。常用的无机缓蚀剂有亚硝酸盐、硝酸盐、铬酸盐、重铬酸盐、硅酸盐、钼酸盐、聚磷酸盐、亚砷酸盐、硫化物等。这类缓蚀剂的缓蚀作用一般是和金属发生反应，在金属表面生成钝化膜或生成结合牢固、致密的金属盐的保护膜。阻止了金属的腐蚀过程。

② 有机缓蚀剂 这类缓蚀剂基本上是含有 O、N、S、P 元素的各类有机物质，例如，胺类、季铵盐、醛类、杂环化合物、炔醇类、有机硫化合物、有机磷化合物、咪唑类化合物等。这类缓蚀剂的缓蚀作用是由于有机物质在金属表面发生的化学吸附或物理吸附作用，覆盖了金属表面或活性部位，从而阻止了金属的电化学腐蚀过程。

9.1.3.2 按电化学作用机理分类

金属的电化学腐蚀过程包括阴极过程和阳极过程。根据缓蚀剂在介质中主要抑制阴极反应还是阳极反应，或者能够同时抑制阴极反应和阳极反应，可将缓蚀剂分为以下三类。

① 阴极型缓蚀剂　从图 9-1 可看出，金属的腐蚀既和阳极过程、阴极过程的极化程度有关，也和腐蚀电位有关。极化程度的大小，反映了电极反应的难易程度，腐蚀电位与金属平衡电位的差值体现了金属腐蚀倾向的大小。从图 9-1(a) 可以看出，阴极型缓蚀剂的加入增大了阴极过程组成的极化程度，即抑制了阴极反应过程。阴极反应速度下降，使得与阳极过程组成的共轭体系的电极腐蚀电位负移，相对应的腐蚀电流减小。阴极型缓蚀剂一般是阳离子移向阴极表面，在电极表面生成沉淀型的保护膜或覆盖层，使阴极反应极化增大。例如，增大氢的析出过电位。这类缓蚀剂使得腐蚀电位负移，在缓蚀剂用量不足时，只能是缓蚀作用较差，而不会加速金属腐蚀。因此，阴极型缓蚀剂也称为安全缓蚀剂。这类缓蚀剂有酸式碳酸钙、硫酸锌、聚磷酸盐、砷离子、锑离子等。

② 阳极型缓蚀剂　阳极型缓蚀剂可以抑制阳极反应，增大阳极极化，使阳极反应速度下降。阳极型缓蚀剂使腐蚀电位正移 ［图 9-1(b)］。这类缓蚀剂通常是阴离子向阳极表面移动，使金属阳极表面钝化，从而使腐蚀速度下降。由于腐蚀电位的正移，增大了金属腐蚀的倾向。所以，在阳极型缓蚀剂用量不足时，生成的钝化层不能充分覆盖阳极表面时，这时未被保护的阳极面积远小于阴极表面，造成大阴极小阳极的腐蚀电池，将加速金属的腐蚀（发生金属的孔蚀）。因此阳极型缓蚀剂又称为危险型缓蚀剂。因此，使用时要保证缓蚀剂的用量充足。这类缓蚀剂有亚硝酸盐、硅酸盐、铬酸盐、磷酸盐等。

③ 混合型缓蚀剂　这种缓蚀剂可以同时抑制阳极过程和阴极过程，同时增大了阴极极化和阳极极化，使阴、阳极反应速度下降，最终结果会使腐蚀电流下降很多。由于阴、阳极极化同时增大，腐蚀电位变化不大 ［图 9-1(c)］。这种缓蚀剂有含氮有机物，如胺类和有机胺的亚硝酸盐；含硫类有机物，如硫醇、硫醚等；含氮、硫的有机化合物，如硫脲及其衍生物等。

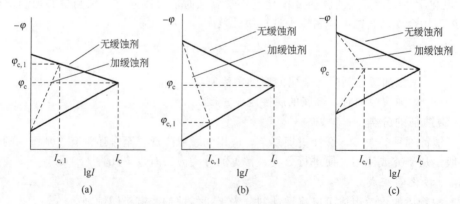

图 9-1　缓蚀剂对电极过程的影响

9.1.3.3　按金属表面层结构分类

缓蚀剂加入介质后，按照对金属表面层结构的影响，可分为以下三种类型的缓蚀剂。

① 氧化膜型缓蚀剂　这种缓蚀剂可以直接或间接氧化金属，在金属表面形成金属氧化物膜，或通过缓蚀剂物质的还原产物修补金属原有的不致密的氧化膜，达到缓蚀的作用。这种缓蚀剂一般对金属有钝化作用，也称为钝化剂。这种氧化膜附着力强、致密，当达到一定的厚度（5～10nm）时，氧化反应速度减慢，氧化膜增长也停止。因此，缓蚀剂过量时，不会有不良影响，但用量不足会加速腐蚀。氧化膜型缓蚀剂又可分为阳极抑制型和阴极去极化型两类。这类缓蚀剂有 Na_2CrO_4、$NaNO_2$、Na_2MoO_4 等。

② 沉淀膜型缓蚀剂　这种类型缓蚀剂，能与介质中的离子反应生成附着在金属表面的

沉淀膜，生成的沉淀膜比钝化膜厚（几十至一百纳米），但是致密性和附着力比钝化膜差，因此，防腐效果不如钝化膜。另外，只要介质中存在缓蚀剂及能生成沉淀的相关离子，反应就会不断进行，沉淀膜厚度也就不断增厚，会产生结垢等不良影响，所以在使用这种类型缓蚀剂时要同时使用去垢剂。这种缓蚀剂又可分为水中离子型和金属离子型两种。

a. 水中离子型是指缓蚀剂和水溶液介质中的一些离子，如钙离子、铁离子等，发生沉淀反应，生成难溶的沉淀物膜（如硫酸锌、聚磷酸盐等）。这种膜较厚并且多孔，和金属表面的结合力也较差。

b. 金属离子型是指缓蚀剂和金属表面腐蚀产物层的金属离子反应生成保护膜，这种膜致密性好，厚度也比较薄，和金属的结合也较牢固，这种缓蚀剂生成的保护膜的防腐性能比水中离子型好。这种缓蚀剂有苯并三氮唑，硫基苯并噻唑等。

③ 吸附型缓蚀剂　前两种缓蚀剂使金属表面生成新的化合物相，这是一种三维新相，介于金属相和介质相之间，阻断金属和腐蚀介质的接触，达到保护金属的目的。因此，前两种缓蚀剂也称为相间型缓蚀剂。而吸附型缓蚀剂是通过吸附作用，吸附在金属表面，从而改变了金属表面性质，达到缓蚀的目的。根据吸附机理的不同，可以分为物理吸附型和化学吸附型两类，吸附型缓蚀剂在金属表面仅发生界面吸附，不构成三维新相。因此这类型缓蚀剂也称为界面缓蚀剂。

吸附型缓蚀剂主要通过如下两种吸附方式达到缓蚀目的。

a. 缓蚀剂在部分金属表面上发生吸附，覆盖了部分金属表面，减小了发生腐蚀作用的面积，减小了腐蚀。吸附是动态吸附，或称为非定位吸附。

b. 缓蚀剂在金属表面的反应活性点上发生吸附，降低了反应活性点的反应活性，使腐蚀速度下降，达到缓蚀的作用，这种吸附是一种定位吸附。

缓蚀剂的分类除以上几种外，还可按应用介质分类：用于酸性介质的缓蚀剂、用于中性介质的缓蚀剂、用于碱性介质的缓蚀剂、用于盐水溶液的缓蚀剂、用于气相介质中的缓蚀剂、用于微生物环境中的缓蚀剂等。还可以按使用的金属分类：铜缓蚀剂、铅缓蚀剂、锌缓蚀剂、镁缓蚀剂等。还可以按使用范围分类，无论哪种分类方法，只是为了使用方便。

9.2　缓蚀剂的缓蚀作用机理

缓蚀剂的缓蚀作用机理有几种不同的理论。根据考虑问题的观点不同，提出了不同的缓蚀作用机理。例如，通过缓蚀剂对腐蚀过程的阳极反应和阴极反应的抑制作用，提出了电化学缓蚀机理；由于缓蚀剂和腐蚀介质中离子反应生成沉淀膜，或缓蚀剂和金属反应生成钝化膜，这层膜阻隔了金属与介质的接触，减缓了金属的腐蚀速度，因此提出了成膜机理；由于缓蚀剂可以在金属表面发生吸附作用，形成一层吸附膜，从而阻滞了金属的腐蚀作用，因此提出了吸附膜机理。这几种理论虽然是从不同的方面提出的，但是它们之间并不矛盾，相互之间还存在着内在的联系。对于具体的缓蚀剂和特定的介质，要具体分析缓蚀剂的结构特性，金属特性和介质环境特性全面考虑。

9.2.1　缓蚀剂的电化学机理

9.2.1.1　阳极型缓蚀剂的缓蚀机理

9.2.1.1.1　阳极抑制型缓蚀剂的缓蚀机理

① 生成钝化膜　这种缓蚀剂具有钝化作用，在中性含氧的水溶液中加入这种缓蚀剂，将使金属表面发生氧化，形成一层致密的氧化层——钝化层，或使原有不完整的钝化膜得到了修复，从而抑制了金属的阳极溶解。如图 9-2 所示，加入缓蚀剂前阴极极化曲线（M）与

阳极极化曲线 A 相交在 D 点，相对应的腐蚀电位为 φ_c，腐蚀电流密度为 i_c。加入缓蚀剂后，阳极极化曲线发生了变化，移动到曲线 B 的位置，而阴极极化曲线 M 没有变化，它们的交点移动到 F 点。F 点处于阳极极化曲线的钝化区域，F 点对应的腐蚀电位为 φ'_c。与原腐蚀电位 φ_c 相比，电位正向移动，对应的腐蚀电流密度 i'_c 也远小于 i_c，降低了金属的腐蚀速度。

② 阻滞阳极过程　加入阳极型缓蚀剂后，金属表面不一定生成钝化层，虽然金属不处于钝化状态，但是金属的阳极反应速度减小了。例如铁在 0.05mol/L 的硫酸钠溶液中，加入不同浓度的重铬酸钾溶液，测量铁的阳极极化曲线，曲线发生了两个变化，一是腐蚀电位明显正移，二是阳极曲线的塔费尔（Tafel）斜率增大（图 9-3）。这表明要使金属腐蚀，需要更大的能量才能使金属晶格中的金属正离子进入溶液相中，因而金属的阳极反应速度下降。

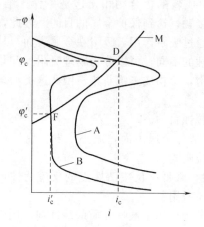

图 9-2　阳极抑制型缓蚀剂作用示意

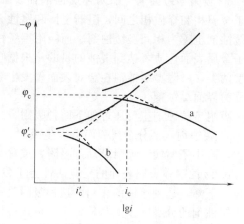

图 9-3　缓蚀剂对阳极极化曲线的影响
a—未加缓蚀剂；b—加入缓蚀剂

对于能使阳极生成钝化膜类型的缓蚀剂（如铬酸盐），使用时特别要注意的是缓蚀剂用量不足时，生成的钝化膜不能完全有效地覆盖金属表面，造成金属表面状态的不同，从而形成大阴极小阳极的腐蚀电池，加速了金属的局部腐蚀。因此这类缓蚀剂使用时要达到一个临界浓度才能有缓蚀效果。如前所述，这类缓蚀剂被称为危险型缓蚀剂。这种类型缓蚀剂一般都是无机氧化剂，作为缓蚀剂，它们必须具有如下条件：

① 从热力学考虑，氧化还原电位必须足够高；

② 从动力学考虑，氧化还原反应的速度必须足够快。

9.2.1.1.2　沉淀膜型缓蚀剂的缓蚀机理

这类型缓蚀剂是一些非氧化性物质，例如磷酸盐、硼酸盐、硅酸盐、苯甲酸盐等。这些物质本身没有氧化性，必须在溶液中有氧存在的条件下才能对金属起缓蚀作用。它们的作用是能和金属表面阳极溶解下来的金属离子生成难溶的化合物，这些难溶物质以沉淀的形式覆盖在阳极表面，或者形成致密完整的氧化膜，起到修复阳极氧化膜的破损处，达到抑制阳极反应的目的。例如，磷酸盐（Na_3PO_4）缓蚀剂对金属钢的保护缓蚀作用是当加入介质后，离解出 PO_4^{3-} 与腐蚀产生的 Fe^{2+} 反应生成沉淀，反应式为：

$$3Fe^{2+} + 2PO_4^{3-} \longrightarrow Fe_3(PO_4)_2 \downarrow$$

在有 O_2 存在时，Na_3PO_4 溶液中不仅有沉淀反应存在，还会由于 Na_3PO_4 水解后的水溶液中具有较强的碱性而影响金属的阳极反应。例如将 0.03mol/L Na_3PO_4 溶液加入到钢在 pH＝7.1 的 0.025mol/L Na_2SO_4 的硼酸缓冲溶液中的缓蚀作用（图 9-4）。由图可见，加入 Na_3PO_4 缓蚀剂后钢的阳极极化曲线完全处于钝化区，已经看不到致钝电流，其维钝电流密度也有显著的变化。另外，检测表明，在有 O_2 存在的条件下，生成的钝化膜为 $\gamma\text{-}Fe_2O_3$，并且钝化膜中含有少量的 PO_4^{3-}，这也说明了磷酸盐沉淀参与钝化膜的形成和对钝化膜修复。

溶液中氧的存在对这类缓蚀剂起着重要的作用。例如，苯甲酸钠在有氧存在的条件下，金属铁溶解下来的 Fe^{2+} 被氧化成 Fe^{3+}，和苯甲酸钠生成不溶性的三价铁盐，可以保护铁不再被腐蚀。而没有氧存在时，生成的二价苯甲酸铁盐是可溶的，不能起到保护金属的缓蚀作用。

9.2.1.2 阴极型缓蚀剂的缓蚀机理

（1）阴极去极化型缓蚀剂 阴极型缓蚀剂的作用原理：加入阴极缓蚀剂后，只改变了阴极反应过程，而阳极反应过程不发生变化。这类缓蚀剂只从阴极反应过程考虑，缓蚀剂有利于阴极反应的进行，加入缓蚀剂后将使阴极过程的电极电位正移，Tafel 斜率变小。从对金属腐蚀考虑，阴极反应过程的变化，使金属的腐蚀电位进入钝态电位区，起到了缓蚀的作用。如图 9-5 所示，图中曲线 1 为金属的阳极钝化曲线，曲线 2 为未加缓蚀剂的阴极反应的极化曲线，它们的交点对应的腐蚀电位为 $\varphi_{c,1}$，腐蚀电流密度为 i_1。加入缓蚀剂后阴极极化曲线移动到曲线 3 的位置，与曲线 2 比较，阴极反应的电极电位正移，曲线斜率减小，有利于阴极反应的进行。但由于曲线 3 和曲线 1 的交点在金属的钝态区，交点所对应的腐蚀电位 $\varphi_{c,2}$ 正移，腐蚀电流密度 i_2 明显小于 i_1，金属腐蚀速度下降，起到了缓蚀的作用。例如，亚硝酸钠就属于这种类型的缓蚀剂，它在酸性溶液中是很强的阴极去极化剂，发生如下反应：

$$NO_2^- + 8H^+ + 6e \longrightarrow NH_4^+ + 2H_2O$$

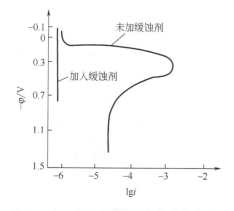

图 9-4 缓蚀剂对钢的阳极极化曲线的影响

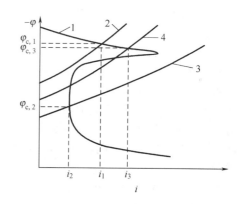

图 9-5 阴极去极化型缓蚀剂作用原理

该反应的标准电极电位为 $+0.86V$，远大于氢的标准电极电位，使得阴极反应电位正移，进入金属的钝态区。这类缓蚀剂和阳极钝化膜型缓蚀剂类似，当用量不足时是很危险的。例如图 9-5 中的曲线 4 即为缓蚀剂添加量不足时的极化曲线，曲线 4 和曲线 1 的交点在曲线 1 的活化区。由于阴极电极电位正移，其交点对应的腐蚀电流密度 i_3 大于 i_1，加速了腐蚀。

（2）沉淀膜型缓蚀剂 这类缓蚀剂的阳离子向腐蚀体系的阴极区迁移，和阴极反应的产物（如 OH^-）发生反应生成氢氧化物或难溶的沉淀膜，阻碍氧向阴极区的扩散，抑制氧在阴极的还原反应，使阴极反应的过电位提高，降低腐蚀速度，达到缓蚀的目的。属于这类缓蚀剂的物质有 Ca、Mg、Zn、Mn、Ni 的盐类，如 $Ca(HCO_3)_2$、$ZnSO_4$。$Ca(HCO_3)_2$ 与 OH^- 反应可生成 $CaCO_3$。

$$Ca(HCO_3)_2 + OH^- \longrightarrow CaCO_3 + HCO_3^- + H_2O$$

$ZnSO_4$ 可生成 $Zn(OH)_2$ 沉淀。这类缓蚀剂生成的沉淀膜比较厚，可以达到几十至几百纳米，沉淀膜的致密度和基底金属的附着力与阳极钝化膜相比要差得多，为提高缓蚀效果，用量较大，但是阴极缓蚀剂比阳极缓蚀剂安全。

（3）提高阴极反应过电位缓蚀剂　这类缓蚀剂的阳离子在腐蚀体系的阴极反应区还原，析出的金属可提高析氢过电位，使 H^+ 在阴极区的还原反应受到阻碍，从而起到缓蚀作用。属于这类缓蚀剂的物质有 As、Sb、Hg、Bi 等重金属盐，例如在 H_2SO_4 溶液中加入 0.045% As，则铁在 H_2SO_4 中的腐蚀速度明显降低。

（4）除氧剂型缓蚀剂　这类缓蚀剂在腐蚀介质中可以和介质中的氧发生反应，消耗了溶液中的氧，这样就降低了阴极反应物，抑制了氧的还原反应，从而减缓了金属的腐蚀。属于这类缓蚀剂的有 Na_2SO_3、N_2H_4 等，它们与 O_2 的反应如下：

$$Na_2SO_3 + \frac{1}{2}O_2 =\!=\!= Na_2SO_4$$

$$N_2H_4 + O_2 =\!=\!= N_2 + 2H_2O$$

9.2.1.3　混合型缓蚀剂的缓蚀机理

这类缓蚀剂既能阻滞腐蚀的阳极反应过程，同时也能阻滞腐蚀的阴极反应过程。在混合缓蚀剂的作用下，体系的腐蚀电位变化不会很大，但是阳极反应和阴极反应的极化曲线的 Tafel 斜率都会增大，因而使腐蚀电流显著下降，如图 9-1(c) 所示。这类缓蚀剂对阳极、阴极反应的影响体现在以下几个方面。

① 生成沉淀膜　这类缓蚀剂与金属腐蚀产生的金属离子发生反应，生成难溶物质。这些难溶物质直接沉积在金属表面上，结合牢固，既可起到保护金属的作用，也起到了阻碍氧在阴极区上的还原。属于这类缓蚀剂的有 $(NaPO_3)_n$、Na_2SiO_3、$NaOH$、Na_2CO_3、8-羟基喹啉等。

② 生成大的胶体物质　缓蚀剂与介质中的某些阳离子生成大的胶体阳离子，向阴极表面迁移，在阴极区发生反应形成保护膜，而带负电荷的胶体粒子在阳极区沉淀，分别抑制腐蚀的阴极过程和阳极过程。在工业用循环冷却水和锅炉用水中经常采用的聚磷酸盐就是混合型缓蚀剂，如可用六偏磷酸钠和锌盐配合成复合缓蚀剂。用于工业循环冷却水系统时，在水中有溶解氧的情况下，在金属表面的阳极区生成 γ-Fe_2O_3，与水中的 Zn^{2+}（或 Ca^{2+}、Mg^{2+}）生成螯合物，在阴极区放电生成沉淀膜，这样就可以同时阻滞阳极反应和阴极反应的进行。

9.2.2　缓蚀剂的吸附机理

缓蚀剂的吸附机理是指缓蚀剂在金属表面上有吸附作用，生成了吸附在金属表面上的吸附膜，从而产生的缓蚀作用。能够形成这种吸附膜的缓蚀剂大部分是有机物质。这种有机缓蚀剂在腐蚀介质中具有非常好的吸附性，这是和有机缓蚀剂的结构有关的，有机缓蚀剂大部分都具有双亲结构，即分子结构中的一端为亲水基，另一端为亲油基（也称为疏水基）。亲水基为极性基团，如—COO^-、—NH^{3+} 等；亲油基为非极性基团，如烃链、芳香烃等。这种分子结构也就是表面活性剂的结构，但是表面活性剂不一定都具有缓蚀作用。

当缓蚀剂溶解在腐蚀介质中时，缓蚀剂分子上的活性基团通过物理吸附或化学吸附，吸附在金属表面上。缓蚀剂分子另一端的非极性基团要尽量远离金属表面，这样就构成了一层由疏水基组成的疏水性保护膜，极性基团吸附在金属表面改变了金属表面的带电状态和界面性质。使金属表面的能量状态趋于稳定化，增加了金属腐蚀反应的活化能，使腐蚀速度减慢。非极性基团形成的疏水保护膜，可阻碍腐蚀介质或水分子向金属表面扩散、迁移，同时也可阻碍金属离子的溶解扩散，也可以起到降低腐蚀速度的作用。这也表明缓蚀剂的缓蚀作用机理主要取决于有机缓蚀剂中极性基团在金属表面的吸附。极性基团的吸附主要形式有物

170

理吸附、化学吸附，还有一部分缓蚀剂以 π 键吸附。

9.2.2.1 物理吸附

(1) 金属表面荷电状态　物理吸附是由静电引力和范德华力引起的，其中静电引力占的比重最大，因而物理吸附的吸附作用力小、吸附热小、可逆性好、对金属无选择性。由于静电引力在物理吸附中起着重要作用，因此，金属表面的电荷状态直接影响物理吸附。在金属的零电荷电位（$\varphi_{q=0}$）时，电极表面虽不带电荷，但金属与溶液界面的相间电位差并不等于零，即 $\varphi_{q=0} \neq 0$。当腐蚀电位大于零电荷电位时（$\varphi_c > \varphi_{q=0}$），金属表面带正电，金属易于吸附阴离子型缓蚀剂。当腐蚀电位小于零电荷电位时（$\varphi_c < \varphi_{q=0}$），金属易于吸附阳离子型缓蚀剂，当腐蚀电位等于零电荷电位时（$\varphi_c = \varphi_{q=0}$），这时金属表面易发生中性分子的化学吸附。无论哪种离子在金属表面吸附，都必须形成一层完好的吸附膜才能起缓蚀作用。在金属表面上发生物理吸附的缓蚀剂，大多数是阴极抑制型缓蚀剂。

在酸性溶液中，某些化合物中含有未共用电子对的元素（如 N、S、P、As 等），其未共用的电子对与氢离子或其他的阳离子形成配位键，这样形成的阳离子称为𨫏离子。例如，烷基胺（RNH_2）、吡啶（C_6H_5N）、烷基磷（R_3P）、硫醇（RSH）等化合物，它们的中心原子分别为 N、P、S，都有未共用的电子对，它们与 H^+ 以配位键形成带正电荷的阳离子，即𨫏离子。

$$RNH_2 + H^+ \rightleftharpoons RNH^{3+}$$
$$C_6H_5N + H^+ \rightleftharpoons C_6H_5NH^+$$
$$R_3P + H^+ \rightleftharpoons R_3PH^+$$
$$RSH + H^+ \rightleftharpoons RSH_2^+$$

这些带正电荷的𨫏离子将吸附到金属表面的阴极区，使阴极区带有正的过剩电荷。酸性介质中的 H^+ 就不容易再接近阴极区，因而提高了 H^+ 在阴极区的反应过电位，降低了腐蚀速度。

从𨫏离子在阴极区的吸附可以看出，由于𨫏离子带正电荷，则阴极区带负电荷时，吸附效果最好。在实际使用时，被保护金属最好是表面带负电荷，这样才能更好地发生吸附，最显著的例子是季丁铵离子 $[(C_4H_9)_4N]^+$ 在 0.05mol/L 的 H_2SO_4 溶液中对铁的缓蚀作用。铁在该条件下的腐蚀电位为 $\varphi_c = -0.28V$，铁的零电荷电位 $\varphi_{q=0} = -0.37V$，此时 $\varphi_c > \varphi_{q=0}$，铁的表面带正电荷，使得季丁铵离子难于吸附在铁表面，因此缓蚀效果并不好。但是如果在介质中添加少量 KI，则 I^- 能优先吸附在带正电荷的铁表面上，使铁表面带负电荷，这时季丁铵离子就可以吸附在铁表面，这样就可以提高季丁铵盐的缓蚀效果。这种现象称为阴离子效应。由此可知，要提高缓蚀效果，首先要使金属表面带负电荷，可采用加入强烈吸附的阴离子，也可采用其他使金属表面带负电的方法（如阴极保护的方法等）。

(2) 缓蚀剂的分子结构　缓蚀剂分子的结构对缓蚀效果也有影响。因为极性基团吸附在金属表面时，非极性基团形成的疏水层起着阻挡腐蚀介质的作用，疏水基团的结构也将影响缓蚀效果。疏水基团是由烃类组成的，烃基的长度即碳原子的个数直接影响缓蚀效率。这是因为碳原子数越多，碳链越长，当缓蚀剂浓度很低时，缓蚀剂分子与金属表面不是垂直的。碳链越长对金属表面的覆盖度越大，碳链之间的范德华力使缓蚀剂分子互相吸引，也会提高其覆盖度。例如季铵盐主链的碳原子数为 8 时，缓蚀效率仅为 20%，当主链碳原子数达到16～18 个时，缓蚀率可达到 90%。在缓蚀剂用量较大时，吸附在金属表面的分子数量增多，分子与金属表面呈近似垂直状态。这时碳链的长度即为疏水层的厚度，疏水层的厚度越厚，缓蚀效果越好，因此非极性基团碳原子数直接影响缓蚀效果。

缓蚀剂的缓蚀效果还和非极性基团的形状有关，一般无支链的非极性基团的缓蚀效果高于有支链的缓蚀剂。支链的位置和长度也影响缓蚀效果，即支链位置越靠近吸附中心原子，缓蚀效果越差；支链长度越长，缓蚀效果越差。这是因为缓蚀剂分子向金属表面发生吸附时，分子中的支链会产生空间位阻，阻碍了其他缓蚀剂分子的吸附。

缓蚀剂本身的酸碱性也影响缓蚀效果。如前所述缓蚀剂分子在酸性溶液中会生成锑离子（即阳离子），加入的缓蚀剂的碱性越强，所生成的阳离子（锑离子）越稳定，越有利于吸附。因此，要求缓蚀剂吸附的中心原子除具有能与 H^+ 结合的孤对电子外，还要求能生成稳定的阳离子。此时的非极性基团应为供电子基，如烷基，这样可使中心原子电子云密度增大，有利于阳离子的稳定和提高缓蚀效率。然而非极性基团如果为斥电子基，如羰基、苯基，将会使生成的阳离子稳定性下降，降低缓蚀率。

9.2.2.2 化学吸附

化学吸附的本质是金属和缓蚀剂之间形成了配位键，配位键的形成是由吸附的一方提供未共用的孤对电子，吸附的另一方提供空轨道，相互作用而形成配位键。如果由缓蚀剂提供未共用的孤对电子，由金属提供空轨道，发生化学吸附，这种缓蚀剂称为供电子型缓蚀剂。如果由缓蚀剂提供质子，由金属提供电子发生的化学吸附，这种缓蚀剂称为供质子型缓蚀剂。

(1) 供电子型缓蚀剂 缓蚀剂的中心原子一般为电负性较强的 N、O、S 等原子，这些原子具有未共用的孤对电子，金属原子的结构一般都有空的轨道。这样缓蚀剂中心原子的未共用孤对电子和金属中的 d 空轨道相互作用形成配位键，发生化学吸附。

缓蚀剂的分子结构会影响化学吸附，缓蚀剂分子中的非极性基团的不同会改变中心原子提供电子的难易程度。如果非极性基团是斥电子型的，非极性基团有可能使电子偏向极性基团，这样中心原子的供电能力会增强。例如 CH_3NH_2、$(CH_3)_2NH$、$(CH_3)_3N$ 三种物质，由于甲基具有较强的斥电子性，当胺基上的 H 被 CH_3 置换后，中心原子 N 提供电子的能力增大。这三种物质的化学吸附从大到小的顺序为 $(CH_3)_3N > (CH_3)_2NH > CH_3NH_2$，所以在酸性溶液中的缓蚀效果也依此顺序排列。又例如在苯胺中引入甲基，甲基在苯环上相距氮原子位置不同，化学吸附能力也不同。甲基在邻位时效果最好，对位次之，但都大于苯胺。这是因为—CH_3 具有斥电子性，在邻位相距 N 最近，这时 N 上电子云密度增大，化学吸附和缓蚀效果最好。如果非极性基团具有共振结构时，由于 π 电子能使中心原子上的孤对电子转移到其他位置，使电子云密度下降，化学吸附和缓蚀效果下降。例如苯胺中的苯环具有共振结构，苯环上的大 Ⅱ 键将使中心原子 N 上的孤对电子对发生转移，如下所示：

除极性基团的中心原子可能提供未共用的电子对外，缓蚀剂中的双键、三键上的 π 电子类似于孤对电子，也有提供电子的能力。因此，具有 π 电子结构的有机缓蚀剂也能和提供空轨道的金属形成配位键，这种吸附称为 π 键吸附。

(2) 供质子型缓蚀剂 当极性基团中的中心原子吸引相邻 H 上的电子时，会使 H 上的电子偏向中心原子，使 H 类似于带正电荷的质子一样，这时 H 就可以和金属表面多电子的阴极区发生吸附作用，这种化学吸附是由缓蚀剂向金属提供质子来完成的。例如，十六硫醇 $C_{16}H_{33}SH$ 与十六硫醚 $C_{16}H_{33}SCH$ 相比，十六硫醇的缓蚀性高于十六硫醚。原因是十六硫醇中的 S 吸引相邻的 H 上的电子，使 H 成为正电荷的质子，在金属的阴极区发生吸附。同样，中心原子为 N、O 的缓蚀剂的 N、O 的电负性比 S 更负，对相邻 H 上的电子吸引能力更大，因此也会出现供质子吸附的情况。不同缓蚀剂供电子或供质子的情况比较如表 9-1 所示。

表 9-1　不同缓蚀剂供电子或供质子的情况比较

缓蚀剂	伯胺	仲胺	叔胺	含氧醇类	酯	苯并三唑	咪唑
供电子	√	√	√		√		
供质子	√			√		√	√

9.3　缓蚀作用的影响因素

9.3.1　金属材料的影响

（1）金属材料的种类　不同种类的金属在腐蚀介质中的腐蚀速率不同，且不同缓蚀剂的选择性不同，从而选用的缓蚀剂也不相同。例如，用钢和铜组成的散热器，在与腐蚀介质接触时腐蚀情况是不同的。一般是钢比铜先发生腐蚀反应。如果向介质中加入低相对分子质量的有机胺，则可以抑制钢的腐蚀反应，但对铜的腐蚀无效；如果再向介质中加入硫基苯并噻唑缓蚀剂，则既可抑制钢材的腐蚀，也可抑制铜的腐蚀。

（2）金属材料的纯度　一般金属的纯度越高，缓蚀效果越差。例如，硫脲衍生物对纯铁在 5% H_2SO_4 溶液中的腐蚀的缓蚀作用轻微，而对碳钢的缓蚀作用明显。这是因为碳钢中有一定数量的杂质，如硫化物、碳化物等，杂质在硫酸溶液中形成活性阳极区。缓蚀剂有抑制活性阳极区的作用，缓蚀效果明显，而纯铁中没有这种活性阳极区，因此缓蚀效果不明显。

（3）金属材料的表面结构状态　金属材料在机械加工过程中，会使金属材料的表面状态、表面结构发生变化，或出现不均匀状态，这些变化也会影响缓蚀剂的缓蚀效果。例如，二苄基硫氧化物缓蚀剂对铁的缓蚀作用，是由于缓蚀剂发生吸附后发生还原反应生成硫化物。钢板在经过冷轧后，钢板表面会出现大量的位错。位错部位会降低氢的还原电位，可以加快二苄基硫氧化物还原成硫化物的反应速度，因此，在冷轧后的钢板上的缓蚀作用高于未冷轧钢板上的缓蚀作用。而对于热轧钢板，经过热加工后，表面发生了氧化，会增加钢板表面的粗糙程度，有时还会存在氧化皮，这些表面状态的变化都有可能降低缓蚀剂的缓蚀效果。

9.3.2　介质的影响

（1）介质的种类　不同种类的介质对金属材料的腐蚀程度差别很大。例如，铁在酸性介质中腐蚀速度最大，在中性介质中次之，在碱性介质中更次之。在强碱性环境中，铁表面会生成钝化膜，基本不发生腐蚀。因此，在不同的腐蚀介质中缓蚀剂效果也不同，要选择不同的缓蚀剂。

即使在同一类的介质中，例如在酸性腐蚀介质中，由于酸的种类不同，对金属的腐蚀速度也不相同，甚至差别很大。例如，硫脲及其衍生物在高浓度盐酸介质中，可抑制铝及铝合金、铁、锌腐蚀；硝酸溶液对铝及铝合金起缓蚀作用，低浓度硝酸可抑制铁、锌腐蚀。

（2）介质的浓度　腐蚀介质浓度的变化也会影响缓蚀剂的缓蚀效果。例如，在硝酸介质中加入 0.2g/L 吲哚和 0.8g/L Na_2S 混合物作为缓蚀剂，当介质中硝酸浓度为 1mol/L 时，铁的腐蚀速度为 885g/(m^2·h)；硝酸为 2mol/L 时，腐蚀速度为 1990g/(m^2·h)；硝酸为 3mol/L 时，腐蚀速度为 3180g/(m^2·h)。

（3）介质的流速　介质的流速对缓蚀效果的影响可分为以下几种情况。

① 在静止状态时，缓蚀剂扩散缓慢，不能均匀地分散在介质中，影响缓蚀剂效果。此

时，增加介质流速可使缓蚀剂均匀地分散到金属表面，将提高缓蚀效率。

② 一般情况下，介质流速增加，腐蚀率下降，甚至加速腐蚀。例如，三乙醇胺在盐酸溶液中作为碳钢的缓蚀剂时，如果介质流速大于 0.8m/s 时，碳钢的腐蚀速度反而大于未加三乙醇胺时的腐蚀速度。

③ 某些缓蚀剂的浓度不同时，介质流速的影响也不相同。例如六偏磷酸钠和氯化锌做循环冷却水的缓蚀剂时，缓蚀剂浓度大于 8mg/kg 时，随着介质流速的增加，缓蚀效率也增加。当缓蚀剂浓度小于 8mg/kg 时，随介质流速的增加，缓蚀效率反而降低。

9.3.3 温度的影响

(1) 缓蚀效率随温度的升高而降低　前面已讲到起缓蚀作用的原因是缓蚀剂在金属表面上的吸附。吸附过程一般都是放热过程，当温度升高时，缓蚀剂的吸附作用明显降低，甚至起不到缓蚀作用，金属的腐蚀加速。

(2) 温度升高有一定限度　在一定温度范围内，缓蚀效率对温度变化的影响不大，但是当温度超过某一限度时，缓蚀效果显著下降。例如，苯甲酸钠在 $20\sim80$℃水溶液中对碳钢的缓蚀效果变化不大，而在 100℃ 溶液沸腾时失去缓蚀作用，一个可能的原因是沸水中的气泡破坏了缓蚀剂和铁生成的保护膜。不同缓蚀剂发生类似现象的另一个可能的原因是，当温度达到某一值时，缓蚀剂会发生水解而失去缓蚀作用。另外，随着温度的升高，水溶液中氧的溶解度下降，则不利于生成钝化膜型的缓蚀剂生成钝化膜，因而也可能使缓蚀作用下降。

(3) 温度升高缓蚀效率增加　这种情况可能是由于温度的升高有利于生成钝化膜或反应产物膜，如二苄硫、二苄亚砜、碘化物等。

9.3.4 缓蚀剂浓度的影响

(1) 缓蚀剂浓度增加，缓蚀效率增加　一般的无机、有机缓蚀剂在酸性溶液和低浓度的中性腐蚀介质中，都有这种规律性。

(2) 缓蚀效率与缓蚀剂浓度之间有一极限值　这类型缓蚀剂，在某一浓度范围内都有很好的腐蚀效果，但是当缓蚀剂浓度低于或高于这一浓度范围时，缓蚀效率都会降低。例如，在盐酸洗液中，当 ПБ-5 缓蚀剂浓度达到 2% 以上时，缓蚀效率下降。又如，硫化二乙二醇缓蚀剂在 5mol/L 盐酸介质中对钢的缓蚀作用，在硫化二乙二醇浓度为 20mmol/L 时缓蚀效果最好，高于或低于此浓度缓蚀效果都下降。

(3) 缓蚀剂浓度不足时，加速腐蚀　这类型缓蚀剂在用量不足时，会加速腐蚀或引起局部腐蚀。被称为危险型缓蚀剂的都属于这种类型。例如，亚硝酸钠在 $100\mu g/L$ NaCl 中作钢的缓蚀剂，加入量为 $50\mu g/L$ 时缓蚀效率最高可达 97.3%，腐蚀速度为 $0.62mg/(dm^2 \cdot d)$；如果加入量为 $25\mu g/L$ 时，腐蚀速度为 $4.71mg/(dm^2 \cdot d)$。如以亚硝酸铵为缓蚀剂，加入量为 $120\mu g/L$ 时，缓蚀效果最好，腐蚀速度为 $0.38mg/(dm^2 \cdot d)$。如果加入量为 $20\mu g/L$ 时，腐蚀速度为 $20.30mg/(dm^2 \cdot d)$。因此，在使用这种类型的缓蚀剂时，用量一定要充足，这样才能有效的保护金属。

9.4　缓蚀剂的应用

9.4.1　缓蚀剂在酸洗过程中的应用

9.4.1.1　金属的酸洗和金属腐蚀

金属在机械加工、冶炼、储存、使用过程中会发生各种形式的腐蚀，例如钢材在热处理或热轧处理过程中，表面会生成一层氧化铁，在不同的加工条件和温度下氧化铁的成分也不相同，可生成 Fe_2O_3、Fe_3O_4 和 FeO。在进行下一道工序前，要进行酸洗以去除表面的氧化物层，得到新鲜的金属表面。酸洗液和金属表面接触对金属产生腐蚀。

热力系统（如锅炉换热系统等）在工作过程中，水和水蒸气中都会有杂质进入，这些杂质在一定的温度和压力下发生化学反应，其反应产物为水垢。例如：

$$Ca^{2+} + CO_3^{2-} \longrightarrow CaCO_3 \downarrow$$
$$Ca^{2+} + SO_4^{2-} \longrightarrow CaSO_4 \downarrow$$
$$Mg^{2+} + 2OH^- \longrightarrow Mg(OH)_2 \downarrow$$

水垢的产生是造成热力系腐蚀的根源。水垢可牢固的附着在金属表面，使热交换能力下降，无论从经济角度还是从安全角度来讲，水垢都必须除去。水垢的去除一般使用酸洗的方法。在酸洗去除水垢的同时，酸洗液也会对金属产生腐蚀，因此在化学清洗过程中，既要清除金属表面的氧化物或附着物（如水垢），又要保护金属材料和金属设备。为达到这一目的，最方便的方法是在清洗液中加入缓蚀剂。

9.4.1.2　酸稀溶液

酸洗过程中常用的酸洗液中主要成分是酸溶液，常用酸包括无机酸和有机酸两大类。

① 无机酸　无机酸主要有硫酸、硝酸、盐酸等。

a. 硫酸　酸洗液中硫酸的浓度较低，一般在 15% 以下，硫酸不易挥发，在酸洗过程中可加热进行，以提高酸洗速度。硫酸是强酸，且价格便宜，在工业酸洗中被广泛使用。硫酸的缺点是某些硫酸盐（如 $CaSO_4$、$PbSO_4$ 等）的溶解度小，如果水垢成分是 $CaSO_4$，则不能使之溶解。因此，硫酸只用于清除铁锈等氧化物，不用于清除水垢。硫酸的另一个缺点是在酸洗过程中产生氢气，容易发生氢脆的现象。

b. 硝酸　硝酸是强酸，但容易挥发，浓度较大时，有很强的氧化性，可使金属钝化，保护金属。在酸洗液中，硝酸浓度较低，一般在 5% 以下，这时硝酸氧化性较弱，主要是酸性。低浓度的硝酸对金属有腐蚀性，所以在酸洗过程中要加入缓蚀剂。

c. 盐酸　盐酸对钢铁和很多有色金属（如 Zn、Cr、Ni 等）都有腐蚀性。某些金属虽然对稀盐酸有耐腐蚀性，但在有氧化剂存在的条件下也会被腐蚀，例如 Sn、Cu 等。

酸洗液中盐酸浓度在 10% 以下，由于绝大多数的金属氯化物都溶于水，可用于钢铁及有色金属锈蚀的去除，且清除速度远大于硫酸及有机酸。盐酸还可去除水垢，特别是钙、镁的碳酸盐水垢。例如：

$$CaCO_3 + 2HCl \Longrightarrow CaCl_2 + H_2O + CO_2$$
$$MgCO_3 + 2HCl \Longrightarrow MgCl_2 + H_2O + CO_2$$
$$FeO + 2HCl \Longrightarrow FeCl_2 + H_2O$$
$$Fe_2O_3 + 6HCl \Longrightarrow 2FeCl_3 + 3H_2O$$

如果水垢中含有硅酸盐的成分时，则在酸洗液中加入一定量的氟化物，即可去除硅酸盐水垢。

盐酸虽然能够很好的清除氧化物和水垢，同时也会破坏金属表面的钝化膜，使金属受到腐蚀。因此，使用盐酸做酸洗液时要添加缓蚀剂。

② 有机酸　有机酸主要有柠檬酸、氨基磺酸、草酸等。

a. 柠檬酸　柠檬酸的化学名称为 2-羟基丙烷-1,2,3-三羧基酸（$H_3C_6H_5O_7$）。在酸洗过程中，柠檬酸既有酸的作用，也有配合剂的作用。由于生成的铁的配合物溶解度较低，可使用含有氨基的柠檬酸溶液，使铁生成的配合物溶解度很大，可以很容易的将铁的氧化物除去。与无机酸相比，有机酸的酸性较弱，因此腐蚀性较小，但是用柠檬酸清洗成本偏高。

b. 氨基磺酸　氨基磺酸是一种溶解性很好的中等强度酸。本身不含氯离子，对金属腐蚀性小，清洗钙、镁碳酸盐水垢效果很好。如要清除含铁的水垢时，可加入适量的氯化钠，与氨基磺酸生成盐酸，可以较好的清除铁垢。

用于清洗的有机酸还有羟基乙酸、EDTA、乙酸、草酸、有机膦酸等。

9.4.1.3 用于酸洗的缓蚀剂

用于酸洗的缓蚀剂中的主要成分是乌洛托品、硫脲、吡啶、醛胺缩聚物及其衍生物。

① 乌洛托品 化学名称为六亚甲基四胺，分子式（CH_2）$_6N_4$。作为缓蚀剂的主要成分已被使用了五六十年，它对盐酸清洗液有缓蚀作用。它的作用机理是吸附在金属表面上，形成一层保护膜，阻隔腐蚀介质，达到缓蚀目的。乌洛托品可以单独使用，也可以和其他缓蚀剂复配使用。

② 硫脲及其衍生物 硫脲分子式为 CH_4NS，硫脲也是很早就被人们用做酸洗液缓蚀剂的主要成分。近些年的研究发现，硫脲还可用于油田缓蚀剂和盐水介质中钢铁缓蚀剂的主要成分。

硫脲可作为盐酸、硫酸、硝酸、磷酸、高氯酸中的缓蚀剂，可用于钢铁及有色金属（如锌、镍、铝、铜等）。硫脲的作用机理也是在金属表面吸附成膜，既可以防止酸洗过程中的金属腐蚀，又可以防止析出的 H_2 发生氢脆。

近些年已研究出众多的硫脲衍生物，主要是在 N 上取代氢生成各种衍生物。例如，甲基取代氢生成的甲基硫脲、二甲基硫脲、四甲基硫脲以及用其他基团取代氢生成的苯基硫脲、甲苯基硫脲等。取代基不同，硫脲衍生物的缓蚀效果也不相同。

硫脲的浓度对缓蚀效果有很大影响，当浓度很小时，会加速金属腐蚀，在中等浓度时起缓蚀作用。当硫脲浓度达到一定数值时（如 0.05mol/L 以上），既对阴极反应有抑制作用，也对阳极反应有抑制作用。

硫脲和其他缓蚀剂一起使用时，还会有协同作用。如和六偏磷酸钠一起用做缓蚀剂时，其缓蚀效果高于这两种物质单独使用时的缓蚀效果。

③ 吡啶及其衍生物 吡啶类缓蚀剂的作用机理也是吸附在金属表面起到缓蚀作用。在盐酸中的缓蚀效率可达到 97%，效果很好。但由于吡啶具有的臭味，限制了它的使用，为克服此缺点，可对其进行烷基化。

酸洗液缓蚀剂就是以上述物质为主要成分配置的。例如，天津若丁缓蚀剂的主要成分是邻二甲苯硫脲、氯化钠、平平加、糊精等物质组成；兰-826 主要成分是有机胺类；沈-1-D 主要成分是胺醛缩合物；兰-5 的主要成分是乌洛托品、苯胺和硫氰酸钾。

9.4.2 水处理缓蚀剂的应用

9.4.2.1 水处理的必要性

水属于中性介质，包括中性水介质和中性盐类水溶液。

① 中性水介质，如锅炉用水、工业循环冷却水、生产中的洗涤水、生活和生产的供暖水等。

② 中性盐类水溶液，如水中含有 NaCl、Na_2SO_4、$MgCl_2$ 等盐类的水溶液。

在水对人类的各种用途中，工业用水占的比例最大。工业用水中，工业冷却水为工业用水的 60% 以上。工业冷却水采用直接排放的方法用水量大，并且不容易控制水质。一般采用循环用水的方法。但是在多次循环使用过程中，水中有害离子的浓度增大，同时会从冷却装置中带入大量的溶解氧、灰尘、细菌等，使水质变坏，造成对循环冷却水系统的腐蚀。如用敞开式循环冷却水系统，又会产生菌藻滋生和生物黏泥等问题，也会对金属设备造成腐蚀。

中性水的另一个问题是结垢，因为自然界中的水都含有可溶解的无机盐类，如氯化物、碳酸盐、磷酸盐等，特别是酸式碳酸盐。冷却水在经过热交换器时，酸式碳酸盐会发生分解，反应式为：

$$Ca(HCO_3)_2 \longrightarrow CaCO_3 + CO_2 + H_2O$$

循环水冷却时，CO_2 会从水中逸出，使 $CaCO_3$ 沉淀出来形成水垢，水中其他的钙盐如 $CaSO_4$、$Ca_3(PO_4)_2$ 等也容易形成水垢层，既影响热交换效率，也会引起腐蚀。为防止中性水的腐蚀和结垢，需在水中添加缓蚀剂。

9.4.2.2 水处理缓蚀剂

水处理缓蚀剂分为钝化膜型、沉淀膜型、吸附膜型三类。

① 钝化膜型缓蚀剂　此类缓蚀剂基本为氧化剂，如铬酸钠、亚硝酸钠、钼酸钠等，可将铁表面氧化生成一层 $\gamma\text{-}Fe_2O_3$ 钝化膜，达到缓蚀的目的。

② 沉淀膜型缓蚀剂　此类缓蚀剂可在金属表面生成一层沉淀膜，但沉淀膜的致密性、附着力等都较差，不如钝化膜，但价格便宜，如六偏磷酸钠、水玻璃、硫酸锌等，其中聚磷酸盐应用最广泛。这类缓蚀剂无毒、用量少、价格低、有阻垢功能，与 Zn^{2+} 共用可提高缓蚀性能。缺点是易水解，水解后成为细菌的营养源，造成菌、藻类生物的生长，形成富营养化污染。

有机膦酸盐抗水解性能优于磷酸盐，可避免上述的缺点，近 20～30 年已得到很大的发展，如 1-羟基亚乙基二膦酸等。

③ 吸附膜型缓蚀剂　这类缓蚀剂为有机化合物，极性基团吸附在金属表面上，疏水基团形成一层屏蔽层，达到缓蚀目的，如石油磺酸钠、2-羟基膦基乙酸、葡萄糖酸钠等。

9.4.2.3 水处理缓蚀剂的发展

(1) 有机膦酸类缓蚀剂　有机膦酸类缓蚀剂分子中有 C—P 键，即分子含有与碳原子直接相连的磷酸基。20 世纪 60 年代生产出第一代有机膦酸类缓蚀剂产品，如 1-羟基亚乙基二膦酸（HEDP），已被广泛使用。现已研制出第三代和第四代产品，如 1,2-膦酸丁烷-1,2,4-三羧酸（PBTCA），在 PBTCA 分子中同时引入了—PO_3H_2 基团和—CO_2H 基团，具有独特的缓蚀阻垢性能。2,2-羟基膦基乙酸（HPA）是一种新型的膦羧酸，缓蚀能力高于PBTCA，在软水、低硬度水以及低浓度下有很好的缓蚀效果，是目前缓蚀性能最好的磷系产品。磷酰基羧酸（POCA）是将磷酸盐和聚合物有机结合在一起得到的。POCA 对碳酸钙、磷酸钙垢的抑制，颗粒的分散以及对铁金属的缓蚀都有很好的效果。

(2) 共聚物缓蚀剂　由于磷系缓蚀剂有污染环境的可能，世界各国都相继开发非磷缓蚀剂，共聚物缓蚀剂是其中之一。

共聚物缓蚀剂不但具有阻垢分散作用，而且还有缓蚀作用。国外近年来大力开发此类缓蚀剂代替含磷的缓蚀剂，如马来酸-戊烯共聚物，不饱和酚-不饱和磺酸和-不饱和羧酸共聚物，苯乙烯磺酸-马来酸共聚物，丙烯酸-羧丙磺酸烯丙基醚共聚物。

(3) 臭氧　20 世纪 80 年代，使用臭氧处理冷却水技术在欧、美、日本等国开展起来。臭氧是强氧化剂，可使铁表面生成 $\gamma\text{-}Fe_2O_3$ 钝化膜，降低腐蚀速度，并且臭氧可杀灭细菌，有效地控制水中的微生物生长，可减轻或防止生物污垢和垢下腐蚀。臭氧作为单一使用的水处理剂，操作简单、排污量小、不存在二次污染，对循环冷却水的缓蚀、阻垢、杀菌等方面效果显著，是一种绿色的水处理技术。

9.4.3 缓蚀剂研究进展

随着科学的发展和人类对环境的要求，人们对缓蚀剂的研究、应用和开发提出了新的要求，即需要多功能型缓蚀剂和对环境友好的缓蚀剂。围绕这些需求，国内外的腐蚀与防护工作者做了大量的工作。

在多功能缓蚀剂研究方面已有很多研究论文和成果发表，用于各种金属及各种行业之中，如可用于油田生产的咪唑啉缓蚀剂的研究。

咪唑啉可用于钢、铜及合金、铝及合金，并可作为在含 CO_2 和卤素离子等介质中的腐蚀缓蚀剂，且性能优良。其缓蚀机理是在金属表面形成单分子膜，改变氢离子的还原电位；还可以络合溶液中的某些氧化剂，降低氧化电位，从而达到缓蚀的目的。此外，咪唑啉环上的氮原子的化合价变成五价形式的季铵盐后，被带负电荷的金属表面吸附，可有效地抑制阳极反应。由于多种缓蚀因素协同作用，咪唑啉缓蚀效果显著。咪唑啉缓蚀剂可用于石油、天然气工业中对 CO_2 造成的腐蚀防护，还可用于在石油输送过程中对管线的腐蚀防护。

在开发对环境友好的缓蚀剂方面，人们从自然界的动植物中提取了多种物质做缓蚀剂，取得了很好的效果。例如，用松香经过改性后，得到多种物质，如松香胺醚、松香胺酮缩合物，脱氧松香咪唑啉等，可用做酸性介质中钢的缓蚀剂。

从动物毛发中提取的复合氨基酸做缓蚀剂，可用于酸洗液中钢的缓蚀剂。

国外研究者从天然植物中提取缓蚀剂，用于钢在盐酸溶液中的缓蚀取得很好的效果，如从芒果皮中提取的物质其缓蚀效率为 82%，柑橘皮及芦荟叶中的提取物其缓蚀效率为 80%，石榴皮中的提取物缓蚀效率为 65%。

国内科技工作者试验了从茶叶、花椒、果皮中提取缓蚀剂，利用从芦荟、水莲中提取的缓蚀剂有效成分制成了 LK-45 酸浸钢材用缓蚀剂，缓蚀效果很好。

国内外科技工作者利用先进的科学技术，研究开发缓蚀剂的工作已有很多报道。例如，利用自组装单分子膜技术研究的金属表面自组装缓蚀剂功能分子膜，已经制出了具有缓蚀功能的自组装单分子膜，如烷基硫醇类自组装单分子膜、咪唑啉类自组装单分子膜，席夫碱类自组装单分子膜等。

习　　题

1. 什么是缓蚀剂？缓蚀剂可分为哪几种类型？
2. 缓蚀剂有几种缓蚀机理？并分别说出各种机理的内容。
3. 何谓缓蚀效率？如何计算缓蚀效率？
4. 按电化学机理，缓蚀剂分为几种类型？
5. 按金属表面膜分类，缓蚀剂有几种类型？
6. 说明缓蚀剂的吸附机理，并分析其影响吸附的因素。
7. 分析影响缓蚀作用的因素。
8. 某缓蚀剂如果能使阳极面积减小到未添加缓蚀剂时的 1%，腐蚀速度如何变化？腐蚀电位如何变化？
9. 如果某缓蚀剂能使阳极、阴极面积都减小到未添加缓蚀剂时的 1%，腐蚀速度如何变化？腐蚀电位如何变化？
10. 某缓蚀剂可使阳极面积减小到未添加缓蚀剂时的 10%，计算腐蚀速度减少多少？腐蚀电位变化多少？（假定：阳极反应塔费尔斜率 0.08V，阴极反应塔费尔斜率 −0.16V）

第**10**章 防腐蚀表面层技术

10.1 金属镀层防护技术

10.1.1 金属镀层的分类

金属镀层可分为两大类，一类是电化学沉积镀层，另一类是热浸镀层。

① 电化学沉积镀层 采用电化学沉积得到镀层的方法有很多种，这里只讲两种，一种是电镀，另一种是化学镀。电镀是采用直流电通入到电解质溶液（镀液）中，使金属或合金沉积到阴极表面的过程。化学镀是利用一种适当的还原剂使镀液中的金属离子还原成金属，并沉积在被镀基体表面上的化学还原过程。利用电沉积的方法可得到单金属镀层，如锌、镍、铜、铅、银等；多元合金镀层，如锌镍合金、锌钴合金、锡镍合金、铜锡合金、铜锌合金、镍钨磷合金等。这些镀层按其用途划分，可分为防护性镀层、装饰性镀层和功能性镀层。其中功能性镀层又可分为耐磨性镀层、减磨性镀层、抗氧化性镀层、磁性镀层、磁光记录镀层等。

随着科学技术的发展，用电沉积方法得到的镀层已经不完全用于金属的保护方面，已被广泛应用到国民经济的各个领域。

② 热浸镀层 热浸镀简称热镀，是将被镀的金属浸于其他熔点较低的液态金属或合金中，使被镀金属表面敷上一层其他金属镀层的过程。

热浸镀的镀层可以是单金属层或合金镀层。可用于热浸镀的低熔点金属有锌、铅、锡及其合金。

热镀锡、热镀锌、热镀铅是最早的热浸镀产品，用于对钢基体的保护。随着科学技术的发展，热镀铝、热镀铝合金等相继出现，提高了对钢基体的保护性能。近十几年，由于汽车工业和家电工业的发展，热浸镀层的钢板被大量使用，已占据钢板市场的很大份额。

10.1.2 电镀技术

10.1.2.1 金属表面的镀前处理

（1）预处理的目的 为了得到质量完好的镀层，保证镀层和基体金属结合牢固，被镀金属在施镀前要求有一个清洁的表面。但是金属在机械加工过程中，金属表面会留下加工时的油污、毛刺、氧化皮等；金属制品在放置过程中，金属表面会有灰尘、锈蚀等。因此，在施镀前要对金属表面进行预处理，得到清洁的表面。在电镀时，当镀层和基体金属之间发生分子间力和金属间力的结合时，镀层才能和基体金属牢固结合，而这一过程只有在清洁的表面上才能发生。

（2）预处理的方法 常见的预处理工艺有机械处理、脱脂（除油）处理、浸蚀处理等几种。

① 机械处理 机械处理一般采用磨光、抛光、滚光、喷沙等方法。

a. 磨光 使用磨轮消去金属表面不平度的一种方法。

b. 抛光 消除金属表面细微不平，得到具有镜面光泽的金属表面。

c. 滚光 在滚桶机或钟形机内进行的滚磨出光洁表面的过程，这种方法适用于大批量小镀件的镀前表面处理。

d. 喷沙 喷沙是用压缩空气将干沙流强烈地喷射到金属表面上，以除掉金属表面的毛刺、氧化皮或铸件的熔渣杂质等。

② 脱脂处理 脱脂处理主要有有机溶剂脱脂法、化学脱脂法、电化学脱脂法等。

a. 有机溶剂脱脂法 使用有机溶剂可同时除去皂化油脂和非皂化油脂，而且除油速度快，对金属无腐蚀。但是在溶剂挥发后会有残余油脂留在金属表面上，一般用于油污严重的镀件预先除油，然后再用化学或电化学方法处理一次。这种方法的缺点是有机溶剂一般易燃、有毒，因此除油设备设计要合理，常用的溶剂有煤油、汽油、甲苯、丙酮、二氯乙烷等。

b. 化学脱脂法 采用碱性溶液和乳化液的混合溶液除油。碱性溶液可除去皂化油，乳化液中的乳化剂可除去非皂化油脂。这种方法与溶剂脱脂法相比时间稍长一些，但是具有不燃、无毒的优点，常用的化学脱脂液配方及工艺条件见表 10-1。

表 10-1 化学脱脂液配方及工艺条件/(g/L)

组 分	适于钢铁制品		适于铜及铜合金	
	配方 1	配方 2	配方 3	配方 4
NaOH	60～100	20～40	8～12	
Na_2CO_3	20～60	20～30	50～60	
$Na_3PO_4 \cdot 12H_2O$	15～30	5～10	50～60	60～100
OP 乳化剂		1～3		1～3
温度/℃	80～90	80～90	70～80	70～90

c. 电化学脱脂法 采用碱性溶液，并同时通入直流电，被处理的金属件可作为阴极，也可作为阳极，这种脱脂的方法称为电化学脱脂法。其脱脂的原理一是通直流电后，被处理金属件作为电极发生了极化，降低了金属和溶液之间的界面张力，增大了碱性溶液的浸润性，起到排除金属表面油污的作用，或使油膜破裂成小油珠；二是在通过直流电时，发生了电解水的反应，生成了 H_2（阴极）和 O_2（阳极）。这些小气泡吸附在油珠上，随着气泡的长大，气泡上升的力量加大，当足够大时，携带油珠脱离金属表面浮到液面。

采用电化学脱脂法除油速度是化学脱脂法的几倍，而且除油更干净。金属件做阴极时，除油速度高于做阳极时的速度，但会产生氢脆或一些杂质在金属表面析出。金属件做阳极虽然可避免氢脆，但是会发生少量的表面氧化或阳极溶解。因此，通常采用两种方法的组合形式，即联合电化学脱脂。

电化学脱脂的配方和工艺条件见表 10-2。

表 10-2 电化学脱脂配方及工艺条件/(g/L)

组 分	配方 1	配方 2	配方 3	配方 4
NaOH	40～60	10～20		
Na_2CO_3	≤60	20～30	20～40	25～30
$Na_2PO_4 \cdot 12H_2O$	15～30	20～30	20～40	25～30
Na_2SiO_3	3～5		3～5	
温度/℃	70～80	70～80	70～80	70～80
电流密度/(A/dm²)	2～5	5～10	2～5	2～5
阴极除油时间/min		5～10	1～3	1～3
阳极除油时间/min	5～10	0.2～0.5		

③ 浸蚀处理　金属制品在机械加工或搁置时表面会产生氧化层或锈蚀，为除去这些氧化物，一般采用酸性试剂进行处理，这样的处理方法称为酸浸蚀。浸蚀的方法有化学浸蚀和电化学浸蚀两种，无论使用哪一种方法，又都分为强浸蚀和弱浸蚀。强浸蚀是清除大量的氧化物；弱浸蚀是清除不易觉察的薄层氧化物，是在强浸蚀之后，进电镀槽前的最后一道工序。

a. 化学浸蚀　在钢铁制品的化学浸蚀中，常用的酸有硫酸和盐酸，或用盐酸和硫酸的混合酸，为了防止金属在酸中的溶解过量，一般要在溶液中添加缓蚀剂。化学浸蚀液的配方及工艺条件见表 10-3。

表 10-3　化学浸蚀液配方及工艺条件/(g/L)

组　分	配方 1	配方 2	配方 3	配方 4
H_2SO_4	120～250	100～200		150～250
HCl(盐酸)		100～200	150～360	
NaCl				100～200
若丁	0.3～0.5	0～0.5		
温度/℃	50～75	40～60	室温	40～60
时间/min	≤60	5～20	1～5	5～20

b. 电化学浸蚀　与电化学除油类似，电化学浸蚀也分为阳极浸蚀和阴极浸蚀。阴极浸蚀虽然金属不受浸蚀，不会改变镀件的几何尺寸，但易引起氢脆以及在表面上沉积出杂质。阳极浸蚀容易出现过浸蚀的现象，一般可采用联合电化学浸蚀，即先用阴极浸蚀，然后再用阳极浸蚀。电化学浸蚀液的配方及工艺条件见表 10-4。

表 10-4　电化学浸蚀液配方及工艺条件/(g/L)

组　分	阳极浸蚀		阴极浸蚀	
	配方 1	配方 2	配方 3	配方 4
H_2SO_4	200～250		100～150	
盐酸(HCl)		320～380		
氢氟酸(HF)		0.15～0.3		
NaOH				100
温度/℃	40～60	30～40	40～50	35～45
电流密度/(A/dm^2)	5～10	5～10	3～10	10～12
时间/min	10～20	1～10	10～15	0.5～5

10.1.2.2　单金属镀层

(1) 基本原理　前面已讲过，金属与含有该种金属离子的溶液达到平衡时，电极体系的电极电位称为平衡电极电位。例如：

$$Ni^{2+} + 2e \rightleftharpoons Ni \qquad (10-1)$$

在电镀时将被镀件和外电源的负极相连，发生还原反应，即阴极反应。例如溶液中的金属离子为 Ni^{2+}，发生式 (10-1) 的还原反应。如果将一金属镍板与外电源的正极相连，镍板将发生氧化反应即阳极反应，镍板上的镍原子溶解下来进入溶液，即式 (10-1) 的逆反应。但是阴极上 Ni^{2+} 的还原在平衡电位是不能发生的，只有在电极表面的电流达到一定数值时，这时溶液中的金属离子（Ni^{2+}）有了足够的活化能，能够克服势垒时，溶液中的金属离子才能从液相进入固相，即发生金属的析出。通常将金属在阴极表面开始析出时的电位称为该金属的析出电位，也称为沉积电位。不同金属的析出电位不同，同一金属在不同的条件下的析出电位也不相同。在进行单金属镀层的电镀时，就要达到该金属的析出电位，析出的金属需要进入金属晶格，即发生电结晶。因此镀层的形成就是一个晶核的形成和晶体长大的过程。根据成核理论，晶核形成概率 J 与过电位 η_k 的关系为：

$$J = B\exp(-b/\eta_k^2)$$

式中，B、b 为常数，从上式可看出过电位越大，晶核形成机率越大，形成的晶核数量越多；晶核越小，得到的镀层组织越致密。电镀时，阴极上不断沉积出金属，阳极上的金属不断溶解，溶液中的金属离子浓度基本保持不变。如果阳极为不溶性阳极，就必须间歇地向溶液中补充金属盐以保证溶液中的金属离子浓度。

电镀层的质量优劣，主要看镀层结晶的致密程度、厚度的均匀程度、与基体金属结合的牢固程度。影响镀层质量的因素有以下几种。

① 溶液的组成　溶液的组成成分对镀层质量的影响情况如下所述。

a. 对于溶液中以简单金属离子形式存在的镀液，如果金属离子还原时阴极极化作用不大，这时镀层结晶粗糙，应在镀液中加入适当的添加剂和光亮剂，以提高阴极极化，增加镀液的分散能力和深镀能力。

b. 如果金属离子是以配离子形式存在于溶液中，注意配合剂的用量，以保持镀液的稳定性。

c. 对于阴极极化比较小的电极反应，其主盐的浓度越高，则镀层结晶颗粒越粗大，因此，应该降低主盐的浓度，同时采用添加剂或提高阴极电流密度的方式。

d. 镀液中附加盐的加入，目的是为改善镀液的导电性，增强阴极极化的能力，稳定镀液的 pH 值，改善阳极溶解。

e. 添加剂在镀液中的作用主要是吸附在阴极表面，阻碍金属离子在阴极上的还原反应，或阻碍放电离子的扩散，影响沉积和结晶过程，并有提高阴极极化的作用。

添加剂可分为光亮剂、整平剂、润湿剂、应力消除剂等，添加剂大部分是有机化合物。添加剂的作用是改善镀层组织、表面形态，物理、化学及力学性能等。

② 电镀工艺规范的影响

a. 阴极电流密的影响　一般电流密度过低时，阴极极化作用小，金属结晶的晶核形成速度慢，而晶核成长的速度快，这样只能得到粗大的结晶，增大阴极电流密度，可提高阴极极化。阴极过电位的提高，使得晶核形成速度增大，晶核的增多使镀层致密，但是阴极电流密度有一定范围，当超过上限值时，镀层会发黑或烧焦。

b. 温度的影响　温度升高时，使溶液中的离子具有了更大的活化能，因而降低了电化学极化。同时，温度升高增大了溶液中离子的扩散速度，这将降低浓差极化。阴极极化是由电化学极化和浓差极化两部分组成的。因此温度升高，导致阴极极化降低，这将使镀层结晶变粗。从物质的溶解度考虑，当温度升高时，溶解度增大，可配制浓度较高的镀液。对高浓度镀液又可提高电流密度，从而提高阴极极化。因此，如果将温度、镀液浓度、电流密度三者配合适当，也能得到良好的镀层。

c. 搅拌的影响　搅拌可增强电解液的流动，从而降低阴极浓差极化。但是，同时也增大了阴极电流密度，改善镀液的分散能力，因此可提高镀层质量。

③ 析氢的影响　阴极上金属沉积时，如果金属的析出电位较负，或氢在阴极上的析出过电位较低，会伴有氢气的析出，这样会影响镀层质量，其中以氢脆、针孔、起泡最为严重。

④ 基体金属对镀层的影响主要包括如下所述两方面内容。

a. 金属材料性质的影响　镀层与基体金属的结合力与基体的化学性质密切相关。如果基体金属的电位比镀层金属的电位负，就不容易得到结合良好的镀层。例如，铁制品在硫酸

182

铜溶液中镀铜，铁的电极电位比铜负，铁制品进入镀槽后就会发生置换反应，有铜附在铁表面，这样得到的置换镀层结合力差、疏松，在此基础上电镀得到的镀层与基体金属结合不牢固。

另外，有的金属表面有一层氧化膜，例如不锈钢，在这样的金属上电镀，镀层和基体金属结合也不会牢固，对这类金属电镀前要对金属表面进行活化处理。

b. 表面加工状态的影响　被镀件镀前的加工比较粗糙，使表面粗糙多孔，或杂质较多，在这样的金属表面上电镀，镀层往往凹凸不平、多孔，甚至不能得到连续的镀层。

⑤ 镀前预处理的影响　镀前的预处理是为了清除金属表面的毛刺、油污、氧化层等，使金属表面露出清洁的表面。对一些表面有钝化膜的金属或金属表面需做特殊处理的金属，除一般镀前处理外，还要进行活化处理，得到活性的晶体表面。在清洁、活性的晶体表面上，析出的金属才能和基体结合良好，得到质量优良的镀层。镀前预处理不好，将会导致镀层的起皮、剥落、鼓泡、多孔等现象发生，不能得到质量良好的镀层。

(2) 镀锌　电镀锌是应用最广泛的镀种，在电镀生产中，镀锌占电镀总量的60%以上。

锌是两性金属，纯净的锌在干燥的空气中比较稳定，在潮湿空气中锌的表面生成一层薄膜，薄膜是由锌的碳酸盐和氧化物组成的，可以防止锌被进一步腐蚀。锌的标准电极电位为 $-0.762V$，比铁的电极电位（$-0.441V$）负。当与铁组成原电池时，锌是阳极，铁是阴极，锌发生阳极溶解反应，铁可以得到保护，所以称锌镀层为"防护性镀层"。但是在温度高于70℃的热水中，锌的电位正于铁的电位，成为阴极性镀层。锌广泛用于钢铁制品的保护层。作为防腐蚀的镀锌层一般经过钝化处理以提高其防腐蚀性能。例如，用铬酸钝化，得到一层铬酸盐薄膜，其具有很高的化学稳定性，使防腐能力提高 5～8 倍。锌对一般的油类，如汽油、柴油、润滑油等也有防腐能力。因此锌不仅可以用于工业气氛、海洋气候条件下的防腐，还可以用于石油化工大气中金属物件的防腐。对不同的环境条件，要求镀锌层的厚度不同，一般条件下厚度为 $6～12\mu m$，在比较恶劣的环境下厚度为 $20\mu m$ 以上。

① 电镀锌的类型

电镀锌的类型根据镀锌溶液的不同，可分为无氰镀锌和氰化镀锌两大类。无氰镀锌又可以根据采用的配位剂的不同分为几种类型，如碱性锌酸盐型、氯化铵型、柠檬酸盐型等。下面将介绍几种电镀锌的方法。

a. 氰化镀锌　氰化镀锌溶液的均镀能力和深镀能力好，镀液稳定。镀层结晶细致，有光泽，镀层性能良好，电流密度范围和温度范围宽。氰化镀锌的缺点是镀液中使用了剧毒的氰化物，生产中逸出的气体有毒，污染环境，也对操作人员有害。采用氰化镀锌必须保证良好的通风条件，废水要经过处理后才能排放。氰化镀锌的配方及工艺条件见表10-5。

表 10-5　氰化镀锌的配方及工艺条件

组　分	配方 1	配方 2	配方 3
氧化锌(ZnO)/(g/L)	35～45	20～25	10～12
氰化钠(NaCN)/(g/L)	80～90	45～50	10～12
氢氧化钠(NaOH)/(g/L)	80～85	70～80	100～120
硫化钠(Na$_2$S)/(g/L)	0.5～5		
甘油(C$_3$H$_8$O$_3$)/(g/L)	3～5		4～6
505/(mL/L)			
SZ-860(mL/L)		5～7	
温度/℃	10～35	10～35	10～40
阴极电流密度/(A/dm^2)	1～3	1～3	0.5～6

b. 碱性锌酸盐镀锌　碱性锌酸盐镀锌溶液是将 ZnO 溶于过量 NaOH 溶液中配成的。为提高阴极极化，则需要加入添加剂改善镀层质量。这种镀液成分简单，溶液稳定，均镀能力和深镀能力好，得到的镀层致密光亮。由于镀液中无氰化物，所以使用安全，但是这种镀液槽压高，消耗电能大。碱性锌酸盐镀锌配方及工艺见表 10-6。

表 10-6　碱性锌酸盐镀锌配方及工艺

组　分	配方 1	配方 2	配方 3
ZnO/(g/L)	12～20	10～15	10～17
NaOH/(g/L)	100～160	100～130	120～160
DE 添加剂/(mL/L)	4～5		4～5
OPE 添加剂/(mL/L)		4～6	
三乙醇胺/(g/L)		15～30	
香豆素/(g/L)	0.4～0.6		0.4～0.6
混合光亮剂/(mL/L)	0.1～0.5		0.1～0.3
阴极电流密度/(A/dm²)	0.5～4	0.5～3	1～4
温度/℃	10～45	10～40	10～45

c. 柠檬酸盐镀锌　柠檬酸盐镀锌溶液比较稳定，镀液的深度能力和均镀能力较好，电流效率较高，沉积速度较快，得到的镀层致密，有光泽。这种方法的缺点是镀液对钢铁设备有腐蚀作用。柠檬酸盐镀锌配方及工艺条件见表 10-7。

表 10-7　柠檬酸盐镀锌配方及工艺条件

组　分	配方 1	配方 2
柠檬酸(C_6HO_7)/(g/L)	50～70	20～30
NH_4Cl/(g/L)	220～250	240～260
$ZnCl_2$/(g/L)	30～40	40～60
聚乙二醇(相对分子质量大于 6000)	1～2	1～2
硫脲/(g/L)	1～2	1～2
pH 值	5～6	5～6
阴极电流密度/(A/dm²)	1～2	0.5～1
温度/℃	10～35	15～35

② 镀锌层的镀后处理　镀锌层的镀后处理包括除氢、化学抛光、钝化等工序。目的是消除在电镀过程中给被镀件带来的一些缺陷，改善镀层的外观和性能，提高镀层的防腐能力，从防腐蚀方面考虑，除氢和钝化是很重要的。

a. 除氢　在镀锌过程中，还有 H_2 在阴极上一起析出，大部分 H_2 以气体形式逸出，少部分以原子形式进入镀层或基体金属的晶格中，即通常所说的渗氢。在镀前预处理的酸浸等过程中也会有渗氢，渗氢会引起镀层或基体金属的氢脆，使镀件的力学性能下降，因此必须进行除氢处理。

除氢实际就是对被镀件的热处理过程。将镀件加热到一定温度并恒温一定时间，使进入金属晶格的氢逸出。除氢的效果和加热温度和时间有关，温度越高，时间越长，除氢效果越好。根据镀件金属的材质、机械强度的要求，加热温度不能太高，一般在 140～250℃ 的范围内，恒温时间在 2～3h。

b. 钝化　将镀锌层表面进行钝化处理，使镀层表面生成一层钝化膜，可提高防腐蚀能力。钝化方法分为高铬酸钝化、低铬酸钝化和无铬酸钝化。钝化后的颜色分为彩虹色、军绿色、白色等。镀锌层钝化液配方及工艺见表10-8。

表 10-8　镀锌层钝化液配方及工艺

组　分		高铬酸钝化		低铬酸钝化	
		配方 1	配方 2	配方 3	配方 4
铬酐(CrO_3)/(g/L)		150～180	180～250	5	5
硝酸(HNO_3)/(mL/L)		10～15	30～35	3	3
硫酸 H_2SO_4/(mL/L)		5～10	5～10	0.4	0.3
醋酸(36%)/(g/L)					5
高锰酸钾($KMnO_4$)/(g/L)				0.1	
硫酸镍($NiSO_4 \cdot 7H_2O$)/(g/L)				1	
温度/℃		室温	室温	室温	室温
时间/s	溶液中	10～15	5～15	3～7	3～7
	空气中	5～10	5～10		

（3）镀镍　镍具有银白色金属光泽，在空气中稳定性很高，这是由于在镍表面有一层钝化膜，具有很高的化学稳定性，可抵抗大气、碱和某些酸的腐蚀。镍的标准电极电位为 $-0.25V$，比铁正，钝化后电位更正。在铁上镀镍后，属于阴极镀层，因此只有在镍镀层完整时，才能以阻隔腐蚀介质的方式保护铁。镀镍层的孔隙率较高，一般采用多层镀镍或与其他金属镀层组成多层镀层而达到防护的目的。镍的硬度较高，镀镍后可提高耐磨性。

镀镍溶液类型很多，如硫酸盐低氯化物型、硫酸盐高氯化物型、氯化物型、氨基磺酸盐型、氟硼酸盐型、柠檬酸盐型、碱性铵盐型等，其中硫酸盐高氯化物型镀镍溶液的配方及工艺见表10-9。

表 10-9　硫酸盐高氯化物型镀镍溶液配方及工艺

组　分	硫酸盐高氯化物型配方	氯化物镀镍配方
$NiSO_4 \cdot 7H_2O$/(g/L)	100	
$NiCl_2 \cdot 6H_2O$/(g/L)	200	300
硼酸(H_3BO_3)/(g/L)	30～50	30
pH 值	2.5～4	3.8
温度/℃	40～70	55
电流密度/(A/dm²)	1～10	1～13

（4）镀铬　金属铬具有强烈的钝化能力，表面很容易生成一层极薄的钝化膜。镀铬层和基体金属结合性好、硬度大、具有很好的耐磨性，并且摩擦系数较低。镀铬层在干燥或潮湿的大气中很稳定，不受大气中 H_2S、SO_2、CO_2 的腐蚀。铬不与碱、硝酸、硫酸、硫化物、碳酸盐、有机酸反应，但能溶于氢卤酸和热的浓硫酸中。对于钢铁制品，镀铬层为阴极镀层。当镀铬层较薄时则会有微孔或裂纹，而只有当厚度超过 $20\mu m$ 时，才能对基体金属起到保护作用。镀铬按用途主要分为两类，即装饰性镀铬和镀硬铬。装饰性镀铬既可防腐蚀，又有装饰性，一般用于多层电镀的最外层。硬铬具有很高的硬度和耐磨性，可延长镀件的使用寿命，如可用于模具、量具、卡具等，也可用于修复磨损的零件。除上述两种镀铬类型外，还有乳白铬镀层、松孔镀铬层、黑铬镀层等类型。镀铬溶液配方及工艺见表10-10。

185

表 10-10　镀铬溶液配方及工艺

组　分	普通镀铬溶液		
	低浓度	中等浓度	高浓度
铬酐(CrO$_3$)/(g/L)	150～180	210～250	300～350
硫酸(H$_2$SO$_4$)/(g/L)	1.5～1.8	2.3～2.7	3.2～3.6
防护-装饰镀铬　温度/℃		48～53	48～56
防护-装饰镀铬　电流密度/(A/dm^2)		15～30	15～35
耐磨镀铬　温度/℃	55～60	55～60	
耐磨镀铬　电流密度/(A/dm^2)	30～50	50～60	

10.1.2.3　合金镀层

(1) 基本原理　工业生产和科学技术的发展,对金属表面性能提出了新的要求。仅靠一种单金属镀层是很难满足要求的,然而合金镀层则可以解决单金属镀层不易解决的问题。而且合金镀层品种远大于单金属镀层。二元、三元合金的一些特殊物理、化学和机械性能,使合金镀层在抗腐蚀性、硬度、耐磨性能、耐高温性能、弹性、焊接性、外观等都优于单金属镀层。

在电镀中,为了得到某种合金,必须使溶液中组成合金的金属离子共同在阴极表面上析出,每种金属离子析出的析出电位 $\varphi_{析}$ 和平衡电极电位的关系为:

$$\varphi_{析} = \varphi_{平} + \eta \tag{10-2}$$

式中,η 为过电位。纯金属的活度为 1,利用能斯特公式,上式可变为:

$$\varphi_{析} = \varphi^0 + \frac{RT}{nF}\ln a_{M^{n+}} + \eta \tag{10-3}$$

式中,$a_{M^{n+}}$ 为金属离子的活度。若要使 M_1 和 M_2 两种金属同时析出,则析出电位需相等,即:

$$\varphi_1^0 + \frac{RT}{n_1 F}\ln a_{M_1^{n+}} + \eta_1 = \varphi_2^0 + \frac{RT}{n_2 F}\ln a_{M_2^{n+}} + \eta_2 \tag{10-4}$$

从式 (10-4) 可判断出,只有两种金属的标准电极电位 φ^0 比较接近时才能够同时析出,如果 φ^0 相差较大时,从式 (10-4) 可计算出两种金属离子浓度相差很大。例如,Zn 和 Cu 按式 (10-4) 计算,Zn^{2+} 和 Cu^{2+} 浓度之比为 10^{38},即 Cu^{2+} 浓度为 1mol/L,Zn^{2+} 浓度必须是 10^{38}mol/L。这在实际中是不可以实现的。为了能使电位接近,一是采用配合物的方法,改变平衡电极电位值;二是在溶液中加入添加剂,改变阴极极化,使其中一种粒子析出时的过电位的值改变。这样就可以使两种金属在相同电位下共同沉积生成合金。例如,仿金镀是不同比例的锌铜合金,为使 Zn^{2+} 和 Cu^{2+} 同时析出,可加入 NaCN,生成 Cu^{2+} 和 CN^- 的配合物,使 Cu 的电位负移,通过调节游离状态的 NaCN 浓度可得到不同比例的 Zn-Cu 合金。

(2) 铜锡合金电镀　铜锡合金是应用广泛的一种合金镀种。铜锡合金又称青铜,含锡 5%～15% 为低锡青铜;含锡 15%～40% 为中锡青铜;含锡 40%～50% 为高锡青铜,又称白青铜。

低锡青铜结晶细致,几乎没有孔隙,具有很好的防蚀性能。对钢铁来说,属于阴极镀层。高锡青铜防护能力与低锡青铜相比稍差,但对有机酸、弱酸、弱碱有较好的耐蚀性能。铜锡合金镀液配方及工艺见表 10-11。

(3) 铅锡合金电镀　铅锡合金镀层在工业上应用很广。含锡 6%～10% 的镀层是一种很好的减摩镀层,可镀在轴承表面上;含锡 5%～15% 的合金镀层在钢带上可提高防腐蚀能力,增加焊接能力和油漆的黏合性。

Pb 和 Sn 的析出电位相差不大，因此，它们以简单盐的溶液形式就可以共同沉积出来，通常使用氟硼酸盐的溶液。改变铅盐和锡盐的含量，就可以得到不同比例的合金镀层。铅锡合金镀液配方及工艺见表 10-12。

表 10-11　铜锡合金镀液配方及工艺

组　分	低锡青铜配方	高锡青铜配方
氰化亚铜($CuCN$)/(g/L)	26～30	12～15
锡酸钠(Na_2SnO_3)/(g/L)	10～14	42～45
氰化钠($NaCN$)(游离量)/(g/L)	18～20	18～20
氢氧化钠($NaOH$)(游离量)/(g/L)	7～8	7～8
温度/℃	60～65	60～65
阴极电流密度/(A/dm^2)	1～3	1.5～2.5

表 10-12　铅锡合金镀液及工艺

组　分	配　方
氟硼酸铅[$Pb(BF_4)_2$]/(g/L)	110～270
氟硼酸锡[$Sn(BF_4)_2$]/(g/L)	50～70
氟硼酸(HBF_4)/(g/L)	50～100
添加剂(明胶)/(g/L)	4～6
温度/℃	室温
阴极电流密度/(A/dm^2)	0.8～2

10.1.2.4　复合镀层

通过电镀使溶液中不能溶解的固体微粒与金属共沉积在阴极上，形成两相或多相的复合镀层。这种方法称为复合电镀。复合电镀的发展，使复合镀层的应用得以大大扩展。复合电镀与得到复合材料的其他方法相比有很多优点，例如不需要高温、高压、高真空等条件，操作简单，便于控制，设备费用低。

复合电镀的原理曾提出过多种解释。第一种解释：颗粒本身带有正电荷，在电场力的作用下，向阴极迁移，在阴极和放电的金属离子一起沉积在阴极表面。第二种解释：镀液在机械搅拌过程中，颗粒物碰撞到电极上，被放电的金属离子俘获。第三种解释：颗粒受分子间力的影响，吸附到阴极表面上，被沉积出的金属夹在镀层内。

以上各种解释的共同点是进入复合镀层的颗粒要比较小，只有这样才可以稳定地或较长时间地悬浮在溶液内，即形成悬浮状分散体系。实验用较为合适的粒径为 $0.01～100\mu m$，更大的颗粒就不能再用一般的搅拌方法，而要用特殊方法处理。用于复合电镀的不溶性颗粒材料很多，包括氧化物、碳化物、氮化物、陶瓷材料、金属粉末、石墨、金刚石、树脂粉末、聚四氟乙烯等。不溶性固体颗粒不同，得到的复合镀层性能也不同。下面介绍几种常用的复合镀层。

① 耐磨镀层　用镍做复合的基体，添加可改善耐磨的细微颗粒材料，如 Al_2O_3、ZrO_2、SiC、B_4C、Cr_2O_3、WC、Si_3N_4 等，可得到耐磨性能优良的复合镀层。使用 Co、Cr、Co-Ni 合金等作为复合的基体，添加上述颗粒也可得到耐磨复合镀层。

② 润滑镀层　将固体润滑颗粒分散在某种金属或合金中形成的镀层，这种复合镀层的摩擦系数较低，被称为自润滑复合镀层或减磨复合镀层。复合的基体金属常用 Ni、Cu、Sn 等，常用的固体润滑颗粒有石墨、MoS_2、BN、聚四氟乙烯等。

润滑复合镀层属于干膜润滑，比液体润滑使用方便。化学稳定性高，温度适用范围宽，在高负荷时也有很好的耐磨性能。

③ 防护复合镀层　以某种基体金属夹带固体颗粒也可以提高镀层的防腐性能，例如，在镀锌层内夹带金属铝粉的复合镀层的防腐性能，明显高于纯锌镀层。以铜、镍、铁、为基体复合铝、铬、磷或合金粉末，都可提高其防腐蚀性能。

10.1.3　化学镀

10.1.3.1　基本原理

化学镀是在金属的催化作用下，利用还原剂使金属离子在被镀金属表面上经自催化还原沉积出金属镀层的方法。化学镀也被称为无电镀或自催化镀。

化学镀很早（1845 年）就有人提出，但是真正达到实用阶段是最近 50 年的事情。目前已形成很大的生产规模。在很多应用领域代替了电镀。从化学镀的定义可看出，形成镀层时不需要外电源，从设备投资方面可节省直流电源设备。另外，化学镀可以得到二元或多元的合金镀层和非晶态镀层，并且镀层具有优良的性质，因而受到人们的重视，得到了快速的发展。

化学镀的基本原理有不同的提法，其中被大多数人接受的是原子态氢的理论，其反应过程以化学镀镍为例说明。

① 次磷酸根的脱氢反应，即放出原子态氢，生成亚磷酸根。

$$H_2PO_2^- + H_2O \xrightarrow{\text{催化}} HPO_3^{2-} + H^+ + 2H_{ad}$$

式中，H_{ad} 表示生成原子态氢吸附在金属表面上。

② 吸附在金属表面的 H，使金属表面活化，并且使镀液中的 Ni^{2+} 还原，在催化金属表面还原成 Ni。

$$Ni^{2+} + 2H_{ad} \longrightarrow Ni + 2H^+$$

③ 原子态氢同时可使次磷酸根还原成 P，有催化性的金属表面使次磷酸根分解，生成亚磷酸根和 H_2。

$$H_2PO_2^- + H_{ad} \longrightarrow H_2O + OH^- + P$$

$$H_2PO_2^- + H_2O \xrightarrow{\text{催化}} HPO_3^{2-} + H_2 + H^+$$

化学镀镍的过程中，Ni^{2+} 的还原以及次磷酸盐被氧化的总反应为：

$$H_2PO_2^- + Ni^{2+} + H_2O \longrightarrow HPO_3^{2-} + 3H^+ + Ni$$

上述过程中还有 P 和 H_2 生成，P 会夹带在 Ni 镀层中形成 Ni-P 合金镀层。H_2 以气体形式放出，在施镀过程中要使氢气顺利排出，如有氢气泡附在金属表面上，会造成镀层出现孔隙。

由于起催化作用的是沉积的镀层本身，因此，在不同金属基体上开始化学镀时没有起催化作用的金属。这时，可以采取不同的方式引发反应，反应一旦开始，在基体金属表面出现沉积，沉积层本身就是催化剂，会使反应继续进行下去，直至被镀金属取出镀槽为止。

从上述过程，化学镀应具备以下条件：

a. 被还原的金属镀层具有催化活性，这样反应才能继续，镀层加厚；

b. 镀液中还原剂被氧化的电位要明显低于金属离子被还原的电位，即保证氧化还原反应的发生，使金属能够沉积出来；

c. 镀液要稳定，即镀液本身不分解，当与催化表面接触时才发生金属的还原反应，反应过程中的反应生成物不影响镀层的沉积。

化学镀所使用的还原剂除次磷酸盐外，还有硼系列化合物，如硼氢化钠（$NaBH_4$）、二甲胺基硼烷、二乙胺基硼烷。此外，还可使用水合肼（N_2H_4）、甲醛等。

能够进行化学镀的金属有 Ni、Co、Cu、Ag、Pt、Pd 等以及它们的合金，使用最多的是化学镀镍和化学镀铜。

10.1.3.2 化学镀镍磷合金

使用次磷酸盐做还原剂，化学镀镍的过程中会同时有磷还原出来，和镍一起生成 Ni-P 合金镀层。磷的含量在 3%～14% 之间，可通过改变反应条件调整 Ni、P 的含量比。化学镀 Ni-P 合金镀液配方及工艺见表 10-13。

化学镀 Ni-P 合金镀层的特点如下：

① 具有高硬度和高耐磨性，合金镀层的硬度近似于硬铬的耐磨性；

② 很好的防蚀性能，Ni-P 合金镀层在盐、碱、氨、海水中都有良好的防腐蚀性能；

③ 化学镀层致密，孔隙少，厚度均匀，成分均匀。

表 10-13　化学镀 Ni-P 合金镀液配方及工艺

组　　分	酸性镀液				碱性镀液			
	配方 1	配方 2	配方 3	配方 4	配方 1	配方 2	配方 3	配方 4
氯化镍（NiCl）	26	30			20	45		
硫酸镍（$NiSO_4 \cdot 6H_2O$）			25	20			25	20
次磷酸钠（$NaH_2PO_2 \cdot H_2O$）	24	10	23	27	20	20	25	30
羟基乙酸（$HOCH_2COOH$）		35						
柠檬酸钠（$Na_3C_6H_5O_7 \cdot 2H_2O$）					10	45		10
乙酸钠（$NaC_2H_3O_2$）			9					
琥珀酸钠（$Na_2C_4H_6O_4$）				16				
乳酸（$C_3H_6O_3$）	27							
丙酸（$C_3H_6O_2$）	2.2							
焦磷酸钠（$Na_4P_2O_7$）							50	
氯化铵（NH_4Cl）					35	50		30
铅离子（Pb^{2+}）	0.002		0.001					
中和用碱	NaOH	NaOH	NaOH	NaOH	NH_4OH	NH_4OH	NH_4OH	NH_4OH
pH 值	4~6	4~6	4~8	4.5~5.5	9~10	8~8.6	10~11	9~10
温度/℃	90~100	90~100	85	94~98	85	83	70	35~45

化学镀 Ni-P 合金镀层应用领域广泛。例如在航空工业上用于飞机发动机、涡轮机或压缩机叶片上，防止燃气腐蚀；也可用于喷气发动机叶轮的修复，即在铝合金件上镀复 Ni-P 合金镀层可增加耐蚀性和耐磨性。在汽车工业上用于燃油系统以及齿轮、散热器、喷油嘴、差速器、行星齿轮轴等零部件的防蚀性和耐磨性。在化学工业上用于反应器内壁保护、各种阀门防腐。在石油和天然气工业上，用于井下采油设施，抽油泵以及油水分离装置的防腐蚀。另外，在采矿、国防、计算机等工业中也广泛使用。

10.1.3.3　化学复合镀镀层

使用化学镀的方法也可以将不溶性固体颗粒夹带在化学镀镀层中，形成复合镀层。镀层的形成可用微粒、金属或合金的共沉积机理解释。

① 在搅拌的状态下，分散在溶液中的不溶性微粒随溶液的流动传输到镀件表面，并在镀件表面发生物理吸附。

② 微粒黏附在镀件表面并能在镀件表面停留一定的时间，黏附的发生和微粒、镀件、镀液的成分、性质都有关系。微粒在镀件表面上的停留时间除和微粒的黏附力有关外，还与溶液流动速度及对微粒的冲击力、金属镀层的沉积速度有关。

③ 吸附在镀件表面上的微粒被还原出来的金属原子埋在镀件之中，最终形成复合镀层。

可以发生化学复合镀的微粒粒径很小。微粒在溶液中，或具有某些胶体性质，或选择性的吸附溶液中的某些离子。这时微粒表面相当于被溶剂化，这个溶剂化界面存在着电位，这个电位也促进了微粒和金属的共沉积。

化学复合镀镀层和电镀复合镀一样分为耐磨型和自润滑型两类。例如，化学镀 Ni-P-SiC 复合镀层为耐磨型；化学镀 Ni-P-Al_2O_3 复合镀层，既耐磨又抗腐蚀；化学镀 Ni-P-PTFE 复合镀层为自润滑型。Ni-P-Al_2O_3 镀液配方及工艺见表 10-14。Ni-P-PTFE 镀液配方及工艺见表 10-15。Ni-P-Al_2O_3 的耐磨性在相同试验条件下，与电镀硬铬层、离子氮化层比较，磨损量是镀铬层的 22%，是氮化层的 6%，即耐磨性是镀铬层的 4.5 倍，是氮化层的 16 倍；耐蚀性与 Cr18Ni9 不锈钢相比，在 10% HCl 溶液中，复合镀层的年腐蚀速率为 138mg/（a·cm^2），不锈钢的年腐蚀速率为 $1200mg/(a \cdot cm^2)$，耐蚀效果明显。Ni-P-PTFE 的自润滑性和摩擦系数与镀层中 PTFE 的含量有关，当 PTFE 质量分数达到 11% 时，摩擦系数最小，且性能稳定。

表 10-14　Ni-P-Al$_2$O$_3$镀液配方及工艺

组　　分	含量/(g/L)
硫酸镍（NiSO$_4$ · 6H$_2$O）	25
次磷酸钠（NaH$_2$PO$_2$ · H$_2$O）	21
乙酸钠（CH$_3$COONa · 3H$_2$O）	20
乳酸（C$_3$H$_6$O$_3$）	3
硝酸铅[Pb(NO$_3$)$_2$]	0.002
Al$_2$O$_3$微粒（3~4μm）	6
pH 值	3.5~5.5
温度/℃	8.6±1
搅拌速度/(r/min)	400

表 10-15　Ni-P-PTFE 镀液配方及工艺

组　　分	含量/(g/L)
硫酸镍（NiSO$_4$ · 6H$_2$O）	25
次磷酸钠（NaH$_2$PO$_2$ · H$_2$O）	15
柠檬酸钠（Na$_3$C$_6$H$_5$O$_7$ · 2H$_2$O）	10
醋酸钠（CH$_3$COONa · 3H$_2$O）	20
PTFE（60%悬浮液）	7.5mL/L
表面活性剂	1.5
pH 值	4.5~5.0
温度/℃	85~90

10.1.4　热浸镀层

10.1.4.1　概述

热浸镀是将被镀金属浸于其他熔融的金属或合金中，得到金属镀层的方法。热浸镀简称热镀。镀层金属或合金需熔融成液态金属，而且熔点要比被镀金属的熔点低很多。可作为镀层的金属品种不多，一般为锡、锌、铝、铅及它们的合金。被镀金属材料主要是钢、铁材料，铜也可以作为被镀金属。

最早出现的是热镀锡工艺，19 世纪 30 年代相继出现热镀锌和热镀铅，20 世纪 30 年代出现热镀铝，到 20 世纪 70 年代开发出热镀锌铝合金。无论用何种金属做镀层，在热浸镀过程中，镀层金属和被镀金属的界面由于高温作用，会发生物理、化学反应。例如，在界面处会有两种金属的扩散、两种金属原子间的化学反应等，形成两种金属的合金。因此，热浸镀的镀层是由镀层金属和镀层金属与被镀金属的合金组成的。热浸镀的基本工艺过程包括镀件的镀前处理、热浸镀、后处理几个步骤才形成制品。

① 镀前预处理　包括去除表面油污、氧化膜等。油污可用碱液或溶剂除去，氧化膜可用酸洗除去，从而得到干净、新鲜的表面。

② 热浸镀　将镀件浸入熔融的液体中形成镀层。

③ 后处理　热浸镀后对制品进行化学处理（如铵化）和物理处理（如涂油防护、整形等）。

热浸镀得到的镀层较厚，能在恶劣环境中长期使用。不同镀层的金属具有不同的特性。因而又具有不同的防腐蚀性能。

10.1.4.2　热镀锌

热镀锌工艺分为溶剂法和保护气体还原法两大类。溶剂法又分为干法和湿法，被镀金属为钢材。

① 溶剂法湿法　经镀前预处理的钢板，在 ZnCl$_2$ 和 NH$_4$Cl 的熔融盐中浸渍，钢材表面覆盖一层熔融的溶剂，直接进入熔融的金属锌中，浸锌后冷却，再经后处理成成品。

② 溶剂法干法　经镀前预处理的钢板，在 ZnCl$_2$ 和 NH$_4$Cl 的水溶液中浸渍后烘干，除去水分，然后再浸入熔融的金属锌中浸锌后冷却，经后处理后，制成成品。

③ 保护气体还原法　钢板进入微氧化炉，用火焰加热去掉钢板上的油污，并使表面氧化，再进入还原炉，在退火温度下，通入 H$_2$ 和 N$_2$ 的混合气体，在 N$_2$ 保护下，H$_2$ 将氧化铁

还原成铁，并完成退火步骤。在保护气氛下，冷却到适当温度后，进入镀锅中热浸镀锌，镀锌后冷却，进行后处理，制成成品。

影响热镀锌镀层的因素很多，其中包括如下方面。

① 镀液温度　镀液温度将影响镀层中 Zn-Fe 的厚度，一般取 $450\sim460\,^{\circ}\mathrm{C}$。

② 钢基体化学成分的影响情况如下所述。

a. 碳的影响　碳在钢中的含量越高，生成的 Zn-Fe 合金层越厚，锌镀层变脆。碳在钢表面形成晶间渗碳体时，锌液对钢板的浸润性下降，影响镀层质量。

b. 硅的影响　钢中硅的含量不同，则对镀层质量的影响方面也不同，即包括铁在锌中的溶解速度、锌镀层厚度、镀层结构等方面的影响。

c. 磷的影响　当磷的含量达到 0.15% 时，会影响镀层结构。

③ 锌镀液成分的影响情况如下。

a. 铝　锌镀液中的铝对镀层有好的影响。铝的含量不同时，影响也不同，如果是人为加入铝，当含量达到 5% 时，镀层耐腐蚀性最好。

b. 铁　铁的存在使锌的浸润性下降，影响镀层质量。

c. 铅　少量的铅对镀层无影响，但会使锌的熔点降低。在镀层冷却时生成较大的锌晶体（即锌花）。如果冷却时，铅在锌花的晶界析出，会造成晶间腐蚀。

热镀锌钢材的耐腐蚀性能如下所述。

① 锌的电极电位比铁负，镀锌钢板上的锌镀层是阳极镀层，在腐蚀介质中，锌发生阳极溶解，保护钢板不受腐蚀。

② 金属锌在大气中稳定，在潮湿的大气中，腐蚀的产物为不溶于水的碱式碳酸锌，对锌有保护作用。

③ 但是在工业气体中，特别是气体中含有 SO_2 和氯化物时，会生成溶于水的硫酸锌或氯化锌，不能起到保护作用，锌层腐蚀较快。

10.1.4.3　热浸镀铝

热浸镀铝的镀层有两种，一种为纯铝，一种为铝硅镀层。由于热镀纯铝镀层厚且脆，在对制品加工时镀层容易被破坏，而含硅的铝镀层薄而软，可以对制品做变形性的加工。最先开发成功的是铝硅镀层，称为Ⅰ型镀铝层。纯铝镀层为Ⅱ型镀铝层，用于不做机械加工的管材、结构件等。

热浸镀铝可以用溶剂法和保护气体还原法；溶剂法可用 K_2ZrF_4 水溶液的方法，也可用 $Na_2B_2O_7$ 与 NH_4Cl 的熔盐或 KCl 与 NaCl 的熔盐。

钢基体中的成分对镀层有影响，与镀锌层相比影响较小。铝液中的成分对镀层影响较大，具体情况如下所述。

① 硅　作为镀层的添加元素，与铝形成合金镀层，可提高镀层耐热性和可塑性，并影响镀层厚度，一般使镀层变薄，在含 6% 硅时影响最明显。硅还可以影响镀层的结构。

② 铁　铝液中铁的含量不能超过 2.5%，否则会影响镀层质量和耐蚀性。

③ 锌　锌可降低镀铝的温度和时间，也可提高镀层的附着性。当锌含量较高且在镀层中形成合金时，会降低镀层的耐蚀能力。

④ 稀土金属　稀土金属的加入，使镀层的耐蚀性大大提高。

镀铝钢材的耐蚀性非常优异，不仅对大气有很好的耐蚀性，对工业大气的耐蚀性也很好。如对含有 SO_2、NO_2、CO_2 的气体，也表现出很好的耐蚀性。表 10-16 是美国钢铁公司对镀铝钢板和镀锌钢板的在大气中曝晒 23 年的试验结果。图 10-1 是美国 Armco 钢铁公司 19 年的大气曝晒试验结果（镀铝钢板、镀锌钢板大气腐蚀曲线）。镀铝钢板和镀锌钢板在各种介质中的腐蚀数据见表 10-17，镀铝钢和碳钢在海水中的腐蚀情况见表 10-18。

表 10-16　镀铝钢板和镀锌钢板在大气中的腐蚀情况

大气曝晒试验地区	大气类型	腐蚀率/(μm/a)		腐蚀率比值
		镀锌层	镀铝层	
Kure 海滨,北卡罗来纳州(North Carolina)	海洋	1.250	0.30	4.2
Kearney,新泽西州(New Jersey)	工业	3.975	0.50	8.0
Monroerille,宾夕法尼亚州(Pennsylvania)	半工业	1.675	0.25	6.7
South Bend,宾夕法尼亚州(Pennsylvania)	半农村	1.850	0.20	9.3
Potter 农村,宾夕法尼亚州(Pennsylvania)	农村	1.175	0.125	9.4

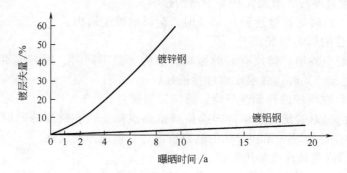

图 10-1　镀铝钢板、镀锌钢板大气腐蚀曲线

表 10-17　镀铝钢板和镀锌钢板在不同介质中的腐蚀数据

试验名称	介 质 条 件	镀锌钢板	镀率钢板	
			Ⅰ 型	Ⅱ 型
SO₂试验	含 16% SO₂的空气	−2825	−130.0	−104.0
硝酸试验	含 20% HNO₃水溶液	原形消失	−2.0	−3.0
人工海水试验	NaCl(0.1mol/L)+H₂O₂(0.3%)的水溶液	−172.6	−18.0	−107.0

表 10-18　镀铝钢和碳钢在海水中的腐蚀情况

钢　　材	试验温度/℃	试验时间/h	腐蚀率/[g/(m²·h)]
A₃钢	100	1157	0.15
A₃钢镀铝	100	1157	0.02
A₃钢	80	1100	0.15
A₃钢镀铝	80	1100	0.02

10.2　金属表面转化层技术

10.2.1　金属的氧化技术

10.2.1.1　概述

金属的氧化是人为的将金属表面氧化,得到比金属自然氧化膜更厚,更牢固的氧化膜,可增加其防蚀性能和机械性能,并可作为装饰加工技术。金属的氧化技术分为化学氧化技术和电化学氧化技术。

化学氧化技术是通过化学氧化反应使金属表面生成氧化层的过程。用氧化技术改善表面性能的金属很多,不同金属的化学氧化反应也不同,但是它们的氧化物形成反应都属于局部化学反应。不同的金属，生成的氧化物种类也不同。例如，铝、锌的氧化价态只有一种，表面的氧化物也就只有一种。如果是金属铁，它的氧化价态不只一种，金属表面的氧化物也不只一种，而且会出现氧化物组成不一定完全符合化学计量式的情况。

电化学氧化技术是在特定的介质与条件下通过对金属施加外电流，在金属表面上形成一层氧化膜的过程。由于是金属的氧化过程，一般金属处于阳极，所以又称为阳极氧化。

常用氧化技术改善表面性质的金属很多，下面将以一两种为例说明金属的氧化技术。

10.2.1.2 钢铁的化学氧化

钢铁的化学氧化，是在钢铁的表面生成一层稳定的、带有磁性的 Fe_3O_4 膜，膜层的颜色取决于钢铁的表面状态和氧化处理时的工艺条件，一般为蓝黑色或黑色，因此钢铁的氧化俗称发蓝。膜层的厚度约为 $0.6 \sim 1.5 \mu m$，不会影响制品的精度。氧化后需做后处理以提高耐蚀性，钢铁的氧化方法分为碱性氧化法和酸性氧化法。

① 碱性氧化法　其原理是在 $100 ℃$ 以上的强碱溶液中，氧化剂（如 $NaNO_3$ 或 $NaNO_2$）和铁发生反应生成亚铁酸盐和铁酸盐，这两种盐再发生反应生成 Fe_3O_4 氧化膜，反应方程式如下所示：

$$3Fe + NaNO_2 + 5NaOH =\!=\!= 3Na_2FeO_2 + H_2O + NH_3$$

$$8Na_2FeO_2 + NaNO_3 + 6H_2O =\!=\!= 4Na_2Fe_2O_4 + 9NaOH + NH_3$$

$$Na_2FeO_2 + Na_2Fe_2O_4 + 2H_2O =\!=\!= Fe_3O_4 + 4NaOH$$

碱性氧化工艺规范见表 10-19，用二次氧化的方法可以得到较厚的膜层，增加膜层耐蚀性，同时避免铁酸钠水解生成红色氧化铁的水合物。

表 10-19　钢铁碱性氧化工艺规范

组　　分		含量/(g/L)			
		一次氧化		二次氧化	
		配方 1	配方 2	配方 3	
				第一槽	第二槽
氢氧化钠(NaOH)		550~650	600~700	550~650	600~700
亚硝酸钠(NaNO₂)		150~250	180~220		
硝酸钠(NaNO₃)			50~70	130~150	150~200
温度/℃		135~145	138~150	135~145	150~200
时间/min	碳钢			15~20	20~30
		15~45	30~50		
	合金钢	15~60	30~60		

a. 氧化后处理　为提高氧化膜的抗蚀能力，氧化后还需要对氧化膜进行皂化处理或填充处理。

b. 皂化处理　在 $30 \sim 50 g/L$ 的肥皂水中，于 $80 \sim 90 ℃$ 浸泡 $5 \sim 10 min$。

c. 填充处理　在 $K_2Cr_2O_7$ 的 $50 \sim 80 g/L$ 溶液中，于 $70 \sim 90 ℃$ 浸泡 $5 \sim 10 min$。

d. 皂化或填充后，经水洗、干燥后浸油 $5 \sim 10 min$。

② 酸性氧化法　酸性氧化法的原理是基于 Fe、Cu^{2+}、亚硒酸之间发生的反应，在酸性条件下，Fe 和 Cu^{2+} 先发生反应。

$$Fe + Cu^{2+} =\!=\!= Cu + Fe^{2+}$$

溶液中的 Cu^{2+} 以及 Fe 金属表面上生成的 Cu 再和 SeO_3^{2-} 发生反应，生成黑色膜层。

$$3Fe + Cu^{2+} + SeO_3^{2-} + 6H^+ =\!=\!= 3Fe^{2+} + CuSe + 3H_2O$$

$$Fe + SeO_3^{2-} + 6H^+ =\!=\!= FeSe + 3H_2O$$

$$Cu + SeO_3^{2-} + 6H^+ =\!=\!= CuSe + 3H_2O$$

酸性氧化法可在室温进行，其工艺规范见表 10-20。

表 10-20　钢铁酸性氧化工艺规范

组分	含量/(g/L)	组分	含量/(g/L)
硝酸铜	1～3	pH 值	1～3
亚硝酸	3～5		
硝酸	30～40mL/L	温度/℃	室温
对苯二酚	2～4		
添加剂	适量	时间/min	3～6

氧化处理后要进行封闭处理，先在 90℃浓度为 1%肥皂液中浸 2min，然后再浸机油。

10.2.1.3　铝的电化学氧化

铝的电化学氧化也称为铝的阳极氧化，铝浸在特定的电解液中作为阳极，通入直流电后，在铝的表面上生成 Al_2O_3 氧化层。特定的电解液可用硫酸、铬酸、草酸等。电解液选择要考虑电解液对氧化层的溶解速度，对于氧化层溶解速度快的电解液，例如在盐酸溶液中，氧化层溶解速度大于生成速度，氧化层不能生成。对于氧化层有中等溶解速度的溶液，例如硫酸、铬酸、草酸等，氧化层生成后，同时存在化学溶解。由于生长速度大于溶解速度，氧化层缓慢生长并加厚，因为生成的 Al_2O_3 氧化层是绝缘性的，会使电流减小，即氧化层的生长速度减小。当氧化层的生长速度和溶解速度相等时，氧化层的厚度不再增加。对于氧化层溶解速度小的溶液，阳极氧化时，得到的氧化层溶解很少，由于氧化层的绝缘性能，氧化层很快就会停止生长，得到的 Al_2O_3 氧化层很薄，而且致密无孔。

使用具有中等溶解速度的溶液（如 H_2SO_4）对铝进行阳极氧化时，在铝金属的表面很快会生成一层氧化层，其厚度一般和阳极氧化时的电压、电流密度、电解质溶液的性质有关。这时生成的氧化层均匀地覆盖在金属表面。这一层被称为阻挡层，氧化层是致密的。由于化学溶解作用的不均匀，溶解较多的部位会被电压击穿形成孔隙，使电流增大，氧化层继续加厚。因此在阳极氧化的最后，铝表面形成的氧化层分为两层，内层为致密的阻挡层，很薄，约为总厚度的 0.5%～2%；外层为多孔层，这样的氧化层耐蚀性较差。为提高耐蚀性能，需做封闭处理，即封闭外层的孔隙，使氧化层变成光滑透明的膜层，提高了膜层的耐蚀性。以 H_2SO_4 为溶液的铝阳极氧化时，可用 5%～22%的 H_2SO_4 溶液，在 15～25℃范围内、15～20V、电流密度为 1～2.5A/dm^2 的条件下阳极氧化。如果要降低氧化层的溶解速度，可在溶液中加入 6%的草酸或 5%的甘油，所得到的氧化层的厚度要比不加草酸或甘油时厚。

如果使用铬酸溶液进行铝的阳极氧化，铬酐（CrO_3）用量为 50～60g/L，在 35℃，电流密度为 2.0～2.5A/dm^2，电压为 40V 的条件下进行阳极氧化，得到的氧化膜层较薄，且是不透明的灰色膜，孔隙少，耐蚀性好。

阳极氧化后要对膜层进行封闭处理，封闭方法如下：

a. 沸水封闭：即在沸水中浸泡 30min；

b. 高压蒸汽封闭；

c. 重铬酸钾溶液封闭，在 90～95℃溶液中进行；

d. 浸入有机物中封闭，例如清漆、各种聚合物、树脂等。

194

封闭后，耐蚀性能成倍提高，采用的封闭方法不同，耐蚀能力也不同。

10.2.2　金属的磷化

钢铁制品在含有锰、铁、锌、碱金属的磷酸盐溶液中，经过化学处理，在钢铁制品表面上生成一层难溶于水的磷酸盐保护膜（即磷化膜）的过程，称为磷化。根据磷化膜在形成过程中重金属盐是由溶液提供还是由钢铁提供，可将磷化膜分为转化膜型和假转化膜型。转化膜型磷化膜中的重金属是由钢铁制品本身提供的 Fe，生成的磷化膜。因此，膜的主要成分是 $FePO_4$ 和 Fe_2O_3。假转化膜型磷化膜中的重金属（Me）是由溶液中存在的重金属离子提供的（Me 为二价金属 Zn、Mn 等），在磷化过程中，重金属的磷酸二氢盐 $Me(H_2PO_4)_2$ 水解成 $Me_3(PO_4)_2$ 和 $MeHPO_4$，构成假转化膜，这两种转化膜的成膜机理是不同的。

10.2.2.1　转化膜的形成机理

转化膜的磷化处理溶液主要成分是碱金属的磷酸盐。在水溶液中碱金属磷酸盐（以 NaH_2PO_4 为例）水溶液呈弱酸性，存在下列平衡：

$$H_2O + NaH_2PO_4 \rightleftharpoons H_3PO_4 + NaOH \tag{10-5}$$

铁在弱酸性溶液中存在式（10-6）、式（10-7）的反应发生：

$$Fe \rightleftharpoons Fe^{2+} + 2e \tag{10-6}$$

$$Fe + 2H^+ \rightleftharpoons Fe^{2+} + H_2 \tag{10-7}$$

Fe^{2+} 在空气中的 O_2 或溶液中的氧化剂的作用下，被氧化为 Fe^{3+}，于是会有 $FePO_4$ 沉淀生成：

$$Fe^{3+} + PO_4^{3-} \rightleftharpoons FePO_4 \downarrow \tag{10-8}$$

式（10-7）和式（10-8）反应的发生，使式（10-5）的反应向右方移动，H_3PO_4 不断被消耗，使溶液的 pH 值逐渐升高，成为弱碱性，铁的溶解，即式（10-6）不再进行。此时，残余的 Fe^{2+} 在氧或氧化剂的作用下与 $NaOH$ 反应生成 $Fe(OH)_3$，$Fe(OH)_3$ 经干燥后，脱水生成 Fe_2O_3：

$$2Fe(OH)_3 \rightleftharpoons Fe_2O_3 + 3H_2O$$

因此，在不溶性的磷化膜中主要产物为 $FePO_4$ 和 Fe_2O_3。

用电化学观点分析，式（10-6）在铁的阳极区发生，H_2 的析出在阴极区发生。H_2 可以逸出，也可将铁的氧化部分还原，增大阳极区，有利于式（10-6）和式（10-8）反应的发生。

10.2.2.2　假转化膜型形成机理

假转化膜的磷化处理溶液的主要成分是重金属磷酸二氢盐，以 $Zn(H_2PO_4)_2$ 为例。$Zn(H_2PO_4)_2$ 在水溶液中存在如下平衡。

$$3Zn(H_2PO_4)_2 \rightleftharpoons 4H_3PO_4 + Zn_3(PO_4)_2 \tag{10-9}$$

水溶液呈弱酸性，和钢铁制品发生如下反应：

$$Fe + 2H_3PO_4 \rightleftharpoons Fe^{2+} + 2H_2PO_4^- + H_2 \tag{10-10}$$

式（10-10）反应的发生，使式（10-9）的平衡被破坏，向右方移动，生成 $Zn_3(PO_4)_2$ 沉淀，$Zn_3(PO_4)_2$ 的生成又会使式（10-10）向右移动，逐渐使铁表面上的 pH 值上升。$Zn_3(PO_4)_2$ 的量不断增加，最终超过了 $Zn_3(PO_4)_2$ 的溶度积，并且式（10-10）反应速度小于式（10-9），$Zn_3(PO_4)_2$ 沉淀可以沉积在 Fe 的表面上。溶液中生成的 Fe^{2+} 也可和 $Zn_3(PO_4)_2$ 一起沉淀，形成 $Zn_2Fe(PO_4)_2$ 混合磷酸盐，为非晶体膜。由于沉淀中有铁存在，沉淀膜和基体金属结合良好。

用电化学观点分析，在钢铁制品表面，由于结构、成分等不均匀性会形成许多微电池，在微电池的阳极区发生铁的溶解反应；在阴极区发生氢的还原反应，即式（10-10）反应的发生，使得式（10-9）向右移动，生成不溶性的 $Zn_2Fe(PO_4)_2$ 沉淀。

无论转化膜型还是假转化膜型的磷化过程都是一个电化学过程。为使磷化膜快速生成，可使阴极去极化，加速阴极反应发生，也就提高了整个微电池的电流密度，从而增大了磷化膜的形成速率。加入氧化剂，例如硝酸盐、亚硝酸盐、过氧化物、氯酸盐等，由于对阴极有去极化作用，可加速阴极反应过程，使磷化过程的时间大大缩短。

磷化膜有微孔结构，磷化后要做后处理，进行填充和封闭的处理工作，这样，磷化膜具有较好的防蚀能力。如用铬酸或铬酸盐填充后，防蚀性能可提高 4 倍。磷化膜有很好的吸附性能，因此被用做涂料的底层。涂在磷化膜底层上的漆层的抗蚀性，大约可达到漆层本身防腐性能的 10 倍以上。

磷化工艺按处理温度的不同，可分为高温磷化（90～98℃）、中温磷化（50～70℃）、低温磷化（15～35℃）三种。

高温磷化得到的膜层耐蚀性、结合力、硬度等都比较好，磷化速度快。但是在高温下工作能耗大，挥发量大，结晶粒度不均匀。

中温磷化得到的膜层耐蚀性和高温磷化膜相差不大，且磷化速度快，溶液稳定，应用广泛。

低温磷化不需要加热，节约能源，可降低成本，溶液稳定。但是得到的膜层较高温和中温得到的膜层的抗蚀性差，并且磷化时间长，速度慢。

三种磷化工艺及配方见表 10-21。

表 10-21　磷化工艺及配方

组　　分	含量/(g/L)					
	高温磷化		中温磷化		低温磷化	
	配方 1	配方 2	配方 1	配方 2	配方 1	配方 2
磷酸二氢锰铁盐[xFe(H_2PO$_4$)$_2$ · yMn(H_2PO$_4$)$_2$]	30～35	30～40	30～40	30～45	30～40	40～65
硝酸锌[Zn(NO$_3$)$_2$ · 6H$_2$O]	55～65		70～100	80～100	140～160	50～100
硝酸锰[Mn(NO$_3$)$_2$ · 6H$_2$O]		15～25	25～40			
氟化钠（NaF）					3～5	3～4.5
氧化锌（ZnO）						4～8
游离酸度/点	5～8	3.5～5	5～8	5～7	3.5～5	3～4
总酸度/点	40～60	36～50	60～100	50～80	85～100	50～90
温度/℃	90～98	94～98	50～70	60～70	室温	20～30
时间/min	15～20	15～20	10～15	10～15	40～60	30～45

除在钢铁表面上可以磷化外，锌、铝、铝合金、镁、钛、钛合金表面也可以磷化，由于这些金属及合金与钢铁的化学组成、表面结构不同，成膜机理及处理方法也会有差异。

磷化膜除具有防蚀性能和作为涂料的底层外，还可做润滑层和电绝缘层。

10.2.3　钝化

金属表面转化膜的主要成分是铬酸盐的处理方法被称为铬酸盐处理法，又称为钝化。

铬酸盐转化膜的形成过程由如下三步组成。

① 金属表面被氧化生成金属离子进入溶液，同时有氢析出。

② 反应生成的原子氢还原六价铬为三价铬，金属和溶液的反应消耗了 H^+，使金属/溶液区域的 pH 值升高。生成的三价铬以氢氧化铬的胶体形态在金属表面上沉积。

③ 胶体氢氧化铬在沉积过程中会吸附一定量的六价铬，生成含有三价铬和六价铬的转化膜。

如果以 M 代表二价金属（Zn、Cd、Mg、Cu），其反应式为：

$$M+2H^+ =\!\!=\!\!= M^{2+}+H_2 \tag{10-11}$$

$$3H_2+2Cr_2O_7^{2-} =\!\!=\!\!= 2Cr(OH)_3+2CrO_4^{2-} \tag{10-12}$$

$$2Cr(OH)_3+CrO_4^{2-} =\!\!=\!\!= Cr(OH)_3 \cdot Cr(OH)CrO_4+2OH^- \tag{10-13}$$

式（10-11）、式（10-12）和式（10-13）分别表示了上述三个步骤的反应。在生成的铬酸盐转化膜中，三价铬和六价铬的比例会与式（10-13）中产物的化学计量不同，这是因为反应过程还会发生金属（M）的铬酸盐沉淀，且与多余的 $Cr(OH)_3$ 都可能一起沉积在转化膜内。

$$M^{2+}+CrO_4^{2-} =\!\!=\!\!= MCrO_4 \downarrow \tag{10-14}$$

由上面的反应可知，铬酸盐转化膜的主要成分应为三价铬与六价铬的化合物以及基体金属的铬酸盐。

大多数铬酸盐膜生成时是软的，有吸附性，干燥后硬化，在干燥结束后仍有一段慢慢硬化的阶段。为防止干燥过程中膜层出现裂纹，干燥温度一般不超过 50℃。

铬酸盐膜如果厚度适当，则在处理方法适当的条件下生成的钝化膜无孔隙。如果处理方法不当，则会有孔隙产生。膜层是由基体金属和溶液的组分共同在金属/溶液界面上生成的，因此，结合力很好。铬酸盐膜层对潮湿环境及烟雾条件下的防蚀效果也很好。

铬酸盐膜由于以上的特性，可用于防蚀以及提高漆层或有机涂料与金属的黏合能力。

铬酸盐膜层厚度不同时会有不同的颜色，分为透明膜、黄色膜和橄榄色膜，因此铬酸盐也有装饰作用。

铬酸盐膜的处理液中的六价铬盐是铬酐、重铬酸盐，同时有少量的酸。酸可用 H_2SO_4、HNO_3、H_3PO_4 等。成膜温度一般为 15～30℃ 的室温。不同基体金属成膜时间有差别，从几秒钟到 1～2min。

10.3 非金属覆盖层

10.3.1 概述

10.3.1.1 涂料的性能

用于非金属覆盖层的材料，分为无机非金属材料和有机材料，当前使用范围最广，效果最好的是有机材料，也称为涂料，俗称油漆。但是现在所用的有机涂料已经超出油漆的范畴。涂料涂覆在金属表面上，形成薄膜，其作用表现在如下三个方面。

① 保护功能 涂层可隔离腐蚀性介质，保护金属。

② 装饰功能 涂层可有各种颜色，亮丽的外观，起到美化的作用。

③ 赋予特殊的功能 例如，导电涂料，阻燃涂料，隐形涂料，防污涂料等。

本节主要讨论具有防腐蚀功能的涂料。

10.3.1.2 涂料的组成

涂料的组成包括如下四个部分。

① 成膜物质 成膜物质是组成涂料的主要部分，它具有黏结其他部分形成涂膜的功能，

其基本特性是能形成薄膜涂层。现代用做成膜物质的品种很多，按成膜物质本身结构和所形成涂膜的结构可分为两大类。一类是成膜物质在成膜过程中结构不发生变化，称为非转化形成膜物质，例如硝基纤维素、氯化橡胶、天然树脂等。另一类是使成膜物质在成膜过程中结构发生变化的物质，称为转化形成膜物质，例如天然漆、醇酸树脂等。

我国将涂料的成膜物质分为如下十七类：油脂；天然树脂；酚醛树脂；沥青；醇酸树脂；氨基树脂；硝基纤维；纤维酯及醚类；过氯乙烯树脂；乙烯树脂；丙烯酸树脂；聚酯树脂；环氧树脂；聚氨酯；元素有机聚合物；橡胶；其他。

② 颜料 颜料除使涂膜呈现不同的颜色外，还有遮盖被涂物件表面的能力，起到保护的作用，并可加强涂膜的机械性能的作用。在防腐涂料中颜料还有防腐蚀的功能。

颜料按来源分类，分为天然颜料和合成颜料；按化学成分分类，分为无机颜料和有机颜料；按颜料在涂层中的作用分类，分为着色颜料、体质颜料、防锈颜料和特种颜料。

③ 助剂 也被称为辅助材料。助剂自身不能形成涂膜。但是在成膜后存在于涂层里，对涂层或涂料的某一特性起着改进的作用。根据涂料使用的用途或对涂料要求的不同，需使用不同的助剂。助剂可分为如下四个类型。

a. 对涂料生产过程起作用的助剂，如润湿剂、分散剂等。

b. 对涂料储存起作用的助剂，如防沉淀剂、防结皮剂等。

c. 对涂料施工起作用的助剂，如固化剂、流平剂、催干剂等。

d. 对涂料性能起作用的助剂，如增塑剂、阻燃剂等。

④ 溶剂 为使液态涂料完成施工的组分。溶剂不是涂膜的组分，涂膜干燥后也不留在涂膜中。溶剂的作用是将成膜物质溶解或分散为液态，便于施工。近一段时期也开发了既起溶解作用或分散作用，也参与成膜的溶剂。这种溶剂和成膜物质发生化学反应形成新的物质而留在涂膜中。

10.3.1.3 涂料的分类

涂料品种繁多，有很多分类方法，下面将列举几种分类方法。

① 按涂料的形态分类。

a. 固态涂料，也称粉末涂料。

b. 液态涂料，又可分为有溶剂涂料和无溶剂涂料。

② 按涂料使用层次分类。

a. 底漆；b. 二道底漆；c. 面漆。

③ 按涂料的成膜机理分类。

a. 非转化型涂料 如挥发性涂料。

b. 转化型涂料 如热固化涂料、化学交联型涂料。

10.3.2 涂料的成膜机理

10.3.2.1 物理成膜机理

由非转化型成膜物质构成的涂料以物理成膜方式成膜。涂料从可流动的液态形式到形成固态的涂膜过程，通常称为干燥或固化。这个过程使涂料从具有一定黏性的液体变成了具有黏弹性固体。完成这个过程可分为如下两种情况。

（1）溶剂或分散介质的挥发方式 涂料为便于施工，一般都用溶剂或分散剂稀释到一定的黏度。在涂覆后，溶剂或分散介质挥发，形成固态膜。涂膜的干燥速度与溶剂或分散介质的挥发能力有关，也与溶剂在成膜物质中的扩散速率有关。一般在蒸发初期从涂层表面向空气中扩散，类似于溶剂的蒸发。随着蒸发的进行，涂层黏性增大，溶剂向空气中的扩散必须先经过溶剂在涂层中的扩散过程，才能到达涂层表面挥发。这一阶段挥发速度很慢，会有少量溶剂残留在涂膜内，使涂膜硬度下降。例如，沥青漆，橡胶漆等都以这种方式成膜。

（2）聚合物颗粒凝聚方式　这种成膜方式是以成膜物质中的高聚物粒子互相凝聚而成为连续的固体膜层。这是分散型涂料成膜的方式。在分散介质挥发的同时产生高聚物分子的凝聚。随着分散介质的挥发，高聚物分子之间的距离在减小，形成类似毛细管类型的间隙。表面张力对高聚物分子产生压力，当压力大于高聚物分子颗粒的抵抗力时，就会发生高聚物分子颗粒的凝聚。最后由颗粒之间的凝聚变为分子状态的凝聚，形成连续的涂膜。

10.3.2.2　化学成膜机理

（1）氧化聚合方式　涂料成膜物质的组分为干性油，即混合不饱和脂肪酸的甘油酯。利用空气中氧的作用，不饱和脂肪酸的双键被氧化，在催化剂的作用下，生成过氧化物自由基。自由基与双键断开后形成的次甲基相结合，使链式分子形成网状大分子结构，形成涂膜。

（2）引发剂聚合方式　涂料成膜的聚合反应是由引发剂引发的。引发剂分解产生自由基，作用于不饱和基团，将链式分子连接成网状分子结构。

（3）能量引发聚合方式　涂料成膜的聚合反应需要一定的能量引发，例如紫外光、辐射能等。

（4）缩合反应方式　成膜物质中有能发生缩合反应的官能团，按照缩合反应机理成膜。在缩合反应中形成立体型结构的涂膜，例如醇酸树脂中的羟基与氨基树脂的醚基结合脱出醇的缩合反应。

（5）外加交联剂、固化剂方式　如果涂料是由两种含有不同官能团的成膜物质组成，当两种物质混合时，发生交联反应成膜，或外加固化剂使成膜物质成膜。例如环氧树脂涂料，这种涂料一般都采取分别包装的方式，即双组分涂料。

10.3.3　防腐蚀涂料

10.3.3.1　涂料的防蚀机理

（1）涂膜对腐蚀介质的屏蔽作用　当涂料在金属表面形成连续的涂膜以后，可以将金属和腐蚀介质隔离开。根据电化学腐蚀原理，如果能完全将腐蚀介质、氧气隔离，不和金属接触，就可以避免金属的腐蚀。但是实际的涂膜不是完全无孔的，有机涂料一般都是由有机高分子聚合物构成的，涂膜就是由这些高聚物分子形成的，任何一种高聚物膜都有透气性和透水性。这是因为膜的孔径虽然很小 [平均直径一般为 $10^{-4} \sim 10^{-6}$ mm，但是水和氧的分子更小（$<10^{-7}$ mm）]，为防止水、离子、O_2 的穿透，可用多层涂膜，或采用一定厚度的涂膜，以减少离子和气体的透过。从试验数据得到，膜的厚度要达到 0.4mm，才有明显的阻挡离子和气体的作用。另外成膜物质的结构、颜料种类、涂装工艺等都对涂膜的屏蔽作用有影响。例如，高聚物分子为直链，支链少，透气性小。加入交联剂后，使高聚分子之间的交联密度增大，则可以减少透气性。另外，涂料中的颜料的腐蚀产物能够阻塞膜层的孔隙，也可阻挡离子及气体的通过，起到防腐蚀的作用。

另外，从离子扩散的观点考虑，在涂料在形成过程中，由于聚合物的交联密度不均匀，或成膜物质和颜料颗粒之间的界面结合的不好，则会有被水渗透的可能。水聚集在聚合物分子的亲水基团附近，离子从外部向渗透进水的区域扩散，离子从一个亲水基团向另一个亲水基团附近的水区域扩散，达到内层。这个过程的控制步骤是对涂膜外壁的穿透，因此得到一个均匀完整的涂膜，外层是很重要的。

（2）涂膜的阴极保护作用　有机高分子聚合物一般都是绝缘体，如果在成膜物质中加入能成为牺牲阳极材料的金属颜料，当金属颜料和金属表面直接接触，有腐蚀介质渗入后，金属颜料被腐蚀，可以保护金属。例如富锌底漆中的颜料为金属锌的粉末，将其涂刷在钢板上时，锌可作为牺牲阳极。

（3）涂料的阳极钝化和缓蚀作用　在涂料中含有水溶性颜料，当水渗入涂膜后，颜料溶解会起到缓蚀作用，或使金属表面钝化的作用。例如，含铬酸盐的颜料，水溶解后，铬酸盐的强氧化作用，会使金属表面钝化。含碱性物质的颜料，遇水后可使金属表面保持微碱性，从而起到缓蚀的作用。

10.3.3.2　多层防腐蚀涂膜的构成

（1）底漆　底漆和金属表面直接接触，因此，要具有以下特点。

① 和金属表面的结合力好，具有很好的润湿性。

底漆直接和金属接触，只有润湿性好，才能和金属表面细微不平处接触，渗透到金属表面的凹凸不平处或沟缝中。

② 含有阴极保护性颜料或阳极缓蚀性颜料。

底漆也是腐蚀介质渗入涂膜后的最后一道防线，因此，底漆要有防腐蚀作用，一般底漆中都有防腐蚀的颜料。

a. 阴极保护类颜料　包括锌粉、铝粉及其合金等，它们都可起到牺牲阳极的作用；还有制成鳞片状的金属颜料，涂装时，鳞片平行的重叠在一起，既可起到屏蔽作用，又可起到牺牲阳极的作用。

b. 钝化、缓蚀类颜料　例如铅丹、铬酸盐类颜料等，这类颜料在有少量水时，会有缓蚀作用或使金属表面钝化的作用。

c. 屏蔽类颜料　除上面提到的鳞片状金属颜料外，还有鳞片状的氧化物和鳞片状的非金属材料，如云母氧化铁、玻璃鳞片、云母、石墨等。例如玻璃鳞片，厚度在 $2\sim5\mu m$，粒径为 5mm 以下，得到的涂层中玻璃鳞片是互相平行、重叠排列的，可以达到几十至几百块玻璃鳞片的重叠，即 1mm 厚的涂层中约有 100 多块玻璃鳞片重叠，这样可以起到很好的屏蔽作用，抵抗腐蚀介质的渗透，增强防腐蚀的能力。

③ 底漆的成膜物质具有很好的屏蔽作用，阻止腐蚀介质的渗透。

（2）中间层漆　中间层漆起着连接底漆和面漆的作用。因为根据不同的要求，要使用不同的面漆，因而面漆与底漆不一定是同类型的成膜物质，互相之间的结合力要受到影响。这就要求中间层漆和底漆、面漆都有很好的结合力，同时中间层漆要有很好的屏蔽作用。

（3）面漆　面漆是阻挡腐蚀介质的第一步，因此使用面漆时要注意以下要求。

① 根据腐蚀环境选择不同性质的面漆，例如船舶的面漆要具有防海洋气候的性能。在生产 H_2SO_4 工厂中的设备，面漆要有防酸腐蚀的性能。

② 为减少孔隙度，最后一层面漆使用不含颜料的清漆，可获得致密的涂膜。

③ 针对不同的要求，使用特殊功能的面漆。例如，船舶底部为防止因海洋生物的附着而造成的腐蚀，使用防污漆。

10.4　热喷涂技术

10.4.1　概述

10.4.1.1　定义

热喷涂是用热源将喷涂材料加热到熔化或熔融状态，利用热源的动力或高速气流，使熔化的喷涂材料雾化或形成粒子束，喷射到基体表面形成涂层的工艺方法。

在喷涂过程中或喷涂形成后，对基体金属和涂层加热，使涂层熔融，和基体金属形成冶金结合的喷焊层，称为热喷焊，简称喷焊，也属于热喷涂的一种方法。

10.4.1.2 基本原理

热喷涂过程要经历喷涂材料的加热融化，熔融的喷涂材料的雾化，熔滴粒子的加速喷射形成粒子束流，粒子束流以一定的速度和基体金属碰撞黏附于基体金属表面等几个步骤。

在喷涂材料的加热融化阶段，如果喷涂材料是线材，端部熔化后，在外加高速气流的作用下，熔化部分脱离线材，并被雾化。如果喷涂材料是粉末，被熔化后不需要雾化过程，直接被气流推动喷射。形成的粒子束先被加速，在飞行过程中减速，粒子束流在和基体金属接触时，具有一定的速度和温度，发生猛烈的碰撞，熔化的液滴产生变形，呈扁平状黏结在基体金属表面上，同时放出热量，许多液滴交错重叠在一起形成涂层。

在形成涂层的过程中，熔融的液滴会被空气中的 O_2 氧化，生成氧化物。各个液滴相互重叠时也会出现孔隙，因此涂层中会有孔隙同时夹杂着氧化物。如果对涂层进行处理，例如对涂层进行熔融，可消除孔隙和氧化物，成为均质结构，这样不仅可改变涂层的结构，也会改变涂层和基体金属的结合状态。

涂层形成包括涂层粒子之间的结合与涂层粒子和基体金属的结合。前者的结合强度称为内聚力，后者的结合强度称为结合力。这两者之间的结合都属于物理-化学结合，包括机械结合，即涂层粒子和基体金属表面不平处的互相嵌入以及粒子与粒子之间不平处的嵌合；合金化结合，即在涂层和基体金属表面出现扩散和合金化。特别是在一些特种喷涂技术中，在粒子束的速度很高，热量也高的情况下，更容易发生冶金结合，例如等离子喷焊，激光喷涂。

在熔融的液滴撞击到基体金属表面时，除发生变形外，同时热量很快损失，动能也转换成热放出，快速冷却并凝固。又由于涂层和基体金属材质方面的差异，会产生涂层的残余应力，在喷涂工艺中要设法消除残余应力的影响。

10.4.1.3 热喷涂的分类

热喷涂一般根据热源的不同分类，见图 10-2。

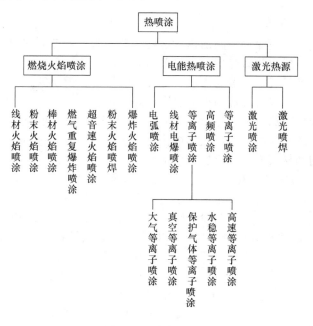

图 10-2　热喷涂分类

10.4.1.4 热喷涂的特点及应用

热喷涂技术涉及的学科较多，从喷涂材料到涂层的形成，可能要涉及的学科有金属、高分子、陶瓷、传热学、流体力学、表面物理、表面化学等学科的有关知识。因此，热喷涂也就有自己的特点，与其他涂层相比其优点如下所述。

① 涂层方法多样 目前已有十多种喷涂或喷焊的方法，可根据不同的要求，选取不同的生产涂层手段。

② 涂层品种多样化 喷涂材料广泛，几乎所有的金属、合金、陶瓷、塑料都可作为喷涂材料，因而可以制成具有各种性质的涂层。

③ 可用于各种基体材料 作为被喷涂的基体材料，除金属外，玻璃、陶瓷、塑料、木材等都可作为基体材料。而且被喷涂物件的大小不限，既可对大型设备大面积喷涂，又可对局部喷涂，也可喷涂小零件。

④ 可改变基体材料的表面功能 根据不同的需要，可喷涂具有不同性能的涂层，使原基体具有防蚀、耐磨、导电、绝缘、抗高温氧化等功能。

⑤ 操作简单，工效高 热喷涂工艺程序少，操作简单、快速，制备相同厚度的镀层的时间远小于电镀的时间。

⑥ 成本低，效益高。

热喷涂技术目前仍在发展中，存在许多问题和不足，其不足之处如下所述。

① 涂层与基体的结合强度较低，尚需进一步改进。

② 涂层孔隙率较高，均匀性较差。

③ 影响涂层质量的因素较多，需严格控制工艺条件。

④ 喷涂操作环境较恶劣，需要采取劳动保护措施和环境保护措施，例如提高喷涂自动化程度等。

热喷涂涂层可以起到保护、强化基体表面以及赋予基体表面特殊功能的作用。因此，热喷涂可广泛应用于机械、电子、能源、交通、石油、化工、航空、航天、纺织、兵器等领域。

10.4.2 热喷涂方法及工艺简介

10.4.2.1 热喷涂方法简介

(1) 线材火焰喷涂 喷涂材料的加热、熔融需要热源，所采用的热源包括气体的燃烧、电弧、等离子弧、高频感应与激光等，普遍采用的是前三种热源。

气体燃烧采用的燃料气体一般为乙炔、氢气、天然气、丙烷等。与助燃气体（氧气）组合燃烧。其中乙炔和氧气混合燃烧的火焰温度最高（可达 3200℃），火焰速度也最高，一般采用乙炔较多。以线材喷涂为例，一般以氧气-乙炔混合燃烧的火焰为热源，使用火焰喷枪进行喷涂。枪内有输送丝材的机构，加热熔化后，被喷枪前端的压缩空气雾化后形成射流，喷射到经过预处理的基材表面形成涂层，其工作示意见图 10-3。

从图 10-3 可知，为保证喷枪工作，应有乙炔和氧气的供给系统，压缩空气供给系统，线材的盘架，这些辅助设施加上喷枪构成了线材火焰喷涂设备系统。

(2) 粉末火焰喷涂 喷涂材料为粉末时，要使用粉末火焰喷枪，喷涂原理示意如图10-4所示，火焰仍为氧气-乙炔混合燃烧火焰，枪上有进粉管或粉料斗，利用送粉气流产生的负压，将粉末吸入枪内，并送到火焰处熔化，然后喷射到基体材料表面。

(3) 电弧线材喷涂 电弧线材喷涂的热源是电能，通过电弧放电产生的热，喷涂用的电弧是采用被喷涂材料的金属丝做电极，分别与直流外电源的正、负极相连接。金属丝端部在短接前的瞬间，产生电弧，使金属熔化。在金属丝端部接点的后方，通入压缩空气，将熔化的金属雾化，并喷射到基体材料表面。金属丝电极实际操作中为自耗电极，

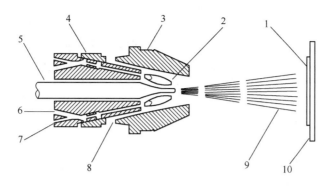

图 10-3　线材火焰喷涂示意
1—涂层；2—燃烧火焰；3—空气帽；4—气体喷嘴；5—线材或棒材；
6—氧气；7—乙炔；8—压缩空气；9—喷涂射流；10—基体

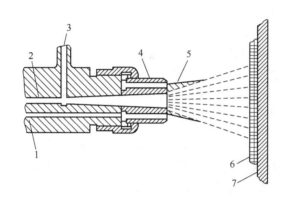

图 10-4　粉末火焰喷涂示意
1—氧-乙炔混合气；2—送粉气；3—喷涂粉末；
4—喷嘴；5—燃烧火焰；6—涂层；7—基体

为了保持电弧稳定的燃烧，需将金属丝连续送进。电弧线材喷涂设备包括整流电源、控制系统、送丝装置、喷枪。整流电源为专用电源，即在电弧的弧长发生变化时，电流能随弧长的变化而增减，而电压不随电流的变化而改变，即电流改变时，电压不变。具有这种特性的电源也称为平特性电源。使用平特性电源，电弧弧长可自动调节，保持电弧的稳定燃烧。

（4）等离子喷涂　等离子体是继固态、液态、气态以后的物质第四态，它是在气体部分或全部被电离，形成正、负离子（电子）数量相等而整体呈中性的导电体。当电弧被压缩成为压缩电弧时，称为等离子体弧，简称等离子弧。等离子弧有三种形式，即非转移型弧、转移型弧、联合型弧。等离子喷涂是采用刚性非转移型等离子弧为热源喷涂粉末材料的喷涂方法。

等离子喷涂的喷枪也就是等离子弧发生器。喷枪接通电源并向喷枪通入工作气体（N_2、H_2、Ar 等），电弧通过压缩，形成非转移型等离子弧，从喷枪射出后形成等离子射流。喷涂粉末被送粉气体送入等离子射流，迅速加热至熔融或半熔融状态，在射流的加速作用下，形成喷涂粒子束，在基体材料上形成涂层。

10.4.2.2　热喷涂工艺简介

（1）基体表面预处理　要使涂层和基体材料结合良好，基体材料的表面一是要清洁、二

203

是要有一定的粗糙度。这就需要进行预处理。

① 净化处理　目的是除去基体表面的油污、氧化皮、残余涂层等。可用溶剂清洗或碱液清洗去除油脂、油污。氧化皮和残余涂层可用喷细砂的方法除去。

② 粗化处理　目的是使基材表面形成粗糙的表面，并控制表面的粗糙程度，有利于涂层和涂层之间，涂层和基体之间的结合。其原因在于：

a. 粗化后的表面可提供表面压应力；

b. 可使涂层之间互相交错重叠；

c. 增大涂层和基体材料表面的接触面积；

d. 净化、活化基体材料表面。

粗化的方法有喷砂、电拉毛、机械加工、黏结金属底层等。粗化后要用干燥、清洁的压缩空气对基体表面进行清理，除去粉尘、砂粒等物。净化、粗化后的表面要尽快喷涂。如需要搁置，要仔细密封保存。

（2）喷涂工艺　影响喷涂工艺的工艺参数很多，而且有时互相影响，因此要严格控制，需要考虑如下主要工艺参数。

① 热源参数，主要分为：

a. 火焰喷涂热源　燃烧气体的压力及流量；

b. 电弧喷涂热源　产生电弧的电压和电流；

c. 等离子喷涂热源　离子气的压力和流量以及弧电压和弧电流。

② 喷涂材料参数，主要包括如下两方面内容：

a. 线材　直径和送丝速度；

b. 粉料　粉料的粒度、粉量、送粉气体的压力和流量。

③ 雾化参数　雾化气体的流量和压力。

④ 操作参数　喷涂距离、角度、喷枪与工件之间的相对移动速度。

⑤ 温度参数　基体材料的预热温度、喷涂温度。

（3）涂层后处理　喷涂得到的涂层是层状堆积涂层，并且有孔隙。为了改善涂层性能，要进行涂层后处理，特别是对于防蚀涂层更为重要。

① 封孔处理　使用封孔剂封孔，常用的封孔剂有各种油脂、石蜡、油漆、涂料（酚醛树脂、环氧树脂、丙烯酸树脂、有机硅树脂等）。封孔前，在涂层上可用磷酸处理，形成磷酸转化膜，有助于涂层和涂料的结合。在涂料中可加入鳞片状铝粉，起到加强封孔作用。

② 重熔处理　利用热源将涂层重新熔融。重熔过程中产生物理化学变化，可除去涂层夹杂的氧化物，涂层和基体金属之间产生互溶和扩散，形成合金。增强涂层与涂层之间，涂层与基体金属之间的结合力，得到致密无孔的涂层。

重熔包括火焰重熔、炉内重熔、电感应重熔、激光重熔等方法。

根据对涂层的要求，还可以对涂层进行其他处理，例如机械处理、扩散处理，浸渗处理等。

10.4.3　热喷涂金属及合金涂层的防蚀性能

10.4.3.1　涂层的防护原理

在钢铁基体材料上热喷涂锌、铝及其合金涂层。可对钢铁进行防护。不同涂层在防蚀性能方面有不同的特点。

按照电化学腐蚀原理，涂层的电极电位比钢铁的电极电位负，涂层为阳极，钢铁为阴极，这时为阴极保护。带有涂层的钢铁材料在腐蚀介质中对钢铁的保护原因在于：一是涂层的完整性隔断腐蚀介质与钢铁的接触，不能构成腐蚀电池；二是涂层作为牺牲阳极对钢铁有阴极保护作用；三是涂层本身的耐腐蚀性能。当这三个方面都有较好的性能时，对钢铁的保护效果最好。

10.4.3.2　锌、铝及其合金涂层

锌、铝的电极电位都较铁的电位负，涂层属阴极保护层。铝的电极电位负于锌，但在大气中，铝表面生成致密的氧化膜（Al_2O_3），因此，铝的阳极特性不如锌，即作为阴极保护的牺牲阳极，铝不如锌。但铝在工业气氛中的耐腐蚀性高于锌，而锌、铝组成的合金，例如 Zn(85%)-Al(15%) 的合金，在人工海水中的电位为 $-1.000V$，而锌、铝的电位在人工海水中的电位分别为 $-1.050V$ 和 $-0.850V$。这表明合金的电位更接近于 Zn，即阴极保护效果提高了。合金的腐蚀速率与铝相近。因此，Zn-Al 合金的综合性能优于单纯的 Zn 涂层和 Al 涂层。

10.4.3.3　铝镁合金涂层

在 Al-Mg 合金中，Mg 含量为 5%，Al-Mg 合金在人工海水中的电极电位为 $-1.100V$。为了加强合金涂层和基体金属的结合强度，一般加入微量的稀土元素。

Al-Mg 合金的表面会生成一层尖晶石结构的氧化膜，这层膜可阻隔金属离子和氧的扩散，因此具有很好的防蚀能力。又由于电极电位较负，因此对钢铁基体起到很好的阴极保护作用。

10.4.3.4　复合涂层

由于涂层孔隙以及对基体覆盖的不完整和破损等，都有可能使腐蚀介质渗透到基体金属而形成腐蚀电池。虽然涂层可起到阴极保护作用，但涂层作为牺牲阳极要被腐蚀。复合涂层是在金属涂层之上覆盖一层有机涂料，有机涂料既起到封孔的作用，又可保护金属涂层。

有机涂料形成的涂层一般由底层和面层组成，底层既起到封孔的作用，也起到承上启下的作用，与面层结合良好。因此，选择底层涂料种类时，即要考虑和基体金属的结合，也要考虑和面层的结合。底层涂料中，可加入能使基体金属（钢铁）表面钝化的物质，增加防蚀能力。面层涂料要考虑腐蚀环境、耐腐蚀和老化，因此，复合涂层的耐蚀性也和有机涂料对环境的适应性有关。复合涂层的耐蚀性能是单一金属涂层或单一有机涂料层耐蚀性能的若干倍。

习　　题

1. 电镀工艺由哪几部分组成？
2. 金属离子电沉积的热力学条件是什么？
3. 电极电位和析出电位有什么不同？
4. 影响金属镀层质量的因素有哪些？请简要说明。
5. 单金属电沉积和合金电沉积的热力学条件有什么不同？
6. 通过计算，说明如何才能得到铜锡合金电镀层？
7. 以化学镀镍为例，说明化学镀的基本原理。
8. 说明化学复合镀的机理。
9. 影响热浸镀的因素有哪些？请分别加以说明。
10. 金属表面转化层技术有哪几种？它们有什么不同？
11. 说明磷化膜的形成机理。
12. 氧化、磷化、钝化形成的转化层在防蚀方面有什么相同和不同？
13. 有机涂料由哪几部分组成，它们的功能是什么？

14. 说明涂料的成膜机理。

15. 说明防腐涂料的组成与他们的防蚀作用。

16. 什么是热喷涂技术？它有什么特点？

17. 说明热喷涂粒子与基体材料表面的结合机理。

18. 如何选择热喷涂材料？

19. 分析热喷涂工艺与涂层防蚀性能的关系。

20. 分析与比较热喷涂合金涂层和复合涂层的优缺点。

第11章 防腐蚀设计

研究金属腐蚀是为了防止和控制金属腐蚀的危害，延长金属的使用寿命。各种金属工程材料，无论是原材料、产品加工、使用和储存都会遇到不同的使用环境，产生不同程度的腐蚀。而金属腐蚀是一个自发过程，完全避免材料的腐蚀是不可能的，只能在对金属在各种腐蚀环境中的腐蚀破坏规律和机理充分了解的基础上，以保证材料正常使用为前提，通过防腐蚀设计，使其腐蚀破坏限制在一定的范围或降低到最小程度，即进行腐蚀控制。

所谓防腐蚀设计，就是指为预防和控制腐蚀破坏和损失而进行的设计，是防腐蚀意识在设计过程中的体现。

金属的防腐蚀设计主要包括：

① 金属材料的正确选择；

② 防腐蚀结构设计；

③ 防腐蚀工艺流程的选择；

④ 防护方法的选择。

11.1 金属材料的正确选择

金属材料是构成设备或结构件的主要物质基础，防腐蚀材料的选择是防腐蚀设计的首要环节。金属构件的腐蚀破坏事故经常由选材不当造成，因此正确选材是最重要也是最广泛使用的防腐蚀办法。

材料选择是一项细致复杂的技术任务。用于腐蚀环境中的设备和结构，制造材料的耐蚀性能应该是首先要考虑的因素。但是为实现设备和结构的使用功能，还要考虑材料的物理性能、机械性能和加工性能，很多时候经济上的可行性也起着重大作用。因此必须遵循正确的选材原则和步骤。

11.1.1 正确选材的基本原则

11.1.1.1 全面考察材料的综合性能，优先做好腐蚀控制

金属材料是指由纯金属及其合金组成的材料。包括钢铁材料和有色金属材料（非铁材料）。钢铁占人类金属总消耗的90%以上，是最常见也是最重要的金属材料。工业上制造汽车、火车、舰船、机械、枪炮等离不开钢铁。如果把钢铁轧成各种形状的板、管、型材的话，其作用是显而易见的。大到高楼大厦、桥梁、铁路，小到注射针头、螺栓螺钉，无处不用钢铁。有色金属材料是除钢铁以外的其他金属及其合金的总称。工程上最重要的有色金属是 Al、Cu、Zn、Sn、Pb、Mg、Ti、Ni 及其合金。有色金属材料的消耗量虽然不到金属材料总消耗量的10%，但是因为它们具有优良的导电、导热性，同时相对密度小，化学性能稳定，耐热、耐腐蚀，因而在工程上占有重要地位。

表 11-1　国外耐大气腐蚀用钢

钢　种	化学成分/%									力学性能（最低值）			板厚/mm	国别
	C	Si	Mn	P	S	Cu	Cr	Ni	其他	σ_s/MPa	σ_b/MPa	δ_5/%		
Cu系：ASTMA440	≤0.28	≤0.30	1.1~1.6	酸性≤0.06；碱性≤0.04	≤0.05	≥0.2	—	—	—	343 294			≤19 19~100	美国
Cu系：ASTMA441	≤0.22	≤0.30	≤1.25	≤0.04	≤0.05	≥0.2	—	—	V≥0.02	343 294			≤19 19~100	
Cu-P-Cr系：A型低合金高强度钢（Cor-TenA）	≤0.12	0.25~0.75	0.20~0.50	0.07~0.15	≤0.05	0.25~0.56	0.30~1.25	≤0.65	—	343	480	22	0.8~13	
Cu-P-Cr系：R低合金耐热钢（Mayari-R）	≤0.12	0.20~0.90	0.50~1.0	≤0.12	≤0.05	≤0.50	0.50~1.0	≤1.00	Zr≥0.12	343				
Cu-P-Cr系：River-Ten耐候钢	≤0.12	≤0.60	0.30~0.70	0.035~0.10	≤0.04	0.20~0.50	0.30~1.00	≤0.50	Nb≤0.05	353			6~19	日本
Cu-P-Cr系：Cupten耐候钢	≤0.12	≤0.60	≤0.60	0.06~0.12	≤0.010	0.25~0.55	0.40~0.80	—	Mo 0.15~0.35	343				
Cu-P-Cr系：10XHJIII	≤0.12	0.2~0.4	0.3~0.6	0.08~0.15	≤0.05	0.3~0.5	0.50~0.80	0.3~0.6	As 0.12~0.5	343	470	18	0.8~60	前苏联
Cu-Cr系：B型、C型低合金高强度钢（Cor-TenB,C）	0.1~0.19	0.15~0.30	0.9~1.25	≤0.04	≤0.05	0.25~0.4	0.4~0.70	—	V 0.02~0.10	343 412	480 540	19 21	13~75 25.4	美国

208

钢种	化学成分/%									力学性能（最低值）			板厚/mm	国别
	C	Si	Mn	P	S	Cu	Cr	Ni	其他	σ_s/MPa	σ_b/MPa	δ_5/%		
Cu-Cr系：13ХСНД	0.1~0.16	0.17~0.37	0.3~0.6	≤0.04	≤0.035	0.15~0.3	0.9~1.2	—	As 0.12~0.15					前苏联
Cu-Cr系：SMAA1A.B.C	≤0.20	≤0.35	≤1.40	≤0.04	≤0.04	0.20~0.6	0.20~0.65	—		245			≤16	日本
										216			>40	
Cu-Cr系：Cupten50耐候钢	≤0.19	≤0.55	≤1.40	≤0.04	≤0.04	0.20~0.6	0.4~1.2	—	V<0.10, Nb<0.10	353	490~608	≥19	16~40 常化	日本
Cu-Cr系：River-Ten62耐候钢	≤0.17	0.15~0.55	0.5~1.40	≤0.035	≤0.035	0.20~0.50	0.3~0.6	≤0.50	V≤0.05, Nb≤0.04	490	608~735	25	16 调质	
Cu-Cr系：BS968	≤0.23	0.10~0.35	1.3~1.8	≤0.05	≤0.035	≤0.60	≤0.8	≤0.50						英国
Cu-Cr系：WTS52-3	0.15	0.10~0.40	0.9~1.3	≤0.045	≤0.035	0.30~0.60	0.5~0.8	≤0.40	V 0.02~0.10	353	510~608	22	热轧 正火	德国
Cu-Al系：APS110C	0.10	≤0.50	0.40	≤0.03	≤0.025	—	2.5	—	Al 0.05	309				法国
Cu-Al系：APS20A	0.10	≤0.50	0.40	≤0.03	≤0.025	—	4.0	—	Al 0.05	309				
Cu-Al系：APS25	0.15	≤0.50	0.40	≤0.03	≤0.025	—	4.0	0.8	Al 0.6, Mo 0.15	588				

金属材料的性能包括力学性能、热性能、电学性能、光学性能、化学性能等。具体来说包括强度、弹性、硬度、塑性、韧性、热导率、比热容、热膨胀性、耐热性、电导率、电阻率、磁性以及化学稳定性等。其中化学稳定性与材料的耐蚀性密切相关，而其他的性能是材料实现其使用功能的基础。

由于金属材料种类繁多，性能各异。因此，在选材过程中，要注意设备或构件中各种金属材料的性能协调，既要保证设备的实用功能，又要保证其可靠性与使用寿命。尤其要重视金属在不同状态和环境介质中的耐蚀性。对于关键的、经常维修或不易维修的零部件，选用耐蚀性高的材料。在提高材料强度而耐蚀性有所下降的情况下，应考虑其综合性能，如强度许可，有时宁可牺牲某些力学性能，也要满足耐蚀性的要求。

从材料的综合性能出发，正确选择材料，应遵循以下原则。

① 按产品（设备或零部件）的腐蚀环境和工作条件要求正确选材。

即按照产品使用时所处环境、腐蚀介质的种类、浓度、温度、压力、流速等特定条件，选择适当的金属材料。必须认识到没有万能的耐蚀材料，例如不锈钢、钛、锆等被认为是耐蚀性优良的材料，但并不是说它们在任何环境下都适用。例如不锈钢在大气和水中比碳钢更优越，但在浓硫酸中碳钢却优于不锈钢，如果水中含有微量氯离子，奥氏体不锈钢可能发生危险的应力腐蚀破裂，碳钢却没有这种危险。因此，对于任何一个材料-环境体系，都必须有针对性地调查研究，以便了解这种材料在制定环境中的耐蚀性，切不可盲目滥用。

金属所处的腐蚀环境包括海水、土壤、大气等自然环境和化工介质环境。不同金属在不同腐蚀环境下具有不同的热力学稳定性。金属材料与腐蚀环境之间有一定的搭配关系。现针对不同腐蚀环境选列了国内外一些实用耐蚀金属材料及其相关性能，仅供参考。

a. 国外耐大气腐蚀用钢，见表11-1。

b. 国外耐海水腐蚀用钢，见表11-2。

表 11-2　国外耐海水腐蚀用钢

商品名	适用厚度 /mm	化学成分/%							力学性能 （最低值）		主 要 用 途
		C	Si	Mn	P	Cu	Cr	其他	σ_b /MPa	σ_s /MPa	
Mariner	—	≤0.22	≤0.10	0.6~0.9	0.08~0.15	≥0.50	—	Ni 0.4~0.65	490	353	飞溅区、钢板桩
MariloyG50	6~25	≤0.14	≤1.00	≤1.50	≤0.03	0.15~0.4	0.8~1.3	Mo≤0.30		314~324	飞溅、全浸区耐蚀
NKマリン50	6~20	≤0.15	≤0.55	≤0.15	≤0.03	0.2~0.5	0.5~0.8	Al 0.15~0.55	490	353	钢带桩、钢板桩
Nep-Ten50	3.2~40	≤0.13	≤0.50	≤0.60	0.08~0.15	0.6~1.5	0.5~3.0	Ni≤0.4，Nb≤0.10 或 V≤0.10	490~608	353	飞溅、全浸区耐蚀
CXJI-4	0.1	0.98	0.58	—	0.03	0.35	0.83	Ni 0.37			
APS20A	1.0~20	≤0.13	≤0.50	≤0.50	≤0.03	—	3.9~4.3	Al 0.7~1.1	490	309	海水中，抗点蚀

c. 耐盐酸金属材料，见表11-3；耐硝酸金属材料，见表11-4；耐硫酸金属材料，见表11-5；耐氢氟酸金属材料，见表11-6。

表 11-3　耐盐酸金属材料

盐酸的温度和浓度区域 （见图 11-1，盐酸的选材）	耐　蚀　材　料
1	硅铸铁、抗氯合金、银、蒙乃尔合金、哈氏合金 B、哈氏合金 C、铅、钛
2	硅铸铁、抗氯合金、银、蒙乃尔合金、哈氏合金 B、铅
3	抗氯合金、哈氏合金 B
4	抗氯合金
5	抗氯合金
6	硅铸铁、抗氯合金、哈氏合金 B、铅
7	抗氯合金、银、哈氏合金 B、哈氏合金 C

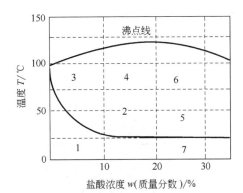

图 11-1　盐酸的选材

1,2,3,4,5,6,7—表 11-3 中盐酸温度和浓度的对应区域序号

表 11-4　耐硝酸金属材料

硝酸的温度和浓度区域 （见图 11-2，硝酸的选材）	耐　蚀　材　料
1	Cr17、0Cr17Ti、1Cr17Ni2、0Cr21Ni5Ti、0Cr18Ni9Ti、硅铸铁、铅、钛、TB₁、锆
2	Cr17、0Cr17Ti、Cr28Ti、0Cr21Ni5Ni、1Cr18Ni9Ti、Cr17Ni13Mo2Ti、硅铁、铅、TB₁、锆
3	Cr17、TiCr28Ti、0Cr212Ni5Ti、1Cr18Ni9Ti、Cr17Ni13Mo2Ti、硅铁、铅、钛、TB₁、锆
4	0Cr21Ni5Ti、1Cr18Ni9Ti、Cr17Ni13Mo2Ti、钛、TB₁、锆
5	1Cr18Ni9Ti（≤60℃）、钛、TB₁、锆、铝（≥85%）
6	铝、钽、硅铸铁
7	金、钽、铂、硅铸铁

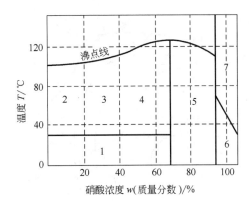

图 11-2　硝酸的选材

1,2,3,4,5,6,7—表 11-4 中硝酸温度和浓度的对应区域序号

表 11-5　耐硫酸金属材料

硫酸的温度和浓度区域 （见图 11-3,硫酸的选材）	耐　蚀　材　料
1	合金铸铁（含 16%～18% Ni,3%～5%Cu）铝、硅铸铁、抗氯合金、铅、铜、蒙乃尔合金、0Cr23Ni28Mo3Cu3Ti、哈氏合金 B、哈氏合金 C、锆
2	铅、钢、蒙乃尔合金、哈氏合金 B、硅铸铁、抗氯合金
3	铅、Ni65Mo30 铸造合金、哈氏合金 B、硅铸铁
4	铜、铅、硅铸铁、Ni65Mo30 铸造合金、哈氏合金、抗氯合金
5	硅铸铁、抗氯合金、铅（到 80℃）
6	铸铁、碳钢
7	钽、铂
8	钽
9	0Cr21Ni5Ti、Cr18Ni9Ti、钽

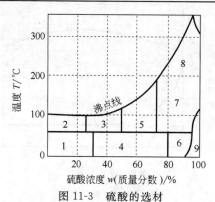

图 11-3　硫酸的选材

1,2,3,4,5,6,7,8,9—表 11-5 中硫酸温度和浓度的对应区域序号

表 11-6　耐氢氟酸金属材料

氢氟酸的温度和浓度区域 （见图 11-4,氢氟酸的选材）	耐　蚀　材　料
1	蒙乃尔合金、铜、白铜(70Cu-30Ni)、铅、镍、20 号合金、镍铸铁、哈氏合金 C、铂、银、金、25Cr-20Ni 钢
2	蒙乃尔合金、白铜(70Cu-30Ni)、铜、铅、20 号合金、哈氏合金 C、铂、银、金
3	蒙乃尔合金、白铜(70Cu-30Ni)、铜、铅、20 号合金、哈氏合金 C、铂、银、金
4	蒙乃尔合金、白铜(70Cu-30Ni)、铜、铅、哈氏合金 C、铂、银、金
5	蒙乃尔合金、白铜(70Cu-30Ni)、铅、镍、哈氏合金 C、铂、银、金
6	蒙乃尔合金、哈氏合金 C、铂、银、金
7	碳钢、蒙乃尔合金、哈氏合金 B、合金 C、铂、银、金

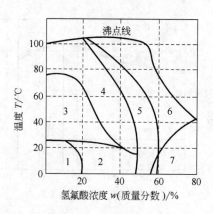

图 11-4　氢氟酸的选材

1,2,3,4,5,6,7—表 11-6 中氢氟酸温度和浓度的对应区域序号

表 11-7　耐磷酸金属材料

磷酸的温度和浓度区域 （见图 11-5,磷酸的选材）	耐　蚀　材　料
1	1Cr13、1Cr17Ti、1Cr18Ni9Ti、1Cr18Ni12Mo2Ti、1Cr17Mo3Ca2N、0Cr18Ni18Mo2Cu2Ti、0Cr17Ni13Mo5、0Cr23Ni25Mo3Cu2、高硅铸铁
2	1Cr18Ni9Ti、1Cr18Ni12Mo2Ti、0Cr18Ni18Mo2Cu2Ti、0Cr17Ni13Mo5、0Cr23Ni25Mo3Cu2、高硅铸铁
3	1Cr18Ni9Ti、1Cr18Ni12Mo2Ti、0Cr18Ni18Mo2Cu2Ti、0Cr17Ni13Mo5、0Cr23Ni25Mo3Cu2、高硅铸铁
4	1Cr18Ni9Ti、1Cr18Ni12Mo2Ti、0Cr18Ni18Mo2Cu2Ti、0Cr17Ni13Mo5、0Cr23Ni25Mo3Cu2、高硅铸铁、哈氏合金 B、哈氏合金 C
5	哈氏合金 B、高硅铸铁

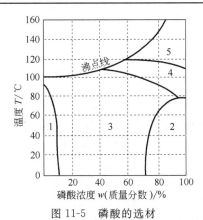

图 11-5　磷酸的选材

1,2,3,4,5—表 11-7 中磷酸温度和浓度的对应区域序号

d. 耐碱金属材料，见表 11-8。

表 11-8　耐碱金属材料

氢氧化钠温度和浓度区域 （见图 11-6,氢氧化钠的选材）	耐　蚀　材　料
1	灰铸铁、碳钢、Cr18Ni9Ti、镍、铜、蒙乃尔合金
2	耐碱铸铁、Cr18Ni9Ti、镍、哈氏合金 B、哈氏合金 C、Ni70Mo27、锆
3	耐碱铸铁、Cr18Ni9Ti、镍、哈氏合金、Ni70Mo27、锆
4	耐碱铸铁、银、镍、铂、锆
5	耐碱铸铁、Cr18Ni9Ti、镍、银、Ni70Mo27、锆

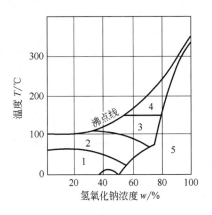

图 11-6　氢氧化钠的选材

1,2,3,4,5—表 11-8 中氢氧化钠温度和浓度的对应区域序号

e. 耐盐金属材料，见表 11-9。

表 11-9　部分耐盐金属材料（腐蚀率小于 0.1mm/a）

盐　类					耐蚀金属材料
性质		名称	浓度/%	温度/℃	
非氧化性盐	中性盐	NaCl	3～饱和	20～100	铬钼钢、钛
		Na$_2$SO$_4$	饱和	20～沸腾	铬钼钢、硅铸铁
	酸性盐	NH$_4$Cl	1～饱和	20～沸腾	铬镍钼钢、锑铅合金
	碱性盐	Na$_2$S	0.7～饱和	20	碳钢、钛（10%，沸腾）
		Na$_3$PO$_4$	任何浓度	低于沸腾	硅铸铁
氧化性盐	中性盐	K$_2$Cr$_2$O$_7$	25	高温	铝、镍
		NaNO$_3$	稀～浓	20～沸腾	铬镍钢、铬镍钼钢
	酸性盐	FeCl$_3$	1～10	20	钴铬合金、钛（沸腾）
		CuCl$_2$	40	沸腾	钛
	碱性盐	NaClO	溶液	20～沸腾	铬镍钼钢、钛（20℃）
		KClO$_3$	饱和	沸腾	铬镍钢

更详尽的数据及其他材料的耐蚀性能，读者可参阅国内外的相关文献资料，如我国出版的《金属腐蚀手册》、《腐蚀数据与选材手册》、《材料的耐蚀性和腐蚀数据》等。

② 按产品的用途、物理、力学性能及特殊要求正确选材。

选材时除考虑材料的耐蚀性外，还要考虑产品（或设备）的用途及物理、力学方面的性能要求。如换热器用材（见表 11-10）要求具有良好的导热性和抗垢性；枪炮身管用材（见表 11-11）则要求具有耐高温、高压和耐烧蚀的性能；运动部件（如泵叶轮）要求具有高强度和高硬度；电解、电镀设备和其他电器部件，有的要求良好的导电性，有的要求电绝缘性；垫片和填函料要求有弹性和韧性；原子能材料要求热能中子截面很低。

表 11-10　部分耐高温氧化的金属材料

名　称		使用温度/℃	性　能	用　途
耐热铸铁	中硅耐热铸铁 RTSi 5.5	850	耐热、脆性大、强度低	换热器、烟道挡板
	中硅球墨铸铁 RQTSi 5.5～6.5	900～1000	耐热性、硅增加提高	化铝电阻炉、加热炉板
	高铝球铁 Al 21～24	1000～1100	耐热、强度、冲击性好	加热炉底板、渗碳罐、炉子传送链构件
热强钢	珠光体耐热钢（1Cr11MoV、16MnV、25CrMoVA）	500～550	耐热、抗蠕变、抗破断、抗氧化	炉管热交换器、容器、法兰紧固螺栓
	马氏体耐热钢 1Cr11MoV	<540	耐热、抗蠕变、抗破断、抗氧化、较好的热强性、组织稳定性	汽轮机或燃汽轮机叶片等
	4Cr10Si2Mo	<750		内燃机进排气阀等
抗氧化钢	1Cr13Si3	800～900	抗氧化	石油化工抗氧化装置
	1Cr25Si2	1050		
	1Cr18Ni12Ti	1000～1100		
	SuperTerm	1260		
高温耐蚀合金	镍基耐热合金	700～900	高温强度高、耐蚀性好	喷气发动机涡轮叶片、宇航工业用高温材料

表 11-11 国内外部分兵器专用金属材料

类　别	钢号或钢系	典　型　用　途	国别
火炮	PCrNiMo(A) OXH1M 3.6%～4.4% Ni-Cr-Mo-V 5.3%～5.5% Ni-Cr-Mo-V 4.5%～5.8% Ni-Cr-Mo-V 3.3% Ni-Cr-Mo-V Cr-Ni-Mo	中小口径炮身管 T62 坦克 115mm 滑膛炮身管 大口径炮身管 大口径炮身管 大口径炮身管 大口径炮身管 155mm 榴弹炮身管	中国 原苏联 美国 德国 法国 英国 日本
枪械及航炮	30SiMn2MoV 50A Cr-Mn-Mo Cr-Mn-Mo-V	机枪的枪管、活塞、击针体 7.62mm 冲锋枪、步枪枪管 64 式 7.62mm 枪管 20～30mm 航炮	中国 原苏联 日本 美国
装甲车辆	ZG28CrMnMoREA 74ЛI Mn-Ni-Mo Mn-Ni-Mo Cr-Ni-Mo-V	坦克的铸造装甲件(与苏 74ЛI 相当) T54/55 坦克炮塔(装甲厚度 250mm) M46 坦克装甲用钢(厚度 30～110mm) "逊丘伦"坦克装甲钢(厚度 30～90mm) T-VIB(装甲厚度 100～190mm)	中国 前苏联 美国 英国 德国
弹箭	35CrMnSi(A) HF-1 28X3CBHФA	主要制造各类装甲弹弹体 高破碎片率弹体 XM0711,203mm 榴弹 火箭发动机壳体用钢	中国 美国 原苏联
引信	70SiCrA OBM、НЛI、ПП 5 级 M SUPREMME SWRS 92B	钟表计时机构发条元件、弹簧件 炮弹引信专用弹簧钢 炮弹引信专用弹簧钢 炮弹引信专用弹簧钢 炮弹引信专用弹簧钢	中国 前苏联 英国 瑞典 日本

有些部门对选材还有其他方面的特殊要求，如医药、食品工业中应当选用铝、不锈钢、钛、陶瓷等材料，而不能选用铅等有毒材料。

对于物理、力学性能，有时也需要结合腐蚀一同考虑。常用换热器除石墨外，一般选用热导性高的金属材料。值得注意的是，金属管道虽然刚开始使用时传热系数很高，但随着腐蚀产物膜或水垢的沉积，传热系数会迅速下降。这表明金属的物理、力学性能是与金属的腐蚀行为直接相关的，不能脱离腐蚀过程孤立地对其进行设计。

③ 综合考察材料对各种腐蚀类型的耐蚀性。

针对不同的腐蚀环境，选择材料时除了要考虑金属的均匀腐蚀外，要特别注意可能产生的电偶腐蚀、孔蚀、缝隙腐蚀、丝状腐蚀、晶间腐蚀、选择性腐蚀、剥蚀、应力腐蚀破裂、氢脆、腐蚀疲劳和磨损腐蚀等各种局部腐蚀。针对特定的腐蚀类型选用合适的耐蚀材料，针对特定腐蚀环境选用综合耐蚀性能最优的材料。

不锈钢是不锈耐蚀钢的简称，包含两大类型钢，一类是在大气、水蒸气和淡水等弱电介质中耐腐蚀或具有不锈性的钢种，称为不锈钢；另一类是在酸碱盐等化学介质中耐腐蚀性钢种，称为耐酸钢。不锈钢一般不耐酸，而耐酸钢一般均具有不锈性。然而耐酸钢的使用是有条件的，并不能抵抗所有酸的腐蚀。即使在同一种介质中，某种不锈钢可能对其中某种腐蚀形式耐蚀性良好，而对其他形式的腐蚀抵抗力则很弱。表 11-12 列举了部分既耐点蚀又耐缝隙腐蚀的不锈钢。其中，JS700 和 6X 既耐点蚀，又耐缝隙腐蚀，1Cr18Mo2Ti 铁素体不锈钢不仅有较好的耐点蚀和耐缝隙腐蚀性能，而且有优良的耐应力腐蚀性能。其他几种耐点蚀和缝隙腐蚀不锈钢均有较好的抗点蚀性，但抗缝隙腐蚀性能稍差。

表 11-12　部分既耐点蚀又耐缝隙腐蚀的不锈钢

类　别	牌　号	国　别
高镍的 Cr-TiMo 钢	00Cr18Ni2Mo5(RN65)	瑞典
	0Cr22Ni26Mo5Ti(NAR20-25Ti)	日本
	00Cr21Ni25Mo5Nb(JS700)	美国
	0Cr20Ni24Mo6(6X 合金)	中国
	Cr25Ni25Mo2	中国
	0Cr20Ni30Mo2Nb	中国
	00Cr20Ni33Mo2Cu3Nb(20-C63)	中国
	1Cr18Mo2Ti	中国
Cr-Ni-Mo-N 钢	00Cr18Ni19Mo7N	中国
	00Cr25Ni13MoN(YUS170)	日本
	00Cr21Ni12Mo2N(NAAS124L)	日本
Cr-Mn-Ni-Mo-V 钢	Cr22Ni13Mn5Mo2NbVN(22-13-5)	中国
	1Cr20NiMn8Mo2N(216)	美国

④ 要注意合金成分、晶体缺陷、金相组织对金属材料耐蚀性能的影响。

首先，为了提高金属材料的力学性能或满足其他性能的要求，工业上很少使用纯金属，一般使用合金，由于加入的合金成分及组织状态的不同，耐蚀性也不相同。单相固溶体合金，由于组织均一和耐蚀元素的加入，有较高的化学稳定性，如铁铬合金，但其含铬量需要在 12.5％以上。此外，加入镍、钛也能提高耐蚀性，但两相或多相合金，由于电位不同，在与腐蚀介质接触时，在金属表面形成了腐蚀微电池，所以耐蚀性差，如普通碳钢。但也存在少数耐蚀性很好的合金，如硅铸铁。对于多相合金，各相间电位差越大，腐蚀速度就越大。

其次，位错等晶体缺陷和晶粒边界对腐蚀有很大影响，常常成为腐蚀的起源。因为这些因素将影响金属表面膜的生成及其厚度、强度孔隙度、附着力等，因此也就影响着金属的腐蚀行为，加工的金属表面位错程度增加，点缺陷增大，腐蚀速度将加大。

材料组织与热处理制度有很大的关系，不同的热处理制度可以得到不同的金相组织，其耐蚀性也不同。若经过热处理的材料成分均匀化，又无内压力，将会提高耐蚀性；若经过热处理，使合金元素在晶界析出，导致晶界附近合金元素分布不均匀，将加速腐蚀，尤其是局部腐蚀，最常见的如奥氏体不锈钢，在不正常的热处理制度下进行，长时间停留在敏化温度区，就会增加晶间腐蚀和孔蚀的敏感性。

⑤ 整个设备的材料应综合考虑，而不是分开材料考虑。

对关键性零部件和修配成本高一些的部位，应该选择比较耐用的材料。在腐蚀速率很低或很高的那些部位，选择起来比较容易，而对于腐蚀速度居中部位，需从力学性能、防腐性能、成本等各方面综合考察。

不同材料的接触要注意材料的相容性。因为金属设备和构件都是由不同种材料的各个零件组合起来的，单个零件的腐蚀行为受周围气相、液相和固相因素的影响，不同种金属材料接触，会产生电偶腐蚀，电位较负的金属为阳极，将遭受严重的腐蚀。

11.1.1.2　选材的经济性与技术性综合考虑

正确的选材是在保证使用期内产品性能可靠的基础上，尽量减少成本，以获得最大经济效益的选材。因此，产品的选材还必须考虑产品的使用寿命、更新周期、基本材料费用、加工制造费、维护和检修费、停产和废品损失费等。

一般对于长期运行的设备，为减少维修次数，避免停产损失等，或者是为了满足特殊的技术要求，或为了人身安全保证产品质量，采用完全耐蚀材料是经济合理的。对于短期运行、更新周期短的产品，只要保证使用期的质量，选用成本低、耐蚀性也较低的材料也是经济合理的。

11.1.2　正确选材的基本步骤

11.1.2.1　了解所设计产品的基本情况

了解设备的功能、加工要求和加工量，设备在整个装置中的地位以及各设备之间的相互影响；是否需要经常检查、维修和更换；生产工艺对材料的要求（如不污染产品、不会使催化剂中毒）以及计划的使用寿命等。

11.1.2.2　腐蚀环境分析

金属的腐蚀环境主要包括大气、天然水、土壤三类自然腐蚀环境和化工介质、混凝土等其他特殊腐蚀环境。对腐蚀环境进行分析，就是对上述各种环境中影响腐蚀速度的因素进行考察、测量和评价。各种环境下的主要有如下几项腐蚀因素。

① 大气　大气的组成、浓度、温度、湿度、密度、压力、风力、风速、气候（日照时间、雨、雪、霜、露、冰雹）、红外线/紫外线和其他射线的辐射强度等。

② 天然水　水的组成、浓度、无机/有机物质含量、含氧量、含氯量、含盐量、温度、pH 值、流速、导电率、黏度、密度、微生物含量，暴露的形式和连续性（浸入、冲洗、喷射、流出、残留的压力、扩散系数、冷凝）等。

③ 土壤　土壤的化学成分、透气性和氧的分布、温度、pH 值、导电率、土壤电位差、黏度、杂散电流的干扰等。

④ 化工介质　化工介质类型和成分、状态（固态、液态、气态）、毒性、温度、浓度、pH 值、流速、黏度、压力、金属在其中的暴露情况（循环、浸泡、流出、蒸汽）、金属在其中的腐蚀产物、电导率、扩散系数等。

⑤ 混凝土　了解混凝土的类型、成分、渗透性、pH 值、孔隙率等。

在进行防腐蚀设计时，并不需要将上述所有影响因素都加以考虑，而是对主要影响因素进行评价。

11.1.2.3　查阅有关资料，掌握各种金属、合金及可供选择材料的耐蚀性能

对材料耐蚀性能的认识，最佳途径是直接经验。但是直接经验毕竟有限，因此应用最多的方法是借鉴已有的数据，如查阅有关手册（如《金属腐蚀手册》、《腐蚀数据与选材手册》）及相关技术文献和会议资料等。但是由于材料-环境的组合几乎是无穷大，影响材料腐蚀性的因素如此众多，任何一本手册或其他参考资料都不可能收集完备。它们只包含主要的介质和条件。当材料的特定环境与资料所载有微小且很重要的差别时，就需要选材者根据理论知识和实践经验来补充和修正。

11.1.2.4　调查研究实际生产中材料的使用情况，了解类似构件或设备的腐蚀事故

由于材料的生产、加工制造和使用的条件是千变万化的，腐蚀手册上的腐蚀数据并不能代表实际的腐蚀情况。许多事故分析的结果表明，造成腐蚀事故的主要原因并不是选材的问题，而是诸如原材料（特别是化工类原材料）的质量、操作人员的技术水平或熟练程度、设备的维修管理等无法预料的原因导致的，而这些方面的影响在材料的腐蚀数据中大多是无据可查的。查阅事故调查资料，不仅为选材过程提供经验，而且也可以作为设计人员向操作者、维修者和管理者提出相应规范的依据。

11.1.2.5 掌握热处理状态与材料耐蚀性能的关系，保证材料在满足力学性能的前提下具有满意的耐蚀性能

大多数金属材料，特别是高强、超高强材料都是在相应的热处理状态下使用的；越是重要的、易损的构件，选用高强材料的可能性就越大。而高强材料的耐蚀性能与普通材料不同。研究表明，材料的强度水平越高，越容易发生低应力脆断，对诸如氢脆、应力腐蚀、腐蚀疲劳之类的在应力和介质两方面因素共同作用下的破断越敏感。所以材料的耐蚀性要结合一定条件下的热处理状态来考虑。

11.1.2.6 做必要的实验室辅助试验，试验条件必须紧密结合实际

在新产品开发时，常会遇到查不到所需要性能数据的情况，这时必须通过实验室中的模拟试验数据和现场试验的数据来进行材料筛选，以取得符合产品设计性能的耐蚀材料。对实验结果进行评价时，不仅要计算材料的均匀腐蚀率，还要对各种局部腐蚀进行全面考察。由于腐蚀情况可能随时间变化，所以长期试验的数据更为可靠。

另外，就环境而言，实验室的烧杯和实际应用的大环境有差别，就材料而言，实验室的小面积和设备的大表面的复杂情况不可能一样，因此试验结果与实际应用可能会有较大不同。以下举几个例子，说明由于实验室和生产条件的差别所引起选材结果的误差。

例1. 某单位为某个生产设备进行的选材试验表明，蒙乃尔（Monel）合金具有良好的耐腐蚀性能。于是用蒙乃尔合金制造了容器（钢壳内衬瓷板）内部的搅拌器和加热管以及离心机。溶液从容器底部输送到离心机，分离后的溶液部分再返回到容器。使用不久，蒙乃尔合金部件和离心机都发生了广泛的腐蚀破坏，表明蒙乃尔合金不耐蚀。

分析结果表明，在实际生产中，离心分离工艺造成液体和空气的充分接触，加之容器中的液体回流进口管比液面高，这些都使生产溶液含有较多的溶解氧，而蒙乃尔合金对氧化性介质是不耐蚀的。选材实验是用生产溶液在实验室进行的，试验溶液中不含这种饱和的溶解氧，即使开始有溶解氧，也会很快消耗完，作为参考的使用经验也不含有这种充氧过程。正是这种实际使用环境条件与试验环境条件的差异，造成了试验认定的耐蚀性优良的蒙乃尔合金设备和部件出乎意料地迅速腐蚀。

例2. 美国军方在西南沙漠地带许多地点进行了卡车、导弹、通讯设备的各种操作试验，以考察对环境的耐蚀性，结果表明可以使用。但这样一些装备在东南亚等地区使用时性能达不到预期要求。

分析结果表明，东南亚雨季气温高，空气湿度非常大，和沙漠的干燥气候条件有很大差异。

大气是最广阔的一种腐蚀环境，虽然它的主要成分变化不大，但大气的次要成分，特别是腐蚀因素却随地域的不同而有很大变化。对金属材料来说，空气湿度的影响十分重要。有一个典型的例子，在印度德里有一根铁柱，经历了1600多年仍然光亮如新。专家们进行了许多研究，认为铁柱的成分并没有多少特别之处，主要原因还是在于当地空气非常干燥，终年湿度都很小，而且空气洁净。同样道理，在干燥器中的普通碳钢样品可以长时间保持光亮，不会生锈。钢铁设备、部件、制品储存期间的防锈，一个基本措施就是保持储存空间的干燥。

腐蚀试验既要注意大环境，也不能忽视小环境。

例3. 某工厂生产的战术导弹采用了涂料保护，全部通过了规定的腐蚀试验。导弹装入木箱，木材用五氯酚做过防腐处理；木箱外部涂了漆以防腐。储存几个月后发现导弹发生了广泛的腐蚀。

分析结果表明，腐蚀的原因是木材在较高温度时水分蒸发，五氯酚分解产生腐蚀性极强

218

的盐酸。

看来规定的腐蚀试验是属于实验室的加速试验。对于防霉剂五氯酚在受热时分解释放出盐酸的情况，可能是腐蚀试验人员事先没有想到的，其试验条件看来并没有包括这种实际环境条件。因此通过了规定的腐蚀试验，并不能说明在这种使用了五氯酚的木箱中导弹也能耐蚀。通过腐蚀试验，只能表明在进行试验的环境条件下设备材料是符合耐蚀性要求的。

加速腐蚀试验的选择必须考虑到设备在实际使用环境中的腐蚀特征，所谓加速只是强化腐蚀因素，使之能在较短时间内得到试验结果。加速试验条件不能反映实际腐蚀特征，那么其结果就不可能与设备的实际腐蚀行为有相关性。

这个事例的教训告诉我们，腐蚀实验方法的选择必须要有依据，必须综合考虑具体的环境及可能的变化。

11.1.2.7 综合评定材料的使用、加工和耐蚀性能，核算经济成本

作为正确选材的基本原则，前面已经述及。在此有必要进一步明确的是，选材的目的是力争用较少的生产成本来获得较长使用年限的产品，也就是要保证产品经济耐用。如果不能实现经济耐用这个目标的话，则要保证产品在使用年限内可用而经济。在苛刻的腐蚀环境下，宁可使用价格贵些的材料，也要保证产品耐用。经济而不耐用是最不可取的。

11.1.3 材料设计框图

一般构造金属结构物的理想金属材料应具备下列特征：

① 货源充足，现货供应；

② 加工方便，价格低廉；

③ 节能；

④ 强度高，刚度大，尺寸稳定；

⑤ 质量轻；

⑥ 耐腐蚀；

⑦ 环境对工件无不利影响；

⑧ 构造物的其他功能要求。

为一个具体产品找到一种理想材料是几乎不可能的事，往往满足了其中一条要求却不能满足另一个要求，因此材料的选择原则是折中，以各项指标的性价比总和最高者为适用的材料。而选择和设计材料必须按照一定的顺序。

选材顺序一般按图 11-7 所示框图来进行。

第一个环节：设定设计方案，确定材料应有的性能。例如对以力学性能为主的部件，就要考虑以下性能：

① 强度（拉伸、压缩、弯曲、剪切、扭曲等）；

② 耐高温性能；

③ 疲劳强度；

④ 韧性（耐冲击性能）；

⑤ 耐磨性能（硬度）；

⑥ 耐腐蚀。上述性能在参考文献中都可以查到，在国家标准中有明确的规定，在厂家的产品说明书中也会有详尽的说明。

第二个环节：借助相似工厂设备经验以及相关实验，将可能的材料缩小到一个比较窄的范围，进行材料初选。

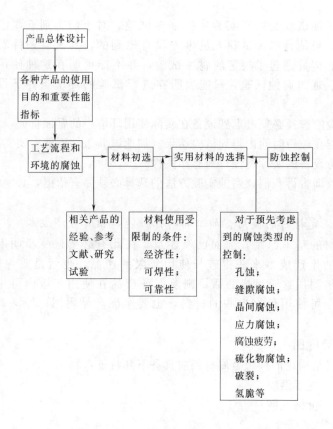

图 11-7　选材顺序框

第三个环节：材料初选以后必须考虑经济性（来源、成本、国家资源等）与加工的可行性，辅以对预先考虑到的各种腐蚀类型控制方法。综合考虑多方面因素，才可以选定适用的材料，避免优材劣用、乱用和滥用。

材料的正确选择是一个系统工程。每个行业都存在用材和选材的问题，而绝大多数工程技术人员不具备腐蚀科学的知识，或者知道的还不很完备，而许多腐蚀工作者对材料、材料加工与处理方面知识欠缺，遇到某些腐蚀问题，往往步入误区，以致造成重大损失。因此，正确选材要求选材者必须具有深厚的腐蚀理论基础、对材料的广泛认识以及必要的工程知识、经济知识，同时还应该具备解决实际问题时不可或缺的能力和经验。

11.2　防腐蚀结构设计

防腐蚀结构设计是指在对产品的使用功能进行结构设计的同时，全面、合理地对产品的耐蚀性能，特别是对局部腐蚀的耐蚀性能进行结构设计。

合理的结构设计和正确选材同样重要，合理的结构设计不仅可以使材料的耐蚀性能得以充分发挥，而且可以弥补材料内在性能的不足。如果结构设计不恰当，有时虽然选用了优良的耐蚀材料，但是同样会造成产品的过早报废。很多局部腐蚀破坏事故，如电偶腐蚀、缝隙腐蚀、应力腐蚀、磨损腐蚀都是由结构设计不合理造成的，而很多局部腐蚀问题又最容易通过正确合理的结构设计或通过结构设计改进得到有效而经济的解决。合理的结构设计是生产优质产品的关键步骤。

金属的腐蚀总是从表面开始，结构设计的目的就是使表面处于最佳状态，既能完成其使用性能，又便于腐蚀控制，避免机械应力、热应力、液体的留滞、固体颗粒的沉积和积累、金属表面膜的破损、局部过热、电偶电池等腐蚀隐患。从腐蚀控制的观点来说，合理的结构设计包含两个方面的基本要求。一方面，在满足产品使用性能的前提下，尽可能减少或消除产品及环境中的不均匀性，使腐蚀电池不能形成，或者虽能形成，但腐蚀阻力很大，因而腐蚀速度很低；另一方面，在设计时就要考虑使用何种防护技术，并为这些技术的实施提供条件，方便其顺利实施，达到良好防护效果。

结构设计时，应对均匀腐蚀和局部腐蚀全面考虑，分别采取措施。对于均匀腐蚀，在设计时，只要在满足物理、力学性能需要的基础上，增加一定的腐蚀裕量即可；而对局部腐蚀，则要视具体情况，采用专门的防腐蚀设计。

产品的结构设计还要考虑进行检查、维护和更换某些部件的实际需要。因为要求设备不发生腐蚀是不可能或不经济的，腐蚀控制的最终目标并不是把产品的腐蚀降低到零，而是使产品的腐蚀速度保持在一个合理的、可以接受的水平。这样，对腐蚀情况进行检查、对已发生腐蚀破坏的不仅或部位进行修理和更换就是必不可少的了。

防腐蚀结构设计应遵循以下一般原则。

① 预留腐蚀裕量，避免因均匀腐蚀导致的产品失效。大多数产品是根据强度要求设计壁厚，但从均匀腐蚀方面考虑，这种设计是不合理的。由于环境介质的均匀腐蚀作用会使壁厚减薄。因此在设计槽、罐、管或其他部件时，应预留腐蚀裕量。

一般壁厚的设计为预期使用年限厚度的两倍。计算腐蚀裕量的基本步骤：先查出该材料在一定腐蚀介质条件下的年腐蚀率（腐蚀深度指标），然后按结构材料使用年限计算腐蚀厚度，所得数值乘以 2（安全系数的一般取值），即为设计的腐蚀裕量厚度。例如，材料的腐蚀率为 0.2mm/a，使用年限为 10 年，计算腐蚀厚度为 2mm，则壁的设计厚度应为 4mm。

② 外形结构应尽量简单，外表面平滑、均匀，承载件应避免应力集中。产品的结构与外形复杂、表面粗糙经常导致金属表面的电化学不均匀性、引起腐蚀。在条件允许的情况下，采取结构简单、表面平直光滑的设计是有利的，而对形状复杂的结构，采取圆弧和圆角形，而不采取尖角形（见图 11-8），采用圆筒形方形框架或其他框架结构更为有利。在流体中运动的表面采取流线型设计，既符合流体力学的要求，也符合材料耐冲击腐蚀性能的要求。

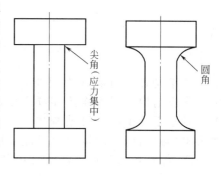

图 11-8　圆弧和圆角的外形设计

在结构设计中，最重要的是避免局部应力集中。零件在改变形状和尺寸时不要有尖角，而应有足够的圆弧过渡。对于长期承受拉伸应力的零件，设计所取得工作应力，应符合式（11-1）的要求。

$$\sum_{i=1}^{n} \sigma_i = \left(\sum_{i=1}^{n'} \sigma_i' + \sum_{i=1}^{n''} \sigma_i'' \right) \leqslant \sigma_{\text{scc-Th}} \tag{11-1}$$

式中　$\sum_{i=1}^{n} \sigma_i$——参与拉伸应力和设计所取工作应力总和；

$\sum_{i}^{n'} \sigma_i'$——结构件加工、成型、处理、装配等所造成的参与拉伸应力的总和；

$\sum_{i=1}^{n''} \sigma_i''$ ——设计所取工作应力；

σ_{scc-Th} ——材料光滑试样应力腐蚀临界应力。

若 $\sum_{i=1}^{n'} \sigma_i' \neq 0$，则 $\sum_{i=1}^{n''} \sigma_i'' \leqslant \left(\sigma_{scc-Th} - \sum_{i=1}^{n'} \sigma_i' \right)$。

若 $\sum_{i=1}^{n'} \sigma_i' = 0$，则 $\sum_{i=1}^{n''} \sigma_i'' \leqslant \sigma_{scc-Th}$，此时最能发挥材料的潜力。

产品结构简单，不仅可以减少腐蚀电池的形成机会，还有利于防护技术的采用和提高防护效果。特别要注意保证产品主体部分结构的完整和简单，容易发生腐蚀破坏因而需要检查或修理的部件最好集中在一起。

③ 防止腐蚀介质滞留和沉积物腐蚀。容器底部及出口管的设计（如图 11-9 所示），应能使容器内的液体排空，能存积液体的地方应设排液孔，并布置合适的通风口，防止湿气的汇集和凝聚。

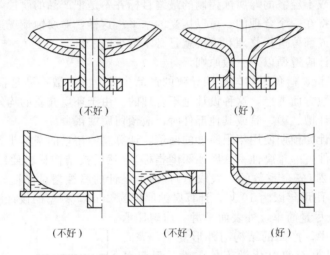

（不好）　　　　　　　　（好）

（不好）　　　（不好）　　　（好）

图 11-9　容器底部及出口管的设计的比较

④ 结构连接时应减少间隙，防止闭塞的缝隙结构，以防止缝隙腐蚀。整体结构优于分段结构，因为连接部位往往是耐蚀性最弱的地方。但分段结构有利于运输、检查，对必不可少的分段结构要设计合理的连接方式。连接时尽可能不采用铆接结构而采用焊接结构，焊接时尽可能采用双面对焊、连续焊，而不采用搭接焊、间断焊，以免形成缝隙腐蚀，或者采用措施（如敛缝、涂层等）将缝隙封闭起来（见图 11-10）。

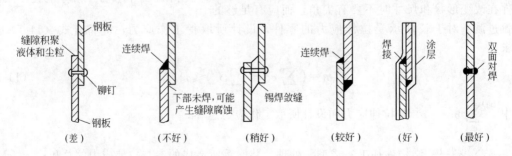

图 11-10　结构连接时的方式比较

222

⑤ 为避免电偶腐蚀，同一结构尽可能选用同一种金属材料或电位较近的材料（两种材料电位差小于25mV）。不同材料连接时要用绝缘垫片等绝缘材料隔离将二者完全隔离，避免小阳极大阴极式的金属间的直接接触（见图11-11）。如果不能使用绝缘材料，则可以采用涂料或镀层密封保护。采用涂料保护时，不仅要将阳极材料覆盖上，还应将阴极一起覆盖上（见图11-12）。镀层保护要求两块连接的金属上都镀上同一种镀层，或与被保护材料电位接近的材料（电位差小于25mV），如飞机上连接铝合金板或部件的铜螺栓镀镉。根据需要，也可以对被保护金属结构采用外加电流阴极保护。

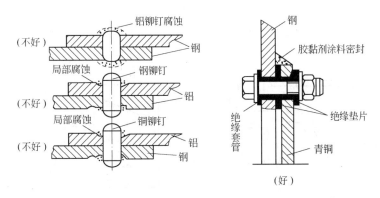

图 11-11　不同金属连接时，采用绝缘材料隔开时的设计

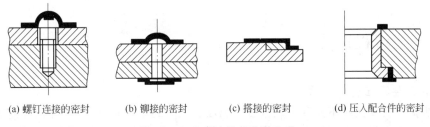

(a) 螺钉连接的密封　　(b) 铆接的密封　　(c) 搭接的密封　　(d) 压入配合件的密封

图 11-12　各种连接的密封方式

⑥ 在高速流体中使用的设备，结构设计时应注意防止冲刷腐蚀。为避免高速流体直接冲刷设备，设计时可考虑增加管径和管子的弯曲半径，以保持层流、避免严重的湍流和涡流（见图11-13）。在高速流体的接头部位，不要采用T形分叉结构，而应优先采用曲线过渡的结构形式（如图11-14）。在易产生严重冲刷腐蚀的部位，设计时应考虑安装容易更换的缓冲挡板或折流板（见图11-15）。

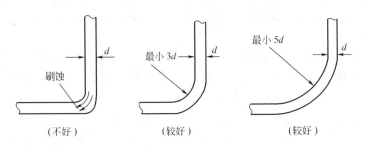

图 11-13　管子的弯曲半径设计要求

223

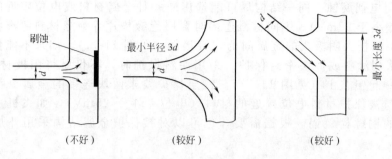

图 11-14　管接头部位的设计

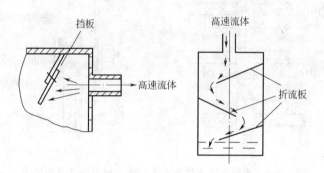

图 11-15　防止高速流体冲刷的挡板和折流板设计

11.3　工艺流程选择

11.3.1　化工生产工艺的选择

化工机械设备要接触不同种类、浓度、温度和压力的化工介质，对于化工工艺流程的设计，必须充分考虑设备在不同介质中腐蚀的可能性，以找出恰当的防护方法，防止其腐蚀。

11.3.1.1　选用恰当的工艺路线

常温干燥气体对金属的腐蚀不严重，而潮湿气体对金属的腐蚀却很严重，可通过在工艺流程中增加冷却和干燥设备，使气体湿度降至最低。

例如氯碱生产过程中氯气的制备工艺流程（见图 11-16）。常温干燥的氯气和 HCl 气体，对金属的腐蚀能力很弱，但是含水蒸气的湿氯气会发生水解，生成盐酸和次氯酸，次氯酸又可以分解放出氧，这些介质的腐蚀能力却很强。常用浓硫酸干燥，除去其中的水分，以避免湿氯的腐蚀。但是干燥过程中的硫酸不断被氯气中带入的水分所稀释，并被氯气所饱和，这种硫酸的腐蚀性很强，故在干燥系统中规定干燥塔硫酸浓度在 78% 以上，以免硫酸循环系统遭受强烈的腐蚀。

在氯气处理的工艺流程中一般首先选用冷却塔，用水直接喷淋，使氯气中大部分水蒸气冷凝排出，其次采用三级干燥塔串联，用浓硫酸干燥至含水量不超过 0.04%。

11.3.1.2　采用改变介质组分和性质的工艺防腐

石化企业中常温减压系统中塔顶的腐蚀类型主要是原油带来的 $HCl-H_2S-H_2O$ 系统的腐蚀，通常采取"一脱四注"的工艺防腐措施，即原油脱盐、注碱、挥发性注氨、注缓蚀剂、注水，其工艺流程见图 11-17。

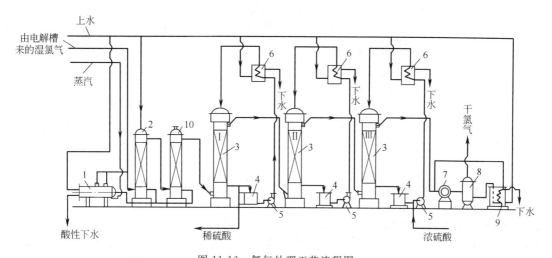

图 11-16　氯气处理工艺流程图

1—脱氯塔；2—冷却塔；3—干燥塔；4—硫酸受槽；5—硫酸泵；6—硫酸冷却器；

7—氯气压缩机；8—酸分离器；9—酸冷却器；10—捕沫塔

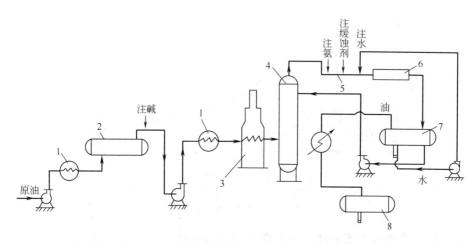

图 11-17　石油冶炼厂常压系统"一脱四注"工艺流程示意图

1—换热器；2—电脱盐罐；3—加热炉；4—常压塔；5—挥发线；

6—空冷器；7—回流罐；8—产品罐

① 脱盐　用脱盐罐脱盐，去除原油中腐蚀性的盐类，原油中存在的无机盐主要是氯化钠、氯化钙和氯化镁，其中氯化钠含量高，因其不能水解，较易脱去，而氯化镁、氯化钙容易水解，很难脱除，因此经脱盐后，原油中还会残留一部分氯化镁和氯化钙，它们水解之后生成的氯化氢会在塔顶与水形成盐酸，发生了强烈腐蚀，因此需要注碱。

② 注碱　向原油中注入 NaOH 或 Na_2CO_3，一方面减弱氯化钙、氯化镁的水解，使氯化氢的发生量减小：

$$MgCl_2 + Na_2CO_3 \longrightarrow MgCO_3 + 2NaCl$$

$$CaCl_2 + Na_2CO_3 \longrightarrow CaCO_3 + 2NaCl$$

另一方面，中和一部分生成的 HCl：

$$MgCl_2 + 2H_2O \longrightarrow Mg(OH)_2 + 2HCl$$

$$CaCl_2 + 2H_2O \longrightarrow Ca(OH)_2 + 2HCl$$

225

$$NaOH + HCl \longrightarrow NaCl + H_2O$$

或

$$Na_2CO_3 + 2HCl \longrightarrow 2NaCl + H_2O + CO_2$$

另外，在碱性条件下，高温重油中的 S-H_2S-RSH 和环氧酸的腐蚀作用也较小。

③ 注氨和注缓蚀剂　经过脱盐脱碱步骤，一部分 HCl 气体仍然存留在油水混合气中，可在挥发线用注氨的办法来中和。

$$NH_3 + HCl \longrightarrow NH_4Cl$$

生成的 NH_4Cl 在 350℃时升华，但低于 350℃就以固体状态沉积下来，造成氯化铵堵塞塔盘，产生沉积物腐蚀，而加入缓蚀剂则能减轻氯化铵的局部腐蚀，所以缓蚀剂和氨必须同时注入系统。

④ 注水　油水混合气体进入挥发线时，水为气相，腐蚀很微弱。但在空冷器入口处，随着温度降低，水汽凝结为水滴，少量的水滴和较大量的 HCl 气体接触，生成 pH 值很低的盐酸，它的腐蚀性极其强烈，而当凝结水量增加，盐酸浓度降低时，腐蚀性也随之减弱。因此，当水汽转变为水滴的相变时，腐蚀性最为严重。为了保护价格昂贵且易发生腐蚀穿透的空冷器，可以采用挥发线注碱性水的方法，使相变部位向前移至价格便宜的挥发线，一方面冲稀相变区中 HCl 的浓度，另一方面中和 HCl，减少 HCl 介质的腐蚀。图 11-18 为常压精馏系统采用上述措施前后的腐蚀情况示意图。

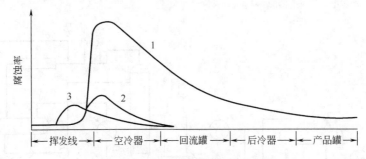

图 11-18　常压系统腐蚀情况示意图

1—不注氨，不注缓蚀剂；2—注氨，注缓蚀剂，不注水；

3—注氨，注缓蚀剂，注水

11.3.1.3　控制适当的工艺条件，确定合理的工艺参数

化工生产中的主要工艺参数包括温度、压力、物料成分和浓度，这些工艺条件既影响生产量和生产效益，又影响到设备的腐蚀。一般来说，强化生产工艺可以提高产量，但同时又使设备服役的环境条件变得苛刻。因此对新设备的设计应能满足工艺参数的上限，而对已有的设备则应在保证产品质量及生产任务量的前提下，适当降低工艺参数。

用调整工艺参数的方法解决设备腐蚀问题，在实际应用中有许多成功的事例。例如尿素合成塔的出口减压阀为耐蚀的钛体锆芯，腐蚀仍然非常严重，后来略降温 1~2℃，腐蚀情况得到很大缓解。

11.3.2　金属设备和构件制造工艺的选择

金属构造物在制造过程中也会由于加工工艺的选择而带来腐蚀隐患，应采取措施加以避免。

① 机械加工工艺的防腐　金属材料最好在退火状态下进行机械加工和冷弯、冷冲等成型工艺，以保证较小的残余应力；金属材料经过机械加工或冷变形、冷成型工艺加工后，应及时进行消除应力的热处理；磨光、抛光及喷丸处理可增加金属表面的残余应力，可采用与

拉应力工艺结合，以互相抵消应力影响；保证机械加工表面的粗糙度，特别是在应力集中处，要严格按照设计方案计算的要求进行加工；机械加工过程中使用的切削冷却液，应对加工过程无腐蚀性；采取工序间防锈措施。

② 铸造工艺的防腐 铸造过程中容易产生孔、气孔、砂眼和夹渣等铸造缺陷，容易成为氢脆、腐蚀疲劳的危险区，而且在铸造厚度太大的地方，由于冷却速度不均易造成内应力，容易产生缝隙腐蚀和应力腐蚀破裂。因此，从工艺上应尽量采用精密铸造工艺，减少铸件的孔洞和砂眼；尽量除去表面的多孔层或进行封孔处理；对厚度大的铸件增加匀速冷却的手段；钢铸件不采用化学氧化，铝铸件如果针孔超过三级，只采取铬酸氧化。

③ 焊接工艺的防腐 焊接过程中产生的焊瘤或咬边容易使金属产生缝隙腐蚀，喷溅可使金属形成沉积物腐蚀。因此设计时应规定适当的焊接工艺，同时焊后对焊缝仔细打磨除去喷溅物，以改善焊缝耐局部腐蚀的能力；焊接热影响区组织变化对腐蚀的影响。焊接时焊缝处金属温度高，高温停留时间长，晶粒粗大，使得金相组织不均匀，因此在焊接工艺中，在焊接时所产生的内应力不足以形成裂缝的条件下，应使热影响区越小越好；焊接在焊缝附近产生热影响区，使得不锈钢在合成处产生刀状腐蚀，可通过调整工艺来避免，例如对奥氏体不锈钢可以通过选择超低碳钢焊条、焊后热处理和焊接过程中加强冷却的方法来防止；带有镀锌、镀镉等镀层的金属零件，其基材容易产生金属脆断，因此严禁镀后焊接；焊接所用的焊条成分应与基体接近，或者可以使用电位正一些的材料作为焊条，以免产生电偶腐蚀。

④ 锻造工艺的防腐 锻件设计应控制锻件流线末端的外露，避免在短横线上承受大的使用应力；短横向受力时，注意锻件的各向异性；对高强度铝合金，采用自由锻比模锻更有利于提高锻件的抗应力腐蚀能力。

⑤ 热处理工艺的防腐 热处理过程中应防止金属高温氧化和脱碳，最好采用真空热处理；可控气氛热处理或使用热处理保护涂料；钛合金、高强度钢要避免在含氢气氛中热处理。

11.4 防腐蚀方法的选择

在防腐蚀设计中，防腐蚀方法的选择与防腐蚀材料的选择、防腐蚀结构设计及工艺流程的选择是相互补充、相互关联的。其中，对已有的不可变的金属结构所进行的防腐蚀方法的设计，最能体现防腐经济性原则，是最关键的设计环节。

防腐蚀方法一般包括以下三种：

① 采用耐腐蚀的各种涂镀层或转化层等表面的工程防护法；

② 设法改造腐蚀环境，其中主要是采用各种防腐剂；

③ 施行电化学保护。

这些防护方法可以单独使用，也可以联合使用。究竟使用哪种方法可以达到良好的防护效果，必须了解具体腐蚀过程的控制因素，还要了解各种防护方法的控制原理。只有掌握具体腐蚀过程的控制因素及各种防护方法的防护原理，才能根据具体的被保护对象提出可行而有效的防护方法。

本书在第8~10章对各种防腐蚀方法已经进行了专门介绍，在此仅对各种方法的作用性质（见表11-13）作以综合比较，作为具体选择防护方法时的参考。

表 11-13　各种防腐蚀方法的作用性质比较

控 制 因 素		防 蚀 途 径	防 蚀 方 法 举 例
提高体系的热稳定性	改变表面因素	①镀高电位金属镀层； ②涂覆完整无孔的电绝缘的镀层	①钢上镀铜或镀镍； ②橡胶衬里、砖板衬里、搪玻璃等无机材料
	改变环境因素	①用改变介质的办法促进形成保护性能良好的覆盖层； ②从介质中完全去除阴极去极化剂	①从水中去除 CO_2，以促使生成 $CaCO_3$ 保护层：$CaCO_3+CO_2 \rightleftharpoons Ca(HCO_3)_2$； ②使用磷酸盐等覆盖作用缓蚀剂
增强阳极控制	改变表面因素	①涂覆含有钝化填料的涂膜或使用含钝化填料的有缝材料； ②镀易钝化金属镀层； ③处理金属表面，使其易钝化	①油漆中加锌-铬酸盐填料以防止大气腐蚀； ②钢上镀铬； ③不锈钢表面抛光
	改变环境因素	①往溶液中加入易钝化的阳极缓蚀剂； ②阳极保护	①加入钝化型阴离子（铬酸盐、亚硝酸盐、硝酸盐等）； ②外加电流阳极保护或与电位更正的金属接触
增强阴极控制	改变表面因素	镀析氢过电位的金属镀层	钢件镀锌或镉（减少在弱酸性溶液中腐蚀）
	改变环境因素	①加入阴极型缓蚀剂； ②降低阴极附近溶液中阴极去极化剂的浓度； ③阴极保护	①钢铁酸洗的酸中加入砷锌铋； ②提高溶液 pH 值，减少溶液溶氧量； ③外加电流阴极保护或使用牺牲阳极
增强电阻控制	改变表面因素	加装绝缘性保护层	加装环氧树脂涂料保护层
	改变环境因素	改变环境条件以增强其电阻	为减小土壤腐蚀，可在地下设备周围回填干净土壤或沙石

防护方法的选择应该遵从下列原则。

① 按照控制因素，选用合理的防腐方法。

a. 对于由热力学稳定性控制的腐蚀过程，可采用完全抑制腐蚀反应（阴、阳极反应都抑制）的一切措施，包括用涂层完全隔绝金属与环境介质的接触，也包括从溶液中完全去除 H^+、溶解氧等去极化剂。

b. 对于阳极控制的腐蚀过程，可以进行阳极保护、镀覆易钝化金属镀层、涂料中加入钝化填料或在溶液中加入致钝缓蚀剂，进一步增强腐蚀过程的阳极控制程度，减轻腐蚀。

c. 对于阴极控制的腐蚀过程，应该采取进一步增强阴极控制的措施，主要是使用阴极型缓蚀剂或施加阴极保护以抑制腐蚀。

② 根据设备装置的寿命要求和环境特点，选用在指定环境中能维持其防护效果且寿命最长的单一或联合的防护方法。

③ 选择与被保护材料相容的防护方法。如果考虑联合保护，还要考虑几种防护方法之间的相容性。

④ 经济性原则，即单一保护或联合保护的效益与成本核算。按照已发表的数据，金属结构物，如海船的涂装费占 5%，阴极保护所需的费用约为结构物造价的 1%～2%，而阴极保护和涂层的联合保护所需要费用仅为造价的 0.1%～0.2%。某油田的地下输油管道在单独使用涂层（沥青玻璃布）防腐蚀使用不到三年就发生了穿孔漏油，造成停产检修，在使用涂层与阴极保护联合保护后，五年多未发现腐蚀穿孔现象。碳钢在海水中阴极保护时，裸钢板的电流密度为 0.15～0.1A/m²，在有涂料时，保护电流密度只要 0.004～0.015A/m²，有涂层的钢板用 0.11A/m² 的电流密度进行极化，仅需要几个小时就到达保护电位，而钢板用

$45A/m^2$的电流密度需要几天才能极化到同一电位，因此降低了阴极保护的投资和操作费用。实践证明，阴极保护和防腐联合保护是经济有效的防腐蚀措施。

习　　题

1. 什么是防腐蚀控制？

2. 什么是防腐蚀设计？其主要内容是什么？

3. 正确选材的内涵是什么？正确选材对防腐蚀有何意义？

4. 选材的基本步骤有哪些？如何在选材过程中做到技术上的可行性和经济上的合理性的统一？

5. 如何根据不同的腐蚀环境选择耐蚀材料？

6. 什么是合理的结构设计？

7. 结构设计中针对均匀腐蚀和局部腐蚀的设计内容分别有哪些？

8. 防腐蚀设计中腐蚀试验的作用是什么？实验结果的正确性及对实际生产的指导作用取决于哪些因素？

9. 如何从结构设计上减小或避免不同金属连接时产生的电偶腐蚀的影响？

10. 如何从工艺方法上实现防腐蚀目的？化工生产与机械加工过程中的防腐蚀工艺具体有哪些？

11. 防护方法的选择原则有哪些？

第12章 腐蚀试验、检测与监控

12.1 几种典型局部腐蚀的腐蚀试验

12.1.1 点蚀试验

评价金属材料的耐点蚀性能的试验方法可分为两大类,一类是化学浸蚀法,另一类是采用电化学测量技术的方法。

12.1.1.1 化学浸蚀法

化学浸蚀法顾名思义是将试样浸入实际的或者加速的腐蚀介质中,经过特定的腐蚀时间周期后,通过失重或增重测量以及测量单位面积上的蚀孔数目、蚀孔大小和深度,或者通过测定临界点蚀温度、导致点蚀的最低氯离子浓度等,来评价金属和合金的点蚀敏感性和耐点蚀性能。表 12-1 列出了某些常用的点蚀化学浸泡加速腐蚀试验的溶液及条件。

表 12-1 常用的点蚀化学浸泡加速腐蚀试验的溶液及条件

序 号	腐蚀试验溶液	温度/℃	时间/h
1	$NaCl(2\%)+KMnO_4(2\%)$	90	
2	$FeCl_3 \cdot 6H_2O(10\%)$	50	
3	$FeCl_3(50g/L)+HCl(0.05mol/L)$	50	48
4	$FeCl_3 \cdot 6H_2O(100g)+H_2O(900mL)$	22 或 50	72
5	$FeCl_3(0.33mol/L)+HCl(0.05mol/L)$	25	
6	$NaCl(1mol/L)+K_3Fe(CN)_6(0.5mol/L)$	25 或 50	6
7	$FeNH_4(SO_4)_2 \cdot 12H_2O(2\%)+NH_4Cl(3\%)$		
8	$NaCl(4\%)+H_2O_2(0.15\%)$	40	24
9	$FeCl_3 \cdot 6H_2O(108g/L)$用 HCl 调节 pH 值至 0.9		
10	$NaOCl(6.1\%)+NaCl(3.5\%)$		

点蚀常常发生在既有氯离子又有氧化剂存在的条件下,而 $FeCl_3$ 是一种具有较强氧化性的氧化剂, $Fe^{3+}+e \longrightarrow Fe^{2+}$ 反应的氧化还原电位比大多数金属在腐蚀介质中的自腐蚀电位高,并且 $FeCl_3$ 溶液含有大量 Cl^- ,且 pH 值低、酸性强,具有强烈的引发点蚀的倾向,故而 $FeCl_3$ 溶液作为点蚀的加速腐蚀试验溶液被普遍采用。使用 $FeCl_3$ 溶液浸泡的金属试样因点蚀引起的腐蚀量相对于全面腐蚀量来说还是比较大的,因而可通过试验后的腐蚀失重、蚀孔数目以及尺寸大小和深度等来评价金属材料的点蚀敏感性。

三氯化铁浸泡法的试验技术十分成熟,目前各国都制定了相关的主要技术条件和相应的专门标准,如中国的不锈钢三氯化铁腐蚀试验方法(GB 4334.7—84)、日本工业标准(JIS G 0578—1981)、美国标准(ASTM G 48—76)等,读者可查阅参考。

(1)浸蚀试验的具体步骤如下所述。

① 试样制备 金属材料试样一般应从材料性质均匀的部位截取,应能保证所取试样对

待研究的材料具有代表性，因而不能从边角部分、缺陷区域以及铸件的浇冒口等部位截取。截取后应该采用切削或研磨的方法对试样断面进行加工，以去除截取引起的应力区和热影响区。截取的金属材料试样应该具有较高的面积重量比，即单位重量试样应有较大的表面积，这是因为相对的表面积越大，越能够有相对较明显的腐蚀失重，也越能反映出蚀孔深度等的统计分布规律。从试验材料上截取试样时，应使与轧制或锻造方向垂直的断面面积尽量小一些，应将其控制在试样总面积的 30% 以下较好。加工后的试样还应进一步进行表面的处理，保证试样的均一性和测量结果的重现性。表面处理如下：表面用砂纸研磨，按照由粗到细的顺序，最后用粒度为 240 号以上水砂纸研磨，除去表面油脂，使用流水及酒精或丙酮清洗。试样的外形尺寸在各国标准中规定的都不一样，美国标准中试样尺寸为 50mm×25mm，我国大多采用 30mm×20mm 的外形尺寸。

② 试验条件　试验溶液量应满足与试样表面积的面容比应该在 20mL/cm^2 以上，试验温度为（35±1）℃或（50±1）℃，一般在 35℃ 下不出现点蚀或者失重很小时，可在 50℃ 条件下进行试验。将至少三组平行试样放置在特定的试验支架上，放置的方式根据具体情况可以采用垂直、倾斜和水平三种放置方式。

③ 试验结果的检查与评定　首先应该详细记录试验条件，包括材料及其冶金学处理、表面处理过程、介质条件、暴露时间以及试样的外观情况和腐蚀产物情况；接下来用目测或低倍放大镜观察试样，然后详细记录点蚀孔特征，包括大小、形状、密度、分布状况、蚀孔的平均深度和最大深度、点蚀位置以及材料的力学性能变化情况等；最后去除腐蚀产物，测量试样的失重。

图 12-1 是美国 ASTM G 46—76 标准推荐的一个蚀孔的标准计数图样，该图样给出蚀孔的密度、尺寸和深度的标准。图中，A 栏表示每平方米面积上蚀孔的个数；B 栏表示蚀孔的平均尺寸，以面积单位"mm^2"表示，A 和 B 均表示了金属表面上的点蚀程度。C 栏表示蚀孔的平均深度，是点蚀向深度方向发展的程度。

在某些情况下，例如当点蚀是主要腐蚀形式且点蚀密度很高时，也可采用试验前后试样材料的力学性能的变化来评价点蚀程度，例如抗拉强度、延伸率、疲劳强度、冲击韧性以及爆破压力等。

④ 临界点蚀温度试验　临界点蚀温度可以用来研究不同金属和合金在各种温度下对点蚀成核的敏感性。一般在一定温度范围内，温度越高，点蚀电位越负，因此临界点蚀温度越高，说明材料的耐点蚀性能越好。试样置入 10% FeCl$_3$ 溶液中进行浸泡，从较低温度开始以一定速率升温，直至平行于轧制方向的试验面上出现离散的肉眼可见的蚀孔，这时的试验温度就是临界点蚀温度。

⑤ 点蚀的最低氯离子浓度试验　金属发生点蚀时，氯离子达到某一临界浓度是其必要条件，因此，金属发生点蚀的最低氯离子浓度也可以表征金属或合金的耐点蚀的性能。最低氯离子浓度越小，金属或合金越不耐点蚀。

（2）使用电化学技术的试验方法如下所述。

金属或合金在发生点蚀时有两个重要的特征

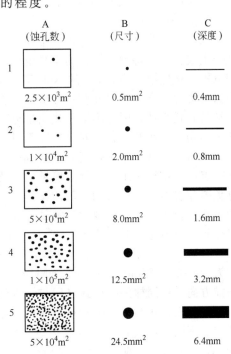

图 12-1　美国 ASTM G 46—76 标准推荐的蚀孔的标准计数

231

电位，即点蚀成核电位或击穿电位 φ_b 和点蚀保护电位 φ_p。φ_b 是指材料产生新蚀孔的最低电位，相应于点蚀核形成的电位或者钝化膜被击穿时的电位，φ_p 是指已有的蚀孔重新钝化的最高电位，这两个特征电位的数值可以用来判断金属或合金的点蚀敏感性，φ_b 越正、φ_p 越负，金属的耐点蚀性能越好。研究表明当电位正于 φ_b 时，必然可以产生点蚀，点蚀可成核，已有的蚀孔也将继续扩展生长；电位处于 φ_b 与 φ_p 之间时，不会产生新的点蚀核心，但已有的蚀孔将继续发展长大；电位负于 φ_p 时，没有点蚀，不会形成新的点蚀，原有的点蚀完全钝化，不会发展长大。点蚀电位 φ_b 可表征金属耐点蚀的能力，φ_b 越正，金属对点蚀的敏感性越小。φ_p 表征了金属或合金重新钝化的能力。因此，通过点蚀特征电位的确定，可以比较不同金属在腐蚀介质中的点蚀敏感性。

用于测量点蚀电位的方法有电位控制法，如动电位法、准稳态动电位法、恒电位法及恒电位下的电流-时间曲线法；电流控制法，如动电流法、准稳态动电流法、恒电流法、恒电流下的电位-时间曲线法以及划伤法、恒电位区段法等。下面介绍经典的动电位法和恒电流下的电流-时间曲线法。

① 动电位法　采用动电位扫描测量金属点蚀的带有滞后环形状的阳极极化曲线，从而确定 φ_b 和 φ_p，该方法具有操作简单、过程快速的特点，已经成为点蚀测量的标准试验方法。如美国、日本都有各自的测量标准，我国目前也已经制定了不锈钢点蚀电位测量方法的国家标准（GB 4334.9—84）。对于具有钝化-活化转变的金属，例如不锈钢，在含有卤素离子的介质中，阳极电位向正方向扫描到达钝化区的某一电位时，由于发生点蚀，阳极电流密度会出现迅速增大的现象，该电位就是点蚀电位 φ_b。发生点蚀后，在达到某一返扫电位时再将电位按原扫速做逆向扫描时，若在钝化区蚀孔重新钝化，则会使电流下降，与钝化区相交的另一电位位置就是保护电位或再钝化电位 φ_p，见图 5-5 的不锈钢在氯化钠水溶液中的动电位极化曲线示意。由于测得的 φ_b 和 φ_p 值与试样的制备条件、试验操作条件以及腐蚀介质溶液组成、温度、充气状态等因素有关，为使数据具有相互比较意义，必须采用相同的规范进行试验和测量比较。

动电位法测量装置由电位扫描仪、恒电位仪、函数记录仪、电解池装置以及恒温装置等部分组成。使用待测试样作为工作电极，使用饱和甘汞电极作为参比电极，而辅助电极多用铂电极。试验溶液为 3.5% 的 NaCl 溶液，试验温度一般为 (30 ± 1)℃ 或 (50 ± 1)℃，实验中保持恒温。金属材料试样一般应从材料的性质均匀部位截取，应能保证所取试样对研究的材料具有代表性，因此不能从边角部分、缺陷区域以及铸件的浇冒口等部位切取。切取后应该采用切削或研磨的方法对试样断面进行再加工，以去除应力影响区和热影响区。试样经机械加工后，用砂纸依次打磨，一直到 600 号粒度水砂纸。接下来要特别注意试样的涂封，防止在点蚀电位测量中出现缝隙腐蚀的干扰，缝隙腐蚀的发生常使测量的点蚀电位值偏低。为避免缝隙腐蚀，一般采用硝酸使试样表面钝化或阳极钝化的预处理的方法，然后用适当涂料涂封非工作面，仅留出钝化过的试样表面，然后立即进行测量。在溶液中通入高纯氩气或氮气除氧，溶液通气时间应不少于 30min，实验中一直保持通气除氧。试样置于溶液达到稳态，一般在 10min 左右，测定试样的自然腐蚀电位，从该电位开始阳极扫描，电位扫描速度为 $10\sim20$mV/min 左右，直至阳极电流密度达到 $0.5\sim1$mA/cm² 为止，立即改变电位的扫描方向，以同样的扫描速度回扫，直到电流下降到钝化电流值以下。

在阳极极化曲线上由于点蚀而使电流开始急剧且连续上升时的电位定义为点蚀电位 φ_b。若该点不明显，或者出现电流振荡，则可取阳极极化曲线上对应于电流密度为 10μA/cm²（或 100μA/cm²）的电位为击穿电位，分别用 φ_{b10} 或 φ_{b100} 表示。当阳极电流密度达到某一规定值（如 1mA/cm²）时，变换电位扫描方向，进行逆向电位扫描，直至与正向扫描曲线相交，或扫描到电流密度降低至零，或达到原自然腐蚀电位。一般可将逆向扫描曲线与正向扫描曲线在钝化区相交点所对应的电位定义为保护电位，也可从相应于逆扫曲线上对应于电流密度为 $10\mu A/cm^2$（或 $100\mu A/cm^2$）的电位作为点蚀保护电位，分别用 φ_{p10} 或 φ_{p100} 表示。测试后的试样，应除去试验面上的涂料后，在低倍显微镜下观察，若在试验面的边缘部分发现有缝隙腐蚀形态存在，则应该重新制备试样，重新测试。

② 恒电流下的电位-时间曲线法　在恒电流下测定电位-时间的曲线，也同样可以得到两个特征电位 φ_b 和 φ_p 的值。图 12-2 为恒定电流下测定的电位-时间曲线。当所施加的阳极极化电流 i 大于金属的致钝电流密度 i_{pp} 时，金属由于发生钝化，电位会迅速上升，在达到点蚀电位 φ_b 后由于点蚀的出现，钝化膜被破坏，导致电极电位下降，直至电位逐渐趋于稳定，此稳定的电位值相应于保护电位 φ_p。阳极极化曲线能够达到的最高电位和所用的电流密度的大小有关，电流密度值越大，所能达到的电位值相应就越大，测量得到的 φ_b 值也越大。由于用这一方法测定的 φ_b 和所用的电流大小有关，应该注意在测试比较不同的试样时，需采用相同的试验标准和条件。

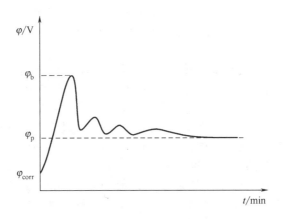

图 12-2　恒电流条件下的电位-时间曲线 $(i>i_{pp})$

恒电流下的电位-时间曲线法的电位值和所用电流密度的大小相关，并且测量时可能会出现电流的振荡现象，因而这种方法测量的特征电位 φ_b 和 φ_p 重现性略差。

③ 点蚀孕育期的试验方法如下所述。

钝化金属发生点蚀都存在一个孕育期，其原因在于氯离子穿透钝化膜需要一定的时间，这个孕育期的长短可以表征金属材料对点蚀的敏感程度，孕育期越短，则该金属对点蚀的敏感程度就越高。测量点蚀的孕育期，既可以在自然腐蚀电位下，将试样浸泡在溶液中，记录出现点蚀坑的时间，也可以在使用恒电位仪恒定试样的电极电位的条件下，记录电流突然变化的拐点而得到。测定自腐蚀电位和时间变化的方法，一般需要相当长的时间，因为金属点蚀孕育期从几秒到几个月不等，故用此方法评价材料的耐点蚀性能不是很合适。一般情况下，均使用恒定试样电位条件下使试样处于阳极极化状态时测定在某一恒定阳极电位下的点蚀孕育期，所应用的电位越正，出现点蚀的时间越少，孕育期越短。如图 12-3 所示，在时间 τ 后，电流密度随时间上升，这表明发生了点蚀并且点蚀进一步扩展，τ 即为点蚀发生的孕育期。比较相同电位下不同金属或合金的点蚀孕育期，可以判定它们的耐点蚀能力，孕育期长的金属对点蚀敏感性低，而孕育

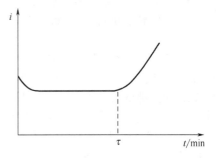

图 12-3　恒电位条件下点蚀
孕育期示意

期短的金属点蚀敏感性高。

12.1.2 晶间腐蚀试验

检验晶间腐蚀的试验方法有化学浸蚀法、电化学试验方法以及物理检验法。

12.1.2.1 化学浸泡法

晶间腐蚀的化学浸泡法主要有沸腾硝酸（65%）法、硫酸-硫酸铁法、硫酸-硫酸铜-铜屑法、硝酸-氢氟酸法等，发展的比较成熟，应用广泛。下面简要介绍草酸电解浸蚀法、沸腾硝酸（65%）法、硫酸-硫酸铁法、硫酸-硫酸铜-铜屑法。

① 草酸电解浸蚀试验　草酸电解浸蚀法是检测晶间腐蚀最敏感的方法。将待测试样作为阳极，阴极采用不锈钢杯，在浓度为10%的草酸溶液中电解浸蚀。制备时要考虑试样性质均一性和对材料有代表性，注意要消除应力和热作用的影响，试样通常采用$25.4mm \times 25.4mm$的尺寸。试验前在一定温度下进行晶间腐蚀的敏化处理，使试样具有晶间腐蚀的敏感性，接下来将试样抛光以及涂封。浸蚀过程及条件：试样放入10%的草酸溶液中，以$1A/cm^2$阳极电流密度电解浸蚀90s，温度保持在$20 \sim 50℃$，浸蚀后，接着在热水和丙酮中彻底清洗，在$200 \sim 500$倍的金相显微镜下观察金属的浸蚀组织，以确定该金属的晶间腐蚀敏感性。

金属在草酸中的浸蚀可能有多种浸蚀结构，常见的浸蚀结构主要有三种：台阶状组织，即晶粒之间存在台阶，晶粒边界上没有任何的腐蚀沟；混合型组织，即除了阶梯状结构以外，晶粒边界上还有一些腐蚀沟，但是没有一个晶粒被腐蚀沟完全包围；沟槽状组织，即浸蚀结构中有一个或一个以上的晶粒完全被腐蚀沟所包围。具有台阶状组织和混合型组织的材料对晶间腐蚀是不敏感的，具有沟槽状组织的材料容易发生晶间腐蚀。

② 沸腾硝酸试验　在沸腾的浓度为65%的硝酸溶液中，浸泡试样，测量试样的失重。将处理好的试样放入硝酸溶液中，暴露面积一般$20 \sim 30cm^2$，硝酸溶液至少保证$25mL/cm^2$。先通以冷却水冷却，然后煮沸溶液，并在整个试验期间保持微沸状态。48h沸腾试验为一周期，每一试验周期后，用水冲洗试样，除去腐蚀产物，干燥，称重。一般要进行五个周期的试验。

测量每个试验周期和整个试验期的平均腐蚀速度，以确定硝酸溶液对材料晶间腐蚀的影响。如，GB 1223—75中规定，不锈钢耐晶间腐蚀的分级标准为：腐蚀速度小于或等于0.6mm/a为一级，腐蚀速度$0.6 \sim 1.0mm/a$为二级，腐蚀速度$1.0 \sim 2.0mm/a$为三级，腐蚀速度大于2.0mm/a为四级。

③ 硫酸-硫酸铁试验　按GB 4334.2—84标准，配制$(50 \pm 0.3)% + 5.5g/L$ Fe^{3+}的$Fe_2(SO_4)_3$的水溶液，将样品置于溶液中连续煮沸试验120h。试验后采用失重法的腐蚀速率对结果进行评定。

经硫酸-硫酸铁试验晶间腐蚀试验后的试样，如果发生了晶间腐蚀，则在弯曲的张应力下，很容易显示出晶粒之间已丧失结合力的裂纹，据此可以判定材料是否具有晶间腐蚀倾向。

④ 硫酸-硫酸铜法　按GB 433L 5—90，试验溶液采用$CuSO_4$（5.7%）＋H_2SO_4（15.7%）溶液，为了加速晶间腐蚀，可在溶液中再加入铜屑（纯度不小于99.5%），进行连续16h的煮沸试验。经过一个（16h）或若干个周期的连续试验后，用声音法、电阻法、弯曲法或金相法对晶间腐蚀倾向进行检查。硫酸铜法标准中规定，金相磨片经浸蚀后，在$150 \sim 500$倍（铸件为150倍，轧件和焊接件为$400 \sim 500$倍）显微镜下观察，对于弯曲裂纹性质可疑的试样要做晶界浸蚀深度的显微测定。

以上各种晶间腐蚀的各种浸蚀方法中，目前应用最广泛的是沸腾硝酸（65%）法和硫酸-硫酸铜法。沸腾硝酸（65%）法不仅可对σ-相引起的晶间腐蚀进行敏感地检测，而且还能敏感地检验由于碳化铬选择性地溶解以及由于贫铬而导致的晶间腐蚀倾向，所以很适用于检验奥氏体不锈钢及镍基合金等的晶间腐蚀倾向。硫酸-硫酸铜法对晶界附近区域贫铬或贫钼所导致的晶间腐蚀很敏感，故对奥氏体不锈钢及奥氏体-铁素体双相不锈钢的晶间腐蚀检验特别适用。但因其对 σ-相不敏感，而需改用沸腾硝酸（65%）法或硫酸-硫酸铁法。草酸（10%）电解浸蚀法适用于检验那些因晶界析出碳化铬而发生选择性溶解所造成的晶间腐蚀倾向。

12.1.2.2 检验晶间腐蚀的电化学试验方法

使用电化学试验方法具有试验速度快、方便、可根据需要选择恒定的腐蚀电位等优点。检验晶间腐蚀的电化学试验方法中比较成熟的是草酸电解浸蚀法，它被用来检查因碳化铬沉淀引起的晶间腐蚀。此外，由于晶间腐蚀与特定的电位区间有关，因此根据极化曲线的形状或特定电位下的电流密度也可评价晶间腐蚀的敏感性，有些方法可直接显示晶间腐蚀结果，如电化学再活化法。

① 恒电流阳极电解浸蚀法　前面述及的草酸（10%）法就是这类方法应用之一。除此之外，还有浓度为 60% 的 H_2SO_4 阳极电解浸蚀法、过硫酸铵溶液阳极电解浸蚀法等。它们的共同特点是，在特定的溶液中，对待检验试样施加恒定的外加阳极电流，在经过规定的电解浸蚀时间后，观察试样表面的组织形态来确定晶间腐蚀倾向。试验的结果与溶液特性、电流密度及电解浸蚀时间等有密切关系。恒电流阳极电解浸蚀法具有简便、快速的优点，但应用此方法只能根据表面电解浸蚀显示的组织形态对不锈钢的晶间腐蚀倾向做出定性的推论。

② 恒电位法　敏化处理的材料在恒电位阳极极化曲线上可能出现第二阳极峰，敏化作用可以改变第二阳极峰的形状和高度。第二阳极峰的出现，说明在经过敏化处理的单相金属材料晶界出现了第二种物相，例如单相奥氏体不锈钢经敏化处理后在晶界处能形成贫铬区，它的阳极极化表现为钢相和碳化物相的阳极极化的叠加，试验测得的阳极极化曲线是这两个物相各自的阳极极化曲线的总加和曲线。图 12-4 是经过退火处理和敏化处理的 302 不锈钢在硫酸溶液中所测得的阳极极化曲线，图中经过敏化处理的钢极化曲线上出现了第二阳极峰电流，而退火处理的钢阳极极化曲线没有出现第二阳极峰。当在图 12-4 所示的第二阳极峰的电位区间进行恒电位阳极电解浸蚀后，可以显示出因晶界贫铬区溶解腐蚀而出现的晶间腐蚀裂纹。

恒电位法的另一种处理方法是先用恒电位仪测出固溶态试样和不同敏化时间的敏化态试样的阳极极化曲线，然后，将热处理情况不明的试样在恒电位条件下测定其稳定的电流密度，并与已知曲线进行比较。具有较高的稳态电流密度，表示有较严重的敏化作用，而具有较低稳态电流密度的阳极极化曲线，表示敏化作用较弱，通过这种比较可得知该试样的热处理条件和某一种敏化条件的对应关系。

③ 动电位扫描法　使用动电位扫描技术的试验方法也称为电化学再活化法，这种方法是在特定腐蚀介质中对试样进行动电位扫描来检验晶间腐蚀的敏感性，以再活化曲线峰下面的积分面积作为晶间腐蚀敏感性的判断依据。其测量过程为：将试样置于 30℃ 的 $0.5mol/L\ H_2SO_4 + 0.01mol/L\ KSCN$ 溶液中，经 5min 后，测其自然电极电位，如果正于 $-0.35V$（vs. SCE），则应在 $-1V$（vs. SCE）下先做阴极还原处理 1min，使

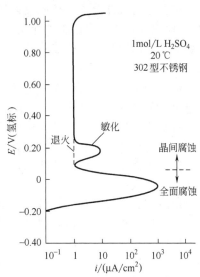

图 12-4　退火和敏化处理的 302 钢的阳极极化曲线

其自然电极电位＜－0.35V；而后，再在该电位下，以开路状态放置 5min，确认自然电极电位处于活化态电位（＜－0.35V），以（100±5）mV/min 的电位扫描速度，从该自然电极电位开始阳极极化，当电位达到＋0.3V(vs. SCE) 时，立刻以相同的速度逆向反扫描，以出现再活化后并且使阳极电流为零的电位作为结束试验的终点。基于记录仪上所得的动电位扫描曲线（图 12-5），可以获得相应于正向动电位扫描下活化态的最大电流密度 i_a 和逆扫描下活化态的最大电流密度 i_r，就可求出评价奥氏体不锈钢晶间腐蚀倾向的参量——再活化率，其表达式为：

$$R = \frac{i_r}{i_a} \times 100\% \tag{12-1}$$

再活化率的数值越高，晶间腐蚀敏感性越高。图 12-5 是动电位再活化法极化曲线示意。

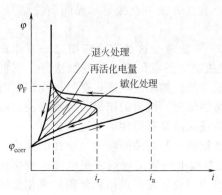

图 12-5　动电位再活化法极化曲线

这种方法具有快速、简便、定量和非破坏性检验等优点，特别是在试样因敏化程度不够，且用硫酸-硫酸铜法无法评价的场合下，该法仍有足够的灵敏度可检验出奥氏体不锈钢由于晶界析出碳化铬而引起的晶间腐蚀倾向。

12.1.2.3　物理检验法

主要包括金相法、弯曲法以及电子显微探针、扫描电镜、电子能谱等方法。金相法，即用 200～500 倍显微镜观察试验后的试样表面的组织状态，从而确定晶界是否存在腐蚀以及腐蚀的形态，并可以测量晶界的侵蚀深度。弯曲法，即将试验的试样弯曲 90°或 180°，然后观察弯曲外侧是否有微裂纹，依此判断是否有晶间腐蚀存在。扫描电镜可以观察晶界的结构和形态信息。电子显微探针和电子能谱能够给出晶界物质的定量分析的数据，是有力的晶界研究分析工具。

12.1.3　应力腐蚀破裂试验

应力腐蚀破裂是静态拉伸应力和腐蚀介质共同对金属作用的结果，因此应力腐蚀破裂的检测试验也可按此分类。按照应力加载方式的不同，应力腐蚀试验分为恒应变、恒载荷和恒（慢）应变速率法。根据腐蚀介质的不同可分为 3.5% NaCl 溶液法、沸腾 $MgCl_2$ 溶液法、连多硫酸法、高温高压试验法等。

12.1.3.1　恒应变试验

恒应变法是测量试样在恒定的应变条件下的应力腐蚀破裂的试验方法。通过机械方法把一定尺寸的试件弯至预定形态，如 U 形、C 形、弯梁形等，然后利用卡具使之保持恒定变形，将恒应变试件置于腐蚀介质中试验，直至试样发生破裂。检查内容包括裂缝开始出现的时间、裂缝深度、破裂百分数等。

试样表面要求有均一的状态，试样放入腐蚀介质前，应该进行脱脂，检查表面有否机械性开裂，在试验过程中，应该注意不要出现应力松弛现象，试验结束后检查的内容有裂纹开始出现时间、裂纹出现后继续试验到预定时间的裂纹深度、预定时间后开裂试样的百分数等，并使用金相显微镜检查裂纹组织形态。

恒应变法的试验方法简单，不需要使用复杂设备，可以在有限的容器内进行成批的、长期的试验，也可以在现场设备中试验。但该法对于施加在试样上的应力值难以准确确定，对平行试件难以造成和保持相等的应变，裂缝产生后可能会引起应力松弛，使裂缝的扩展放慢或中止。为了确定裂缝最初出现的时间，经常需要将试件从容器中取出，这一操作有可能影响到试验结果。

12.1.3.2 恒载荷试验

恒载荷法是将试件的一端固定，另一端加上某一恒定的静载荷，使试件承受恒定的应力的试验方法。当然这个静应力只有在裂纹出现以前是恒定的，当试件因腐蚀出现裂纹而使受力的截面积减小时，试样单位面积所受应力就会逐渐增大。

恒载荷应力腐蚀试验一般使用应力腐蚀试验机给试样加载应力，试样尽量采用标准拉伸试样，通常采用板状和棒状拉伸试样，具体尺寸可参阅相应国标。试样应对于待测金属材料具有代表性，应尽量消除机械加工和热影响。在不断增加应变的试验中，应测量极限抗拉强度、延伸率以及断面积的减小，断裂后应作金相显微镜检查。

该方法的优点在于，裂缝产生前的应力值可以精确地测量，可选择各种类型及不同尺寸的试件和采用不同的受力方法，采用广泛范围内的加力水平，能求出应力腐蚀的临界应力值。缺点是由于绝大多数体系产生裂缝往往都存在很长的孕育期，因此对孕育期长的金属，可以使用具有预先切口或预制微裂纹的试样，这样可以显著缩短试验时间，但此时只能够测得试样的裂纹发展、破裂的时间。

12.1.3.3 恒（慢）应变速率试验

应力腐蚀破裂与应变速率有关，在一定的应变速率范围内具有应力腐蚀敏感性极值，大于或小于这一应变范围都使应力腐蚀相对下降。根据不同的材料/介质体系，选择某一特定的应变速率范围，在慢应变速率试验机上缓慢而均匀地拉伸试件。试件断裂后，根据断口形貌、断面收缩率、应力-延伸率曲线、断裂时间等评价应力腐蚀的敏感性。

进行恒应变速率试验以后，应用金相法检查是韧性断裂还是过早的脆性断裂，以确定是否是应力腐蚀开裂。同时检验断面收缩率和延伸率等韧性指标，作应力-延伸率曲线。将结果与试样不在腐蚀介质中的纯的机械应力试验结果进行对比，可以确定是否有应力腐蚀开裂。

该方法的优点是，可以大大缩短试验周期，并且对是否产生应力腐蚀破裂可得到肯定的结果，如果试验结果表明没有发生应力腐蚀开裂，则在实际使用中一般就不会发生应力腐蚀开裂。该方法的缺点是需要分别确定各个体系的应变速率值，而且需要有专门的慢应变速率拉伸机。

12.1.3.4 沸腾 $MgCl_2$ 溶液试验

42% 沸腾 $MgCl_2$ 溶液可以使大多数不锈钢在其中迅速破裂，因此是一种很好的加速应力腐蚀的试验溶液。实验装置包括应力腐蚀拉伸试验机，其中带有回流冷凝器的容器用来盛装溶液和避免水蒸气的损失。试验温度控制在 $(143\pm1)℃$，试样应经电解抛光、酸洗及500 号砂纸打磨等处理。试验中，测量记录材料的屈服点、抗拉强度、延伸率、硬度、应力-应变曲线图以及测量裂纹的诱导时间、裂纹扩展时间、破裂时间等。该方法是在应力腐蚀破裂研究中经常被使用的方法，具有方法简单易行，费用较低的特点。

12.2 腐蚀的检测与监控

12.2.1 腐蚀检测和监控的意义

12.2.1.1 腐蚀检测和监控

仪器、设备、金属结构物等在正常的服役过程中都要不断地遭受周围环境腐蚀介质的侵袭，发生多种类型的腐蚀破坏。虽然这些仪器、设备、金属结构物在设计建造时就已经根据实验室的试验、工艺试验乃至生产试验方面的经验仔细地选择合适的材料，并采取了一定的防腐蚀措施，以使它们能够承受服役过程中的机械载荷及发生的腐蚀，但是最好的设计和防护措施也不能期望能够预见到服役寿命内可能出现的所有情况，在实际服役过程中仍然会出现由于腐蚀引起的损伤。因此必须经常地或定期地对仪器和设备的腐蚀情况进行检测和监测，以发现产生的腐蚀，并对腐蚀的影响加以评估。

腐蚀检测和监控是对设备的腐蚀或破坏所进行的测量，其目的在于弄清设备的腐蚀行为和了解腐蚀控制的情况，然后根据这种测量采取有效的应对措施。腐蚀检测和腐蚀监控之间的分界线并不总是清楚的，检测通常是指根据维护和检修计划所进行的短时间的一次性的测量，监控是在长时间周期内对腐蚀破坏的持续测量，可以实时掌握腐蚀的状况，取得腐蚀速率随时间变化的数据，研究腐蚀发生发展的过程，积累历史数据，并及时对腐蚀的变化情况作出相应调整和控制。

腐蚀检测和监控具有如下主要作用。

(1) 确定系统的腐蚀状况，给出明确的腐蚀诊断信息。

通过检测和监测能够按当前操作条件的维护需求为管理者提供必要的管理信息。首先是通过对仪器、设备、金属结构等当前腐蚀状态的检测，如是否有裂纹产生，是否有局部腐蚀穿孔的危险，容器或管路的剩余壁厚是否在安全范围内，对当前的腐蚀情况进行必要判断，主要目的是为了控制危险性和防止突发性事故，即利用腐蚀速率可以推算出设备还能安全操作的时间，提供一个早期的预警。其次通过腐蚀监测还能够确定腐蚀产生的原因，检测因介质作用使设备发生的腐蚀速度大小，更为重要的是可以对系统进行的腐蚀控制和维护方案的有效性进行评价。通过解释过程参数变化与它们对系统腐蚀性的联系，可找出腐蚀的原因以及与腐蚀控制的参数，如压力、温度、pH 值、流速等的关系，或者对一些防腐蚀方法的效果进行判断。

(2) 制定维护和维修策略。

工程技术中维修活动已经成为生产的一部分，通过维修保证设备、仪器等的正常运行。现代对维修的认识已经从故障维修和防护维修提高到预测性维修和以可靠性为核心的维修层次。制定和施行正确和有效的腐蚀监测策略，有助于更加有效地运营工厂，延长设备寿命以及保证系统在优化条件下运行。而且通过持续对设备的检测，能够在变化发生之前就采用相应的有效措施。传统的腐蚀检测都需要按照维修计划定期停车，会造成诸如生产下降等经济损失，腐蚀失效导致产品质量下降、外部腐蚀泄漏、环境污染和重大安全事故等。在预测性维修和以可靠性为核心的维修策略中，能提供有关系统或构件的诊断信息的腐蚀检测系统起着极其重要的作用。获得设备腐蚀过程的有关信息以及生产操作参数，其中包括加工工艺、腐蚀防护措施等与设备运行状态之间相互联系的数据，并依此数据调整生产操作参数，其主要目的是控制腐蚀的发生与发展，使设备处于良性运行。腐蚀检测除了可以因改善设备运行状态而提高设备的可靠性，或通过延长运转周期和缩短停车检修时间而得到巨大经济效益外，腐蚀监控技术还可以使装置在接近于设计的最佳条件下运行，也可以对设备的安全运行、保证操作人员的安全和减少环境污染等方面起到有益的作用。

12.2.1.2 腐蚀监控系统

腐蚀检测和监测技术随着理论的发展，尤其是生产中的迫切需要，推动其不断的取得进步。传统的检测主要使用试片法，在停车检修期间对设备内部进行检查，后来又发展了旁路实验装置，能够不停车对设备实行腐蚀的测量，再后来又实现了在设备运转过程中装入和取出试样，随着线性极化法和其他实验室电化学技术以及新颖的无损检测技术不断在实际中的应用，尤其是现在电子技术，特别是电子计算机的普遍运用，使得部分现代腐蚀监测技术已经实现了实时检测和在线监测。许多在线检测系统已经在诸如石油化工生产、航空航天、建筑业等领域中得到广泛应用。由于腐蚀速度依赖于过程变量，如浓度、温度、流速等不可知量，因而腐蚀速度是很难预测的，一个在线腐蚀监控系统能够及时给出腐蚀状态的信息，因此可以减少非定期的停车检修，延长维修的间隔时间。而在线检测意味着有关腐蚀的信息立刻就能被操作者得到，并立即采取相应的对策，防止意外的事故的发生。腐蚀监控系统非常复杂，从简单的手持式到工厂应用的带有远程数据传输、数据管理能力的大型系统，都在被广泛使用。显然系统越完善，所得到的效益就越大。

为了使用腐蚀监测系统评价金属或合金在某种介质中的耐蚀性或者某种防腐蚀措施的效果如何，需要通过特定的手段进行腐蚀状态的检测，因此必须要有能准确可靠地模拟设备自身腐蚀行为的探头，工业现场中应用较多的探头有电阻式探针和电化学探针。目前应用较多的是电化学探头，主要包括三种类型，一种是同种材料双电极型，一种是同种材料三电极型，还有一种是研究电极和参比电极为同种材料，而辅助电极为异种惰性材料的三电极型。图 12-6 是美国 Rohrback Cosasco Systems 公司生产的电化学探针。

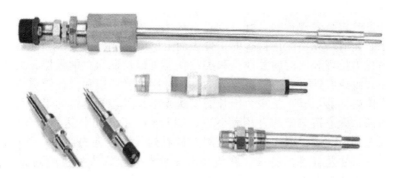

图 12-6　美国 Rohrback Cosasco Systems 公司生产的探针

能够详细给出缺陷的尺寸和特征，已成为当今正在发展中的许多的无损检测工作的主要目标。它指的是将各种各样的无损技术应用于监测器、探头，利用传感器获取对象的信息并进行模拟和分析，将信息转变为材料和缺陷的参数，通过解释，将所测出的响应和所要求的材料的性能或试验物体的性质联系起来，检测的数据应该使用专家系统进行解释，并提出解决策略的建议。一个理想的在线监测系统应能够给操作者警示信息，即显示腐蚀的类型，预测腐蚀失效的时间和辅助分析发生腐蚀问题的原因。

在进行腐蚀的监控时，监控点的选择是重要的，这是因为腐蚀的状况是与系统和部件的几何因素相关的。选择监控点的原则是基于对整个腐蚀过程的全面了解，如系统的具体几何形状，外部的影响因素以及系统腐蚀状况的历史记录。一般都是希望能够监控系统中最恶劣的条件，即预期腐蚀破坏最严重的部分。监测点的选择要考虑探头的进出口位置，特别是在压力系统中，可以采用安装旁路装置的方法，既可以对腐蚀进行检测，又不影响生产装置的正常运行。

由于存在很多不同类型的腐蚀，而且腐蚀的形态可以是表面的均匀腐蚀，也可能只局限在局部的局部腐蚀，平均腐蚀速度的分布也可能不均匀，即使相距很近的区域，腐蚀速度也可能相差很大，考虑到这些不确定的因素，不可能有一种测量技术能够用来检测所有条件下不同种类的腐蚀，因此建议使用多种腐蚀监测技术，而不是仅仅只依赖于某一种技术。

12.2.2　常用的腐蚀检测监控技术

12.2.2.1　表观检测

（1）表观检测的概述。

表观检测是进行腐蚀监测的主要方法，仔细地对腐蚀表面进行观察和评价是腐蚀检测过程的重要部分，它也是最简单和最常用的一种无损检测方法。表观检测是指用肉眼或借助于简单的工具，如低倍放大镜、管道镜等，来详细观察被检测的设备或试样的表面状态、环境介质和腐蚀产物，从而确定腐蚀的程度和性质，推断设备或试样的腐蚀状况。它是最基本的腐蚀检查方法，这种方法比较直观，可获取第一手资料，不过它只是一种定性的方法，常常作为腐蚀检测的一种辅助手段，判断是否有腐蚀、磨损和裂纹等损伤，是进行其他检查前的第一步。显然，表观检测只能检测表面异常，但是一些内部腐蚀过程确实能在表面有所显示，例如隆起或剥落。从表观检测可以得到如下有用信息：

① 金属表面的外部形态，包括光泽、颜色、斑点、蚀坑、孔隙、裂缝等；

② 环境介质发生的变化，包括是否透明、颜色变化、有无沉淀物、悬浮物等；

③ 腐蚀产物的状态，包括腐蚀产物的颜色、是否结垢或沉淀成膜、分布均匀与否以及附着性等。

（2）表观检测方法及程序。

可以用多种方式进行表观检测，既可以是直接地，也可以利用管道镜、纤维镜或摄像机远距离地进行，必要时需先清除待检查的工件表面上的附着物及杂质。当能够适当接近检测区域时，可以用视力检查表面的腐蚀性质和类型，还可以借助简单的仪器，如放大镜、管道镜等鉴别可疑的裂纹或腐蚀。管道镜可分为两类，即刚性管道镜和柔性管道镜。刚性管道镜仅能用于中空物体内部的观察，是一个细长的筒状光学装置，管道镜的工作是利用物镜形成所观察区域的图像，管道镜典型的直径大小为6～13mm，长度可长达2m。由于它可以将图像从仪器的一端传到另一端，因而可以使检测人员看到无法接近的部位，并可以选择前视、后视、前斜视、后斜视及环视的物镜。在设备和某些结构上，为了检测其关键部位腐蚀状况，在设计时就做了特殊考虑，以便于插入管道镜。

检查中空物体的弯曲内腔应使用柔性管道镜，也叫纤维镜，是将光从一端传输到另一端的光纤电缆束，具有柔韧性，容易引入用于对相关区域照明的光源，可以以卷曲的方式放入不容易靠近的部位。但玻璃纤维束传输图像的质量比由刚性管道镜得到的图像质量略差。

管道镜、纤维镜可以连接到视频成像系统上。视频成像系统是由柔性探头和摄像机组成。这些系统由获取图像的摄像机、处理器和观察图像的监测器组成。为便于缺陷检查，可以对视频图像进行处理，放大和分析视频图像，然后对感兴趣的缺陷或物体进行鉴别、测量和分类。

（3）表观检测的优缺点。

表观检测是一种快速而经济地检测各种缺陷的方法，对腐蚀状况进行初步的判断，可以帮助决定下一步应该采取的措施，并且可以利用摄影术或数字成像及储存技术得到腐蚀情况的记录。

表观检测的缺点为：被检测的表面必须比较干净而且肉眼或者管道镜等简单光学仪器应该能够靠近；表观检测缺乏灵敏度；表观检测方法是定性的，而且对材料损失或剩余强度不能提供定量评价；它也是一种带有主观性的检测方法，对实行检测的人的能力和经验具有一定的依赖性。

12.2.2.2 腐蚀试片法

对于均匀腐蚀，可用单位时间、单位面积上的腐蚀量或单位时间的侵蚀深度来表示腐蚀速度。根据均匀腐蚀速度，可以评定金属和合金的耐蚀性。表12-2列出了我国、美国和前苏联的金属和合金耐蚀性评定标准，通常认为腐蚀率在0.1mm/a以下时耐蚀性良好。但要注意，这里指的腐蚀率和耐蚀性都是针对均匀腐蚀的，耐均匀腐蚀好的金属或合金在一定条件下仍有可能发生严重的局部腐蚀，如点蚀、应力腐蚀破裂等。

表 12-2　不同国家的金属和合金的耐蚀性评定标准

腐蚀率/(mm/a)	耐　蚀　性	国　　家
<0.1	耐蚀	
0.1~1	尚耐蚀	中国
>1.0	不耐蚀	
<0.05	耐蚀	
<0.5	尚耐蚀	美国（NACE 标准）
0.5~1.27	特殊情况下可用	
>1.27	不耐蚀	
<0.001	耐蚀性极好	
0.001~0.005	耐蚀性良好	
0.005~0.01		
0.01~0.05	耐蚀	
0.05~0.1		前苏联
0.1~0.5	尚耐蚀	
0.5~1.0		
1.0~5.0	耐蚀性较差	
5.0~10.0		
>10.0	不耐蚀	

　　腐蚀试片法是最简单的腐蚀监控方式，将小试片在腐蚀介质中暴露某个特定时间周期后取出，进行重量法测量和较详细的检查。该方法简单，成本低，通过对腐蚀试片进行详细分析，可以监控多种腐蚀形态。

　　重量法是根据试样腐蚀前后的重量变化来计算腐蚀速度，是测量腐蚀速度的最基本的方法。重量法可分为失重法和增重法两种，一般情况下采用失重法，此时必须保证腐蚀产物溶解于介质中或能够完全除尽。失重法适用于从实验室到工厂现场各种类型试验的所有环境，根据试样的失重，腐蚀速度为：

$$V = \frac{W_0 - W_1}{St} \tag{12-2}$$

　　式中，W_0、W_1 分别为试样腐蚀前、后不含腐蚀产物的质量，g；S 为试样暴露面积，cm^2；t 是试验周期，h。

　　从式（12-2）看，失重法是测量试验周期内试样均匀腐蚀的平均腐蚀速度，不适用于测量瞬时腐蚀速度，也不能对腐蚀出现的时间有任何指示。

　　① 试样　试样的化学成分必须明确。要从板材上沿轧制面下料，以减少暴露的端晶。若气割下料，则应除去热影响区，保证其与设备材料的状态相同。试样不应多次重复使用。试样的形状要尽量简单，并要求表面积与重量之比要大，以便可以得到较大的腐蚀失重，其厚度宜薄，但又应有足够的厚度使之在试验中不致被腐蚀穿；边缘面积与总面积之比要小，以消除边界效应的影响；大小要便于安装，通常采用 50mm×25mm×（2~3）mm 长方片或 ϕ（40~50）mm×（2~3）mm 的圆片试样，试样质量不应大于 200g，以便使用普通的分析天平称量。为了消除金属原始状态的差异，以获得均一的表面状态，试样表面都需要打磨，要求达到一定的表面质量。在试验中要对每一块试样做好标记并测量暴露面积。试样经清洗、脱脂、干燥后，要在分析天平上称重，精确到 0.1mg。

　　② 试验装置与试验条件　实验室的腐蚀试验装置通常采用广口瓶或大口三角烧瓶，根据需要可配回流冷凝器、搅拌器等。试验条件的选择取决于试验目的，为了得到重现性好的结果，在整个试验期间要严格控制试验条件。

　　对于次要组分也不要忽视，因为它们往往会影响腐蚀速度。在整个试验过程中应注意试验溶液可能发生的变化。试验温度一般应根据需要控制，控制精度为 $\pm 1^{\circ}C$，如果进行室温试验，则应记录室温的变化范围。试验溶液有时要求充氧，有时则要求除去溶解氧，均须根据具体情况严格控制。假如试验要求通气，则应避免气流直接冲击试样。通常每平方厘米的试样暴露面积需 20～200mL 的溶液。下限适用于腐蚀速度低、试验周期短的情况，上限适用于腐蚀速度高、试验周期长的场合。试样吊挂时，必须保证试样间以及试样与挂具或容器间的绝缘，同时还应保证试样表面与介质充分接触。常用的试验周期是 2～8 天。根据经验判断，对于属于腐蚀严重的体系，可进行短期试验；对于逐渐生成保护膜的材料，则要进行长期试验。

③ 腐蚀产物的清除 浸泡结束后，应首先检查和记录试样的外观，然后清除腐蚀产物。清除腐蚀产物通常有机械法、化学清洗法和电解法三种，这项工作是失重试验的关键步骤。具体方法的选择与金属的类型和腐蚀产物的性质有关，一般要求把腐蚀产物除尽而不损害基体，在采用化学清洗法或电解法时，一定要做空白试验，以确保该方法对基体金属的侵蚀为零或可以忽略不计。

腐蚀产物清除后，试样要经过自来水漂洗后干燥并称重；为了保证腐蚀产物已完全除尽，一般要清除 2～3 次，直到试样的重量不再减小为止。

想要得到有意义和可测的失重数据可能需要较长的暴露周期。为了进行分析和确定腐蚀速率，试样必须从工厂或设备中取出（注：如果试片以后还要再次暴露，则试片取出和清洗会影响腐蚀速率）。这些装置仅能提供积累的追忆信息，例如，经过 12 个月的暴露以后，在一个试片上发现了应力腐蚀裂纹，但无法说明裂纹是何时开始的以及是什么特殊条件造成这种裂纹的发生和发展的。重要的是裂纹扩展速率无法准确估计，这是因为不知道裂纹的起始时间。试片的清洗、称重和显微检查一般需要花费大量的劳动。使用试片不易模拟磨损腐蚀和传热作用对腐蚀的影响。

12.2.2.3 化学分析法

化学分析法是指对腐蚀介质的分析。包括测量 pH 值、电导率、溶解氧、金属离子和其他离子的浓度、悬浮固体的浓度、缓蚀剂浓度以及结垢指数等。在腐蚀监控中，各种类型的化学分析都可以提供有价值的信息。对于特定的、特征明显的体系，有可能利用这项技术进行经济有效地腐蚀监控。例如对 pH 值、电导率、溶解氧等都可以通过探头对介质进行测量，化学分析法最重要的是测定腐蚀介质中所含被腐蚀的金属离子浓度，进一步来评价金属腐蚀速度。分析溶液中金属离子浓度可以使用离子选择电极法。它是一种以电位方法来测量溶液中某一特殊离子活度的指示电极。只要有合适的离子选择电极，就可以在腐蚀介质中测出被腐蚀的金属离子含量的变化，从而求出金属腐蚀速度。此法仪器简单，测量操作方便，能快速连续测定。另外常用的有容量法、比色法、极谱分析法等。这些方法的缺点是测量费时，当腐蚀产物是不溶性的或溶解度很小时，不适用。

介质成分化学分析可以为直接腐蚀测量技术提供有用的补充信息，用于鉴别腐蚀破坏的原因和解决腐蚀问题。但是介质分析不能够得到有关腐蚀速率的直接信息，也不能提供腐蚀表面上建立的微观腐蚀环境的信息，而后者常常控制着实际破坏速率。在线传感器表面被污染以及其他化学物质的干扰作用可能使结果不准确。通过物料中金属离子浓度的变化可以粗略估计设备的腐蚀深度，但是若金属表面生成膜或产生膜的溶解，或者腐蚀是局部腐蚀时，则这种估计就变得十分复杂，甚至难于作出的正确判断。

12.2.2.4 渗透法

（1）渗透法的原理。

液体渗透监测法是被广泛应用的无损检测方法之一，这是由于它相对容易使用和操作的简单灵活。它几乎能够被用来检测所有材料，使用范围不受材料的限制，除了可用于所有的钢铁和非铁金属外，还可用于检验塑料、陶瓷、玻璃和其他材料，其前提是材料不被检验介质侵蚀和着色，材料本身在表面上没有多孔隙的结构。渗透法检查发生于被检物件表面的裂纹和孔隙，或直接与表面相联通的裂纹和孔隙。腐蚀金属表面的腐蚀裂纹一般较细，用肉眼或简单的工具，如放大镜等，常常不易辨认，或很容易漏检。这些渗透剂由于分子结构小，显示剂具有较高的抽吸能力，所以用这种方法，可以显示出很细小的裂纹和孔隙。应当注意的是，用着色法和荧光法不能显示裂纹深度。渗透材料可以以喷涂或滴加的方式在表面来显示表面缺陷，它用来显示可以通到表面的裂纹，如疲劳裂纹、冲击断裂、涂层的针孔等。

渗透法试验步骤为：将待检查的工件或试样的待检查部位净化，包括去除氧化皮、锈迹等，特别要注意去除油脂的残留物，然后将工件或试样浸入渗透液中，或将渗透液涂抹或喷洒于工件上，表面张力较小的液体渗透入工件表面缺陷中，再擦净表面上多余的渗透液，然后在工件表面上散布颜色与渗入液颜色不同的多孔性的粉末，将渗入的液体部分地吸出，经过足够长的显示时间后，在具有吸收能力的显示剂层中，可以看出渗透剂的痕迹，这个时间长短根据缺陷的大小而定，最后对腐蚀表面进行观察检测。

(2) 渗透法的优缺点。

① 优点　对表面上的很小的不连续的缝隙或裂纹很敏感；基本没有材料限制，金属材料和非金属材料、磁性或非磁性导电或不导电材料都可以，可以以很低的造价检测大面积或大体积的部件或材料；可应用于有复杂几何形状的金属；结构直接在表面显示，对裂纹有很强的可视性；渗透剂材料容易携带；渗透剂和相应的仪器相对便宜。液体渗透剂方法被用于检测在试验物体表面有毛细开口的缺陷。液体渗透剂检测以很低的投资费用就可进行，而且所用的材料每次使用的成本费用也很低。这种方法使用简单，但要得到肯定无疑的结果，则必须谨慎小心地操作，并要掌握方法的要领。这种技术可以用于复杂形状，而且被广泛地用于一般的产品质量保证。如果使用得当，这项技术易于操作，是便携式的，而且准确度高。这项技术可以很容易地用于已遭受轻微腐蚀破坏并可以被清洗的、外部可接近的表面。它可以很容易地检测任何开口到表面的裂纹、表面缺陷和点蚀。渗透液和显影剂采用静电喷涂可节省用量、减少污染，并且喷涂均匀、效率高、检测灵敏度高。

② 缺点　只能检测表面的缺陷；只有材料相对表面无孔才能使用；清洗条件严格，因为粘污物可能显示为表面缺陷；机械加工的金属粘污物必须清除；操作者必须直接检测表面；表面的抛光和粗糙能影响灵敏度；需要化学处置和正确的处理，这项技术只能用于清洗过的表面，不清洁的表面给出的结果是不能令人满意的。

12.2.2.5　电阻探针

电阻法是利用金属试样在腐蚀过程中截面减小，从而导致电阻增加的原理，因此测出金属试样腐蚀过程中的电阻变化即可求出腐蚀速度。金属试样的电阻变化与其腐蚀量的关系式为：

$$(R_t - R_0)/R_t = (S_0 - S_t)/S_0 = (W_0 - W_t)/W_0 \qquad (12\text{-}3)$$

式中，R_0、S_0、W_0分别为金属试样原始的电阻值、截面积和质量；R_t、S_t、W_t分别为金属试样在腐蚀过程中某一测定时间 t 的电阻值、截面积和质量。

金属腐蚀试样的电阻一般很小，约为 0.2Ω，经腐蚀后电阻变化的绝对值更小。因此采用常规测量电阻的仪器（如万用表、伏安计）是不行的。必须采用更加精确的电阻测量方法，如电桥法。图 12-7 是电桥法基本原理示意。当电桥平衡时，$R_x/R_补 = R_1/R_2$。

由于补偿试样和被测试样材料相同，又同放一处，因此温度对 R_x 和 $R_补$ 的影响是相同的，这样 $R_x/R_补$ 比值的变化纯粹是因腐蚀引起的电阻值的变化，所以电阻探针通常测定的受腐蚀敏感元件电阻是相对于一个完全相同但有防腐蚀屏蔽的元件电阻。图 12-8 为常用的电阻探针外形示意。

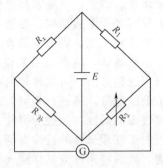

图 12-7　交流电桥法基本原理示意

R_x—测量试样的电阻；R_1、R_2—精密电阻；$R_补$—温度补偿试样
的电阻，与 R_x 的材料、尺寸都相同，用涂料将其全部
表面涂覆，使其不与介质接触

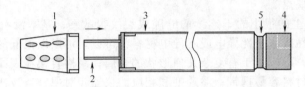

图 12-8　常用的电阻探针示意

1—保护帽；2—测量元件；3—探头杆；4—信号接口；5—卡槽

　　电阻探针的探头是安装测量试样的部件，探头的制作须十分精心，商品化的腐蚀探针敏感元件有板状、管状或丝状的。减小敏感元件的厚度可以增加这些传感器的灵敏度，但是灵敏度的提高却会缩短传感器的使用寿命，应予考虑折中平衡。只要选择了足够灵敏的传感器元件，就有可能进行连续的腐蚀监控并获得与操作参数的相关性信息。电阻探针比试片更方便，不需要回收试片和进行失重测量便可以得到结果，可以测定由于腐蚀和磨损腐蚀共同引起的厚度损失。电阻探针实质上只适用于监控均匀腐蚀破坏，但局部腐蚀是工业中更常见的腐蚀形态。一般情况下，电阻探针的灵敏度不能胜任实时腐蚀测量，无法检测出短时间瞬变。当存在导电腐蚀产物或沉积物时，这种探针就不适用了。探针的传感器的元素组成和待监测的材料是一致的，敏感元件本身可以做成多种几何形状，如图 12-9 所示。

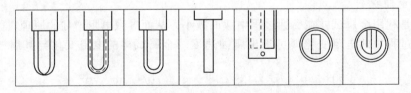

图 12-9　电阻探针使用的传感器的类型

　　电阻法是利用试样在腐蚀过程中的电阻变化来测定腐蚀率的，它不受腐蚀介质限制，在气相、液相、导电或不导电的介质中均可应用。测量时不必把试样取出，也不必清除腐蚀产物，因此可在生产过程中直接、连续地监测设备某一部位的瞬时腐蚀速度，具有灵敏、快速、方便等优点。

　　电阻法的缺点或局限性：测量试样加工要求严格，因为灵敏度与试样的微截面有关。试样越细越薄，则灵敏度越高；如果腐蚀产物是导电体（如硫化物），则会造成错误的测试结果；当介质的电阻率极低时也会带来一定的误差；对于低腐蚀速度体系的测量，所需时间较长；不能测定局部腐蚀特征；若用于非均匀腐蚀场合，则有较大误差，所测腐蚀速度随不均匀腐蚀程度的加重而偏离。如果在敏感元件的表面上形成了导电的腐蚀产物或表面沉积物，都将会得出错误的结果。

除了利用电阻探针，现在也在开发感抗探针，并且已经在腐蚀监测中得到了应用。感抗探针是通过埋置在传感器中的一个线圈的感抗变化来测定敏感元件厚度的减少，具有高磁导率强度的敏感元件强化了线圈周围的磁场，因此厚度的变化影响线圈的感抗。该法的灵敏度比电阻探针高2~3个数量级。检测传感器元件厚度变化的测量原理相对比较简单，传感器信号受温度变化影响的程度比电阻信号低，灵敏度得到改善，超过电阻探针的灵敏度。该方法主要适用于均匀腐蚀测量。感抗探针也像电阻探针一样需要温度补偿，它的敏感元件能适用于多种环境中，用于电化学技术无能为力的低导电性和非水环境中。

12.2.2.6 线性极化电阻

当电流通过电极时引起电极电位移动的现象，称为电极的极化。线性极化电阻技术是一种使用三电极或双电极的电化学方法，在这种方法中，把一个小的电位扰动在自然腐蚀电位附近±10mV进行电化学极化时，施加到感兴趣的传感器电极上，并测量所产生的直流电流，电位与电流变化之比称为极化电阻，它与均匀腐蚀速率成反比。根据电流或电位是否受控以及是否电流和电位从一个值慢速扫描到下一个值，它在快速测定金属瞬时腐蚀速度方面独具优点。

Stern和Geary将腐蚀极化方程围绕腐蚀电位φ_{corr}按泰勒级数展开，只取线性项而忽略高次项，可得：

$$R_p = \frac{\Delta\varphi}{\Delta i} = \frac{1}{i_{corr}} \times \frac{\overline{\beta_1}\,\overline{\beta_2}}{\overline{\beta_1} + \overline{\beta_2}} \tag{12-4}$$

在外加极化很小的情况下，极化电流和极化电位呈线性关系，见图12-10。

式（12-4）也表明试样的腐蚀电流i_{corr}与极化电阻R_p成反比，即：

$$i_{corr} = \frac{B}{R_p} \tag{12-5}$$

式中，B为常数，与阴、阳极反应的塔菲尔常数有关。因此通过测量R_p，可以求得腐蚀电流，再换算成腐蚀速度。曹楚南曾证明，只要金属材料破坏的阳极反应是惟一的阳极反应，此外没有其他的与腐蚀无关的阳极反应存在，那就不管腐蚀过程的阴极反应有几个，也不管阳极反应和阴极反应是否遵循塔费尔方程，在腐蚀电位下的极化电阻R_p和腐蚀电流密度i_{corr}之间总存在式（12-5）的关系。

（1）R_p的测量方法。

可采用控制电位测量电流或控制电流测量电位两类方法。线性波的扫描速度需足够小，一般为0.1mV/s，扫描电位范围为$\varphi_{corr}\pm10mV$，可在函数记录仪上直接得到$\Delta\varphi$-Δi曲线，其斜率即为R_p。严格说来，腐蚀电位下的R_p应是极化曲线在φ_{corr}那一点的斜率，但在实际测量中一般都是使腐蚀金属电极极化一个很小的数值$\Delta\varphi$，同时测量这一极化值下的极化电流密度i，由它们的比值求出极化电阻R_p的近似值。当然$\Delta\varphi$的数值越小，近似得越好。但$\Delta\varphi$的数值也不能太小，否则腐蚀电位在测量过程中的漂移所引起的误差太大，在一般的测量中$\Delta\varphi$为几个毫伏。在这种用直流方法测定极化电阻的方

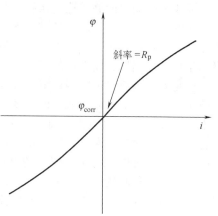

图12-10 极化电流和极化
电位线性关系示意

法中，引起误差的一个重要因素是溶液的电阻，由于在极化电阻的测定值中包含了溶液电阻，由此估算得到的腐蚀电流密度值相对是偏低的。

（2）B 的确定方法。

$$B = \frac{b_a b_c}{2.3(b_a + b_c)} \tag{12-6}$$

式中，b_a 是阳极反应的塔费尔常数；b_c 是阴极反应的塔费尔常数；b_a、b_c 可根据电化学特性计算，也可以从极化曲线的强极化区求得。在许多文献中都介绍了常见腐蚀体系的 B 值。可根据相近的体系和试验条件参照引用。

测量极化电阻的设备主要由极化电源和电极系统两部分组成。既可以使用电流，也可以使用电位作为激发信号，电极系统一般做成探针的形式，如图 12-11 所示的两电极型电化学探针。电极必须与探针的其他部分绝缘，探针要能承受环境温度和压力的作用，并能防止介质的渗漏。两电极系统有两个完全相同的电极，适用于溶液电阻率小的介质中。当溶液电阻率更大的时候，测量误差将很大，两电极系统简单，但受溶液电阻的影响较大，三电极系统测量比较准确，但仪器比较贵。恒电量是一种暂态方法，其理论基础也是由斯特恩公式确立，只是测量的方式与线性极化法不同，可以视之为线性极化技术的一种。由外部电源瞬时加给研究电极一个已知量的电荷，使电极电位产生一个微小变化，即电极表面双电层充电。由于电荷逐渐被腐蚀反应所消耗，使电极电位产生衰减，由电位的衰减曲线可以计算腐蚀电流。这种方法的优点是能够在高阻溶液中使用；测量时间短，一次测量可以在几毫秒至几秒内完成；由于电极表面状态变化小，所以测量是在接近于自然状态下进行；除极化电阻外，还可以测得极化曲线的塔费尔斜率和电极表面微分电容。对仪器的要求较高，应用实例尚不多。在水系统、评价缓蚀剂和低腐蚀速度的测量方面可能得到更多应用。

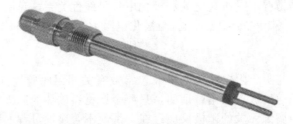

图 12-11　两电极型电化学探针

极化电阻测量能够快速确认腐蚀状况，及时采取应对措施，能够延长设备服役寿命和使不定期的停车次数最少。如果进行连续监测，则极化电阻方法能够发挥最大的效能。这项技术已经被成功地使用了 30 年，几乎可用于任何一种水溶液腐蚀体系，现已成功地用于工业腐蚀监控，如氨厂脱碳系统的腐蚀监控、酸洗槽中缓蚀剂的自动监测与调整等。线性极化法的优点是测量迅速，可以测得瞬时速度；比较灵敏，可以及时反映设备操作条件的变化，是一种非常适用于监测的方法。但是线性极化法只适用于电解质溶液，并且要求溶液的电阻率应小于 $10k\Omega \cdot m$。当电极表面除了金属腐蚀反应以外还伴有其他电化学反应时，由于无法将它们区分开而导致误差，甚至得出错误的结果。通过单独测量溶液电阻并从表观极化电阻值中减去它，可以提高这种技术的准确度。线性极化电阻技术被广泛应用于全浸水溶液条件，可直接解释测量结果，可实现连续在线监控；因为测量不超过几分钟，这种技术灵敏度高，在适当的环境中便于实现实时监控。为了准确测量，要求环境具有相对比较高的离子导电性。

此技术只能测量均匀腐蚀速度。腐蚀电位不稳定将会给出错误的结果。尽管施加给传感器的扰动很小，但长时间重复应用可造成人为的表面破坏。在长期暴露中，线性极化电阻技术使用的传感器元件的表面颜色明显不同于自由腐蚀传感器元件的颜色。电极被导电物质短路，将会妨碍正常测量。

12.2.2.7　电化学阻抗谱

电化学阻抗谱方法已经被证明是一种有力地和足够精确地测量电极反应速度的方法。为了获得正比于检测界面的电化学反应速度的极化电阻或电化学传递电阻，使用交流阻抗的仪器记录阻抗的实部和虚部，根据阻抗图谱的形状，用适当的电路模型描述，并用拟合程序进行拟合，拟合的质量是曲线和拟合曲线的符合程度，通过对模型参数的分析，将其转化为电化学反应的相关参数。当用一个角频率为 ω 的振幅足够小的正弦波电流信号对一个稳定的电极系统进行扰动时，相应的电极电位就作出角频率为 ω 的响应，从被测电极与参比电极之间输出一个角频率为 ω 的电压信号，此时电极系统的频响函数，就是电化学阻抗。在一系列不同角频率下测得的一组这种频响函数值就是电极系统的电化学阻抗谱。极化电阻在电化学阻抗谱中，就相当于在电位 φ 下测得的阻抗谱频率为 0 时的法拉第阻抗。在电化学阻抗谱上，在频率 $\omega \to \infty$ 时的阻抗实部即为溶液电阻，而在 $\omega \to 0$ 时的阻抗实部则为溶液电阻和极化电阻之和。因此若对于腐蚀金属电极进行电化学阻抗谱的测量，就可以同时测得极化电阻和溶液电阻，这样测得的极化电阻值不受溶液电阻的影响，见图 12-12 的典型交流阻抗谱。在金属和溶液之间存在一个界面电容。界面电容的大小同金属的表面状态和溶液成分等因素有关，在一定的体

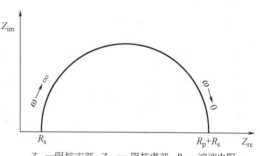

Z_{re} —阻抗实部；Z_{im} —阻抗虚部；R_s —溶液电阻；
R_p —极化电阻；ω —测量信号频率

图 12-12　典型交流阻抗谱

系中，界面电容的变化反映了腐蚀金属电极表面状态的变化。当在金属表面形成致密的钝化膜时，一般其界面电容相对于正常的双电层电容值小得多。当电极表面生成疏松多孔的含水固体腐蚀产物时，电极表面相当于多孔电极表面，界面电容值将变得很大。通过对电极表面电容的测量，可以研究腐蚀金属电极表面状态的变化，包括金属表面在腐蚀过程中粗糙度的变化、缓蚀剂的吸附情况、钝化膜的形成与破坏以及表面固体腐蚀产物的形成。由于用交流阻抗方法可以在很宽的频率范围对涂层体系进行测量，因而可以在不同的频率段分别得到涂层电容、微孔电阻以及涂层下基底腐蚀反应电阻、双电层电容等与涂层性能及涂层破坏过程有关的信息。同时由于交流阻抗方法采用小振幅的正弦波扰动信号，对涂层体系进行测量时，不会使涂层体系在测量中发生大的改变，故可以对涂层进行多次重复测量。根据测得的图谱建立物理模型并进行解析，推测涂层体系的结构与性能，并进行定量的评价。从涂层的电容及电阻的变化可以了解电解质溶液渗入有机涂层的程度。阻抗测量的结果可以极其灵敏地显示出涂层/基底金属界面结构的变化信息，灵敏地显示出涂层在界面发生的破坏过程。例如，从谱图变化可以明确指出腐蚀处于哪一阶段，是电解质溶液渗透的初期，还是电解质溶液逐渐渗透到金属界面形成涂层下的腐蚀微电池，或是涂层出现大面积气泡而失去防护效用等。另外可利用交流阻抗技术研究缓蚀剂在腐蚀金属电极界面的吸附及其缓蚀作用。

这种电化学技术也是依靠对传感器元件极化来获取腐蚀信息，在这个意义上它与线性极化电阻具有某种联系。对于电化学阻抗谱，传感器的扰动信号和发生相位移动的响应都是交流性质的，为了详细地表示出腐蚀行为特征，需要通过整个频率范围内进行测量。全频扫描提供的相移信息可用于等效电路模型，利用等效电路模型可以说明比较复杂的腐蚀现象，并可获得动力学信息。虽然此技术可能用于检测某些体系中的点蚀破坏，但基本上限于检测均匀腐蚀破坏。由于设备复杂、昂贵，操作时间冗长，不适合现场使用，数据处理困难，因此

全频谱分析很少用于现场。为了用于现场，特别开发了有限频率装置，它可与线性极化电阻装置相比。已经设计出了一种基于交流阻抗法测量原理，同时又能自动记录金属腐蚀瞬时速度的腐蚀监测仪，在两个频率下进行测量（常用频率是 $0.1Hz$ 和 $100kHz$），以取得动力学信息。

电化学阻抗谱方法是一种以小振幅的正弦波电位（或电流）为扰动信号的电化学测量方法。由于以小幅度的电信号对体系扰动，一方面可以避免对体系产生大的影响，另一方面也使得扰动与体系的响应之间近似呈线性关系。同时，电化学阻抗谱又是一种频率域的测量方法，它以测量得到的频率范围很宽的阻抗谱来研究电极系统，因而能比其他常规的电化学方法得到更多的动力学信息及电极界面结构的信息。稳态测量对金属腐蚀过程研究需要使用对体系扰动较大的信号进行测量，因而被测体系受到测量信号的干扰；瞬态测量的数学模型复杂，数学推导繁琐，并且时间域的瞬态响应数据测量容易产生误差。阻抗谱的测量过程中使电极以小振幅的正弦波对称的围绕稳定电位极化，不会引起严重的瞬间浓度变化及表面变化。而且，由于通过交变电流时在同一电极上交替地出现阳极过程和阴极过程，即使测量信号长时间作用于体系，也不会导致极化的累积性发展。对于表面覆盖有机涂层的腐蚀金属电极，无法用通常的测量稳态或准稳态极化曲线的方法进行电化学研究，但利用阻抗谱测量能够获得涂层的质量与完整状态以及涂层下金属腐蚀过程的信息，最近已经出现了对实际涂层完整性评价的基于电化学阻抗谱的系统。为了能在低频下进行有意义的测量，腐蚀电位必须非常稳定，外加电位扰动可能会影响腐蚀传感元件的情况，特别是在长时间内重复应用时。

另外一个和交流阻抗方法类似的方法就是谐波分析。谐波分析技术是把一个交流电位扰动施加到三元件探针中的一个敏感元件上，从而得到相应的电流响应，在这一点上和电化学阻抗谱相当。这种技术不仅用来分析主频，而且着重于分析高次谐波振荡。谐波分析的理论已经被系统地建立，从理论上讲，有可能快速测定所有重要的动力学参数，由此可明确地计算所有动力学参数（包括塔费尔斜率），没有任何其他技术可以提供这种可能性。目前，这项技术主要还是在实验室范围内使用，其可靠性及其应用性能尚有待考验。谐波分析技术的仪器和理论基础复杂，因此需要电化学专业知识。

12.2.2.8 电化学噪声

电化学噪声不是声学上的噪声，它所测量的是腐蚀金属的自然腐蚀电位和电流的波动。对电化学噪声的研究特别适合于监测局部腐蚀的发生和理解这类腐蚀常有的初始活动的时序。研究表明电化学腐蚀活性越高，则噪声水平越高，例如孔核处的钝化膜可以发生再钝化，也可以继续长大，在金属的表面上孔核随机进行着发生、生长或消亡的过程，这时电流发生随机的波动，同时也相应地引起腐蚀电位的随机波动。因为噪声的大小是用功率大小来表示的，噪声的特征可以用噪声的谱功率密度表示，将功率对相应的频率作图可以得到谱功率密度曲线。由谱功率密度可以看出噪声随频率变化的情况，因为它是同引起噪声的随机过程的特征密切相关的。点蚀萌生时的钝性破坏，具有特殊的噪声"图像"，点蚀的发生和发展早在目测变得明显可见之前就可以用电化学噪声测量检测出来，还没有其他技术能像电化学噪声技术那样对系统的变化和扰动那么敏感。由于自然腐蚀电位和电流的波动的数值很小，很多情况下小于 $1\mu V$ 和 $1nA$，因此需要极其灵敏的仪器。此外应力腐蚀开裂、剥蚀等局部腐蚀在蚀核形成和发展过程中也都能在电化学噪声图谱上被观测出来。分析电化学噪声数据的最传统的方法是对频率域中的时间记录进行变换，以得到功率谱，于是可以利用快速傅里叶变换或最大熵法或混沌动力学方法，用计算机处理谱图或功率密度图。研究指出，来自腐蚀电极的电压噪声振幅的衰减可能是腐蚀过程的一个有用特征，例如发现 $-20dB/decade$ 的衰减与点蚀有关，而 $-40dB/decade$ 是均匀腐蚀的特征，当被转换成频率密度谱图时，$-20dB/decade$ 的衰减将相当于谱指数 1，而 $-40dB/decade$ 的衰减相当于谱指数 2。

在噪声测量中为了同时测量电位噪声和电流噪声，需要一个三电极的电化学探针，三个探针元件通常是用同种材料制成的。电流噪声的测定是在其中两个探针元件之间进行的，电位噪声的测量是在第三个元件和两个相耦合的用于电流测量的元件之间进行的。

电化学噪声技术特别适合于薄水膜条件下，例如在燃气冷凝和大气腐蚀中经常处于这样的腐蚀条件的局部腐蚀监测。该技术可以检测可钝化表面的点蚀破坏和某些应力腐蚀开裂，灵敏度高而且运行良好，是具有检测局部腐蚀破坏能力的非常少的技术中的一种。所以电化学噪声技术虽然从 20 世纪 70 年代才开始进行研究，但电化学噪声监控已经在工程中有了较多的实际应用，但对这项技术的通用性仍有较多异议，并且数据的解析相对比较复杂，需要有丰富的专业知识来解释原始噪声记录。电化学噪声技术目前是电化学研究领域一个热点，一直在不断取得进步，相信该技术在腐蚀的检测和监测必将有更加重要的应用。

12.2.2.9 动电位极化

在线性极化电阻技术中极化电位范围局限于几十毫伏以内，而动电位极化是外加的极化信号从自腐蚀电位偏移并测量电流响应，极化的外加电位水平通常逐步增加到几百毫伏的水平，电极电位已经处于强极化区。强极化区极化测量的一个重要优点是可以认为在腐蚀金属电极上只有一个电极反应在进行，便于测定动力学参数，如全面腐蚀速度和塔费尔常数。

极化方法，如动电位极化法、恒电位极化法及循环伏安法经常被使用，为了对所感兴趣的电极进行极化，一般都是采用三电极的腐蚀探针。动电位极化技术能够提供关于腐蚀反应机制的重要和有用的信息。可以快速获得材料腐蚀行为的动力学信息，推算腐蚀速度以及判断特定材料在某一介质条件下是否易于遭受腐蚀，在特征电位下还可以鉴别钝化膜的形成和点蚀的发生，有助于评价腐蚀的危险性。该技术一般只能用于全浸的导电溶液中进行测量，解释数据需要电化学专业知识。此外，外加强极化可能会不可逆地改变传感器表面状况，特别是如果阳极极化诱发了点蚀，该方法只有在从腐蚀电位到强极化区电极反应的动力学机构始终没有改变的情况下，才可以用强极化区的测量数据解释腐蚀电位下的动力学过程。此外由于在强极化区，极化电流密度比腐蚀电流密度大 2~3 个数量级，就会引起一些问题，一个问题是靠近电极表面的溶液层成分可能不同于腐蚀电位下的情况；另一方面，由于在强极化区的阳极极化测量中，腐蚀金属电极的表面以很大的电流密度阳极溶解，因此电极表面的情况变化很大，对于活性腐蚀的体系，电极表面的情况变化会得到不可靠的腐蚀过程信息。当极化电流密度很大时，参比电极与被测的腐蚀金属电极之间溶液的欧姆电位降也比较大，得到的实验结果中可能会包含相当大的系统误差。

12.2.2.10 声发射

材料和结构在受力变形和破坏过程中，会有声波发出，是受力材料积聚能量的快速释放。早在 20 世纪 60 年代就发现裂纹的生长和压力容器的不连续性能够被发射的声波信号检测，在腐蚀失效的前期能够用它作为无损检测。声发射的起源有不同机制，如材料的变形和破裂、材料腐蚀与表面摩擦等。金属中声波起源被归为裂纹生长、位错移动、晶界滑移、破裂，还包括晶格开裂、解理等。声波发射监测技术就是通过监听这种声波来检测材料和结构中缺陷的发生和发展，寻找缺陷的位置。声发射技术将传感器置于监测对象的关键部位，测定显微缺陷（如应力腐蚀裂纹）生长过程中所发射出的声波。传感器基本上可以被看做是置于结构件上关键部位的扩音器，如应力腐蚀开裂中微观缺陷成长过程中会有声波发出，机械应力在压力下或温度改变产生的声波，一旦裂纹出现或扩大就可能被测出，可以比较精确地确定裂纹开始产生的时间，预测出具有滞后破坏特性的材料在应力下可能出现的破坏，经计算机处理后，可以显示出现损伤部位的状态。该技术也可以被用来检测腐蚀疲劳和泄漏等。

声发射法是动态检测方法，稳态的非危险性的不连续性不会产生声发射信号。它可以在现场设备或部件进行实时监测和报警，不受设备尺寸和形状的限制，只要物体中有声发射现象发生，在物体的任何位置都可以探测到，可以远距离监测，能防止由于未知缺陷造成的突然失效。此外声发射现象在金属，甚至是不导电的材料，如非金属等任何固体中都存在，因此这种监测技术应用领域非常广泛。声发射在一次单测量中能够监测和评价整个结构不连续性，容器和其他压力系统能够进行不需停车的在线测量。它可用于盛装状态的容器，而无需将其排空，监控可在比较大的结构范围内进行，而不像其他技术那样只在特定的测量点进行测量。

声发射测量过程中必须考虑降低背景噪声的影响，它在线测量中可能对声波信号的检测造成相当大的影响，在进行声发射检测时必须了解设备或部件的受力状况，排除背景噪声的影响。声发射只有在材料受到应力的情况下才发生，限于监测那些在测量时还正在活性生长的缺陷，它不能提供静态下缺陷的任何情况，已有的但未生长的缺陷不能检测，需要与其他方法配合使用来检测静态缺陷。这项技术不能提供缺陷尺寸的定量测量结果，为了应用这项技术和解释结果，需要较高的专业知识和技能。

12.2.2.11　腐蚀电位监测

腐蚀电位的测量是一个相对比较简单的方法，是基于金属或合金的腐蚀电位与它们的腐蚀状态间的关系。具有活化-钝化转变的金属可以由电位确定它们的腐蚀状态，点蚀、缝隙腐蚀、应力腐蚀破裂以及某些选择性腐蚀都存在各自的临界电位，可以用来作为是否产生这些类型腐蚀的判据。该监测方法在工业上已经广泛应用于监控混凝土中的钢筋和一些结构（如阴极保护下的埋地管线）的腐蚀。

通过对金属腐蚀电位的测量我们有可能了解导致设备腐蚀的工艺方面的原因。此外阳极保护和阴极保护是电位监测方法控制腐蚀的一种特殊应用形式。最近的研究表明腐蚀电位波动的标准偏差或均方根值可能与腐蚀速度成正比。此外，当根据电位-pH图进行分析时，腐蚀电位可以给出热力学腐蚀危险性的重要指示。

腐蚀电位是相对一个参比电极进行测量的，参比电极的特征是具有稳定的半电池电位。为了进行这些测量，需要将参比电极放入腐蚀介质中或者将结构件与外参比电极连接。使用最广的参比电极是 Ag/AgCl 电极、铜/硫酸铜电极、铅/硫酸铅电极、不锈钢电极、钨、锑、铂、高温高压下可使用 Ag/AgCl 电极、钯-氢化钯-氢电极，在碱性溶液中可使用氧化汞电极。这种电位测量要求的精确度不高，输入阻抗过低将引起参比电极极化，使用的电位测量仪表的输入阻抗为 10MΩ 就可以了。

能否采用金属腐蚀电位监测的一个重要条件是这些特征电位之间的间隔要足够大，例如100mV 或更大，以便于正确地判断由于腐蚀状态发生变化产生的电位波动。这是因为生产条件下，温度、流动状态、充气条件、浓度等的变化会引起电位产生几十毫伏的变化。电位监测法的优点之一是可以直接利用设备本身，而无需使用其测量元件的材料与设备材料有差异的探头。在某些体系中，由于有氧化还原反应影响，不能采用极化电阻法进行腐蚀监测，但是可以采用腐蚀电位监测的方法来进行。

监控混凝土、建筑结构中的加固钢筋以及埋入地下的管线阴极保护、阳极保护等都广泛采用腐蚀电位的监测方法，不锈钢中活化/钝化行为也能够从腐蚀电位的变化给出指示。测量技术和所需的仪器相对比较简单，虽然这些技术可能指出腐蚀行为随时间的变化，但不能对腐蚀速率提供任何指示。进行腐蚀电位监测所用设备简单、价廉、操作简便，且数据一目了然，不需分析，不需对测试对象进行扰动，已经积累了丰富的现场应用经验。但这种方法只能给出定性结果，无法确定腐蚀的严重程度，没有足够定量化的判断条件来确定是否发生腐蚀。

12.2.2.12　氢探针

在酸性环境的腐蚀过程中，随阴极半电池反应产生的原子态氢可能通过扩散进入金属基体中去，这可能导致诸如氢脆、氢鼓泡、氢腐蚀等一系列问题。当氢原子重新结合成氢分子，然后释放到环境中的过程受到阻碍时，就会发生这种氢的吸收。为了检测氢的这种破坏作用，可以采用氢探针对工业生产设备进行监测。氢探针监测特别适用于炼油和石化工业，在这些工业部门，硫化氢的存在会促进设备对氢的吸收。氢监测探针可依据下列三种原理中的任何一种作为基础。

① 第一种探针的原理是基于氢原子由外部渗到探针内部空间，在那里结合成分子，并随着氢的积累压力升高，该受控制的腔室内压力随时间增加，由压力表读出，这种氢探针的灵敏度相当高，图12-13就是工业上使用的此类氢探针。

② 第二种探针的原理是将渗入的氢原子在真空中离子化，测量电离电流来确定氢的活性。

③ 第三种探针是采用电化学方法测量渗氢，即在外加电位下用氢的氧化而引起的电化学电流或者氢进入微型燃料电池而引起电流流动来表征氢的浓度和活性。

氢探针法适用于非氧化性电解质或热气体，例如碳钢在硫化物、氰化物或其他可以引起氢脆的介质中，该技术在石油化工生产中经

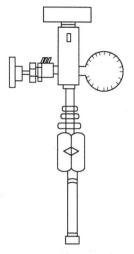

图 12-13 氢探针示意

常使用。这项技术显然只限于阴极反应有氢生成的体系，还没有建立有关所测氢量和实际损失（厚度损失、开裂、鼓泡）之间关系的一般指导原则，当该测量方法检测的仅是进入金属基体的那部分氢时，这项技术并不反映腐蚀速率，因为基体所吸收的氢与环境所吸收的氢量之比可能随时间变化。

12.2.2.13 漏磁法

铁磁性材料的导磁率与空气及非磁性的夹杂物的导磁率不同，若截面通过的磁力线发生改变，则不是全部磁力线在铁磁材料中，其中一部分将以漏磁的形式由材料中离开。如果在工件内部有裂纹，则漏磁的作用就较小，如果磁力线和裂纹平行而不垂直，则不发生漏磁。可以用直流电，也可以用交流电来进行磁化，用直流电磁化时，磁力线均匀地通过被检查工件的整个截面，在一定检测限内，这种方法可以显示在表面以下存在的二维及三维的缺陷。当磁场强度足够高而又具备特别适宜的前提条件时，在表面以下约5mm处的缺陷也可显示。应用交流电磁化时则和直流磁化相反，由于趋肤效应，磁力线在被测件表面聚集，因此邻近表面处场强高，发生自表面的裂纹显示出较强的漏磁，而对于显示表面下深部裂纹的作用，则弱于直流磁化时的情况，一般限于表面下至多2mm。

根据磁化的方式和显示漏磁的方法不同而区分出不同的漏磁法。漏磁显示法显示裂纹上的漏磁有磁粉法、探针法、磁图像法三种可能的方式。检查的目的决定了哪种磁化方法适用于哪种情况。

磁粉检测法用于检测由能维持磁场的材料制成的被检测物体中的与表面连接或靠近表面的异常。测量步骤如下：首先除去表面的污物，对被检测物体进行清洗，然后将磁场导入物体，在已磁化的被测物上涂以可磁化的细粉，含有很细颗粒的流体或粉末在磁场中由于存在着不连续性而被吸引。通常可用干粉，也可将粉末掺入稀薄油或稀释的水悬浮液中喷在被检测物的表面上，由于裂纹上漏磁的磁力作用，粉末质点被吸住，这样就在裂纹上产生了一种或宽或窄的粉末条带。这种条带较实际的裂纹缝隙宽数倍，因而易于识别，特别当粉末着色或发荧光时更易识别，然后对被检验的物体进行表观检测，对特征的存在、类型和尺寸进行检查、分类和解释。

对成批的部件可以应用磁场敏感的半导体，如霍尔发生器或磁场探针来显示漏磁。探针

应当距离很小地靠在工件表面上，或者是使工件在固定的探针下运动，或者是采用适当的机构使探针无间隙地靠在被测物的表面上。对其漏磁量大小进行测量可得出裂纹深度，借助磁场探针可以用简单的方式检查磁带中由漏磁引起的局部磁化。对剩余壁厚和壁厚腐蚀深度进行准定量分类评估，采用霍尔探头既能检测缺陷，又能测量壁厚，从而使壁厚的测量不仅是分类评估，而且改进为准定量检测，利用差分信号处理法和与标准信号的对比法消除磁隙变化的波动和统计噪声的影响。

磁图像法系用磁带作为中间储存体来进行工作。漏磁以下列方式在该磁带上记录下来：把空白磁带放置在被测工件表面上，然后使工件磁化，在裂纹上发生的漏磁即记录到磁带上，可以凭储磁带所记录的漏磁量以及由该磁带所显示的信号而推测出裂纹深度。

磁化漏磁法适用于检查铁磁材料表面或紧挨表面下的缺陷。被检测的部件必须是铁磁性的材料，如铁、镍、钴或它们的合金。使用磁粉检测法是结构钢、汽车、石化、电站、飞机工业。水下检测是磁粉检测的另一个领域。磁粉检测方法和渗透剂方法一样是最老的而且迄今还在应用的无损检测方法。磁漏检测法优点是灵敏度高、技术成熟，但检测设备体积大、对材料中裂纹敏感性差、空间分辨率低、测量值受扰动影响大。为了产生所需的磁场，需要有专门的设备；为了使用适当电压、电流强度和感应方式，需要有工艺开发和过程控制。被检测物体的材料必须能承受检测过程中的感应磁场。磁粉检测以很低的投资费用就可进行，而且像液体渗透剂技术一样，所用材料每次使用的成本很低。该技术可用于复杂形状的设备表面，而且被广泛用于一般的产品质量保证，但导致磁性易变的材料特性或表面处理将会降低检测能力。磁粉检测最经常地用于评价焊接熔敷金属的质量以及表面下的焊接缺陷（如裂纹），它也是检查脱气装置中的裂纹优先选用的方法。

12.2.2.14 涡流法

（1）原理及装置。

涡流检测方法是用交流磁场在导电材料中感应出涡流，这个涡流的分布及大小除了与探测线圈的形状、尺寸和位置、交流电频率、被测部位的材料、尺寸和形状有关以外，还与表面或接近表面的缺陷有关，通过测定涡流的大小和分布，可以检测材料的表面缺陷和腐蚀情况。

在具有一定导电率和导磁率的工件上放置一个检查线圈以产生交变磁场，它在工件内部感生出涡流，涡流也产生一个交变磁场，根据楞次定律，工件中产生的磁场与外磁场方向相反。当导电材料被置于由带交流电的线圈产生的交变磁场中时，在材料的表面上下就产生涡流。因此用涡流法进行检查时，涉及两个有交互作用的交变磁场，被测部件中由于涡流产生的次级交变磁场的性质取决于三个主要方面因素：一是初级线圈的大小、形状和频率；二是被测工件的电性质和磁性质；三是被测工件的形状、状态和尺寸大小。材料中的局部变化会影响到次级涡流场的作用范围，在用涡流法检查的情况下，可以利用这个效应来发现材料中的缺陷，如裂纹或腐蚀现象。涡流对待分析部件的导电性变化、磁导率（材料被磁化的能力）变化、几何尺寸或形状以及缺陷是敏感的。这些缺陷包括裂纹、夹杂、孔隙和腐蚀。

利用记录探头位置轨迹的扫描仪和自动化信号检测可以实现自动化扫描，从而能得到被检测物体表面的响应图。检测系统的分辨能力大小部分取决于扫描定位群的精确度以及信号检测中所用的滤波和信号处理，通过自动化涡流扫描和检测仪表系统就可以得到扫描图。

最初，涡流装置是利用一个测量仪表来显示检测线圈中的电压变化。目前使用相分析仪器可提供阻抗和相位的信息，并可以显示在显示器上，这样就可以立即得到涡流检测的结果。其他类型的涡流仪器将其结果以平面的形式显示在屏幕上。这种设计可以观察到线圈阻抗的两个分量。其中一个分量包括由线圈导线金属本身和导电的检测部件所引起的电阻，另一个分量为在线圈磁场上的感应磁场所产生的电阻。小线圈的工作频率一般不低于

100kHz。为检测底层结构中的表面下缺陷或裂纹，可以使用能更深地穿透部件的低频涡流，频率越低，穿透越深。一般认为低频涡流的频率在100Hz和50kHz之间。

（2）测量步骤。

带有触头式线圈或环形线圈的检测系统，在任意一无缺陷的位置将其阻抗调到某一零位，一旦线圈移动经过工件中有缺陷部位，初级线圈在工件中产生的涡流就发生变化，从而次级交变磁场也发生变化，因而影响到初级激励磁场。这些变化使事先调整好的阻抗零位发生位移，这一位移可在作信号处理时加以利用。磁场间的这种相互作用造成检测线圈中电流流动的阻力，通过测量阻抗的变化，检测线圈或一个单独的传感线圈可用于检测，将会影响试验材料带电性质的任何状况。

（3）使用范围及优缺点。

涡流法检查适用于显示热交换管中的缺陷或腐蚀损伤的定期维修保养时，可将这种检查结果经数据处理系统储存起来。当再次检查时，可以很快地确定管道所发生的重要变化。涡流方法用于测定各种材料特性和状况的变化，用于检测与表面连通的或近表面的缺陷或损伤异常。涡流无损检测的主要优点是：部件表面不需要特别的清洁处理，只需要最低限度的处理，而且即使在待测部件表面覆盖一定厚度的普通油漆或非导电材料的金属材料仍可以用涡流法进行可靠检测，并且使用涡流法可以检测单层和多层材料表面上和表面下的缺陷。如果仪器经恰当校准，那么涡流检测的结果将是非常准确的。大多数现代涡流仪体积相对比较小，而且是用电池作为电源。一般说，利用内含高频下工作的小线圈的探头就可以完成表面检测。

被检测物体必须是导电的，而且涡流探头应能与之均匀接触。为了进行检测，需要有专门设备和专用探头。为了保证所选择的试验物体中的响应具有再现性，需要有工艺开发、校准制件和过程控制。

12.2.2.15 热敏成像检测

热敏成像检测，任何物体在绝对零度以上都可以释放出一定的红外线，因此也称为红外图像检测。这项技术利用与待检测部件或系统相关的红外能，可以给出被检测表面热状态的摄影图像。把一个热能脉冲引入被检测物体，能量将在被检测物体内扩散，为了精确测量大面积的温度场，使用具有检测红外能谱能力的红外照相机或热敏成像摄像机监测被检测物体表面的温度，用这些照相设备可以无接触地、很灵敏地获得信息。通过监测相对表面温度随时间的变化以及在时域中的有关温差，完成对被检测物体内部状况和结构的解释，见图12-14热敏成像系统的示意。

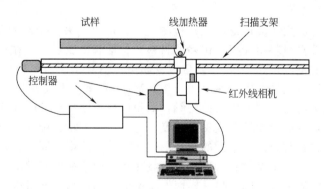

图 12-14　热敏成像系统示意

最简单的检测是在容器或管壁的一侧均匀加热，在加热过程中记载另一侧的温度变化。当壁厚较薄时，与加热侧相对的另一侧表面温度上升情况比壁厚较厚时快得多。若在管壁的截面中有缺陷，则通过该处的热流减慢。对容器和管路进行整体检查时，可充分利用热流差别的现象，由于导热所致容器壁或管壁温度变化的大小与所涉及材料的导热率，特别是构件的壁厚等有关，于是腐蚀或冲刷导致局部的壁厚变化，就像壁截面中存在不均匀区一样，都可以在红外图像上观察到，如图 12-15 所示的列管的红外图像，图中发亮的部分就是腐蚀区域。也可以使用散热法，即在一侧将器壁加热，并等待一定时间后测定同一表面上的温变分布。这项检测技术要求被检测的物体必须是导热的，而且被检测物体表面在颜色和结构方面必须是相当均匀的。

图 12-15　列管的红外图像

热敏成像检测方法被用于测定各种材料的特征和状况。许多缺陷会影响材料的热性能，例如腐蚀、剥离、裂纹、冲击破坏和板壁的减薄，适宜地利用外部热源，通过适当的红外观测可以检查出这些缺陷。表面温度的相对变化表示金属结构中的连续性发生变化或脱离，根据在某特定时间表面上温度梯度的位置可以表明未连接处的尺寸，而且可以通过与具有类似几何形状和传热性质的类似被检测物体的响应进行比较来对其进行调整。在缺陷检测方面，它们一般以检测裂隙的模式来检测层状试验物体中的界面以及界面性质的变化，也可用来显示薄板中的分层以及镀层和焊件中的缺陷。由腐蚀坑之类导致的壁厚差异，只有当腐蚀坑足够大而深，且坑内没有被绝热的腐蚀产物或其他材料充填时，才可能准确可靠地测定。

热敏成像法所测定的仅是被检测结构或装置的表面温度，由红外相机所显示的原始图像只传送了有关被观察对象表面温度和辐射能力的信息，因此它不能详细洞察结构中更深处的缺陷和材料损失。为了获得有关观察对象内部结构的信息，需要在加热状态或冷却状态下观察目标，由于从表面吸收热量到达较深的障碍物要比到达一个浅的障碍物花费更长的时间，因此浅障碍物的影响要比深障碍物的影响更早地到达表面。按时间对脉冲的热响应，可以显示一个二维的扫描图像，可以揭示材料内部的缺陷情况。

12.2.2.16　超声检查

超声检测是一种应用十分广泛的无损检测技术，可以用来测定材料的厚度和内部缺陷。超声检查适用于声波在材料中能很好传播的材料，包括非金属材料。在具有良好传声性质的材料中，超声波传的范围可达 10m 的数量级。超声检测利用由压电换能器构成的超声装置进行，该装置利用压电晶体产生频率为 0.1～25MHz 的声波进入材料，为了得到准确的信息，只需将超声探头与清洁的表面直接接触，测量回声返回探头的时间或记录产生共鸣时声波的振幅作为讯号，从而检测缺陷或测量厚度。超声波探测材料中缺陷的原理为：材料中声波传播速度是一种材料常数，在不同的材料中声波的传播速度不同。在传声速度不同的两种材料界面，超声波就会发生反射和折射。超声波在材料中传播遇到缺陷，如裂纹、气泡或其他不均匀相时，就像遇到工件的边界一样而发生反射，因而超声波可以显示缺陷。脉冲回波法的回波振幅的高度反映出反射回来的声能量，将之与后壁反射回来的波幅高相比较，便可得出缺陷部位超声反射量的量度。利用这种关系，可以估计缺陷的大小。

为将探头中产生的压力波传送至工件，必须在探头和工件之间放置所谓的"耦合介质"

（如油、水、糨糊）。超声检测必须保证被检测物体中声波能够传送，而且其几何形状应能输入和检测到反射、透射或散射的声能。超声检查使用短波长和高频的声波探测材料厚度检测缺陷。

超声检查有脉冲回波法和声穿透法两种方法。脉冲回波法利用反射的部分声波（回声）评定材料中的缺陷。压电振荡器在很短的时间内不仅作为发生器，而且作为回声接收器进行工作。声穿透法依据穿透过被测件的超声分量来进行材料的评定。声穿透法要求待测件两侧均可被超声探头所触及，这样可在其一边连接发声探头，另一边连接超声接收探头。如有缺陷存在时，声波由于部分或完全反射，接收探头收到的声强度下降成为零，检查时脉冲声波或持续声波都可采用，但要求发声探头和接收探头处于准确的几何位置，可以将材料中缺陷的大小测出。对脉冲回波法而言，只要可触及待测物的一面就能进行检查。由于这一优点，因此在大多数场合，应用脉冲回波法。

超声检查可用来测定厚度、长度，或检测缝隙和蚀坑等。探测内部有液体的部件，自动化的超声探测系统已经成功研制出来，可以检测表面下腐蚀和管路、罐的裂纹以及飞机的部件，图12-16为国产的CTS-22、CTS-22A型超声波探伤仪。将一个压缩波（纵波）的超声脉冲，沿垂直方向发送到被检测的金属中去，信号从被分析的产品后壁反射回来，脉冲经历的时间与它所经过的路程成正比，其行程时间可用来确定厚度，主要用于遭受腐蚀或磨损构件的定期壁厚检测。超声波在均匀的固体中直线传播而衰减，通过超声波测厚仪检测设备或管道的壁厚，从而计算腐蚀速度。这种方法的优点是不损坏设备，可以在生产装置运行状态下随时测量，以了解腐蚀速度的变化情况，并能进行逐点测量。

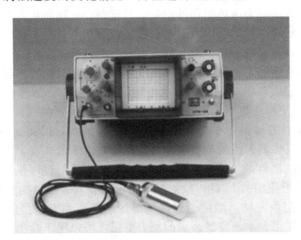

图 12-16　CTS-22、CTS-22A 型超声波探伤仪

根据超声波进入材料的角度的不同，如使用法向探头的垂直入射波和用斜探头的倾斜入射波可以有多种不同的应用技术，当波束以接近90°的角度进入表面时出现压缩波（纵波）。这种波易于产生和检测，而且在大多数材料中传播速度高。纵波被用于缺陷的检测和定位，这些缺陷的正面有足够大的面积平行于进行检测表面，例如腐蚀损失和分层。但是对于检测垂直于表面的裂纹，它们不是非常有效。垂直入射的超声检查的主要应用于检查薄板的分层及内部的缺陷，如裂纹和夹杂物。

在超声检测中也广泛使用倾斜入射波。探头以35°～80°的入射角放置。波束以中等角度进入表面，产生横波，它的传播速度仅为纵波的一半，与纵波不同，剪切波在液体中传播不远。在同样的材料中横波的速度大约只相当于纵波的50%，波长也比纵波短，这使得它们对小的夹杂物更为敏感。同时使它们更容易发生散射，从而减少了穿透力。斜探头的倾斜入射法，主要适用于焊缝和管件检查。

目前出现了基于激光的超声波的技术。这项新技术是利用激光的能量在固体中产生声波，无需在传感器与被检测材料之间使用耦合剂。这项新技术可以用于厚度测量、焊缝和接头的检测、各种材料表面和内部的缺陷检查。

12.2.2.17 射线照相法

早在 1930 年左右，X 射线和 γ 射线探伤的检查方法就已在材料检验中得到了应用，是重要的无损检测技术之一，它也可以被用来检测金属材料的腐蚀状况。X 射线和高能 γ 射线的物理本质是电磁波，它们的波长很短，在 $10^{-10} \sim 10^{-7}$ cm 范围内，具有很强的穿透固体物质的能力，射线通过材料时减弱，用灵敏的检测器可以显示其衰减程度，因而可以获得射线所穿透的材料状态的有关信息。X 射线和 γ 射线穿过材料后的衰减是材料密度和厚度的函数，因此当有缺陷存在或壁厚较小时，射线被吸收的也少，通过记录透射波吸收的差别可以检测出材料内的变化。射线由物体后面入射穿过物体，由于物体内部存在缺陷或壁厚不同，电磁波穿透材料和被吸收取决于被检测材料的厚度或密度，因此底片的曝光程度不同，从而得到透视图像。常用照相底板作为射线吸收的探测器，也可用电子装置记录。X 射线由高压 X 射线机产生，而 γ 射线由放射性同位素铱-192 产生。X 射线和 γ 射线靠近被检测材料，使得射线能够穿透材料并使胶片感光。由于经过广泛的标定和实际性试验验证，射线照相技术可以达到相当高的置信度。

X 射线和 γ 射线透射适宜显示三维缺陷，如气孔、缩孔、气体夹杂和熔渣夹杂。目前应用透射检查的重点是用于保证焊缝质量，如对管束装置中管道和管座间的焊缝进行透射检查，还可用透射法检查受应力腐蚀损伤的设备，对运转中充满腐蚀性介质的高压釜的关键部位进行检查，用于显示堵塞和结瘤以及对遭受腐蚀或磨损部件的减薄情况进行检查，通过与比较图谱的比较，可以对设备的腐蚀情况得出客观性的评价。

X 射线必须具备的能量大小随射线的强度以及所研究材料的种类和厚度而定。对容易穿透且壁厚较薄的材料使用 20～60keV 的加速电压，检查约 100mm 厚的钢板时设备的加速电压必须达到 400keV，更厚的壁厚则必须要使用 31MeV 的超硬射线。γ 射线是在放射性同位素转变时产生的，在电磁波谱中 γ 射线的位置邻近 X 射线，因此它也是能量高、波长短，且穿透力强的射线。天然放射性的辐射源，如镭或钍，由于价格高，所以实用意义小。一般使用廉价的人工放射性材料，如铀分裂的产物。在一系列放射性同位素中，用于透射检查的有^{60}Co 和^{192}Ir 以及新近使用的^{169}Yb。放射性同位素设备具有固有的危险性，因此使用时必须非常小心。如同 X 射线一样，测定 γ 射线传播的最普通的方法是用胶片照相。另外中子射线照相法也得到了应用，中子穿透金属的能力更强，可以用于检测大型设备中不易接触部位的腐蚀。

传统的射线照相是一种类似于医学上射线照相的方法，被用于检查管道的内壁腐蚀和沉积物、焊缝质量以及内部阀门或部件的情况。由于射线不能穿透水，所以这项技术不能用于充满水或其他液体的管道系统，这是它的一个局限性。射线照相技术的一些新发展技术包括实时射线照相技术、层面 X 射线照相技术、康普顿反向散射成像技术等。实时射线照相技术可以在阴极射线管上瞬时观察射线照相的图像，可以在电子媒介上被拍摄下来，与视频摄像机非常相像。这种技术大多用于检查绝缘材料下面的管道表面，而不破坏绝缘层。层面 X 射线照相术也被称为 CT 扫描，是利用计算机和大功率算法处理数据，通过从同一平面的许多方向上扫描一个部件，可以产生部件的横截面图，就可以显示出内部结构的二维图像。这种方法的最大优点是，在确定诸如管道壁减薄、内部不连续性的尺寸、相对形状和轮廓线等这些情况时，可以将内部尺寸测量得非常准确。当扫描一个以上的平面时，更先进的系统可以形成三维扫描。康普顿反向散射成像的技术不是测量通过物体的 X 射线，而是测量反向散射束，可以得到检测层的层析 X 射线摄影图像，它可以进行单侧的测量。它可以检测夹在层间的一些关键的缺陷，例如在金属和复合材料结构件中的裂纹、腐蚀和剥离。射线照相检测法是检测材料表面和表面以下的不连续性的非破坏性方法，它对影响材料的射线吸收性能的任何不连续性很灵敏。

12.2.2.18　薄层放射激活技术

将被检测的材料表面的一个小截面置入高能带电粒子束中，产生一个放射性的表面薄层，通过 γ 射线检测器和脉冲计数器检测，测定从表面层发射出 γ 射线的变化，用以研究材料由于腐蚀以及磨损等脱离表面的速度，定量的表示材料的腐蚀损失程度。例如，可以利用质子束在钢的表面内产生放射性同位素^{56}Co，这种同位素蜕变成^{56}Fe，同时放出 γ 射线。放射性物质的浓度足够低，所以被监测部件的各项性质基本上不会变化，与传统的射线照相术是不同的。

一种测量方式是检测材料放射活性的减少，另一种方式是测量腐蚀脱落而进入介质的放射性活性的增加。只有当放射性同位素从发生腐蚀损伤的表面脱离开，其测量的放射活性变化结果才有意义，故而这两种测量方式都要求测量时被腐蚀掉的物质必须由薄层活化区彻底去除。

此项技术的优势在于测量原理相对简单，能够在实际部件上进行直接测量，可以直接在部件上或腐蚀探针上产生放射性的表面，特别适合研究磨损腐蚀作用。这项技术的缺点是相对的灵敏度一般较低，用于照射表面的仪器装置仅适用于较小的设备部件。

习　　题

1. 测量点蚀为什么可以使用化学浸蚀法？简要叙述化学浸蚀法的程序及步骤。

2. 测量点蚀的动电位极化法的原理是什么？研究电化学测量方法有哪些？（请检索和阅读相关文献）

3. 简单比较晶间腐蚀化学浸蚀法的使用范围。

4. 说明动电位再活化法测量晶间腐蚀敏感性的原理。

5. 评述应力腐蚀开裂的恒载荷、恒应变、恒应变速率三种试验方法。

6. 腐蚀监测和监测有什么重要意义？

7. 什么是腐蚀检测系统？有什么作用？什么是电化学探头？

8. 什么是表观检测？表观检测的有什么优缺点？

9. 简述如何进行腐蚀试片法的检测？

10. 渗透法、电阻探针法、声发射法、氢探针的工作原理是什么？使用范围及优缺点？

11. 线性极化电阻、动电位极化、电化学阻抗谱、电化学噪声、腐蚀电位法等电化学检测方法的原理是什么？

12. 简要评述漏磁法、涡流法、热敏成像、超声检查以及射线照相法原理、适用范围以及作为无损检测技术的优缺点？

主要参考文献

1　柯伟．中国腐蚀调查报告．北京：化学工业出版社，2003

2　曹楚南．腐蚀电化学原理．第2版．北京：化学工业出版社，2004

3　查全性．电极过程动力学导论．第3版．北京：科学出版社，2004

4　蒋金勋等．金属腐蚀学．北京：国防工业出版社，1986

5　赵麦群等．金属的腐蚀与防护．北京：国防工业出版社，2002

6　胡茂圃．腐蚀电化学．北京：冶金工业出版社，1991

7　天津大学物理化学教研室．物理化学．第3版．北京：高等教育出版社，1993

8　李荻．电化学原理．北京：北京航空航天大学出版社，1999

9　吴浩青，李永舫．电化学动力学．北京：高等教育出版社，1998

10　查全性．电极过程动力学导论．北京：科学出版社，1976

11　巴德 A J，福克纳 L R．电化学方法——原理及应用．谷林锁，吕鸣祥，宋诗哲等译．北京：化学工业出版社，1986

12　张祖训，汪尔康．电化学原理和方法．北京：科学出版社，2000

13　杨德钧等．金属腐蚀学．北京：冶金工业出版社，1999

14　肖纪美，曹楚南．材料腐蚀学原理．北京：化学工业出版社，2002

15　陈鸿海．金属腐蚀学．北京：北京理工大学出版社，1995

16　黄永昌．金属腐蚀与防护原理．上海：上海交通大学出版社，1989

17　魏宝明．金属腐蚀理论及应用．北京：化学工业出版社，1984

18　Pierre R. Roberge．腐蚀工程手册．吴荫顺，李久青，曹备等译．北京：中国石化出版社，2003

19　原化工部化工机械研究院．腐蚀与防护手册——腐蚀理论、试验及监测．北京：化学工业出版社，1989

20　杨武，顾睿祥．金属的局部腐蚀．北京：化学工业出版社，1995

21　吴成红，甘复兴．金属在两相流动水体中的冲刷腐蚀．见：中国腐蚀与防护学会主编．腐蚀科学与防腐蚀工程技术新进展．北京：化学工业出版社，1999.219～224

22　中国腐蚀与防护学会．腐蚀与防护全书．北京：化学工业出版社，1990

23　尤里克 H II，瑞维亚 R W．腐蚀与腐蚀控制——腐蚀科学和腐蚀工程导论．北京：石油工业出版社，1994

24　中国腐蚀与防护学会．金属腐蚀手册．上海：上海科学技术出版社，1987

25　黄宗国，蔡如星．海洋污损生物及其防除．北京：海洋出版社，1984

26　王功德．参与金属腐蚀的微生物及其控制．生物学通报，1996，2

27　王大松．细菌分类基础．北京：科学出版社，1977

28　孙跃，胡津．金属腐蚀与控制．哈尔滨：哈尔滨工业大学出版社，2003

29　吴荫顺，李久青．腐蚀工程手册．北京：中国石化出版社，2003

30　方坦纳 M G，格林 N D．腐蚀工程．北京：化学工业出版社，1982

31　王光雍，王海江等．自然环境的腐蚀与防护．北京：化学工业出版社，1997

32　夏兰廷等．金属材料的海洋腐蚀与防护．北京：冶金工业出版社，2003

33　吴志泉等．工业化学．上海：华东理工大学出版社，2004

34　许淳淳等．化学工业中的腐蚀与防护．北京：化学工业出版社，2001

35　吴继勋．金属防腐蚀技术．北京：冶金工业出版社，2002

36　田永奎．金属腐蚀与防护．北京：机械工业出版社，1996

37　胡士信．腐蚀与防护，2004，25（3）：93～104

38　陈旭俊．金属腐蚀与防护基本教程．北京：机械工业出版社，1988

39　张天胜．缓蚀剂．北京：化学工业出版社，2002

40　范洪波．新型缓蚀剂的合成与应用．北京：化学工业出版社，2004

41 刘秀晨等.金属腐蚀学.北京：国防工业出版社，1998

42 杨文治.缓蚀剂.北京：化学工业出版社，1989

43 郑逸云等.腐蚀科学与防护技术，2004，16（2）：101～104

44 朱镭等.材料保护，2003，36（12）：4～7

45 周晓东等.腐蚀与防护，2004，25（4）152～156

46 陶映初.材料保护，1987，28（4）：26～28

47 杨学耕等.化学进展，2003，15（2）：123～128

48 曾华梁.电镀工艺学手册.北京：机械工业出版社，2002

49 闫洪.现代化学镀镍和复合镀新技术.北京：国防工业出版社，1999

50 李金桂.防腐蚀表面工程技术.北京：化学工业出版社，2003

51 高崇发.热喷涂.北京：化学工业出版社，1992

52 赵麦群，雷阿丽.金属的腐蚀与防护.北京：国防工业出版社，2002

53 张远声.腐蚀破坏事故 100 例.北京：化学工业出版社，2000

54 周达飞.材料概论.北京：化学工业出版社，2001

55 宋诗哲.腐蚀电化学研究方法.北京：化学工业出版社，1988

56 刘幼平.设备管理与维修，1997，9：38～41

57 海兹 E，亨克豪斯 R，拉默尔 A.腐蚀实验指南——研究方法·测量技术·报告（联邦德国 DECHE-MA 腐蚀实验教程增订本）.北京：化学工业出版社，1991

58 黄峻，刘小光，张晓云等.腐蚀科学与防护技术，1992，4（4）：242～249

59 曹楚南，张鉴清.电化学阻抗谱导论.北京：科学出版社，2002

内 容 提 要

本书作为"高等学校教材"系统地介绍了金属电化学腐蚀的基本理论和应用以及金属腐蚀的防护和检测技术。内容按照循序渐进、由浅入深的原则编写，包括三部分：第一部分介绍腐蚀热力学和动力学的基本理论以及与金属腐蚀有关的电化学基础知识；第二部分介绍氢、氧的去极化腐蚀，金属的钝化和各种常见的局部腐蚀的规律与特点以及自然环境及化工生产中的腐蚀；第三部分介绍金属腐蚀的电化学防护技术、缓蚀剂技术、表面层技术以及防腐设计和腐蚀的检测与监控技术。

本书可作为化工或腐蚀与防护专业的专业课程教材，还可作为化工、石油、机械、冶金、材料等学科腐蚀课程的参考书，也可供有关工程技术人员和科研、设计人员参考。